中华竹韵

中国古典传统中的一些品味

上

许江主编　范景中撰文

中国美术学院出版社

目 录

序·竹之韵

一

家乡的山冈上，有一簇绿竹，密沉沉地耸立着。

小时候，我常常从根梢疏斜之处，钻入竹丛。竹丛的中央是一块如磨盘大小的空地，翠竹环抱，俨然天生的绿色襁褓。南方的风吹拂，密叶浮动，襁褓摇将起来，天上白云舒卷，恍若舟行天涯。那时正值“文革”时期，家庭的境遇令我心思烦恼，却只在这个竹丛中，能体会自然的蔽护，享受竹的抚慰。久而久之，每遇烦困，就必到竹林中，让孤寂来消减愁绪，用悄然独对来忘却忧烦。在绿竹的怀抱中，缓缓地展开了遐思的童年。

竹，成了我生命中最早相对的一个自然物种。它几乎直接呵护着我的童心，并将我从某些无明中唤醒。那永远通明开朗的绿沁透着我，总将少年易感的心与之凝成一处，体察那竹的坚韧、竹的阳光、竹的神韵。竹总带着朴素的纯质，给予某种性格的补益，引领着我的成长。多少年过去，当我读到东晋江逌的《竹赋》：

有嘉生之美竹，挺纯姿于自然，含虚中以象道，体圆质以仪天……

心中蓦然直现那山冈上童年的竹簇。那种绿的蒙养，一朝显露而为对某种家园精神的体认。在我内心的丘壑之上，这簇竹总是那般屹立着，尤在异境感怀处、岁月眺望时。

在中华传统的典籍中，充满了各类诵竹的篇章，关于竹的诗文几乎是贯穿中华文学史的一条典雅而又劲健的线索。中华的园林之巧，竹园最是常见，又最富清风与诗意。中国传统绘画更以写竹来传递自然的意态、生活的意蕴，把中国人的心胸在那笔墨挥写中，活脱脱地显现出来。面对如此浩瀚的竹文化，我们揣着一份恒永的敬心，萌生出关于《中华竹韵》这本书最早的策划：将中华文化中关于“竹”的咏诵、“竹”的气韵整理出来，以示一种独特的精神内核对整个民族的心灵抚育。范景中教授欣然接受委托，殚精竭虑，披阅数载，宏征博引，数易其稿，辑录无数珍贵资料，倾注多少情愫和心力，历时七年，终于写成这部文字。本书的几次稿子，我们都先后读过。可以这么说，这些年，我们与这部书一道，浸润在“竹”的精神世界中，并常常为之陶然。

二

竹，对于中国人来说，是一种居所的喜物，又是一种深具精神性的物种。

“倚倚修竹，不卉不蔓，非草非木”（元·赵孟頫《修竹谱》），却“其干亭亭然，其叶青青然，其色莹莹然”（明·方孝孺《竹深轩记》），这竹常绿常新，不染于物，濯之愈新，耀之愈明。如此是竹的第一境：纯洁之境。竹由笋苞潜地而行，逢春雨破土而生，拔节而长，本体渐露，端得千竿万竿一例而看，却又各枝各竿各有不同。那竹中空而虚怀，谦谦若君子，含而不露，发而中节。“犹之惠风，荏苒在衣。”如此的“虚中”让中国人品出一种深蓄，一份神喻，正是虚怀象道，无欲则刚。此是竹的第二境：虚怀之境。“虚其心，实其节”（《修竹谱》），竹直节而向上，挺立而不屈，自古以来劲竹是对竹的礼赞。竹的质，犹在节处坚硬；竹的劲节正在于一节一节相托，劲梢挺立云天。竹节中含着坚韧的托付，默然的操守。此是竹的第三境：守节之境。那竹“凌惊风，茂寒乡，藉坚冰，负雪霜”（东晋·江逌《竹赋》），“贯四时而不改柯易叶”（《修竹谱》），不因繁茂而浮躁，不因凛寒而燠变，“春木有荣歇，此节无凋零”（陈子昂），坚守贞常不变。此又是竹的第四境：持贞之境。

如此四境：纯洁、虚怀、守节、持贞，一纯一虚，一守一持，本身就含了变化之道，蕴藏着无数天机。四境又可让人返观自照，窥视人本身的内在品质。所以竹在中国，于日常中使用最广，不可或缺；在精神上又最具人格化的意味，广被用来比拟人的品格和胸怀、人的操守与气节。直至今日，面向竹林，我们都依然感受到古往今来爱竹者们的伟大心灵。

中国古代大师们争相与竹为邻，以竹为友，日日细察竹之生机生态，俯仰林中浮云寒烟，一方面他们将竹的风雅化作自己的风雅，将竹的风节比拟自己的风节，将竹的气象潜化而成文人自己的心灵气象；另一方面又以精微的感受将那种风雅流淌在笔端，将那种气节注入笔下的山水风物，用那种心灵气象催生艺术形式的品格气象。他们一代代地传递，一代代地叠加，将对竹的品评，跃升入一种精神人格的境界，并将这种境界拓辟在诗与画的田园中，成为中国艺术独特而深邃的内涵。

北宋大家文与可截取悬崖垂竹，以浓淡温润的墨色，撇写竹叶，揭开中国墨竹的优雅篇章。一代文豪苏东坡拈来萧萧修竹，磊磊湖石，挥笔成画，无论疏影横斜，抑或烟雨迷濛，都漾出一段文人独具的意趣，让人们于墨迹中揣见其心头的盘郁。多少诗人站在竹边水际，静心赏会，抒写月下竹上的联句，把那明月的清辉洒向竹林，继而抖擞着洒落白壁花径之上。又多少画者从那飘飘洒洒、烟水波花的壁影上，兴会竹的天姿，倾听静夜竹石间的清音逸响，捕捉自然歌唱的天籁。郑板桥与金冬心是清末的两管写竹的圣手。“衙斋卧听萧萧竹，疑是民间疾苦声。”郑板桥从萧萧的竹声中听出劳苦者的疾怨，赋予竹声以一种同情、关怀的庄严主题，让他自己的墨笔在跳匿奇绝的生动中，兼有了疏野苦涩的神情。金冬心年逾六十学画竹，每画毕，必有题。“秋声中，唯竹声为妙……非苦愁寒喧之声，而若空山绝粒人幽吟不辍也。”金冬心那直劈而下、郁郁累累的竹，倾出庄重不坠的心血，正若山中如禅的沉吟。

墨竹令写竹如若写字，写字如若写心。墨竹成了一份纤远的缠绵，将人心与烟雨修竹维系在一起，通过一管软笔的意写，把可见者与不可见者幽秘相联。中国的墨竹就这样被送上了以绘画识人心、以墨迹见境界的特殊的文化位置。那寥寥数笔守着单纯自发的天性流露，测试内心专注的含蓄与凝聚，却在百代千秋的浩瀚云烟中，挥写无数放拓逍遥的胸廓，瞥见代代传承的民族心灵的漂泊与安顿。在所有墨竹的挥写后面，在那翻飞无定的直写中，都似有累累竹影，隐隐幽意，让人想见那屈而不挠的风节。这种中华文化的独特景观，迥然相异于世界，一方面简约而自然，另一方面却又博大而精深；一方面见证人格的气象品质，另一方面又标示着艺术形式那幽微玄秘的层次与法度；一方面以寒林冷叶凝聚凛凛的生命力，塑造生死怆然的荒寒幽寂之境，另一方面又舞动如风雨江山外万不得已的飞矢，书写胸怀的宏阔与精神的气节。那人与竹相望、相守、相生的境域，凝在腕指之间竹管软笔那随心所欲的运行之中，凝在墨竹意写挥洒的超然之中，凝成某种民族心智的隽远模式和民族气节的庄重界域，等待着一代代的人们重新回到生命体验的本身，去揭示只有中国人方才具有的秘而不发、天人相合的创生机契。

三

一管竖笔就这样悬在中国人的心性之上。这笔就如这竹管一般，常常虚去自己，舒解在腕指的运行之中，成为人心与墨迹的通道。另一管竹枝也同样横在中国人情感的唇边，发出悠远凄美的笙笛之音。晋代戴凯之所撰人类最早的《竹谱》中说：“箫笙之选，有声四方。质清气亮，众管莫伉。”取竹做乐器早在轩辕黄帝之时，相传黄帝使伶伦，伐之于昆仑之墟，吹以应律声。东汉蔡邕曾盛赞今绍兴西南柯亭的良竹：“此地之竹制笛，奇声响绝。”这长箫短笛发出的却是家园的声韵，如龙吟凤鸣，又总带高山流水的自然清音，仿佛从心中抽出的绵长的怀念与愁绪。于是，就有了那众多的有关吹笙与思念的诗篇：“不知何处吹芦管，一夜征人尽望乡”（唐·李益）；“二十四桥明月夜，玉人何处教吹箫”（唐·杜牧）。竖笔横笛中传扬的文采音韵，尽得历史的风流，那不可见的、却又手握指按而入于心的“竹感”，那贴在唇边、握在指间、却与心相亲的“竹感”，总让人与自然、与山水、与洒洒落落的竹山竹海相望相居，紧紧相连，爽爽地生出一份民族的悠远风气。

诗画相合，尤其重要者，诗情画意的融合。诗有诗之情长，画有画之意笃，将此诗与画、情与意交织融摄在一起的是人心。但人心是要有所依傍，才能有着落。竹即是人心千古的依傍。在竹里可以洞见世事的沧桑，人生的幽微，道说的妙理，天然的枢机。东坡先生曾提出著名的“胸有成竹”之说：他先写竹之生，续写写竹者的生姿，再写心手合一者的生态。东坡先生谦虚地将之归于文与可名下，却信手拈出，处触天机，其影响又岂在画竹之事。此后历代画竹大师都用自己的语言续写这份历史的长卷。郑板桥就写下这段飘逸神奇的文字：

江馆清秋，晨起看竹，烟光、日影、雾气，皆浮动于疏枝密叶之间。胸中勃勃，遂有画意。其实胸中之竹，并不是眼中之竹也。因而磨墨、展纸、落笔、倏作变相，手中之竹，又不是胸中之竹也。总之，意在笔先者，定则也；趣在法外者，化机也。独画云乎哉？

这样的题跋与其说是一段文字小品，不若说是短语式的中国艺术哲学。明代初年的李思问，以“听竹轩”命名简陋的书房。客问：你这里根本无竹，怎么能叫“听竹轩”？他从容回答：正因为无竹，所以用听竹命名……我的住处未尝有竹也未尝无竹，我未尝侧耳一听也未尝不听，因为：

悟而思竹，则竹环乎床帷之外；寐而思竹，则竹见吾梦；行而思竹，则竹盈于目。愁而解者，竹也；语而答者，竹也。吾琴，竹在琴；吾酒，竹在酒；吾箫磬，竹在箫磬。吾书而思竹，书有清幽闲雅之趣；吾诗而思竹，诗有琮琤飘洒之韵。吾方与子言，而吾之神游乎潇湘之北、洞庭之南。此皆竹之助也。

进而，他把自己的听竹与世人的听竹相比：“吾闻之，待外物而乐者，其乐有时而既，乐既，则悲戚继之矣，众人听竹也。吾不以有竹而乐，必不以无竹而悲，是故有待于物外，而乐自至，岂待于竹然哉！吾之心有，在矣。”如此境转心不移的境界，如此横阔而庄严的气象，正是中国人相忘于竹、心与竹化的心灵写照。

竹，千秋百代，飘飘洒洒，已成穿越诗与画、穿透自然与人心的飞矢，完全打通了现实与心灵、天与人的相对相隔的境况，成为众人之心的归依，成为中国人共同体认、带着精神特质的心物。于是，竹成了一种文化的眼光，墨竹、画竹，已不仅仅是“嘉竹如画”，不仅仅是寒林烟雨或风日流丽，更重要的是里边有性情的自由涌动，气节的凛然直现，灵魂的陶然止泊，人格的纯然映现。竹为中国人提供了一种意涵深长的气韵，让中国人陶然相忘在其中，竹格即人格，竹韵写心韵，竹与人通，人与竹化。在竹的面前，所有的中国人都成了哲人，成了诗人。竹，即成为中国人独特的、生生而不息的精神境界。

从中国人与竹相伴相居的现象，到中国竹的人格化倾向，再到中国墨竹成为人格化的可感可见的载体，进而成为中国人相忘其中的眼光和心境，竹包涵了中国人独特的现实与心灵的周遭，孕蓄了一个民族历史的疏影清魂、持贞守节的文化品质，并形成了一个天人相合的隐秘的文化通道。站在这样的道口，回望悠漫浑远的竹文化的历史，我们心怀感恩，并滋生着一种责任。那家园与亲人的嘱托，已然化作我们牵挂于心、又心心相印的文化长游，化作只如坚竹的贞常不变的恒永使命，化作我们陶然相忘、心身相安的一份神韵与境界。

2007年12月19日 初稿
2008年1月12日 二稿
2009年9月21日 三稿
2009年9月24日 定稿

第一章　有物曰竹

2004年10月旅寓海德堡附近之Bammantal，楼居受用天气，看秋夏过接处，光景绝微。其地山势平缓，山色又静又灿烂。阳光悠悠而下，晴旸蔼然，觉更静更灿烂。每晨起，偕内子送小儿上学，常遇一女生，明眸笑靥，文质彬彬，乃极静极灿烂。如此景况，正可拈笔商略文心。因思以看山观水之情，念远怀人之心，灿烂净丽之色，在竹之虚心处，渲染岁月，散散写出古典文明之些许品格，以唤出竹之精神，婆娑于万物之表。故多引古人言，间及西洋语处，则尽力注出原文，非有鞮寄繙通之才，恪遵师命也。然笔弱味薄，总是小言。

一

竹，是禾本科[*Gramineae*]竹亚科[*Bambusoideae*]植物的统称，多年生的木质化禾草植物。中国谓之竹，朝鲜谓之他伊，日本名从中国，亦谓之竹，又有千寻草、河玉草、夕玉草、小枝草之类的别称。西人谓之 *bamboo*，据说源于竹竿燃烧时发出的声响。

中国是竹的中心产区。早在两千年前，竹就赢得诗人的赞美，周代编纂的《诗经》有一些咏竹的名句，写现今河南北部淇水、沁阳一带的竹林，是卫国的风土之音。“绿竹猗猗”，颂竹之盛；“籊籊竹竿”，美竹之长；还有学者认为乃许穆夫人所作，是世界最早女诗人的作品。《左传》鲁襄公二十九年吴公子季札到鲁国观乐，“使工为之歌《邶》《鄘》《卫》”。他听后赞叹曰：“美哉！其为卫风乎！”后来民间又有《竹枝》曲调。贞元间刘禹锡（772—842）得《竹枝》新声，言其含思宛转，有淇澳之艳。千百年来，卫风淇竹之音，播美风俗，流传不绝，最终开启出一个典雅的世界。四世纪，东晋诗人江逌（约 301—约 365）《竹赋》写道：“有嘉生之美竹，挺纯姿于自然；含虚中以象道，体圆质以仪天。”概述了竹子在中国古典文明的价值和深意。

生活在十一世纪的苏轼（1037—1101）字子瞻，号东坡，眉州眉山人，是中国文明史上的一位巨匠，文学和艺术，样样精深，既悉究老庄，又博通佛理，也是一位颂扬竹子的歌手。绍圣元年（1094），他在岭海的荒寂中撰述《志林》，摭故实，叙尘迹，山水之外，多记胜游，朝夕之事，又及名物，乌丝栏写得满满的，有几行尤其醒目：

食者竹笋，庇者竹瓦，载者竹篾，爨者竹薪，衣者竹被，书者竹纸，履者竹鞋。真可谓不可一日无此君也。

以竹制物，至少有上万年的历史，那些竹物中，竹纸大概是最重要也最深入人类的文明。九世纪初，李肇《国史补》卷下述及“韶之竹笺”，同时代的段公路也提到“竹膜纸”(《北户录》卷三)，到了宋人米芾（1051—1107）《硾越竹短截作轴日学书作》咏竹纸：“越�万杵如金板，安用杭油与池茧。高压巴郡乌丝阑，平欺泽国清华练。”已是夺目当世了。明人宋应星（1587—1666）说：“用竹麻者为竹纸，精者极其洁白，供书文、印文、柬启用。”(《天工开物》)清人朱彝尊、查慎行、朱炎皆有长韵歌咏竹纸制法。《花随人圣庵摭忆》记钱塘黄兴三过常山，听山中人为道此事綦详，因录其始末为十二则：曰折梢，曰练丝，曰蒸云，曰浣水，曰渍灰，曰暴日，曰碓雪，曰囊湅，曰样槽，曰纸帘，曰剪水，曰炙槽，并赞而系之以诗。清代的女诗人沈虹屏（1752—？）作《楮先生传》，也是颂纸之篇，她还妙用过一种天然的竹笺，《春雨楼集》卷十二载：

新竹既花，菁液内干，因成衣。人悟其理，因捣竹叶齑碎，煮其菁液，为竹纸也。此为巨竹衣，乃天成竹纸，光华如珠玑。余取以书吴筠《竹赋》。

《春雨楼集》刊印于乾隆四十七年（1782），是虹屏手书付梓的雕板名作，秀洁的小楷，印在桃花纸上，净如乍放之花，极灿烂。

竹子用为书写的材料，出现在春秋战国之前，那时史官们以竹简记言记事，写成中国最早的书。汉字历经长期的演变发展，竹子的意象也多所参赞。中国第一部析形释义字典《说文解字》收有一百五十多个竹部的单字，它们散落进言语，影响着思维，既让人不知不觉，又涉及多方多面，细想起来，那是令人惊异的：竹子确是一部神奇的书。当竹简变为竹纸，竹之书就更神奇了。

西方杰出的学者劳佛［B. Laufer］曾赞美中国造纸在世界史上的伟大贡献，说纸是人类知识发展的新阶段，是野蛮进入文明的标志［The manufacture of paper denotes a land-mark in the intellectual development of mankind; it sets off civilization from the stage of savagery.］(*Paper and Printing in Ancient China*, Chicago, 1931)。十二世纪，阿拉伯人将中国唐代麻纸造法传入欧洲。1875 年，英人劳特利奇［Thomas Routledge］又学习中国的竹纸，印刷《竹子用作造纸原料》［*Bamboo as a Papermaking Material*］，紧接着荷兰印刷《竹子与甘蔗渣用作造纸业原料》［*Bamboe en Ampas als Grondstoffen voor Papierbereiding*］（1876），从此竹纸造法也播散世界。由于竹子生长迅速，资源富足，可以制成优质的纸浆，以至麦克卢尔［F.A. McClure］推测，在未来的世界纸浆供应上，竹子将占有重要的地位［*Chinese Handmade Paper*］（1986）。

中国植竹的历史大概极为渺远，贾思勰撰于 532 至 544 年间的《齐民要术》记载的种植法，已是成熟时期的经验，距其源头，总有几千年了。《至正直记》述种竹古语曰："深种、浅种、多种、少种，最是良法。"并解释说："深种者，深壅客土也。浅种者，浅开畦穴也。多种者，连鞭三五竿或二三竿，宁少种几垛也。"其法由于简单易记，而能久久实行。

曾文正公说："居屋前后，须多种竹树，家有一种生气，人受一种清气。"为使竹子普及绵永，先民早就规定了种植的节日，《四民月令》称为竹醉日，即农历五月十三日，也叫竹迷日。汉朝还专设司竹长丞，后魏又有司竹都尉，隋、唐皆置司竹监，掌管植竹供笋等事。宋朝沿之，设于凤翔府鄠县、盩厔，东坡有《司竹监烧苇园》诗可证。北宋画竹名家刘延世咏竹迷日曰："掘地聊栽数竿竹，开簾还当一溪云。"字词间一抹山河淡影，浮于笔底。

正德十一年丙子，大诗人李东阳（1447—1516）已年届古稀，园居之兴，也以种竹为乐。他用白镜面笺纸，正行草篆四体，书自作《种竹诗》十四首，录为长卷。此卷《墨缘汇观》著录，后来翁方纲（1733—1818）又连写六通跋语，赏叹不绝。此援引两首，以见其纯雅之色不为岁月洗染。

种竹复种竹，屋西还屋东。
都城十日雨，长夏一林风。
宿土得余润，团阴分小丛。
高秋想鸣佩，侧耳向晴空。

三年不种竹，得竹如得玉。
十日不见竹，一日肠九曲。
初闻平安报，旧叶舒更绿。
忽听欢笑声，新笋抽五六。
儿童亦解事，知我性所欲。
平生爱孤澹，不厌食无肉。
凭将垂老身，医此未尽俗。
仓皇欲倾倒，愁病相缚束。
昨夜偶梦之，清风洒心目。
呼童汲泉水，日夕勤灌沃。
吾冠晚当挂，吾髮朝已沐。
为尔一扶筇，披襟散炎燠。

竹子的形态�碧离离，静秀依依，古人说它：“猗猗修竹，不卉不蔓，非草非木。操挺特以高世，姿潇洒以拔俗。”道出中国人看待竹子的恒常眼光。魏晋之际的阮籍、嵇康、山涛、阮咸、王戎、刘伶和向秀七人，并有不羁之才，常常悠游于竹林之下。有一次，嵇、阮、山、刘在竹林酣饮，王戎后到，阮籍说：“俗物又来败坏人的意兴。”王戎笑曰：“你们的意兴也能败坏吗？”后来王戎为尚书令，著公服，乘轺车，经黄公酒垆下过，对着后面的客人说：“吾昔与嵇叔夜、阮嗣宗酣饮于此垆；竹林之遊，亦预其末。自嵇生夭、阮公亡以来，便为时所羁绁。今日视此虽近，邈若山河！”这些记述，未必属实，但至少晋世中朝以后，竹林已成为人们摆脱日常俗事、沉思哲理的地方。其时，袁宏（327—376）撰写《竹林名士传》三卷，逸才藻拔，文采绝美，惜未传世。

古人以竹子象征人格，可以追溯到战国时期。屈原（约前339—前278）行吟泽畔，以竹作喻，自比修好便娟之竹，生于江水之潭。陆游（1125—1210）言志诗道：“兰碎作香尘，竹裂成直纹；炎火炽昆冈，美玉不受焚。”耿耿不灭者如此。

竹子能提高一个人的尊严，人们自然也把伦理寄托于竹。元末诗人陆居仁写竹事短句云：“壮者谓之竹，弱者谓之笋，厥譬母子焉，少慕长焉，言其济人之利博矣。”《竹谱》载有一种竹，名曰孝行竹，《述异记》云，汉章帝三年（公元78年），有子母竹笋生于殿前，群臣皆作《孝竹颂》，故名。

儒家以孝为人之本，《小雅·蓼莪篇》：“父兮生我，母兮鞠我。拊我畜我，长我育我。顾我復我，出入腹我。”我字连出，直述而来，把人推回童年的时光。晋朝王裒（？—约311）丧亲后，读《诗》读到此篇，眼泪盈眶而出，心中涌起无限的悲哀和思念。《喻道论》亦曰：“佛十二部经，其四部专以劝孝。”佛典说：“亲

元李衎《四季平安图轴》
绢本墨笔，131.4cm×51.1cm
年代不详，台北故宫博物院藏

之生子，怀之十月，身为重病，临生之日，母危父怖，其情难言。”因此庆生的“生日”，佛教称为“母难日”。一部《佛说父母恩重难报经》，可以说，代表了佛教最深刻的人性一面。

现藏美国纳尔逊-艾特金斯美术馆[Nelson-Atkins Museum of Art]的北魏宁氏墓《孝子变刻石》，其竹笋装饰，取譬于孝行，也是画竹艺术的早期实物。汉代画像上的白兔竹露亦含厥旨，《宋书·符瑞志》曰：“白兔，王者敬耆老则见。”又曰：“竹受甘露，王者尊贤爱老。”竹兔也是宋代画家喜爱的题材，崔白和钟隐都有所作，《宣和画谱》著录了他们的画卷。梵语叫兔子为“舍舍迦”，大概就源于兔子食竹叶、耳变长的故事。竹兔连名，其来也久远了。

孝行竹不但在中国广为植养，早在汉代就越海传到日本，片山直人《日本竹谱》卷中有记：

孝行竹，俗云南京竹，汉名孝顺竹。《桂园竹谱》译名慈竹。又有义竹、子母竹、兄弟竹、慈姥竹、王祥竹、钓丝竹、桃丝竹、赤竹、紫云盖竹、笼竹、秋竹、四季竹等异名。相传汉僧道本归化时，携至我邦，植于长崎中国寺院崇福寺之山上，其处结小庵，号曰竹林庵。故长崎指此竹为唐竹，或竹林竹。生笋夏则生于母竹之内，而使其清凉；冬则生于母竹之外，而使其温暖，故称孝行竹。其后移于筑前、福冈及博多边，颇为蕃茂。

据说，黄帝时代就有歌竹的谣谚。《吴越春秋》记载范蠡向勾践推荐善射者陈音，陈音对勾践说：臣闻弩生于弓，弓生于弹，弹起于古之孝子，不忍见父母为禽兽所食，因作弹以守之。歌曰：“断竹，续竹；飞土，逐宍。”故《文心雕龙·章句篇》云：“寻二言肇于黄世，《竹弹》之谣是也。”

在早期的咏竹之歌中，章首引用的《竹赋》是一篇著名的作品，由于年代久远，赋文或有残缺，然而它却大胆想象了宇宙的图像；当我们静思天空的广阔无垠，单纯的宇宙大小可能不是我们无知的最深刻的根源，但我们对自己的无知的无边无际，却由此导向哲学。

《祖庭事苑》曰："青青翠竹，尽是真如；郁郁黄华，无非般若。"对句绮绣错转，振发释氏之理，若珧华黎绿，环照晶莹：翠竹黄花，都是古佛的问候；空色之理，原是在大自然的千花万竹中悟得。有桩"修竹芭蕉入画图"的公案，还以虚竹构设宇宙，修饰峻整而又无远弗届："须知天地乾坤者，即修竹之根茎枝叶也，故令天地乾坤长久，令大海须弥、尽十方界坚固。"（《正法眼藏》第二十四）

而道家玄览即物，歌修竹则俄飘迷离，空际垂珠："幽人无俗怀，对此苍龙竹，九天风雨来，飞腾作灵物。"灵物，是幽人手里的竹杖，也是山林哲学的象征。《辍耕录》记一高士语："节序骎骎，莫负芒鞋竹杖；杯盘草草，何惭野蔌山肴；虽云一饷之清欢，亦是百年之嘉话。"表达了这种人生的丰姿，洒落得像写在清风流水上的文字。

生活在晚唐的邵谒，寻访金谷园旧迹，看乱草荒竹，一片衰瑟，浮想往日佳丽，埋玉此地，无限的感慨弥漫纸上："竹死不变节，花落有余香。"红颜比日月，可死不可灭也。一死一生，此是一端。朱放《题竹林寺》："岁月人间促，烟霞此地多。殷勤竹林寺，更得几回过。"又是一端。俞陛云（1868—1950）评释说："尘寰营扰，倏忽中，觉岁急于梭。山寺清幽，寂静中便日长如岁。此二句理想颇高，竹林胜地，诚可留恋，惜浮生碌碌，再来能有几回。"

儒道释三学都是对生老病亡的极虑深省，激荡起智慧。在竹林的沉思中，老庄微茫的哲思，刘琨（271—318）《答卢湛诗》"远慕庄周之齐物”；佛陀永恒的圆静，范成大（1126—1193）《阊门》诗“万事惟堪六如观”；孔子深沉的悲虑，陶潜（365—427）《癸卯岁》诗“先师有遗训，忧道不忧贫”，依缘而起，融为新义。

明代初年的方孝孺（1357—1402）是一位著名的儒者，有“天下读书种子”的称誉，他应邀为江右学佛者北宗上人“竹深轩”作记，以儒学的比德传统融合佛学的超俗之论，探讨了生命的哲学：

夫竹之为物，其干亭亭然，其叶青青然，其色莹莹然，如苍玉然。涅之而不汙，濯之而愈新，其与本真之性不染于物者，岂不同乎？草木之质皆自内实，而竹也洞焉而中虚，枵焉而有容，其与圆明虚寂、不碍于相、不窒于欲者，岂不同乎？

方春气始和，震雷发声，交迭竟出，茁茁尔，挺挺尔，越月逾旬，脱其苞躔，本体呈露，而与夙生旧植，生无异矣，其不有同于顿悟倏成之道乎？花卉之类，繁郁姱丽，非不可悦也，或朝舒而夕零，或春茂而秋悴；惟竹也，不以和燠变质，不以凛慄易操，岂弗与贞常不变者类耶？

二

在古典文明中，竹子不仅有伦理、宗教的寓意，竹子还是一种美学的代称。诗人写道：“江上人家翠竹光，竹屏竹几竹方床，生之气味原谱竹，竹屋还须胜画梁。”竹之为物，高宕自然，辉明外发的熠彩，闪闪有致。“有人编缚为条帚，也与神仙扫落花。”编竹为帚，用之神女，碧落摇光的花气，也拂拂而出。在一些笔记中，它的禅悦之味，还传为美谈，如李杜心酒，寒山法粥，见遥闻远：

东坡请刘器之同参玉版和尚，至廉泉寺烧笋而食，器之觉笋味胜，问此笋何名。东坡曰：即玉版也；此老师善说法，要能令人得禅悦之味。（惠洪《冷斋夜话》）

苦笋初入口尚有微苦，后苦气渐转，觉舌本清凉，为之恬淡，为无味之味，非俗士所可知也。（真一《笋谱》）

在精于鉴赏的人看来，竹子几乎就是唯美的："直竹宁为竿，曲竹宁为杖；莫以不韵人，题诗花粉上。"就是为美而生为美而死的："此身愿劈千丝篾，织就湘帘护美人。"

杜甫说："赏静怜云竹，忘归步月台"（《徐九少尹见过》）。因爱竹间的静谧，而忘记归途，可以说到了魂不守舍的地步。他的咏竹短句"雨洗娟娟净，风吹细细香"（《严郑公宅同咏竹》），更是雅洁得令人神往。他还有"婵娟碧藓净"（《法镜寺》），"风含翠筱娟娟净"（《狂夫》），都是用娟净写修竹之美，虽是一时一刻的感受，却令人过目难忘，珍惜不尽。

这种感受，苏东坡给以精心珍存，在一阕《定风波》里，他把杜甫的诗句融为己作。袁宏道（1568—1610）在木脱花落之季，闲步竹林，竹叶的清芬微微醉人，醺然间他把杜甫的"细香"写为空蒙的形象："削尽浓华是此君，碧栏银沼醉氤氲。全凭出格幽微韵，体出无声太古文。定里只消风引月，梦来惟觉水依云"（《竹香》）。秋深无一花，入林香不断，难怪竹子的形神之美，引得诗人不断吟咏，化成无数的颂歌：

浣花笺纸桃花色，拆碎《玉篇》写竹书。

翻开《古今图书集成》，竹部的文录达到十一卷之多（博物汇编草木典第186—196卷），它是竹子的事典，更是竹子的修辞百科。所谓叶深翠羽，干森寒碧，琅玕一束，渭川千亩之类的赞美，所谓檀栾，碧藓，寒玉，冰碧，苍玉，龙孙之类的雅称，在古代的典籍中俯拾皆是，汇为称颂修竹之美的基本语词。

恽南田（1633—1690）曾援引《吴都赋》的咏竹丽语，其云："苞笋抽节，往往萦结。绿叶翠茎，冒霜停雪。橚矗森萃，蓊茸萧瑟。檀栾婵娟，玉润碧鲜。梢云无以逾，嶰谷弗能连。"紧接着写道："玩此藻丽，形容竹趣穷妍尽美，即文湖州之图偃竹、吴仲圭之画直干，不能过矣。"恽南田笔秀文洁，侔色揣称，皆为斫轮手，有时还像释虚中那样豪迈："心含造化，言含万象；且天地、日月、草木、烟云皆随我用，含我晦明。"（《流类手鉴》）可是推开前人的赞语，连他都有无从得句之叹，那就绝不能小看《六一诗话》讲述的情状："有进士许洞者，善为词章，俊逸之士也。因会诸诗僧分题，出一纸，约曰：不得犯此一字。其字乃山、水、风、云、竹、石、花、草、雪、霜、星、月、禽、鸟之类，于是诸僧皆搁笔。"离开这些字的山水诗，古人大概阙如。

许洞（约976—约1017）是宋初著名的爱竹者，他的写景难题，也是写竹的难题。不过，上述那类词语读得多了，肯定让人有套语连篇的造作之感，就像本书这样的写法，引证旧籍，崎岖牵引，力图邀请读者共用昔日爱竹者的眼光，一瞥古雅之美，以再现离我们日渐遥远的古典气氛，即是一例。

读者的感受是对的，作者本想力避造作，不用唯美的笔调，只用明白如话的语言。然而，本文毕竟不是写作，它只是探索，是对语言的神力和神秘的思索。有时静心细想，觉得造作也不一定都是坏事，尤其是把套语用得恰如其分，昔时或易，今世绝难，才想尝试，才去勉力探索的。实际上，最可怕的世界乃是最单调的世界，语言的责任，就是让它丰富起来。偶尔飒飒运笔，实际上也不认为就是写作，不过是随着修竹尽兴吟咏，在它的虚空之心，著上种种的色彩而已：

Wenn die Natur des Fadens ew'ge Länge,
Gleichgültig drehend, auf die Spindel zwingt,
Wenn aller Wesen unharmon'sche Menge
Verdrießlich durcheinander klingt,
Wer teilt die fließend immer gleiche Reihe
Belebend ab, daß sie sich rhythmisch regt?
Wer ruft das Einzelne zur allgemeinen Weihe,
Wo es in herrlichen Akkorden schlägt?
Wer läßt den Sturm zu Leidenschaften wüten?
Das Abendrot im ernsten Sinne glühn?
Wer schüttet alle schönen Frühlingsblüten
Auf der Geliebten Pfade hin?
Wer flicht die unbedeutend grünen Blätter
Zum Ehrenkranz Verdiensten jeder Art?
Wer sichert den Olymp? Vereinet Götter?
Des Menschen Kraft, im Dichter offenbart.
(Goethe, *Faust*, pt. i., Vorspiel auf dem Theater)
[当自然把无尽的长线
漫不经心地绕上纺锤，
当不和谐的森罗万象
发出嘈杂的声音：
是谁生动地划分出单调的流线
使它具有鲜明的韵律，
是谁把个别纳入整体的圣列，

令它发出美妙的谐音？
是谁让暴风雨焕发出奔放的激情？
是谁叫落日体现出严肃的意想？
是谁把春季美丽缤纷的鲜花
撒在情侣经过的路上？
是谁给平淡无奇的青枝绿叶
编成荣冠，奖励各种功绩？
是谁奠定奥林匹斯山聚集起神祇？
都是靠诗人启示的人的能力。］

而写作究竟何物，却像西绪弗斯［Sisyphus］推石，终年尽是苦力，又如陶士行（259—334）运甓，朝夕须有闲心，但年寿有限有时，文章却无穷无尽。更何况其神秘莫测，又随世俄变，绝非怀中出竹一节、规才运寸者所能及，故不禁敬畏而颓然丢笔。此处虽议及，端的实仍不知；欲沥为教条者，亦须在此仔细。倒是看到，在一些成熟的文明，的确是造作产生风格，创造淡远，创造华丽，创造出水光云影，摇荡碧虚，抚玩无极，追寻已远的境界，方敢放言作论。所谓文之为物，自然灵气，恍惚而来，不思而至，所谓每有制作，不以力构，气韵在纸，造物由心，究其根源，都不过是人们想极力摆脱造作，掩饰造作，以至造作得不见痕迹以宽宽自心，而笔底艳到浓时竟是数点秋雪，烟水苍苍迷迷。杜子美《白丝行》诗："美人细意熨帖平，裁缝灭尽针线迹。"真是见道之言。因此人功不竭，天巧不传，得之艰辛，出之自然，朴素风格［the plain style］反倒是高雅风格［the elegant style］的另一相面。西塞罗［Cicero］（前106—前43）说，装饰的美人固美，不装饰的美人更美，它是一种精心计算的疏忽［sed quaedam negligentia est diligens］。不装饰者实乃更懂装扮，更懂造作，更懂大雅不雕，更懂天姿国色不因粉黛，更对自己的本色充满信念，马天来（1172—1232）《赋丹霞下寺竹》：“人天解种不秋草，欲界独为无色花。”以不秋草、无色花喻竹，平淡得美丽，萧瑟得迷人，造作得神奇；它精加雕琢，却风韵秀上，不脱玉之本体，寄意之微，有神无迹。顺此而论，文明本身就是人工造作的结果，尤其是用语言造作的结果：《易》称修词，《诗》称词辑，《论语》称为命至于讨论修饰而犹未已；它们自然到了极致，也造作到了极致，平淡不觉其平淡，华丽不觉其华丽，只觉得满纸静静的气息，正所谓文质彬彬。

龚自珍（1792—1841）《己亥杂诗》云：“莫信诗人竟平淡，二分《梁甫》一分《骚》”。不论是想创造华丽灿烂，还是想达到自然平淡，都受了此处不妨称之为修辞情念[rhetorical pathos]的驱使：踢壁苦吟，灯昏据案，神瘁欲僵，气愤欲泪，以致趁机揭箧探囊（《文心雕龙·指瑕篇》），梦想点铁成金（黄庭坚《答洪驹父书》），都是受了这种情念的逼迫。六朝的萧子显（489—537）《南齐书》卷五十二“文学传论”不很满意缉事比类，或全借古语用申今情；钟嵘（约 471—约 518）《诗品》也反对“补假”“经史”“故事”。袁枚（1716—1798）论诗说：“若夫诗者，心之声也，性情所流露者也。从性情而得者，如出水芙蓉，天然可爱；从学问而来者，如玄黄错彩，绚染始成。”话虽公允，也意在天然心声。可他们都没有回头反观，细想想缺掉那些雕饰套语，情况会是如何，连现今文学研究也往往忽略一个重要事实：套语或形式不只透露古代文明的悠韵，使人窘其边幅，难以展拓，它也创造感情，创造思想，左右思维，振荡文思，使我们因月作华，缘钩得鳞：

> Dixeris egregie notum si callida verbum
> Reddiderit iunctura novum.

(Horace, *Ars Poetica*)
[如果遣词高妙，能赋予套语崭新的意义，
你就会写得分外出色。]

那些想言之有物，想写出神来之笔，想获得一些新思想、新意象而奋力同语言搏斗的人，大概都有这种体会：有时反倒是套语之间的一些摩擦、碰撞、挤压，打亮了新思想、新意象的火花，然后我们就紧紧抓住这个时机，用各种各样的表达方式，把这一点点火花极力燃成燎原之势。这也许就是我们的语言，或者说我们的笔比我们更聪明的一个原因。这也提示，还有一种写作方式，或可称作心随笔运，它不教语句跟随思想写出，而是让思绪追随着纸上的句子，写出意外的想象，似乎：*Puro e disposto a salire alle stele*[一身清纯，准备就绪，飞往星辰]。

正是这种套语构成的思维框架，让竹子成了中国文艺的常用诗题。杭世骏（1696—1772）称颂的“一代雅人”王维（701—761），长期生活在竹洲花坞，与友人浮舟往来，写下不少咏竹名篇。他的《竹里馆》，淡雅之中，别饶华气，落笔既不声张，也不用力，而兴象纷呈，水流花开。他写新竹的诗句“闲居日清静，修竹自檀栾”，吐属悠然，如微风入襟。招友赏竹的小诗，只一句“看竹到贫家”，就足以成就咏竹诗中最清简的文字。有一次冬夜，他看雪观竹，坐对之际，神思骤来，诗句忽然从心中闪现：

隔牖风惊竹，开门雪满山。

气象似乎愈是阔大，愈能见其净洁，真如香雪万片洒落人巾帻间。他去世后，司空曙（720—790）深为其遗文所动，不禁引笔展楮，悄然灯前：

闭门唯有雪，看竹永无人。

在王维那样诗人的影响下，对竹吟诗几乎成了某些文人的生活日课，宋代诗人史弥宁甚至说："竹君门外私相语，两日无诗羞杀人。"他过访友人之宅，也不忘把竹间的清碧之韵拾进诗囊：

周晦叔所宅之左，一坡隐然而高，有竹万个，架小轩于翠雾苍雪间。日弹琴读书其下，轩外鸣泉清驶，若与弦诵之声相答。爱其境胜，为赋一绝：

竹根碧涧落寒声，竹外双溪抵镜明。满袖天风吟不彻，坡头直有许多情。

诗中水竹双清的尘外声色，程嘉燧（1565—1644）在记录从余杭至临安的见闻时，把它表述得袅袅流动，宛转成文：

竹光娟娟袭人，有沟水带之，或鸣或止，与竹声乱，鍨铮可听。几十余里，径折竹穷，复与溪会。溪益深阔，道行溪之后，皆高岸，溪流所激啮，多崩坼。树根时踞颓岸，半迸出水上，偃蹇离奇，多桑多乌臼。溪左皆平沙广隰，溪竹深秀，桃柳始华，时见人家隐林间。估客乘筏顺下，悠然如行镜中。溪流曲折明灭，远水穷处，爰有高山入云。黛色欲滴，与丛林交青，深溪合翠。

程嘉燧的好友李流芳（1575—1629）在云栖竹径手逗秋雨，于晓雾初散，剪得一段影湛虚明，留之《西湖卧游册》中，湖山气调，更觉灵胜：

犹记出云栖时，雾初合，四望皆空，时见天末一痕，皆山顶也。日出氤氲，竹树如影在水中，有寒柯离簁，挺出空蒙间，犹带红叶，分明可爱。余画中最得此意。

郑板桥（1693—1765）乾隆二十三年作兰竹石画册录青藤诗云：我亦狂涂竹，翻飞水墨梢；不能将石绿，细写鹦哥毛。然而他以文字捕捉竹的光泽却细丽有情致：

茅屋一间，新篁数竿。雪白纸窗，微侵绿色。往来竹阴中，清光映于纸上，绝可怜爱。

他看阳光一波三折，穿过竹叶，带着翠绿的竹色，透过壁窗的白纸，曼妙的变移，真是风情万般的几波春水。

有些诗人则在花气隐约间点染出绿竹红树，在淡淡秋光的映照中，勾勒出一片罕见的风雅之美：

流水几曲，夕阳乍沉；娟娟修竹，微风吹襟。美人何处，时闻玉琴；疏花隐红，寒烟满岑。

绿竿千个，中有茅屋；好风入怀，漫卷诗书。环佩绰约，红隔修竹；蒹葭一水，秋雪明处。

他们在竹边水际，静心赏会，于自然的微细处裁取诗意，写出月下竹上的联翩之句，让我们一览明月的清辉如何洒向竹林，洒向一丛丛黛色纷披的竹叶，又把清影投向流光辉丽的竹干，最后碎满一地，飘飘闪闪，像梨花落在二十四桥繁星下的点点细波之上，悄然间，也洒上我们一身花影，美丽得像春天柳枝上的湖光。若是兴到清远，还会引领我们去倾听竹石上的林中水滴，他们笔下的濯红泉、研花水、剪翠微，都是竹子唱出的天乐。有时也忽作变徵之声，如哀玉凄响，怀情恻恻：

衙斋卧听萧萧竹，疑是民间疾苦声；
些小吾曹州县吏，一枝一叶总关情。

郑板桥从萧萧的竹声听出劳苦者的凄怆，以简朴的七言短句去传达一个严肃的主题，思借声诗，以代竹音。

郑板桥是清代咏竹、画竹的名家，他的墨竹受到金冬心（1687—1764）的赞赏。金冬心则自称年逾六十始学画竹，虽是兴到之言，不过从文献看，他力学画竹的年纪的确不小。大约雍正十年（1732）的一个冬月，他给汪士慎（1686—1759）写信求画，流露出对画竹的倾心：

自夏历冬，索居无术，九秋虽小出游，未足以黔墨子之突也。遥念吾友，真腴味道，物表抗情，为足乐耳。际此冰霜之日，复感岁寒，粗纸二幅，奉求作墨竹数竿，空谷之盟，知不拒弃也。兹遣奴来扬，敬候绥吉，其归期不过旬日，得蒙寄赏，披拂林下清风不浅矣。江乡多绪，临颖不庄。十一月十日小弟农顿首上。

平生喜画竹，每见文湖州、柯丹丘、吴仲圭名迹，辄欲效之，未得其用笔也。及与吾友交处几一纪矣。时时见水墨烟篠在我砚席，私自临摹，心手不洽，不觉掷笔太息。近日来颇欲追之，不敢废却。奉上小册一个，求每帧写竹数竿以为画法，不必杂以窠石也。卷首已妄题《巢林良士竹谱》六字，可以见贱子虚怀请教之意耳。十二日小弟农再拜启。

清金农《墨竹图轴》
纸本墨笔，127cm×41cm
1762年，私人收藏

这些信写得既平实又真挚，是绝好的史料。六十岁之后，冬心已进入了无日不为“此君”写照的创作盛期，作于七十六岁时的墨竹是他极精妙的一幅：细细长长的竹干，只宛宛一笔写就，连娟若修嫮女；竹叶的姿形秀异，如花朵旋缀于枝。跋语亦滋味舒长，略云：“余游弁山，寻小玲珑石不得，信宿僧寮。僧心印乞写瘦竹一枝，长供佛前，竹尊者顿开生面矣……此记五年前游吴兴所作。壬午清夏无事，画竹以寄玙沙先生观察公，复书一过。寄到之日，定多物外之赏，于茶熟时，要二三宾佐共吟啸也。”

冬心画竹画得入迷，且每画毕，必有题，他把那些跋文辑为《画竹题记》，请金陵的汤凤仿宋字录写，杜尔儒精刻，印为古色古香的善本，开卷以竹之族六十有一起始，结尾又俄然把板桥的民间疾苦声变调为山中的幽吟：

秋声中，惟竹声为妙，雨声苦，落叶声愁，松声寒，野鸟声喧，溪流之声泄。予今年客广陵，绕舍皆竹，萧萧骚骚，历历屑屑，非苦愁寒喧之声，而若空山绝粒人幽吟不辍也。

由绕舍之竹写到空山的绝粒人，其时冬心先生正在扬州般若庵结缘净境，耽读金粟佛典，想修炼成智旭大师那样的人物。智旭（1599—1655）字藕益，是明代的高僧，他静居的万竹簇拥的灵峰寺，向有“空山丛竹中，忽现庄严宝相，虽曰人力，亦山灵有以致之”的美誉，在对竹的参悟中，他撰写出《灵峰宗论》，苦苦告诫世人，须时时猛念：人身难得，佛法难闻。他生活在僧门弊深、正法衰替的时代，看出了僧界往往亦为俗界，出家前即发三愿：一、未证无生法忍，不收徒众；二、经钵飘零，尘劳行脚，不登高座；三、宁冻饿死，不诵经礼忏及化缘，以资身口。他宁受剧难，作真声闻，不为利名，作假大乘；束身自修，执节淳固，与职业化、世俗化的僧侣生活保持着严格的距离。

叶绍袁（1589—1648）字仲韶，吴江人，也是和世俗生活保持严格距离的风雅之士，他与蕅益生活在同一时代，甲申之变，山河乱绝，行遁为僧，亡命四野。所撰《甲行日注》记1645年至1648年离乱事，文字极凄迷，胡笳四起与梨雨天涯交织为苍凉长卷，生死茫茫中仍极力显示心灵的精深感受，希望泯绝时，也决不丢弃柔情风雅之心。他写花发竹下、人归雁后，倾出让文明不坠的心血。乙酉九月十日记廊下独步云：

晴，乍寒，冷甚。儿辈再往安庐，定居停之约。余无聊独步庑间，见残帙一小词，太平时序，儿女柔情，不觉销凝久之。

九月十二日，记安庐的庭院：

修篁千竿，错以松桧枫梓，诸木夹荫。四围碧岫，如蛾眉临镜，浮出黛痕半抹。在千重绿步障间，黄花四五枝，婀娜依人。屋后流泉淙淙，如美人银甲挑筝弦，柔缓中作觱篥响。擘竹为筏，由山坳屈曲引下，滴之池盎。夜来天高月迥，空山无声，摩挲林影下，如在洞天，非人世矣。

九月十六日记苦珠：

晴，风日霁洁，纤云不飞，花影移纸窗上，萧疏如画，能无思发花前之叹？初食苦珠，似榛栗而小，同豆煮之，则苦味出矣，山中最多。

这些忽忽伤怀中流露出来的幽吟，化作“清言俪语，陆续而出，良由文人积习，亦无可如何，正如张宗子所说：虽劫火猛烈，烧之不失也”。

三

乾隆十五年（1750），金冬心为《画竹题记》作序，就在那段时日，曹雪芹（1715—1763）倾注心血，开始摹绘心目中的“空山绝粒人”，描写《红楼梦》里那位质本洁来还洁去的黛玉。曹雪芹似乎不假经营，即把黛玉写进竹篁：“一带粉垣，数楹修舍，有千百竿翠竹遮映。”“潇湘馆”前的竹声是：“凤尾森森，龙吟细细。”脂砚斋批曰：“与后文落叶萧萧，寒烟漠漠一对，可伤可叹。”短短八字，幽吟之声隐然。金陵十二钗的秀阁，大抵都植有象征性情的花木，独有黛玉在竹风翠影中吟诗弄琴，秋水般的明洁，散落在花飞烟瞑之间。有些人说，黛玉决不像宝钗那样练达，那样讨人喜爱。但这位“体弱不胜珠翠繁”的善病工愁者，却是文人寄意遥深的形象，连鲁迅那样冷峻刚拔的人，也对她“有一种异样的同情”。

这种同情心固然出于人性，扑朔迷离，耐人寻味，但却有伦理的维度：古人说，“天生一美人，泪史即多一人物”；一个男子的品德，也全赖他对女性的态度：

赵抃目一营伎，命值宿老兵呼之。兵去，赵抃周行室中曰：“赵抃不得无礼。”老兵从幕后出云：“某度相公此念，不过一个时辰便息。故虽承命，实未尝往。”

此一个时辰，正是贤邪关头所分。然须胸有至情，方有此行。故人之性情不竭，世之光采日生。不论是敬重，是关护，是半卷芳心，帘风一棹，鸳鸯催起歌声，还是心意婉深，百般人生，都成了无数艺术品创作的原委。

铃木牧之（1770—1842）著《北越雪谱》，写京都花国锦簇之外的越后盈丈豪雪，初编一举售七百余部，刷板装本，至不暇给，引得书肆频乞嗣撰，二编四卷“美人”一篇写僻地惊鸿一瞥，尤为动人，仿佛长汀的女子清晖在东瀛的美浓笺上流光徘徊：

其地女子，肤色至佳，不脂而红，不粉而白，视彼吴娃越女，迄不多让。以僻在一隅，故鲜有知音。

可作者却是知音，他忍不住美的诱惑，放弃山水而细看佳丽，人的美竟比香雪海还动心还秀气，那是寒国画卷的真正一绝。

然此篇有人考证为山东京山所增益，连绵五百余字，有若清初上元诗人罗孚尹小句之反意：

见水边美人，吃饭浣衣，皆用荷风，未免生妒。

古往今来，咏千秋绝艳的诗集众矣，《玉台新咏》大概最为早出。铃木含毫述雅，追步着它的遗音。袁宏道（1568—1610）尝在友人家偶见《新咏》，一阅即快笔跋曰：

余历览名胜，谒禹陵，盘桓兰亭之墟，过山阴道上，兴致萧疏，神情开迪，恨不携惊人句来与山川相映发。夜宿陶周望所，楼头鼓动，意未成眠，抽架上书读之，得《玉台新咏》，清闲俊逸，妩媚艳冶，锦绮交错，色色逼真，使胜游携此，当不愧山灵矣。

文人登临选胜，携之辄动诗思。闺媛留连彤管，更是清歌玉钗，

元吴瓘《梅竹图卷》，纸本墨笔，29.6cm×79.8cm，1348年，辽宁省博物馆藏

梨花月湿，笔墨越缠绵，美的越幽怨，琴心不度香云远。沈虹屏有《寻芳草》词，题曰："春日书《玉台新咏》后"：

芳草青无数，留不得一痕春住。记红桥明月吹香处，浪卷也前朝去。莫问玉人斜，算清泪多于香雨。拟遍书从古伤春句，都粲在梨花树。

《玉台新咏》传为陈代徐陵（507—583）所编，他燃脂暝写，弄笔晨书，撰录艳歌，都为十卷，收诗约六百七十首，流芳不已。王国维（1877—1927）"艳词可作，惟万不可作儇薄语"，可用为此书的弃取之旨。书中咏北方佳人，一顾倾城；竹西少女，独立无双；浣纱溪边，千人为叹；采桑道侧，五马忘归；尽是琼花飘艳，秋月扬辉。征诸诗心词品，盖有三种理想之美：

态转回眸之艳，香飘曳裾之风，影过丁香时，春光不在花枝，是为形美；新妆低映，水如其珮，月如其襟，云鬓半亸，嫣然一笑花袭人，是为趣美；若耶溪头，潇湘竹边，晶晶秋波，流盼于水明天静之外，人立处，风景全幽，才是神美，才是最高最深的美。

《枕草子》说："人的容貌中，有特别觉得美的部分；每次看都觉得很美，甚是难得。图画什么的看过几次，就不引人注目了。身边立着的屏风上的绘画什么的，即使非常漂亮，也不想再看。"（周作人译）视觉的美感竟如此奇妙，一个美丽的形象即 *amabilis personae figura*，能那么深深打动眼睛，似乎只是表面的感觉，无需思想的深意，然而古希腊人却称之为"美善"，佛家也说"相随心转"，《礼记》所谓声之容静，眼之容端，手之容恭，头之容直，气之容肃。好色不淫，此中界限划然。王维诗："艳色天下重。"

明杜堇《仕女图卷》（局部），绢本设色，30.5cm×168.9cm，年代不详，上海博物馆藏

陈继儒（1558—1639）语："世无花月美人，不愿生此世界。"盖人只怕心魄无情，无情则所遇漠然，以为不爱美必至于不爱人也。袁枚（1716—1798）更感慨："天生人最易，生美人最难；自周秦以来，三千年中美人传者落落无几。"她确然远比好山好水还贵气，即使最不看重姿色的传统也为她留下珍重的位置。《妙法莲华经》"提婆达多品第十二"记一少女云：

在菩萨之前，刹那顷发菩提心，得到最高的智慧；于片刻间得陀罗尼，诸佛所说甚深秘藏，悉能受持；又阐明各种大法的根源，心念口演，志意和雅。这少女走到菩萨之前。

可是智积菩萨却怀疑说：我曾见释迦如来，于无量劫难行苦行，求菩提道未曾止息，大千世界，乃至无有如一芥子所在之地，亦力行诸善，为一切有生效力。如是之后，方大发光明。今此少女，于须臾即成正觉，得大智慧，其谁信之？

圣僧舍利弗也怀疑说：佛道悬旷，经无量劫勤苦积行，具修诸度，然后乃成。女身非是法器，犹有五障，故不能修至菩萨地位。

但是这个少女却叫菩萨、声闻等作见证。顷刻之际，在诸神面前，隐去凡身，变为一位菩萨。这时十方诸天之内，充满三十二式光辉，世界在不同的方向震动。

智积菩萨和舍利弗皆默然信受。

日本高僧良宽（1758—1831）手写的《草堂诗集》，有数首描写美人的作品，有一首是他应人之请，再三书写的名作：

柳娘二八岁，春山折花归。
归来日以夕，疏雨湿燕支。
回首若有待，蹇裳步迟迟。

行人皆伫立，道是谁家儿。

他写的景象，乃在化缘的途中所见。山路春光飘摇，忽见一位清丽的美女，猛然惊碎了寂寞心，那是令他无法忘怀的。良宽在圆寂前有一首短诗：

秋叶春华野杜鹃，安留遗物在人间。

它遗赠给一位女子，是良宽的绝命诗。他的弟弟由之《八重菊》说："弥留之际回赠寄子的恋歌。"揣其深意，可由施韦策[Albert Schweitzer]（1875—1965）的一段话补叙：

In everyone's life, at some time, our inner fire goes out. It is then burst into flame by an encounter with another human being. We should all be thankful for those people who rekindle the inner spirit. [每个人生命的内心之火都会一朝熄灭。但由于遇到另一个人，它又燃起火焰。对那些重新点燃心灵之火的人，我们应该心存感恩。]

它也是良宽表达感恩的诗。这位刻苦修行的高僧，只在心中一时一刻也未泯灭人之美的时候，才会觉出大自然的神采，他圆寂前，想念的友人和满山飘落的红叶一起叠印在心："翘首盼君来，踏出红叶路。若在十日前，漫山尽染红。"

魏观（？—1374）咏竹船的诗，"芙蓉秋水三千顷，翠黛春风十二鬟"（《�艭》），把美人和山水变幻的文气氤氲：从山水，则秋罗拂水，一片五湖月，化作桃花开；在美人，则秋波流盼，依约山水空寒，也有三两信好风，吹得菱花秋水缀云鬟。

姚石子（1891—1945）云："因美人而思山水，因山水而怀美人。譬之树草，山水其叶，美人其花。美人借山水以生光采，山水借美人而不寂寞。言美人者，眉曰远山，目曰秋水，则美人而山水也；言山曰婷婷，言水曰温温，则山水而美人也。”古人言修竹即曰翠袖，言美人即曰贞筠，诗心正同。沈归愚（1673—1769）诗：“美人依翠竹，红袖表余春。”是咏竹，抑或咏美人？若究其实，修竹美人，互辉互映，一片光彩，纯以神行：

渭川有竹，其叶翛翛。
繄彼美人，于焉逍遥。
爱而弗觌，我心摇摇。

渭川有竹，亦滨于水。
繄彼美人，莫我肯迩。
愿言卜筑，于子之里。

渭川有竹，风以散之。
繄彼美人，何日见之。
何日见之，中心恋之。

竹子的娟净之美如秋水伊人，如斑竹女（《述异记》）、辉夜姬（《竹取物语》），清纯得刻画难工。明末的女诗人和画家李因（1616—1685），号是庵，生而秀美，诗以《竹笑》名集，弟子吴本泰叙其“吟草”云：“王子年记蓬莱山有浮筠之簳，青鸾集其上，仙人来观，风吹竹声如钟磬。王俭竹赋曰：‘翠叶与飞雪争采，贞柯与层冰竞鲜。’拟议此君，颇称玄赏，窃又以举似焉。”

《竹笑轩吟草》共三集，大致初集刻于崇祯癸未，续集刻于清初，三集刻于康熙癸亥，历时四十年之久，皆积苔为纸，扫柿为书之作。《静志居诗话》说：诗其余事，然无铅粉之饰。尤赞赏她的绘画："是庵善画，花竹之夭斜，禽鸟之跳踯，具有生动之趣。"崇祯七年七月，她应丈夫之请，劈笺作花鸟佳木，笔底烟水秋色，荡荡漾漾落满长绢。此图现存两卷，或有一赝，但均有葛徵奇（？— 1645）跋语。一跋曰："秋霖弥弥，苔藓盈绿，雨着花上，如病丽人，乱头黴面，支床骨立，殊深惋惜，乃命呼酒洒墨，为作此卷。当是西子捧心时倩侍者扶拥而起也。檐楹响溜，淙淙如泻，白云红艳，差与相敌耳。时崇祯七年秋八月识于长安之城南隅。"另一跋也写雨声，但更美：

时白云未收，青山欲湿，潆流迴互，百道鸣泉，竹树岩花，更益其媚，乃于雨声中命作此卷。墨晕浮光，一洗尘俗之气，亦可谓雨催花矣。崇祯七年七月识于春明门外，赭山葛徵奇。

四

《联灯会要》载，五代香严智闲在武当山结草为庵，种竹为友，闻瓦击竹响，灵机彻悟。道元（1200—1253）《正法眼藏》述此颇详。董其昌（1555—1636）的禅学工夫，不劳捏目狂解，即由此打底，他说："余始参竹篾子话，久未有契。一日于舟中卧念香岩击竹因缘，以手敲舟中张布帆竹，瞥然有省，自此不疑，从上老和尚舌头千经万论，触眼穿透，是乙酉年五月舟过武塘时也。"所谓竹篾子，是禅师教学道具，为竹制弓形物，长约一尺五六寸，握手处包藤涂漆，《大慧禅师语录》卷十六云："妙喜室中常问禅和子（参禅者）：唤作竹篾则触，不唤作竹篾则背。不得下语，不得无话，不得商量，不得卜度，不得拂袖便行，一切总不同。"亦见

《无门关》第四十三则。董其昌久久为此公案所困，此时闻竹声方始脱羁。

咸丰元年（1851）十二月二十五日，戴熙（1801—1860）为友人方陟（1798—？）作画，于地冷无花中得淡笔情景八帧，首开即用竹声立格，题曰："未捉笔时不立一法，现掷笔时不留一法，比之截竹得声，范金取影，目击而道存。"川端康成（1899—1972）晚年写《竹声桃花》，也是取意道元法话集的"竹声悟道，桃花明心"。释圆信《杂咏》云：

冷日照林壑，我来击竹菲。
西风在衣带，落叶如鸟飞。

与道元的主旨相同。据《国朝禅林诗品》所附小传，圆信辞世前，啜茶、唱雪花飞之句，安然坐逝。生命就像击竹之声，因缘而来，又因缘而去。

击竹声非比旋律，没有优美的音色却能启迪心智，一定是它震响了人心对自然的依恋。有位沉冥之士隐居在乱山的竹林深处，也为冬月的落雪敲竹所感染：

飞雪有声，唯在竹间最雅。山窗寒夜时，听落雪萧萧，瑟瑟触竹，荡漾不已，有雪声轻似美人琴之趣。忽雪过风急，一声折竹，意参太古，耳目开涤。而虚响之音，又不知所从来，悲怀渐引。

折竹声的苍深、悠渺，回荡为哀寂之音，竹林七贤的嵇康大概也如此感触，才有好音以悲哀为主的卓论。庾信（513—581）《枯树赋》的悲风绕木之歌："昔年种柳，依依汉南；今看摇落，凄怆江潭；树犹如此，人何以堪！"姜白石（约1155—约1221）说他深爱此语。明人冯时可（约 1552—？）在园中静坐，听雨打竹林，愀然而谓："人生若无感慨，一味欢娱，有何意趣。"瑞士哲人阿米埃尔［H.F. Amiel］（1821—1881）雨后玩秋园风物，亦有景色即心境之悟［*Un paysage quelconque est un état de l'âme*］。这些虽是花木之感，却汇为一旨：造艺以悲为美；而所谓的悲之美，其实或无所悲也，心自凄动耳；在寂寞之中，不知为何，有种令人赞叹的美。

王弇州云："温飞卿词曰《金荃》，唐人有集曰《兰畹》，盖取其香而弱也，然则雄壮者固次之矣。"此以香弱拟人心中之词境，沈曾植（1850—1922）赏为妙绝。要之轻尘弱草之情，有香弱而不坠"宛转绵丽，浅到儇俏"，正以其有凄动之美。故诗人忽见花间甚灼，又见竹间影落，花光竹音，忽化蒿莱，则不禁笔端跃跃：

雨过枝轻，落花谁护爱；
风来雪重，折竹总含情。

落花与折竹，在对偶中联为新意，透出诗人对月令花事的细敏：春花落瓣，秋花落朵；春之在草，秋之在叶；点缀生成，都是诗歌。王安石（1021—1086）《北山》状落花之美，只写人久久静坐，细细偻数，生香不断；而江南三月，一春梦雨，溪山飘色，花光照人，更入诗笔。他们咏落花像点点绮云，在水上轻飞，像袅袅天女，向人间倾洗脂粉，绝不像西方诗人那样直白：The bloom is gone, and with the bloom go I (M. Arnold, *Thyrsis*)。他们对花的迷恋，对花的热爱和对花的伤怀，寓万劫华鬘于歌离感事，人代冥灭而弱香犹在：

红雨飘残，春风无主；纸上香魂，虽悲犹美。

明沈周《落花图并诗卷》（局部），绢本设色
30.7cm×138.6cm，年代不详，台北故宫博物院藏

《楞伽经》说："悲生于智。"悲即慈悲，即怜爱，大悲大爱乃成于智慧。寻求这种智慧的金冬心不只爱竹情深，自诩画竹之多超过东坡，而且也自称惜花之人，撰成词章，刻为玉印的边款，洒落的小字，像杏花离枝，纷然一地：

天地间，致足惜者，莫花落也。色香附枝甚暂，体质极柔，昔人所寄慨无穷。余性惜花，每当众芳争放，辄徘徊不忍去。绿章夜奏，乞取春阴，当不减放翁之情痴也。

末句典故出自陆游《剑南诗稿》卷六《花时遍游诸家园》："为爱名花抵死狂，只愁风日损红芳。绿章夜奏通明殿，乞借春阴护海棠。"严复（1854—1921）《秋花次吕女士韵》赞之曰："绿章乞荫通高旻，剑南先生情最真。"潘飞声（1857—1934）与沈宗畸（1857—1926）唱和《落花诗》则一变为暗郁："拟借绿荫重护惜，绿章应写恨难穷。"

花为何物，令诗人如此不能割舍，爱得如此透彻，如此深厚，达到了无缘大慈、无体大悲的纯真净爱的境界，以至于像陆放翁那样，愿乞诸神灵，倾心呵护，真是惜花惜到了刻骨铭心的地步。金农的朋友郑板桥也镌有一印，文曰：更一点消磨未尽，爱花成癖。他的跋语说：

老至年来，心肠铁石；每逢佳日，常发春心。烧烛照红妆，只恐海棠睡去；小楼听雨夜，剧怜深巷花残。（末句典故亦出自陆游名句，《临安春雨初霁》："小楼一夜听春雨，深巷明朝卖杏花。"）

能令感情日益消磨衰冷的老人动情，花之夺人心魄，极矣。像李商隐（813—858）那样的诗人，身怀经世大志，却在飘飞不断的花片中心绪茫茫，爱花爱得不忍洒扫，常常醉卧花下，夜深酒醒后还秉灯持烛独赏残花，引得苏东坡于人声初静，也“只恐夜深花睡去，高烧银烛照红妆”。许棐（?—1249）强排春恨剪春词，竟想“倩人缝作护花衣，恐花飞去无复上芳枝”。唐寅（1470—1523）向称才华任逸，于应世文字，甚不措意，可最浓烈的感情仍向落花倾吐：

唐子畏居桃花庵，轩前庭半亩，多种牡丹花，开时邀文徵仲、祝枝山赋诗浮白其下，弥朝浃夕。有时大叫恸哭。至花落，遣小僮一一细拾，盛以锦囊，葬于药栏东畔，作《落花诗》送之。

唐寅于伤别中追恋其美，春余凉夜，朔月篱边，惘然走笔：“万片风飘难割舍，五更人起可能留？傍老光阴情转切，惜花心性死方休。”就像荷马[Homer]的灵感离不开缪斯[Muse]，他的诗兴也离不开落花，晨光微明，他在篱边和花儿相守，甘心用自己的生命为待落的花朵续命。龚自珍则徜徉花下，在飘洒的花瓣中驰思，仿佛精神会随着落花而游离身体，伴好花如海，随着江云，渡了春魂：

又闻净土落花深四寸，冥目观赏尤神驰。
安得树有不尽之花更雨新好者，三百六十日，长是落花时。

天地间，落花消逝得竟如此动人，如梦如烟，十年千里；美色虽逝而价值犹存：

愿化桃花三百本，来生开与美人看。
学他天上相逢女，约别深情在隔年。

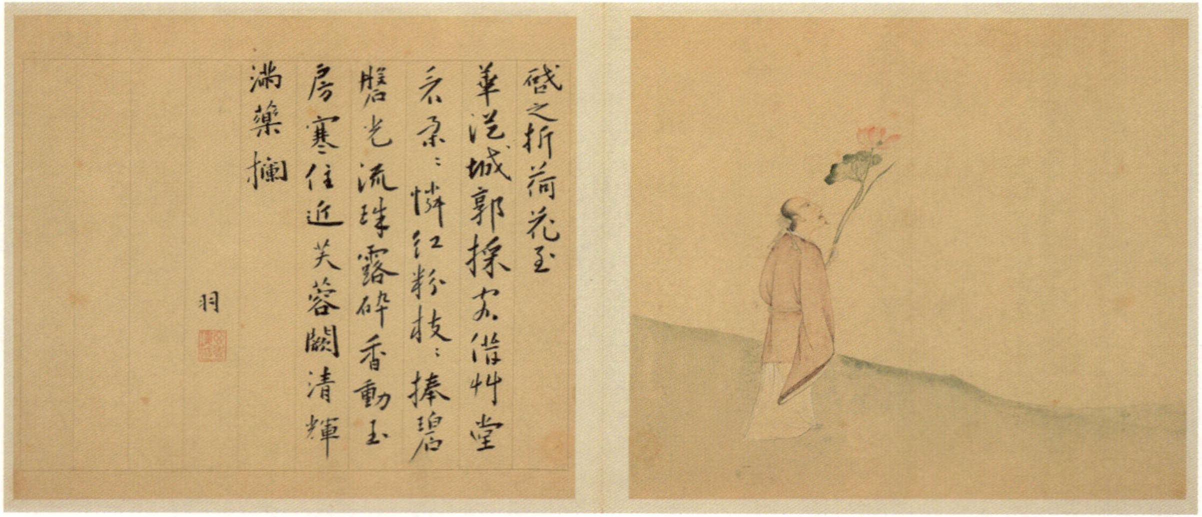

明蔡羽、陆治《书画合璧册》，十开之七，纸本设色，35.4cm×108.3cm，1539年，台北故宫博物院藏

竹花则咄咄逼来，教人直悟人生浮脆，生命固不可复：碧筠修竹，花期神秘，一旦来临，归期已近。《客座赘语》记己酉年（1609）后金陵一带的竹疫：“竹皆开花结米，旋即枯萎。先斑竹，后牙竹，后筀竹，至今则凡竹皆然。大园如西华门之郭府园、魏公之万竹园，皆一望成空矣。”《广陵诗事》亦记程梦星（1679—1755）家篠园竹开花后，竹折殆尽，马曰琯（1688—1755）亟邀同人赠竹，并作小引。

无须说，竹归尘土，花归尘土，人也终归尘土[*terta es, terram ibis*]；这虽是悠悠天定，但诗人看飞花折竹，却如穿天心，出月胁，显现之光未及在心中成物，句姿已然落定：

竹折归土，竹性难灭。
花落归空，花香难除。

黄遵宪（1848—1905）说：我闻净土落花深四寸，每读华严经卷神为痴。粲粲芬花，摵摵芳叶，都仿佛飘缀在经卷中，绽放出大悲之力，使人在 *memento mori*[牢记生命有限]的警示中，创造出人生的境界。1539 年，陆治（1496—1576）为友人启之送别，他把启之半年的行迹留为画图十段，笔调疏放清纯，“启之折荷至”一幅，清纯的竟不杂纤尘，只留下 *quid divinum*[某种神圣]，待人赏音。后人跋曰：

古人蓄精茗，不轻瀹试；得异香，不轻焚爇；有奇花，不轻送折；闻花红透过纸窗声，见竹绿移上书签时，不轻拈取；必待千秋知己，庶不冷同调。此图绘初晨凉爽，陈启之乘兴持秋荷送友，寒花一朵，于西风无味中，微度暗成香吹，一气循环如满天花朵清新，草堂诸子不待话别，已鼻端拂拂与口颊间甘津并入灵府。以此会友，欣所遇，贵知味也。笔墨之妙，不容赞叹，画中光景与秋天争洁，又是一香。

碰到这样托想空灵的人，即使供爨下之役，拾地上之残，也会用白石记日[*albo lapillo notare diem*]，倾听风雅在心里歌唱：瓦盆木榻，贫家风味，都是水竹云山。

那些草野逸士，有一位以心灵的竹声同此浩荡，寂寞的生活也显得横阔、庄严。李思问生活在明代的初年，住在繁丽的金陵城，浣花扫叶。他的书屋，前临大路，背靠污池，屋内逼仄得仅能容膝，“环而视之，惟古书数十卷”。他却以“听竹轩”命名这小小的书房。客人问他，你这里根本无竹，怎么能叫“听竹轩”？他说：正因为无竹，所以用听竹命名，倘若真有竹子，必待风挠之，雪凌之才能有声，然而风雪不常有，竹声也就不能时常聆听了。他进而又说，我的住处未尝有竹也未尝无竹，我未尝侧耳一听也未尝不听，因为：

悟而思竹，则竹环乎床帷之外；寐而思竹，则竹见吾梦；行而思竹，则竹盈于目。愁而解者，竹也；语而答者，竹也。吾琴，竹在琴；吾酒，竹在酒；吾箫磬，竹在箫磬。吾书而思竹，书有清幽闲雅之趣；吾诗而思竹，诗有琮琤飘洒之韵。吾方与子言，而吾之神游乎潇湘之北、洞庭之南。此皆竹之助也。

最后，他把自己的听竹与世人的听竹相比，表达了境转心不转的志念：“吾闻之，待外物而乐者，其乐有时而既，乐既，则悲戚继之矣，众人听竹也。吾不以有竹而乐，必不以无竹而悲，是故有待于物外，而乐自至，岂待于竹然哉！吾之心有在矣。”

释家说：一切唯心造。古人正心正性，不读阴阳术数之书，但以心志转变命运，在在由此。文嘉《先君行略》曰：

> 公（文徵明）读书甚精博，家藏亦富，惟阴阳方伎等书，一不经览。温州公（文徵明之父）善术数学，尝欲授公，公谢不能。乃曰："汝既不能学，吾死，可焚之。"及公奔丧至温，悉取焚去。

人的命运悲欢常常随心源而运；有人命运为外物所役，有人却能自由自己的命运。世人听竹以物，李思问却听竹以心，在把人心和物役的对照中，他实际上批判了他生活的时代，暗示出物欲横流、道德沦丧对人心的危害。他的答客问，不是以古代哲人的恢弘大愿，而是以个人的坦然胸怀，提出如何挣脱物质束缚的见解。在无竹的竹声中，他过着"中有固穷士，尽日枕书眠"的生活。固穷教他递增上缘，遣除浮念，静下心来；无竹反让竹子成了他清疏视听、置怀抱于真寂的挚友，*Nec minus solum quam cum solus esset*[离群索居却并非真正的孤独]（西塞罗）：

虚斋坐深寂，凉声送清美。
杂佩摇天风，孤琴泻流水。
寻声自何来？苍竿在庭圯。
泠然如有应，声耳相诺唯。
竹声良已佳，吾耳亦清矣。
谁云听在竹？要识听由己。
人清比修竹，竹瘦比君子。
声入心自通，一物聊彼此。
傍人漫求声，已在无声里。
不然吾自吾，竹亦自竹尔。

虽曰与竹居，终然邈千里。
请看太始音，岂入筝琶耳。

五

西塞罗是西方修辞学的泰山北斗，他把拉丁比喻的源泉开凿得阔大绵长。中国文明的比喻源泉则更古老，更璨璨有光。岁寒三友之喻虽晚出，但古意亘深。扬补之（1097—1169）作三友图，楼钥（1137—1213）题云：“梅花屡见笔如神，松竹宁知更逼真；百卉千花皆面友，岁寒只见此三人。”（《题徐圣可知县所藏扬补之二画》之二）葛立方《满庭芳》写五种花木：

梅花君自看，丁香已白，桃脸将红。结岁寒三友，久迟筠松。（《归愚词》卷一）

独以松竹比并梅花。林景熙（1242—1310）《霁山集》记：“即其居，累土为山，种梅百本，与乔松修篁为岁寒友。”作者生活在动荡的年月，入元不仕，随寓吟咏，把艺术生命和道德生命都交付松、梅、竹管领，用拟人化的眼光增饰了自然。

所谓的岁寒，背景直是飞雪掠衣。范云（451—503）诗：“昔去雪如花，今来花似雪。”雪的形神在浩浩、飘飘、艳艳间。

江南士林以雪为天工剪水、宇宙飘花，因称雪有四美：落地无声，静美；沾衣不染，洁美；高下平铺，匀美；纸窗辉映，明美。所以宜松宜竹，宜梅宜月，宜小舟一芥，行于山水中，看长堤一痕，湖心亭一点，上下一白。嘉靖戊子至壬辰（1528—1532），文徵明（1470—1559）五易寒暑，为王履吉（1494—1533）画成一幅长长的雪图，极力追摹南国雪后的群山，笔笔写霁色，跋则曰：

古之高人逸士，往往喜弄笔作山水以自娱，然多写雪景者，盖欲假此以寄其孤高拔俗之意耳。若王摩诘之《雪溪图》、李成之《万山飞雪》、李唐之《雪山楼阁》、阎次平之《寒岩积雪》、郭忠恕之《雪霁江行》、赵松雪之《袁安卧雪》、黄大痴之《九峰雪霁》、王叔明之《剑阁图》，皆著名今昔，脍炙人口，余幸皆及见之，每欲效仿，自歉不能下笔。曩于戊子冬同履吉寓于楞伽僧舍，值雪飞几尺，千峰失翠，万木僵仆，履吉出佳纸索图，乘兴濡毫，演作《关山积雪》，一时不能就绪，嗣后携归，或作或辍，五易寒暑而成，但用笔拙劣，不能追踪古人之万一，然寄情明洁之意，当不自减也。

古人向以六法为《七发》，可疗小极，此六法亦可为六花，涤尽俗尘矣。乾隆年间，孙祜画《雪事十咏》(故宫博物院藏)，写赤脚嚼雪，苏卿啮雪，陶穀烹雪，王恭涉雪，谢庭咏雪，东郭履雪，程门立雪，袁安卧雪，谢庄点雪，孙康映雪，亦是寄情明洁。然而，北国关山，风起雪立，却自成诗史。万历五年（1577）早春，徐文长（1521—1593）由宣府南归京城，自坌道走居庸，遇大雪，记途中所见：

连峰百仞，横障百折，银色晃晃，故来扑人。中一道亦银铺也。坐小兜(即绳结软轿)，冒以红毡。疲骡数头，匣剑笈书相后先。冰气栗冽，肌栗矗矗如南夏痱痤。苦吟，冻肩倍耸，惫甚矣，却赢得在荆(浩)关(仝)图画中浮生半日。

荆浩是五代的大画家，河南沁阳人，画山水称唐末之冠。他的两位学生都是画雪景的大师，关仝画渔市山驿，使人如在灞桥风雪中，不复有朝市抗尘走俗之状，范宽画峰峦冒雪出云之势，笔力峻厚，万木寒林，意象肃如，卓有气骨。他们的雪景图在宋初就为人争赏。但是到了南宋，荆关图画中的风雪归客，已是放翁梦里的黄云冻月、冰河铁衣。文天祥（1236—1283）落落马上，天厄甫脱，颠沛流离之际，荒迷不次之秋，行于荆棘废墟中，仍凛凛庄严如斯：“折节从今交国士，死生一片岁寒心。”（《至扬州诗》）

康熙九年（1670）九月，顾炎武（1613—1682）在德州讲《易》，课毕奉柬诸君曰：“草木得坚成，吾人珍晚节。亮哉岁寒心，不变霜与雪。忧患自古然，守之俟来哲。”其时，秋气湝湝，雨余风冽，松竹荒园，苍翠缀缬，霜沾人衣，以待岁寒。

无学祖元（1226—1286），尝住临安，得法于无准师范，有盛名于都下。宋亡，避乱温州，适城陷池落，寺僧逃亡一空，他手持竹杖，独坐寺中。元军握着刀剑，架临他头上，厉声威吓。他冷丁丁吟道：“乾坤无地草孤筇，且喜人空法亦空；珍重大元三尺剑，电光影里斩春风。”面对生死逼迫之状，如见人空法空，平静得像水际滑过的轻风，却震慑得元军纷纷收刃，感悔拜谢。

宗杲（1089—1163）与法一为友，中州丧乱，同舟下汴。宗杲数视其笠。法一心里怪之。伺宗杲起去，得笠中一金钗，取投水中。宗杲还，色动。法一斥之曰：“汝一钗之不忍，而望汝了生死耶？我已投之水矣。”宗杲起，整衣作礼曰：“兄真宗杲师。”此亦真岁寒友。

明末的王思任（1575—1646）平素以唯美见称，想使眼之所见无非粹美，以至放笔直言：“尝欲佞吾目，每岁见一绝代丽人，每月见一异书，每日见几处山水，逢阿堵举却，遇纱帽逃入深竹，如此则目著吾面而不辱也。”而其大义凛然又绝非常人所能想见，他在国家存亡的紧要关头直斥奸佞，大呼“吾越乃报仇雪耻之国，非藏垢纳污之区”，三百年后，还余音振拔，令人动容。这位以“天下名山，寺领之；天下名寺，僧领之；天下名僧，势与利领之”的大胆之词抨击时事的人，这位想得竹百十本，见了碍眼污目的俗事就脱帻去裈、遁入竹林深处的人，在清兵长驱南下攻陷绍兴的战火中，闭门绝粟，从容走向永恒。“细雨自黄昏，残心自孤翠”，自道岁寒心境，凄烈如此。

然而，所谓的岁寒之士，也是那些知松柏后凋的奋力向生者。孔子活动于春秋乱世，有不少人尊他为圣人，但他绝不以圣者自许，只说自己求学不厌而已。他是著名的知礼者，常常以礼教人，却从不自满，入太庙，则每事问，还和学生一起向老聃问礼。他的名句“君子不二过”，翻成现代语即是：知道错误，力求不重蹈覆辙，乃为真正的悔悟；优于别人，还不是君子，优于过去的自己，才是真正的君子。若是卓卓盛誉而有胜人之心，即使话未出口，内心也不过尔尔。孔子说：“丘也幸，苟有过，人必知之。”正是《论语》的闳意眇指。

《淳化阁法帖》卷五有一札云：“投老残年，西崦已逼，恒虑倏忽归骸玄壤，溘尔冥灭，竟不一言。以此在怀，预为其备，于兹路唯有凭心，他余不能有益。年将八十，可以意求，欲望长存，何可得也。道大难，俗情见善从善如登，见恶行恶如崩。必须策怠惰，勤精进，爱日惜力，乃可获耳。”此帖仅题何氏书，盖名已翳没，或疑为欧阳询书，然不可证。作者情多哀思，却鼓厉风云。惊风白日，明月三星，读此小札，能不觉其吐言天拔，灏气舒卷？或正由其岁寒心之独绝而然。

年登期颐的陈卓如（1902—2005）先生为自己的心理学文集作序，开笔就引春秋卫国人蘧伯玉的喟叹：“行年五十而知四十九年之非。”（《淮南子·原道》）他借詹姆士［William James］（1842—1910）之喻，把自己的研究比作鸟飞，不断腾空飞翔，只是偶尔停顿，

明王履《华山图册》，四十开之一，纸本设色，34.7cm×50.6cm
年代不详，北京故宫博物院、上海博物馆分藏

栖止在途中的悬岩与树枝上。他以不断证伪的精神探赜索隐，风气一开，发轫即止，每以苏东坡《和子由渑池怀旧诗》为平生志趣：“人生到处知何似，应似飞鸿踏雪泥；泥上偶然留指爪，鸿飞那复计东西。”他的心路印迹，留痕鲗墨，不立宗派，不邀时誉，在他看来，真正的高贵仅仅在于：今日之我比昔日之我，每日都有所增进，*Otium sine litteris mors est*[而不读书的闲散却是死去]。《竹窗随笔》的作者释袾宏（1535—1615）也说：

昔伊庵权禅师，至晚必流涕曰：“今日又只这么空过，未知来日功夫何如？”其励精若此。予见晨朝日出，则忆伊庵此语，曰：“今又换一日矣，昨日已成空过，未知今日工夫何如？”然予但叹息，未尝流涕，以是知为道之心不及古人远甚。可不愧乎？可不勉乎？

竹窗下的叹息，惊动人心的是知愧而自勉的孤怀独抱。《浮士德》说：*Entbehren sollst du! Sollst entbehren! Das ist der ewige Gesang*[你须否定自己！否定自己，这是一首唱不完的歌]。这也是一首伟大而感人的歌。明代沈维时在他的竹园和友人观赏王履的《华山图》（故宫博物院与上海博物馆分藏），见那些盈尺小幅，意飘楮外，天机物趣，灿然可挹，深为折服。而王履的画跋却说：

图未满意，时欲重为之，而精神为病所夺。欲弗为之，而笔力过前远甚。二者战之胸中，久不决。弟立道谓，此古今奇事，不宜阻，力激之。由是就卧起中强其所不能者，稍运数笔，昏眩并至，即闭目敛神，卧以养之。少焉，复起运数笔，昏眩同之，又即卧养，如是者，日数次，劳且悴，不可言，几半年幸完。呜呼，意于是乎满矣。然傅色将半，忽精神顿弊甚欲毕焉，而掖与推举不足用。思

“满城风雨近重阳”一句尚可寄人，况此乎？遂罢。

跋语写于1383年左右，百年后，西方德意志画家阿尔布雷希特·丢勒[Albrecht Dürer]（1471—1528）也留下了动人的绘事感言。他长期苦苦思索美的奥秘，他的手稿反复围绕着一句话展开：“美是何物，我却不知”[*Was aber die Schonheit sei, das weiß ich nit*]。这催促他以感人至极的谦虚去征求批评，他去世后的第十八年，梅兰克森[Philip Melanchthon]（1497—1560）在一封信中回忆了丢勒对他说过的一番话：

Memini virum excellentem ingenio et virtute *Albertum Durerum* pictorem dicere, se iuvenem floridas et maxime varias picturas amasse, seque admiratorem suorum operum valde laetatum esse, contemplantem hanc varietatem in sua aliqua pictura. Postea se senem coepisse intueri naturam, et illius nativam faciem intueri conatum esse, eamque simplicitatem tunc intellexisse summum arits decus esse. Quam cum non prorsus adsequi posset, dicebat se iam non esse admiratorem operum suorum ut olim, sed saepe gemere intuentem suas tabulas, ac cogitantem de infirmitate sua.[他年轻时喜欢富于变化的华丽绘画，并赞赏己作，细看自己任何一幅画的变化都觉得惬意。到了晚年，他开始观看自然，以试图领会她的真相，始知纯净才是艺术的最伟大装饰。由于达不到纯净，他说，再不像以前那样自我赞赏了，而是叹息不已，看着它们，反省自己的缺点。]

这是神圣的不满[Sacred Discontent]，是花明月静的良知。中国艺术史上有一部名叫《王子若摹刻砚史手牍》的小书，处处都闪耀着这种良知的晶光。手牍板行于咸丰二年（1852），仅仅由十五通书信组成，但却像凡·高［Van Gogh］（1853—1890）的三大卷书信集那样动人心魂。

作者王曰申（1788—1841），原名应绶，字佩章，后字子若，江苏太仓人，《墨林今话》和《画林新咏》均有小传，是画家王宜之子，王原祁的五世孙。十六岁时读书于王兰泉（1725—1806）的家塾，因得亲彭甘亭（1768—1821）先生，十余年间颇有交往。道光元年许乃来刊刻彭氏《忏摩录》，即请王子若作序。王氏从小失怙，母亲又年迈，不能远游，只好在吴门卖字鬻画，嘉庆十五年到浙东游幕，几年后返回，已是远行了。许乃縠（1785—1835）《为徐子山渭仁题王子若七十八石册子》纪其行迹曰："王郎手无点金术，负米养亲一枝笔。朅来海上汗漫游，幅幅云烟手中出。"（《瑞芍轩诗钞》）他除了书法和绘画，也通医术，尤擅铁笔，曾为万承纪（1766—1826）太守缩摹百二十汉碑于砚背。据说，他假榻道院，临窗捉刀，日唯镌一二十字，几与原碑不差毫厘，时称墨林巨观。正是由于这一工作，著名的收藏家王相才把摹刻高凤翰《砚史》的工作相托。

王相（1789—1852）字雨卿，号惜庵，浙江秀水人，著有《无止境稿》十四卷，符葆森（1814—1863）评云："虽席丰履厚，而性情恬澹，好学深思。荒村老屋，一灯如豆，勤苦过于寒畯。"他更以编印《国初十家诗钞》闻名于世，是一位爱才若渴的儒士。他的收藏印刊文曰："为天地惜物，为朝廷惜贤，为祖父惜家声，为子孙惜阴骘，为家惜用，为自身惜福，为学业惜光阴，为年齿惜精神，为终生惜名节。"可见其行己处世之意。适逢王子若又是位重然诺，不苟且，克尽其职，如出本性的艺术家。因此，他们的合作可以说是天赐良机，因缘相会。

王子若摹刻的百二十汉碑砚，世评为上乘之作，自评却是"瑜不掩瑕"，亟想借《砚史》之刻弥补前作不足。受托后，他遍告同人："此后唯医事尚可偶应，其余书画篆刻之事，一切谢绝。总拟终年穷日之力，专攻《砚史》，以早竣为望。"

他亲手校勘原作，推敲图文的款识、刻印和编排，凡事总和王相商量，从不自以为是。刻制当中，自限一月三石、一年三十石，有计划作业，既抓紧时间，又留下转环的余地；他"用志不纷，专功不懈"，把全部的创造精力和智慧都倾注于摹刻《砚史》，"尽传神求似之心"，"期尽美尽善"，"自问竭其所能而止"。

王子若带着对自己往日艺术的"神圣不满"投身工作，但是万万预料不到，迎面袭来的却是接二连三的猛烈打击。

戊戌年冬约定摹刻《砚史》，己亥年二月开始动手，四月中母亲去世。跟着自己又"逢节必发吐血之疾"，庚子年夏以后，发病更甚，连连呕血，不断卧床。到了辛丑年的三月，他的唯一幼子又"陡患惊风"，暴病夭折。

古人说：圣人不怕多难而怕无难。伟大艺术家的命运大概多也如此。王子若迭遭大变，累受挫折，"于侍疾之际，仍不辍手"；"舟车历碌，携石随刻"；甚至"虽病中亦乐此不疲，每刻石时，转觉气平心定，嗽减神安"，"总之，一息尚存，此志不懈"。这位艺术家"屏绝外事，伏匿专功"，"锐意进取"，"以铁笔尽日光，以毛锥充夜作"；"夜燃两三白蜡修刻，而四围置火，助暖驱寒，夜夜习以为常"而"不知东方既白"。他"第一悬悬于心者"是石刻创作，而不是缠身的困厄和不治的疾病；"自念余生，百无一营，唯石刻一事，朝毕夕死无憾。"去世前不久的庚子年除夕，他祷告祈神：愿假一年寿，待《砚史》工竣而后死。给王相的最后一信这样写道：

闰月廿三日，愚弟制曰申顿首，力疾复启惜庵主人宗兄阁下。自昨腊祀灶日足回，奉手书银项及厚赐多珍，与两处信物，当即一一分致。禾中银信，则加封交绸庄回禾度岁之友带去，可保无失。弟度年底年初未必即有信便，故拟修完二十石，手拓定本，作书奉复，以践前言。无如风雪昼晦，不能赶出功程，惟有夜燃两三白蜡修刻，而四围置火，助暖驱寒，夜夜习以为常。正月初四夜祀神饮福后，饱腹不可即睡，复归刻石坐处，孰知心火神旺不倦，不知东方既白。忽觉心中烧甚，突然涌血如注，几两大碗，而汗出神脱，血亦自止，颓然昏晕而卧，惟戒左右勿声而已。初六稍醒，乏极，自知此番大脱血，非静养多日不可。直至正月底，稍可起坐。二月初，可以勉强握刀，止日中半日之功，渐觉喘乏而止，不复继之以夜矣。二月底将次修毕，忽三月初一小儿陡患惊风，至十六而殇。半月中大为所愚，所以劳心伤神者，一言难尽。小儿殇后，弟之复病，更非一言可尽。总之地隔千里，无征不信，功程失约，余复何言！此弟愈迟愈不能寄信之由也。闰三月三日，接到银信，曾具名片，先付来人。原望养病少愈，先寄廿石定本，作书奉致，停止夏季按寄。俟续刻有多寡，再寄拓本，再定以后章程。拟宽展两年之限，而银数亦按石匀分。此实因年老一年，病复不能勉力，不得已而汗颜屡改其约，惟求谅于贤主人，曲恕其非同于牛鬼蛇神，时作变相也。嗟乎！言之不出，耻躬不逮，弟前此之约，皆非贤主人迫之限之，皆出弟自己之意，自己之口。初以为精神心力如一，向之不动不变，可力副此。而初不料连连挫折，以致如此一败涂地之速也。人而无信，夫复何言！昨序东先生来，分致贤主人与弟及铭山书，而传述贤主人口嘱，命弟将已刻五十余石及《砚史》原册，交渠手带回。弟素知序东为贤主人世交至厚，其言与贤主人面谕无异。是以谨如命封固。一一点交，其余未刻石料，恐此时一起带上过于累赘，暂存，俟下次便船载去可也。惟日前所接百金，到手先支逋负，实已用去，尚存廿余金，亦不能完大缺之璧，盖未及计此时之不能始终也。兹谨具借券一纸，乞照入。弟病苟能延愈，必当措缴。如弟病不起，又无后，妻孥亦将转沟壑，则借券又一失约矣。汗颜力疾，具此复谢，徒呼负负而已。此请迩安。附呈微物二种，乞哂入。

读罢掩卷，真有千里风悲，万山俱哭之慨。这通信是艺术史上的《大哀赋》。

1841 年，王子若抱憾长逝。身后一片萧条，仅免暴骸。留下弱妻幼女，生计茫茫。天之困扼奇才，至斯极矣。

然而，他为艺术的完美锐意进取，重病折磨，身将不存，还此志不懈奋身孤往的气骨，磨砺出人心的庄敬。千百年后，人们也会擦去书信上的尘封，觉得与它们相处是一种境界：

> Entrollst du gar ein würdig Pergamen,
> So steigt der ganze Himmel zu dir nieder.
> (*Faust*, Vor dem Tor)
> [当你翻读着这卷尊贵的典籍，
> 那全部的天球都要来俯就于你。]（郭沫若译）

六

这种境界也是心灵风雅的岁寒竹，所谓岁寒之士其实也是风雅之士，冷香浮动时，唱出松竹梅的颂诗。王子若在雪压寒窗、读书不能的瑟缩中，仍口占诗句“雪花着树梅花发，树树装成白玉条”，他给王相的信还自比：“如竹梅瘦骨，可附岁寒之盟。”

以“铁马冰河入梦来”轩轩天地间的陆放翁，一生都爱梅情深，他常在花之晨、雪之夕漾入梅花之烟，七十八岁还忽发奇想：“何方可化身千亿，一树梅花一放翁。”他宛然树树梅前，看簇簇花放、盛开，又悄然飘向无住无染的寂静：长吟直与精灵接，千亿梅花坐月明。数百年后，齐白石还感动地说：“护花何只隔银溪，雪冷山遥梦岂迷。愿化放翁身万亿，有梅花处醉如泥。”（《雪峰梅梦》）

清初的大思想家黄宗羲（1610—1695）则在幻梦中返步溪边，曳杖寻梅，雨意垂垂，即坐梅花下待月：

行来林下参差立，吟到溪头宛转逢。
既可斜阳无寂寞，偏于苦雨得从容。
五更醒梦香封屋，千里怀人月在峰。
不似他年情思薄，搜寻唯仗一枝筇。

韦庄（836—910）《浣溪沙》词：“暗想玉容何所似，一枝春雪冻梅花，满身香雾簇朝霞。”以梅花喻美人，汤显祖（1550—1616）称为“形容快绝”；金冬心画梅，题语亦奇艳，笺上笔下，染出流云绿鬟：“玉楼人口脂与画眉螺黛，写此小幅，觉春光缭乱在几案间。”

梅之为花，香南雪北，让人想起月色的清艳；松则千古一碧，拟心云端，是自然的创物：

松无土，以石为土，其身与皮干皆石也。滋之雨，杀霜雪，句乔元气，甲坼太古，殆亦金膏水碧、上药灵草之属，非凡草木也。有长松夭矫，雷劈之仆地，横亘数十丈，鳞鬣偃蹇怒张，此造物者为此戏剧，逆而折之，使之更百千年，不知如何槎枒轮囷，蔚为奇观也。

如此奇观，乃是大自然中游历的诗人亟盼一遇的景象。旅行家闵麟嗣（1628—1704）上黄山览胜，归作游记，独饶取奇松异石。他的楮冊，清清素素，笔底却涌出风云：

散花坞中，突兀一峰，下临无际。此松破石以孕身，贾勇怒撑，上透峰顶，即偃其盖，衡枝长二三丈，凌空飞舞，若龙爪搏击，松中第一奇观，见者骇瞩，尊为帝松。

松树蟠固凌拔，非苍茫百年难致其孤高奇瑰，唐人李咸诗："壮士难移节，贞松不改柯。"辛弃疾（1140—1207）《念奴娇》："看公风骨，似长松磊落，多生奇节。"松树的庄严，向我们心灵贯注进一种崇高的美，让我们把实用的东西看得一般，而把歆羡之情留给那些打动人心的事物。

熙宁四年（1071）欧阳修以太子少师致仕，退居颍州，苏轼赴杭州通判任，过颍谒见，作诗一首，虽赋石屏，却是虚写，实笔过处，长句磊砢，石理自成松树，欧公胸襟，亦立然折入：

何人遗公石屏风，上有水墨希微踪。不画长林与巨植，独画峨眉山西雪岭上万岁不老之孤松。崖崩涧绝可望不可到，孤烟落日相溟濛。含风偃蹇得真态，刻画始信天有工。我恐毕宏韦偃死葬虢山下，骨可朽烂心难穷。神机巧思无所发，化为烟霏沦石中。古来画师非俗士，摹写物象略与诗人同。愿公作诗慰不遇，无使二子含愤泣幽宫。（《欧阳少师令赋所蓄石屏》）

黄道周（1585—1646）尝画《松石图》，貌苍麟古鬣，写岁寒不凋之操，披观之下，似有蛟龙鼓啸于旁。周仪说"石斋先生忠义之气，皎如日星"。翁方纲（1733—1818）感动的工楷敬题石斋先生画松卷歌长诗一首。钱载（1708—1793）未及登岸，即在船上作跋，又于“轴端驶雨吹松风”之际慈厚及弱柔的藤薜：

水墨松株十八叶法，凡五筒笔；皴断崖一带石之立者三；而松则抱之、倚之、卧之，又丛立于其巅。自题：报国寺后庭二高，前庭二偃；西山窦柏外，无逾此。应天南郊坛二，林屋洞前一，黄山之最著者，曰卷龙，曰破石，曰自在。松大段磊落，当亦勃发，其平生之所见耳。呜呼，先生松也，先生石也。然则非松非石者，乌可以题其所画。载尝藏有倪文贞公山水树石册，皆自题之，其一云：石介已极，木淡无过，世间藤薜，将若之何？盖君子之守道而特立也。藤薜既无由攀附，且扩然而悯其终穷。杜公诗：“十月清霜重，飘零何处归？”亦安忍有所薄于萤哉！复观先生之于松，何其不著一藤，于石，何其不著一薜也，则任观者之各自得之而已。卷今藏粤东潘毅堂中书所。癸卯八月廿日秀水钱载潞河舟次。

恽南田接迹前贤，也画报国寺松树，但点以千丈寒瀑，与松风并奏，清音隐几，时作奇响，他说：“几回停笔不得下，令人心在白云上。”又有松图题曰：“松老不修容，任百卉颠倒太虚，亦不借韵于风烟云月。”周寰登阁赏松，出意相反，他缓借风云之韵，写出更深广的奇观：

晓登昆卢阁，阁峙万松之岭，四山苍翠浮来，僧寺炊烟，缕缕出松腰，与云物相杂和。阁中栖鸽，不可数计，天风穆如，幽霭若眩，窅然而觉慈悯之覆度也。（与黄赠岸书）

而竹之气象，则劲如松，清如梅，板桥先生说：“画其节，虚其心，可以廊庙，可以山林。”“此君”之称，亦空明兰桨，望断美人。金屏庐（1891—约1951）画竹题曰：

阳春和旭中，婉娴幽静，妙如天女。迨冰霜之荐至，风雪之交加，则又独立不惧，匪唯莫可屈伏，而从容应付，幽静依然。太史公言：留侯状貌如妇人好女。吾为此君写图，亦仿佛肖之耳。

在描写修竹美的文字中，杜子美的诗“天寒翠袖薄，日暮倚修竹”，大概可以称为压卷之作，它像一幅画笔难及的美人图，脱尽了色相，却生动得无可恰比。实际上，它激起我们心中最优美的情感，又告诉我们语言在表达美的地方时该停笔。金冬心为华秋岳（1682—1761）作砚铭：“此砚画竹，翠袖江头，年年秋雨，作湘女愁。”一敬瓣香。

《金陵琐事》记杨用修（1488—1559）、王元美（1526—1590）品题梅花诗，皆取杜子美“幸不折来伤岁暮，若为看去乱乡愁”，李商隐“玉鳞寂寂飞斜月，素手停停待夕阳”之句。此论既出，冷却疏影、淡烟无数。黄甲云：“野客佩寒星欲堕，佳人钗暖日初融。”焦竑（1541—1620）云：“花开暮雪人归后，香满寒庭月上时。”一似商隐，一似子美。至于今人周炼霞（1909—2000）题画梅“春愁如梦无尽处，只有香魂化冷云”，可谓天成，忘其践迹，目击而道存者也。

朱彝尊《静志居诗话》卷十八“吴振缨”条云：咏物诗最难工，而梅尤不易，林君复“雪后园林才半树，水边篱落忽横枝”，此为绝唱矣。他如“疏影横斜水清浅，暗香浮动月黄昏”，仅易江为二字（按：江为残句：“竹影横斜水清浅，桂香浮动月黄昏。”），以“竹”“桂”为“疏”“暗”，是妙于点染者。余则苏子瞻“竹外一枝斜更好”，高季迪“薄暝山家松树下”，亦见映带之工。高续古绝句云：“舍

吴青霞《修竹仕女图》扇面，纸本水墨
29.2cm×61.2cm，年代不详，日本私人收藏

南舍北雪犹存，山外斜阳不到门。一夜冷香清入梦，野梅千树月明村。”可谓传神好手。朱希真词“横枝清瘦只如无，但空里、疏花数点”，李易安词“要来小酌便来休，未必明朝风不起”，皆得此花之神。若朱雍之《梅词》，黄晞颜之《梅苑》，李龏之《梅花衲》，释明本之《梅花百咏》，诗愈多而神愈远矣。侍御《栖贤看梅》之作，实获我心。诗云：“万树惟一色，半山堆白云。鸟啼村不夜，香远客先闻。近寺松阴合，横枝涧影分。谁家修竹里，篱外亦纷纷。”

然以格调高下论，则东坡咏梅“竹外一枝斜更好”，高于林君复（967—1028）“暗香”“疏影”，林氏又高于高季迪（1336—1374）“雪满山中”“月明林下”，若石曼卿（994—1041）之“似桃无绿叶，辨杏有青枝”，直下劣极矣。（《带经堂诗话》卷二十九）咏梅得格调难，画梅亦然。堵廷棻往从陈老莲于西湖书画舫，陈氏为其作梅花八帧，粉红萼绿居其二，堵氏给王元炤写信介绍道：红梅一株垂古壁，直浸流泉，复矗而出，作浓花数朵，水中有花影，红艳浮动；萼绿一枝斜出，与枝叶半在纸外之水仙，参差仰笑，若明月深竹湘君，对影微闻叹息，第不知商略何语。接着又细述其画法之妙：

旋授余水墨晕花法。一瓣作一起伏，用半浓笔勾如铁线，急用水墨从线外晕开，逐瓣一晕，故无滞笔。盖手捉两笔也。外旋用水笔，沄沄淡去，衬出白瓣。淡去，故其花若落墨若不落墨，有不即不离之妙，而雪月之光自出。勾瓣须用力，不作呆圆。证此甚难也。华光曰：四十年画梅，近觉瓣稍圆耳。始知乱株胡圈，全是野派。

又从项氏见朱篠，潇洒数株，夹梅一株，旁题曰：墨梅朱竹。予窃摹仿与可迹，亦有渍墨作花者，但枝不甚文。扬补之未见其梅，但见山水小帧，花叶勾折细劲，亦用墨晕，严整中有气韵，即其梅可知也。大抵梅花能，而众卉可游刃也。

宋人画，每着一笔，皆有千岁之姿。老莲从中激宕而成，风调与宋人同心。宋人赏梅亦格韵最高。宋琬（1614—1674）约友看花，有亲炙宋人之感，故愿坐风雨一夜，以见心髓相符：

永兴寺老梅，花中之鲁灵光也。仆亟欲一往，而门下以花信尚早为辞。不知花之佳处，正在含苞蓄蕊，辛稼轩所谓“十三女儿学绣时”也。乃至离披烂熳，则风韵都减。故虽怪风疾雨，亦当携卧具以行。仆已借得葛生蹇驴，期门下于西溪桥下矣。

《容斋五笔》卷一有一则题为“问故居”，绾合松竹梅，略述诗人怀抱说：王摩诘诗云：“君自故乡来，应知故乡事。来日绮窗前，寒梅著花未？”杜公《送韦郎归成都》云：“为问南溪竹，抽梢合过墙。”王介甫云：“道人北山来，问松我东冈。举手指屋脊，云今如许长。”古今诗人怀想故居，形之篇咏，必以松竹梅菊为比兴。诸子句皆是也。至于杜公《将别巫峡赠南卿兄瀼西果园》诗：“苔竹素所好，萍蓬无定居。远游长儿子，几地别林庐。杂蕊红相对，他时锦不如。具舟将出峡，巡圃念携鉏。”每读至此，未尝不为之凄然。

歌咏岁寒三友的词章，是古代诗文常见的篇什，五世纪鲍照（约 414—466）《中兴歌》第十首尤称独诣，他兴到神会，抒发心灵的感受，用语浅近却写出深幽的意味：

梅花一时艳，竹叶千年色。
愿君松柏心，采照无穷极。

吴柔胜（1154—1224）题写《三友图》，则转为眇幻之笔，雕绘满眼中使奇思行荡，词语也仿佛若明若暗：

髯龙嘶风山石裂，玉人影断横斜月。
一声翠羽琅玕东，罗浮梦断微茫中。

若才气不济，他们也会写出应景之句，例如竹散一庭之玉，梅生千步之香，松动万古之意一类的对比，遇此无需刻舟求剑，他们要表达的只是岁寒三友超俗格调的如水如月：雪似梅，梅似雪；似与不似皆奇绝。不过，要切切注意的是，古人眼里的超俗冲动永远是富于创造性的活动，绝不是软弱的病症，尤其当世界颠倒混乱时[The Time is out of joint]，往往是超俗者勇敢孤奋，坚守着正义之路。

In Lebensfluten, im Tatensturm
Wall'ich auf und ab,
Webe hin und her!
Geburt und Grab,
Ein ewiges Meer,
Ein wechselnd Weben,
Ein glühend Leben,
So schaff'ich am sausenden Webstuhl der Zeit
Und wirke der Gottheit lebendiges Kleid.
(Gothe, *Faust*, pt.i. Nacht)
[生潮中，业浪里，
淘上复淘下，
浮来又浮去！

生而死，死而葬，
一个永恒的大洋，
一个连续的波浪，
一个有光辉的生长，
我架起时辰的机杼，
替神织造生动的衣裳。]
（郭沫若译）

一个人洁身自好，不为翕翕然，亦不为崖岸斩绝之行，只是自强不息，为自己完成最好的业绩，同时也就为别人创造了最好的业绩，那些超俗者就以此精神，替神织造生动的衣裳。一位伟人说：“泰山崩，黄河溢，隐士目无见，耳无闻；个别人这样做还不怕，可怕的是它形成一种文化规范、舆论气候。”此言固是。可北京故宫博物院收藏的一卷山水人物图，分五段画五位高士，那是亲历山崩河溢、心有巨痛的石涛（1642—1707）在战乱后的数年画于宣城旅次，他偏偏这样题记：

石户农：石户之农，不知何许人，与舜为友，舜以天下让之。石户夫妻携子以入海，终身不返。甲辰客庐山之开先寺写于白龙石上。

披裘翁：披裘公者，吴人也。延陵季子出游，见道中遗金，顾而睹之，谓公曰：“何不取之？”公投镰瞑目拂手而言曰：“何子居之高，视人之卑。吾披裘而负薪，岂取遗金哉！”季子大惊，问其姓名。曰：“吾子皮相之士，何足语姓名哉。”余以苍苍颠颠笔得之。

湘中老人：唐吕云卿尝遇一老于君山，索酒数行，老人歌曰：“湘中老人读黄老，手授紫蕖坐碧草。春至不知湘水深，日暮忘却巴陵道。”时甲寅长夏客宣城之南湖，兴发图此，不知身在湘江矣。

铁脚道人：铁脚道人尝赤脚走雪中，兴发则朗诵南华秋水篇，又爱嚼梅数片和雪咽之。或问此何为。曰：“吾欲寒香沁入肺腑。”其后采药衡岳，夜半登祝融峰观日出，仰天大叫曰：“云海荡吾心胸。”竟飘然而去。余昔登黄海始信峰观东海门，曾为之下拜，犹恨此身不能去。

雪庵和尚：和尚壮年剃发，走重庆府之大竹善庆里，山水奇绝，欲止之。其里隐士杜景贤知和尚非常人，与之游，往来白龙诸山，见山旁松柏滩，滩水清驶，萝篁森蔚，和尚欲寺焉。景贤有力，亟为之寺。和尚率徒数人居之，昕夕诵易乾卦，已而改诵观音，寺因名观音。好读楚词，时买一册袖之。登小舟急棹滩中流，朗诵一叶，辄投一叶于水，投已辄哭，哭已又读，叶尽乃返。又善饮，呼樵人牧竖和歌，歌竟瞑焉而寐。

这五位高士“其为道者也盖不同，而其所以同者，则在超世之致与不可屈之节”（王国维《此君轩记》），他们代表了石涛心中的道德价值。他画雪庵和尚，还不止一次，虽是画人，却不敷色，满纸迷蒙着秋竹的苍凉。魏学洢（1596—1625）读王兰九《秋残十咏》读出了雪庵，也落笔剡剡然，寒光射人：

余读之，懔乎若薄寒之中焉。夫士之坎壈怀不平也，虽春及芳草，裘马翩翩，对之常有凄清之色，矧以秋人为秋声，且得不神悴乎？昔刘昼每言：“使我书数十卷传世，当不易千驷。”今兰九挟崎岖历落之调，其所以致穷有余矣，而又好与病已处，其穷殆不可量，诗安得不传？吾知千载后定有崎岖历落如兰九者，向秋风黄叶之下，倚扁舟而读之，读已复歌，歌已复泣，泣已投其纸于流，将见此数咏者，飘飘焉，泛泛焉，出没于荒芦断岸之间。

杜茶村（1611—1687）小魏学洢一代，甲申逢变，避乱金陵。朋友谢仲玉给他写信，谈故乡兵火萧条、田庐荡析之状，一字一泪。杜茶村宽慰他，说出心里话：

人虽修伟，立地不过五六尺；极人之力，造为楼观台榭，拔地而起，不过数十丈；于此有人焉。登峰而下视，其高一倍，则人物如蚁，楼观台榭如蚁垤矣；又高数倍，则墨然无所见；矧以无穷之高，而下视旷绝之卑，所见但茫茫一气而已；此茫茫一气者，终古如一也。然则极世局之变迁，尽人情之悲喜，总不能越此地上数十丈之界。诚穷高视之，除茫茫一气而外，别无所见，又何有所谓古今理乱，平陂往复者哉！愿吾兄如此高着眼，则知人世之纷纷扰扰，忽啼忽笑，说成说败，举可怜也。弟流离困苦，殆倍于兄，独以开得这只眼，不至罨杀在几片屋瓦之下。此身尚在，岂偶然哉。非相念之深，不传此道。

茶村实则穷愁到以举火为奇的窘境，还把逼人的苦难投诸无量虚空。他谈及战乱文明信物的毁失，也作洗羁脱绁之语：

书画骨董之类，有一轮回焉。多变而为爨下之柴，釜中之米。近则洗然一空，变无可变，书画涅槃，古董圆寂矣。

传载，杜茶村入清，隐居鸡鸣山之右城，穷饥自甘，刻意为诗。诸贵人求诗名者踵至，多谢绝。然名在天下，诗每出，远近争相传诵。手定稿四十七册，世传者不及十一。吴梅村云：“吾五言律，得茶村《焦山诗》而始进。”阎尔梅也独许其五律为诗圣。斯时，天下汲汲，生民救死不暇，杜茶村犹每日温经五叶，朗诵十二遍，杜诗、史记不厌百回读，坚守古学，厌薄时气，风雅如此。陆放翁尝论傅给事笼鹅换竹之事，以其不著固然，第重其忠义大节之立衰懦，可他忘了自己常在梅清雪娇中郎然自戢，还带着竹林风色。

故园梦远，芳草不来，纵使霜月崩坠，此身无寄，也不让心中的风雅澌灭，这就是那些隐逸之士创造的道德维度。它也是《甲行日注》的主调：

十七日，己未。晴。得梅花二枝，水仙数茎，芳香色韵，皆足匹敌，恨无井眉贮之。唐诗：“酒瓶今已作花瓶。”余实插之茗罂内耳。（丙戌十一月）

十五日，丁巳。晴，暖。往旧馆折梅花一大枝，奇峭古拙；崇孙又觅得红梅花、水仙花，同插瓶中。空山萧寂，晚步庭阶，深负明月。（丁亥正月）

二十六日，戊辰。晴。登茶山看梅花，如绿云覆雪，松梅相错。（丁亥正月）

日记落纸翌年，叶绍袁故国极目，楸陇无依，触物悲端，哀顿而逝。唯有《甲行日注》不为风飘雨蚀，不与粉书花叶同灭，一如《心史》之跋：“此书虽曰纸也，当如虚空焉，天地鬼神不能违，云雾不能翳，风不能动，水不能湿，火不能燃，金不能割，土不能塞，木不能蔽，万万无能坏之者。”

七

1644 年，明朝灭亡，叶绍袁藏身凄风苦雨之际，廖燕（1644—1705）出生，据传记说：他幼时就塾，即问师曰：“读书何为？”师曰：“中举第进士。”燕曰：“止此乎？”师无以应。洎乎康熙元年，燕年十九，补邑弟子员，忽忽不乐。常言士生当世，泽及生民曰功，死而不朽曰名，世人不悟，专事科第，陋矣。他给友人黄少涯写一封信说：

居恒有念，不能与草木同腐，即垂空文以自见，亦非本怀。近欲慕魏先生（魏禧）、徐霞客、衣白山人（邹之麐）之流，以布衣谈当世事。使或有济，胜腐文得官多矣。

他自负议论，风期秀劲，因屏去时文，日究心经史，闲来便坐花对竹，追想往哲：

予于凡物之好，皆得其意而已。顾独好竹，凡于山巅水涯道旁篱落之处遇之，顾瞻其下，辄徘徊不能去。予筑“韵轩”，轩旁有余地，尽令种竹。尝有句云：“恨不十年曾种竹，闲才半刻即栽花。”盖道其实也。好不择种，栽不择时，款不成行列。盖竹有直虚清节之德，予惟取其野而已。

当月夜清朗时观之，影离离布满窗棂阶壁间，绝胜倪云林层层烟雨笔意。予顾而乐之。下随意设石杌几榻之属，客有可语者，拉之坐其下。翠阴下滴客衣，须眉皆作碧绿色。客去，予则独坐啸詠，时饮时歌，时坦步，时坐卧其间，皆与竹有相得之意。

廖燕既无奉迎之劳，也无举业之累，风光之艳，则以赏竹为最。而竹下品茗更是极尽高雅，务求清风徐来，寒林烟起，远山如画，浮于眼际。他还在“韵轩”的西南特筑“半幅亭”以充茶寮，绕以修竹，砌以萝垣，亭赘其中而缺其半，如宋代画家郭恕先画云峰缥缈，仅得半幅。在一首题为《半幅亭试茗》的诗中，他欣然写道：入帘香暗满，隔竹色分妍。

廖燕的时代，日本的茶道已然得到长足的发展，武野绍鸥（1502—1555）的改革把茶室变为强调“美、秩序和简素”的四叠半的草庵式小屋，就连茶室之门躏口也要伏身膝行才能进入，以寓谦卑和虚怀。冈仓天心（1862—1913）说：

Thus prepared the guest will silently approach the sanctuary, and, if a samurai, will leave his sword on the rack beneath the eaves, the tea-room being pre-eminently the house of peace. Then he will bend low and creep into the room through a small door not more than three feet in height. This proceeding was incumbent on all guests — high and low alike — and was intended to inculcate humility.［茶室绝对是和平的地方，客人将怀着这样的心情默默走近圣殿。如果他是武士，他就会把自己的剑放到檐下的刀架上，然后膝行着穿过低于三英尺的小门进入茶室。这一过程是所有客人不论地位高下所必经的，它的目的在于教导人们谦让。］（张唤民译）

它更以茶具、书画、插花的微示意蕴展现大自然的一秋风月。茶室看似仄小，却是最讲究最推敲的地方。

《圣经》说：“房屋都必有人建造，但建造万物的却是神”［For every house is built by some man, but he that created all things is God］（Hebrews 3）。中国的玄思之士则把神代换为自然，力持自然本身的魅力，力请自然之手剪裁出“花间露洗南宫石，竹外云移北苑山”的茶会意境。因此中国的茶寮不像日本的茶室会有一套特具的程式，它总是随着景色的变化简选出晏坐清赏之地，宛若群山万木之泠然有感而应者，故竹云松风，忽乎其前而不可却。若再有秘色茶盏，溢出“巧剜明月染春水，轻旋薄冰盛绿云”（徐正字《贡余秘色茶盏》）那样的诗句，更是妙绝；倘闻有处士击邢瓷越瓯，亦不必柯亭爨桐，即令人魂销形解：

> 湘君宝马上神云，碎佩丛铃满烟雨。
> 吾闻三十六宫花离离，软风吹春星斗稀。
> 玉晨冷磬破昏梦，天露未干香著衣。
> 兰钗委坠垂云发，小响丁当逐回雪。

明人的饮茶，自洪武二十四年（1391）太祖废除始于宋代建州的贡茶而发生巨大变化，从此，叶茶取代团茶，结束了末茶居首的历史，茶具也随之更新。那些新型茶具在顾元庆《茶谱》、高濂《遵生八笺》和屠隆（1542—1605）抄撮前人著述而成的《考槃余事》中均有记载，综合各书，可得二十七器，与陆羽《茶经》颇异，其中十二种，以竹为材：

> 苦节君，湘竹风炉，用以煎茶；建城，藏茶箬笼，封茶以贮高阁；乌府，盛炭竹篮，以为煎茶之资；器局，竹编方箱，以收茶具；品司，竹编圆橦提盒，收贮各品茶叶；湘筠焙，焙茶箱，养茶色香味。
>
> 归洁，竹筅帚，用以涤壶；团风，湘竹扇，用以发火；漉尘，洗茶篮，用以洗茶；静沸，竹架，即《茶经》支腹；撩云，竹茶匙，用以取果；纳敬，湘竹茶橐，用以放盏。

茶器的称谓亦有微意，如《遵生八笺》云："茶具十六器，收贮于器局供役；苦节君者，故立名管之，盖欲归统于一，以其素有贞心雅操而能自守之也。"

古人品茶，决不漫浪，非要人品与茶相得，故其茶器讲究如斯，其烹制法亦往往传于有烟霞泉石磊落胸次者，刘禹锡《西山

明文嘉《惠山图卷》（局部），纸本墨笔，23.8cm×101cm，1525年，上海博物馆藏

兰若试茶歌》“可知花蕊清冷味，须是眠云跂石人”，赋此。《听雨闲谈》有一则记倪云林品茶：“在惠山中，粉胡桃及杂果成膏，切置茶内，名清泉白石。有赵行恕者，宋宗室也，慕云林清致，访之。坐定，童子供茶。行恕连啖果膏。云林怫然曰：吾以子为王孙，故出此茶，乃略不知风味，真俗物也。”盖茶品似人品，使茶如练心，容不得轻浮，容不得俗物。不仅茶事，而且书品、画品、琴品、诗品，一切艺事都可如是观之，不能俗调。明人以茶寄意，此志此心。后来茶人，异代接武，同其兴慨。廖燕以此情怀，固守着明季风雅者清寂的幽独，如水之逸，如茗之涩。

明人煎茶，烹点法甚细，先火候，其次候汤，所谓蟹眼鱼目，参沸沫浮沉以验生熟。精者，味绝清，乳而不黟，称之具有清净味中三味。陆树声（1509—1605）说：“要之此一味，非眠云跂石人，未易领略。”

洪武五年（1372），眠云跂石者王绂（1362—1416）隐居惠山，与僧性海在竹馆高闲、携茶瀹流的生活中，创立惠山竹茶垆文会，首唱为诗，和之者皆一时胜流，并绘竹垆图。岁久垆坏，盛太常因而更制，流传都下，李西涯等人多为吟咏。至清，顾贞观（1637—1714）、周贺（1623—1687）、姜宸英（1628—1699）、孙致弥（1642—1709）与朱彝尊还坐青藤下烧垆试武夷茶，为竹垆联句。竹垆图亦继作纷起，仅明代吴门一系，即有沈贞吉（1400—约1485）《竹垆山房图》（辽宁省博物馆藏）、文徵明（1470—1559）《惠山茶会图》（故宫博物院、上海博物馆各藏一手卷）、钱穀（1508—1572）《惠山煮茶图》、唐寅《惠山竹垆图》。后来，连乾隆帝也掺和其中，赋诗作画，开板《御制竹垆图咏》四卷，盛记其事。他们画玉臼艳敲苍雪，石瓯晴引白云，吟咏着茶垆中岩花落地般的微响和松涛澎湃的回声，品茗成了中国文明中的风雅之事和艺术之事：

诗思撩人知茗好，夕阳穿树补花红。

诗意、美景和佳茗，融在一起，把趣味培养得凄柔、迷淡而幽细。

与王绂的仕途竭蹶不同，陆树声一生，几次仕内，又几次倦游谢去，恒不愿处兰台石室，与他人猎异搜奇。他以苦竹自喻，以无用为用，常在山水佳处，对山翁野老，商略四时树艺樵采服食之事。性嗜茶，凡所至携茶灶，拾堕薪，汲泉煮茗。他还在园中专辟茶寮，中设茶炉，凡瓢汲、罂注、濯沸之具咸庀。客至，茶烟隐隐起于竹外；当月低花浅，新诗夜送来，远梦云扶去：

古枕月侵蕉叶梦，竹炉风软落花烟。

在与遗民高士的往还中，廖燕雅得其传，每当倾谈移日、意高待饮，就把茶事安排在“半幅亭”，他没有仆人，凡事都躬劳其役：

汲新泉一瓶，篝动炉红，听松涛飕飕，不觉两腋习习风生。举瓷徐啜，味入襟解，神魂俱韵，岂知人间尚有烟火哉！

地宜竹下，宜莓苔，宜精庐，宜石坪上；时宜雨前，宜朗月，宜书倦吟成后；侣则非眠云跂石人不预也。

品茗之法甚微，予从高士某得其传，备录藏之，不述也。独记其清冷幽寂，茗之理傥宜如是乎！

修竹之下，烹碧茶，引梨花白盏，远邀山黛，近挹水香，华严无边世界渐从茶瓯现出，衣袂皆白云；或古梅放花，小杯细啜，漫取《赤壁》之赋，快诵一过，听书声与松风相和，洒洒竹林上化作天籁虚无，唯清茶草木之味，夜来与月色匀称。这样寂寂的岁月，明代的吴门画家多有向往。文嘉（1501—1583）和文从简（1574—1648）都画有《山静日长图》手卷（分别藏于济南市博物馆和故宫博物院）。画中林气映天，竹阴在地，日长若岁，水静似人。

唐寅的《山静日长图》则为十二幅绢本册页（《墨缘汇观》著录，现为私人藏），沈虹屏说：“暇日于春雨楼展玩静观，真不作尘世想。”并记其流传始末云：“孙退谷谓，锡山华氏延子畏至剑光阁，三阅月始成者。每幅行书写《玉露》一则，亦子畏绝得意书也。旧藏龚合肥、梁玉立处，流传入衍圣公。余主人以治孔谷园疾愈，举赠有之。”（《春雨楼书画目》）所谓《玉露》即南宋学者罗大经（约1195—约1252）的杂著《鹤林玉露》，它用文字描绘山静日长的图卷，开首以静字起落，文字幽寂得如秋雁一影，飘然天末：

唐子西诗云：“山静似太古，日长如小年。”

余家深山之中，每春夏之交，苍藓盈阶，落花满径，门无剥啄，松影参差，禽声上下。

午睡初足，旋汲山泉，拾松枝，煮苦茗啜之。随意读《周易》、《国风》、《左氏传》、《离骚》、太史公书及陶杜诗、韩苏文数篇。

从容步山径，抚松竹，与麛犊共偃息于长林丰草间。坐弄流泉，漱齿濯足。既归竹窗下，则山妻稚子，作笋蕨，供麦饭，欣然一饱。弄笔窗间，随大小作数十字，展所藏法帖、墨迹、画卷纵观之。兴到则吟小诗，或草《玉露》一两段。

再烹苦茗一杯，出步溪边，邂逅园翁溪友，问桑麻，说粳稻，量晴校雨，探节数时，相与剧谈一晌。

归而倚杖柴门之下，则夕阳在山，紫绿万状，变幻顷刻，恍可人目。牛背笛声，两两来归，而月印前溪矣。

味子西此句，可谓妙绝。然此句妙矣，识其妙者盖少。彼牵黄臂苍，驰猎于声利之场者，但见衮衮马头尘，匆匆驹隙影耳，乌知

明文嘉《山静日长图卷》，纸本设色，32cm×143cm，1577年，济南市博物馆藏

此句之妙哉！人能真知此妙，则东坡所谓“无事此静坐，一日是两日，若活七十年，便是百四十”，所得不已多乎！

作者写晴窗殢绿，竹下读书，松盏浮春，花间品茗；写柴门弄晚，溪月清远，浮生闲话，对客谈尘外事；写心境能造长造短，不由卜运，不在司命；平静得如此优雅，无忧无虑得空际袅娜，把中国文人梦寐以求的理想生活递次缓舒，凌深闲写，达到了静之美的古典高度。在西方，这种古典的静之美是由一首小诗代表的：

Über allen Gipfeln
Ist Ruh,
In allen Wipfeln
Spürest du
Kaum einen Hauch;
Die Vögelein schweigen im Walde.
Warte nur, balde
Ruhest du auch.
[群山之巅
一片幽寂，
林间树梢
觉不出
一丝儿风息；
小鸟悄然无声在林里。
且候少许，你也快要
得到静谧。]

这是歌德的杰作，1780 年 9 月 7 日写于基克尔汉[Kickelhahn]

山顶一间孤零零小屋的板壁上。1831年8月时隔五十多年后，诗人故地重游，再次见到这寥寥的几行诗句，大自然的无边邃静又一次震撼他的心灵，比昔日旅程更强烈感受到了宁静之美的透彻澄明，他仿佛刚刚踏入尘世的新自由天地，第一步恰恰走进这个高山世界，走进这又静谧又冷峻的伟大之中[Und es schien ihm sonderbar und bedeutungsvoll, daβ sein erster Schritt in die neue Freiheit des Weltlebens ihn gerade hierher, in diese stille und kalte Gröβe geführt hatte]，看着窗外阒寂的槲树林，不禁潸然泪下。

静得令诗人落泪，永恒的 *harmonia praestabilita*[先定和谐]深深的打动了诗人。

一位犹太哲人曾把人类的幸福列为一张表格，它包括：健康、爱情、美丽、天资、权力、财富和名誉。然后自豪的交给一位长者。长者说："你忘记了最重要的一项。如果少了它，表中的各项都会成为可怕的折磨。"说罢，他用笔划去全部内容，只添了三字：心之静。接着说道："神赐给许多人天赋和美丽。财富乃常事，名声也不稀罕。但心之静才是神允诺的最后赏赐，是神最爱的深厚标志。神不轻易施予。多数人从未获此恩荣，其他人则等待终生，直到耄耋之年，礼物才惠及降临"[Talent and beauty He gives to many. Wealth is commonplace, fame not rare. But peace of mind—that is His final guerdon of approval, the fondest insignia of His love. He bestows it charily. Most men are never blessed with it; others wait all their lives—yes, far into advanced age—for this gift to descend upon them]（Joshua Loth Liebman, *On Peace of Mind*）。

静寞之为物，乃神明之所吝惜，世俗之所规避者也；一吝惜一规避，所以能静寞的人概在鹃声竹梦当中："我心本孤凄，杜鹃声声鸣不停，快快催静寂。"（松尾芭蕉）而怀此心灵之静以为生活的情致，静寞就不仅仅是一种荒冷，它还是风花雪月的菩提真性：

之美一人，乐亦过人，哀亦过人。
月生于堂，匪月之精光，睇视之光。
美人沉沉，山川满心。落月逝矣，如之何勿思矣？
美人沉沉，山川满心。吁嗟幽离，无人可思。

龚自珍的这阕《琴曲》，以朗净之笔，泽以古风，以高旷之怀，取神似于离合之间，虽归旨难求，却最终是一曲对静寞的赞歌，如花影落身，词美英净。

传为唐人司空图（837—908）撰写的组诗《二十四诗品》，描绘种种动人的诗境，常常不由自主流露出静寞之美，仿佛每种高格都受到了静寞的锤炼。继起的《二十四书品》（杨景曾撰）、《二十四画品》（黄钺撰）、《红雪山房十二画品》（潘曾莹撰）也都属意于云水中间，商量画本，竹梅深处，位置吟朋，皆为山川满心之静者。

在中国，不只是纯艺术，就是工艺，火候也是这样静静漠漠的。清初的濮仲谦，传载其古貌古心，粥粥若无能之辈。然技艺之巧，可夺天工，其竹器一帚一刷，竹不过寸耳，勾勒数刀，便有“洗天风雨几时来”之意。其所自喜者，必用竹之盘根错节，以不事刀斧为奇，经其手，略刮磨之，遂能不著一字，尽得风流。他于友人座间，见有佳竹佳犀，辄自为之；意偶不属，虽势劫利啖之，终不可得。南京三山街润泽于仲谦之手者数十人，而仲谦赤贫，自静自如也。金元钰《竹人录》记嘉定镌竹艺术家马珂亭，亦是同心：

居城南，种竹莳花，灌园自给。今秋得疾，逋积如山，斥产应之。与妻居败屋中，风日不蔽。余往问其疾，日已晡，突不得烟。伊妻见客，潸然泪下。珂亭手执寒花一枝，且嗅且看，欣然自若。

清金农《墨梅图册》，十二开之一，落花（局部），纸本墨笔
23.2cm×33.3cm，年代不详，北京故宫博物院藏

寒花一枝，其冷香深意已鲜为人知，单单是这种审美情趣就成了他们不寻求繁华、不追逐名利地位的原因，甚至成了他们对现实的唯一眷恋：

栖霞结庐，山有修竹；
室陋客少，幽怀在书；
花静六桥，月静三竺；
若无静寞，岂堪寄住。

福建女才子周明媖以悠悠落落之致陶然于书画诗文间，丈夫偶尔外出，寄去的小简也是字字静静的，灿灿出新。有一简写读楚辞："离骚之所以妙者，在乱辞无绪。绪益乱则忧益深，所寄益远，古人亦不能自明。读者当危坐诚正，以求所然。知粹然一出于正，即不得以奥郁高深奇之也。"又一简写看画："林媛（林天素）《松石图》已见岁寒之志，钦其至性，以一绝风之画首矣。亦不能展玩，恐风雨悲鸣也。"还有一简更短，只一行娟娟的小字：

城不如郊，郊不如山，徙之西林诚善也。山静日长，惟君自爱。

寄心静寞，冷雪孤灯，甚足凄人，也疏静可爱，似有无数檐花落入定中，悠然风尘之外，神明赐予人的最深挚礼物就在静寞中缓缓显现。这种静之美，使人生活得平凡而理想得伟大，古代哲人把它珍若拱璧，宝若昭华。

琴川女史缪宝娟，字珊如，幼耽翰墨，工书能画，随父游鄂、陕、豫诸省，看够乱山无数，乱的心反宁静。后归吴门，静静的消磨梨雪玲珑的岁月，天天读书、莳花、弄丹青。菲芳暗度间，关情的是杏花烟，梨花月，谁与晕开春色。

《倦绣吟草》有她的几曲春水花月，只是未细细商量春色，倒是写秋野明，秋风白，秋香次第开彻，对景一吟，折叠出秋意八段，秋痕、秋芳、秋容数首，更是临水搴花，流来疑是行云片片：

秋痕

修篁庭畔露珠圆，三径桐阴雨后天；
画出潇湘秋一片，浓非泼墨淡非烟。

秋芳

疏篱点缀画图工，晚艳经霜簇几丛；
三径幽香人不见，一双瘦蝶月明中。

秋容

岚光如画豁吟眸，不着浓妆态更幽；
怪道秋来山亦瘦，镜中眉黛尚含愁。

秋天之容，大体上说，可以远望，不可以细书。作者却不负一苼秋意，疏篱犹带秋痕写，描出二三分海棠春色换得一双露蝶，飞下秋竹，又写出岚光能到画楼中，也要玉人知道有秋容。风静，秋静，人初静。

同治六年（1867）曾国藩与李眉生论诗之静美，云："诗中有一种闲适之境，专从胸襟着工夫，读之但觉天机与百物相弄悦，天宇奇宽，日月奇闲。如陶渊明之五古，杜工部之五律，陆放翁之七绝，往往得闲中之真乐。白香山之闲适古调，东坡过岭后之五古，亦能将胸中坦荡之怀，曲曲写出。"曾国藩平日作诗硬语盘空，魄力沉雄，悲歌慷慨处，自谓不让陈卧子；作文则奇辞大句，以瑰玮飞腾之气，驱之以行，凡积襞堆垛处皆化为空虚。可心意之中，仍是一股穆穆的静气；他恪守一生的规矩，也是紧紧于此着力。道光二十二年（1842）壬寅岁暮，他写定省身日课十二条曰：

一、敬：整齐严肃，无事不惧；无事时，心在腔子里；应事时，专一不杂，清明在躬，如日之升。

二、静坐：每日不拘何时，静坐四刻，体验来复之仁心；正位凝命，如鼎之镇。

三、早起：黎明即起，醒后勿沾恋。

四、读书不二：一书不点完，断不看他书；东翻西阅，徒务外为人。

五、议史：丙申年购念三史，大人曰："尔借钱买书，吾不惮极力为尔弥缝，尔能圈点一遍，则不负我矣。"嗣后每日圈点十叶，间断不孝。

六、谨言：刻刻留心，第一功夫。

七、养气：气藏丹田，无不可对人言之事。

八、保身：十月廿二奉大人手谕曰："节劳、节欲、节饮食；时时当作养病。"

九、日知其所亡：每日读书；记录心得语，有求深意即是徇人。

十、月无亡所能：每月作诗文数首，以验积理之多寡，养气之盛否。不可一味耽着，最易溺心丧志。

十一、作字：饭后写字半小时，凡笔墨应酬，当作自己课程。凡事不可待明日，愈积愈难清。

十二、夜不出门：旷功疲神，切戒切戒！

这些一日一日的功夫，终成七十二峰山光竹色，曾国藩说："以为人生具此高淡襟怀，虽南面王不易其乐也。"（同治六年三月《家训》）

生活在正嘉年间的顾元庆（1487—1565）也是一位独妙闲絜的

卧云者，他以静寞为友，所刊行的书籍不觉中就放出山林的本色。他的《茶谱》(修改友兰翁之作而成)，叙述茶略、茶品、艺茶、采茶、藏茶、制茶诸法，意调散淡而平寂，周中孚（1768—1831）《郑堂读书记补逸》称其为明代茶书的最佳著作。他也有几种嗛嗛小著，写下一些生活的侧影，其中《大石山房十友谱》，记录了相与忘形的十位朋友：端友（石屏）、陶友（古陶器）、谈友（玉麈）、梦友（湘竹榻）、狎友（鹭瓢）、直友（铁如意）、节友（紫竹箫）、老友（方竹杖）、清友（玉磬）和默友（银潢砚）。这些文人理想生活的器具有三友出于竹制，因此作者对竹子做了高度赞美。

梦友是湘竹做的床榻，是作者偃卧其上，梦游湘云楚水、苍梧之野的凭借。赞曰：悬下无时，广狭有式；徐徐而卧，深深而息。制衍斑文，裁全晕色；一觉籧然，湘云狼藉。

节友为紫竹之箫，是作者出门的必携之物，以其有声与心灵相和：有山邓蔚，九节之竹；葛水苍龙，淇园紫玉。坚贞之操，鸾凤之声；沧江明月，携尔同行。

老友则为一竿方竹杖，是作者探险历奇、生死之交的良伴，绝无庾信《竹杖赋》的伤感：匪矩而方，匪揉而直；虚心劲节，清介孤特。可以持危，可以扶颠；放游五岳，与尔永年。

第一友不是竹制，乃是石屏，且看作者又如何立意：“石屏高二尺有奇，广一尺三寸，前后有诗与竹，皆东坡亲迹。立必端直，山房呼为端友。赞曰：有石如砥，表公之刻，竹既潇潇，诗亦精特。乘气而润，应雨而滋，清风披拂，千古仰思。”动心驰念的是对爱竹者苏东坡的景仰怀思。

《十友谱》写于正德年间，很快成为文人传阅的读物。晚明成书的《长物志》有一节也述及湘竹榻，具体描绘了它在清斋中的位置：

长夏宜敞室，尽去窗槛，前梧后竹，不见日色。列木几极长大者于正中，两旁置长榻无屏者各一，不必挂画。夏日易燥，且后壁洞开，亦无处宜悬挂也。北窗设湘竹榻，置簟于上，可以高卧。几上大砚一，青绿水盆一，尊彝之属，俱取大者。置建兰一二盆于几案之侧。奇峰古树，清泉白石，不妨多列。湘帘四垂，望之如入清凉界中。

器具在厅堂的摆设，总有一道象征型的轮廓，向道德的秩序收拢，此时却消散了。借助这些文字，我们可以想见顾元庆生活时代的一些新的品味。他行不离竹，卧不离竹，苍苍衰年仍不离竹，竹之于人犹如神理相鼓动，而后乃得真遇，成了他须臾不离的良友。晨星朝露，在十友间读书、阅碑、记云林遗事，稍一落笔，便是淇水秋色，起诗意的遥想：竹下纵观廿一史，兰边静对十三行。

八

歌德说过：品格呼唤品格［Character calls forth character］。《玉壶冰》云，张牧之蔽竹窥客，客韵，则呼船载之。盖地有雅士，品格便与山水并重；山水神情，亦恒与幽人亲昵；竹子清逸，更友于高雅知音。因此金冬心即使在困厄中，也决不降低格调，他坚持为艺术寻求知己：

先民有言，同能不如独诣。又曰，众毁不如独赏。独诣可求于己，独赏罕逢其人。予于画竹亦然，不趋时流，不干名誉，丛篁一枝，出之灵府，清风满林，惟许白练雀飞来相对也。

郑板桥循其步履，坚持要把竹石图献给偃蹇孤特之士，也就是他所谓的劳苦贫病之人，也不愿奉与贪图安逸的人享受。在一幅画的题跋中他公然写道：

三间茅屋，十里春风，窗里幽兰，窗外修竹，此是何等雅趣，而安享之人不知也，懵懵懂懂，绝不知乐在何处。惟劳苦贫病之人，忽得十日五日之暇，闭柴扉，扫竹径，对芳兰，啜苦茗，时有微风细雨，润泽于疏篱仄径之间，俗客不来，良朋辄至，亦适然自惊为此日之难得也。凡吾画兰画竹画石，用以慰天下之劳人，非以供天下之安享人也。

跋文有几层意思，但首先是：幽兰修竹，如碧云白雪，往往缺乏知音真赏。清初大诗人吴兆骞（1631—1684），这位十三岁就赢得"悲凉雄丽，欲追步盛唐"嘉美的天才，髫龄时写的《竹赋》，已然感慨竹子的知音渺茫了，小序说："闲游别墅，见有竹数竿，临池独秀，而托根荒径，延赏无人。仆感幽质之飘摇，怜贞姿之芜没。"

嘉靖进士唐顺之（1507—1560）曾批评过两类不能欣赏竹子的人：一是京城的侯家富人，他们愿出高价买竹，却不能深好于竹，就像他们买奇花异石，不过是争奇斗靡，求其罕见而已；另一类生活在江南，他们建屋筑园，"亦必购求海外奇花石，或千钱买一石，百钱买一花，不自惜。然有竹据其间，或芟而去焉，曰：毋以是占我花石地"。这两类，不论是京城人的贵竹，还是江南人的锄竹，其为不知竹，却无二致。元人王冕（1237—1359）《感竹吟》称此为"嚣风漓俗"，斥锄竹者为"野人"。清人齐周华（1698—1766）《名山藏副本》有一篇文章也说：

予生平爱竹。即择寓，必于有竹之家。如无竹，或觅种代植之，聊以自娱，亦即以娱人也。乾隆甲子春，馆于星沙鹾署之西园。因亭前余地，买竹栽之，杂以紫荆、棠棣、芭蕉、秋菊等花。未几，主人谢公梅庄知予有竹癖，乃不远千里，特移桂林嘉种曰钓竹，植亭前。予命童子朝夕灌溉，忽长两笋，高出诸竹之上，对之不觉怡然。秋七月，主人致仕将归。有客言欲锄去者，予急止之曰："毋锄，姑留之。盖留于目前，聊以娱我，我固不可一日无竹也。留于将来，堪以娱人；人之娱，亦即我之娱，无人之非我也。古今来，凡所已成之物，我不留些后人，前人又胡为有留我者？"于是客心乃平而首肯。予遂记于壁，以谂后之居斯地者。愿递相爱护，勿剪勿伐，庶此君直节清声，长留天地间也。

两百多年过去了，让竹子的直节清声长留天地间的美好愿望，依然有人漠视，锄竹的实利主义仍在滋生，甚至 *quae fuerunt vitia, mores sunt*［以前认为的恶习现已成为时尚］，要变本加厉去砍伐整片竹林。他们在翠竹前，不能体验森林和原野的清纯与香净，意识不到竹子启示我们的心灵神明，更不去谨慎现在和未来的每一时刻，从而失去爱护一切生命的宽柔之心。而那种宽柔之心教我们把自然的花明月静看作人精神的不可或缺的部分，它是中国古典文明所赞颂的最美丽的境界。就连佛教传入中土也是如此宣讲故事，去开启人们的觉悟。

有故事说：从谂禅师（778—897）带着弟子在园中散步，突然一只兔子从弟子脚旁惊窜逃过。从谂问弟子："兔子为什么逃窜？"答道："因为怕我。""不，"大师说："它怕你杀生的本能。如果你也柔心如兔，便会与兔子蔼然偕行。"（《五灯会元》）

另一故事讲：一位师父知道弟子寿数将尽，只剩七天光景，命他赶紧回家探母，好让他命终前见见亲人。八天后，弟子安然而归。师父惊异，问之。弟子说，回家途中，见蚁穴遭浸，千万

蚂蚁困于水中待毙，因此脱裳堵流，又以竹子做桥救渡，于是蚂蚁得救。由此愿力，弟子转其命运，寿至古稀。（《杂宝藏经》）

多恩［John Donne］（1572—1631）的紧急场合布道文有言：没有谁是独立之岛，都是大陆的一片土，整体的一部分……每人之死皆是我身之削减，因我身系人类之中，不必去问丧钟为谁而鸣，它就为你而鸣［No man is an island, entire of itself; every man is a piece of the continent, a part of the main…Any man's death diminishes me, because I am involved in mankind, and therefore never send to know for whom the bells tolls; it tolls for thee］（*Devotions upon Emergent Occasions*）。中国人的同情心也许更加宽广，它在观世音的传说中化为美丽的景象。据说，观世音发誓要常住世间，尽除一切众生之苦。有一天她忽然觉得任务太重，有点儿无法承担，心也悲伤得裂成碎片。可她的誓言竟让那些破碎的心变成十一个头和一千只手。那真是最美的誓言，只要些微放弃，就会圣化出更多的慈悲形式。也是极深的启示，它鼓舞一些人不是向往天堂，而是希望重新投生到还有人类苦难的地方。

这就是古典文明蕴藏的宝贵的智慧，说到这些智慧，苏东坡也足供佳例。东坡从小生活在竹声鸟鸣的环境中，在那里靠着母亲程夫人的督导，完成了人生教育的最重要一课：

吾昔少年时，所居书室前有竹柏杂花，丛生满庭，众鸟巢其上。武阳君恶杀生，儿童婢仆，皆不得捕取鸟雀。数年间，皆巢于低枝。其鷇可俯而窥也。又有桐花凤，四五日翔集其间。此鸟羽毛，至为珍异难见，而能驯扰，殊不畏人，闾里间见之，以为异事。此无他，不忮之诚，信于异类也。有野老言：鸟雀去人太远，则其子有蛇、鼠、狐狸、鸱、鸢之忧。人既不杀，则自近人者，欲免此患也。由是观之，异时鸟雀不敢近人哉，以人为甚于蛇、鼠之类也。“苛政猛于虎”，信哉！

东坡的自述，浅浅写出而感人至极，刻刻寻讨、贯穿着天地之心，真是晶晶不可磨灭的文字。郑板桥深为所动，给弟弟的信也专意追步，特地谈到养鸟护子：

余五十二岁始得一子，岂有不爱之理！然爱之必以其道，虽嬉戏玩耍，务令忠厚悱恻，毋为刻急也。平生最不喜笼中养鸟，我图娱悦，彼在囚牢，何情何理，而必屈物之性以适吾性乎！至于发系蜻蜓，线缚螃蟹，为小儿玩具，不过一时片刻便摺拉而死。夫天地生物，化育劬劳，一蚁一虫，皆本阴阳五行之气絪缊而出。上帝亦心心爱念。而万物之性人为贵，吾辈竟不能体天之心以为心，万物将何所托命乎？蛇蚖蜈蚣豺狼虎豹，虫之最毒者也，然天既生之，我何得而杀之？若必欲尽杀，天地又何必生？亦惟驱之使远，避之使不相害而已。

我们读郑板桥的家书，觉得那是他留下的最真纯的作品，胜过他在汪氏文园写的《刘柳村册子》和《板桥自序》，倒不是因为家书显得情深意切，气象清明，而是它重述的古典精神：看到世间一切生命，没有慈悲之心，也就没有人伦：

莫漫锄荆棘，由他与竹高；
西铭原有说，万物总同胞。

板桥的这首短诗写在《墨竹册页》上，对张载（1020—1077）的《西铭》表示敬意，实际上也又一次赞美了他心仪恒久的东坡，它和终南山南溪竹上的小诗主旨相同，那是东坡二十多岁在凤翔任上所作，其诗云：

谁谓江湖居，而为虎豹宅？
焚山岂不能，爱此千竿碧。

南溪的竹林深处藏有猛虎，这是东坡的诗集中多次述及的。但由于爱竹、爱护生灵而拒不焚竹驱虎，其心哀隐，故其行亦高逸。他抱定了宁做不义之举、宁愿牺牲生命，也不让斯文扫地、不让风雅澌灭的信念，使南溪一路，虎行爰爰，竹立猗猗。

东坡的学生黄山谷（1045—1105）也有一首《爱竹》诗："野次小峥嵘，幽篁相衣绿。牧童三尺棰，御此老觳觫。竹吾甚爱之，无使牛砺角。牛砺角尚可，牛斗残我竹。"王应麟（1223—1296）评曰：晚岁所得尤深。魏了翁（1178—1237）也说他以草木文章，发自然机杼，以花竹和气，验人之精神。

也许就是这不让风雅澌灭的精神，成就了中国人最优美的心灵，她明净、温丽、柔韧、宽广，就像辜鸿铭（1857—1928）引用英国诗人华兹华斯[William Wordsworth]（1770—1850）的诗句说的那样，是一种如沐天恩的心灵，一种温静如玉的心灵。她使中国人在长期战乱的荒芜中，细心护持住人文的火种，这种人文，中国古人把它寄托在自然也奇迹般寄托在修竹之上：

Nor less, I trust,
To them I may have owed another gift,
Of aspect more sublime; that blessed mood,
In which the burthen of the mystery,
In which the heavy and the weary weight
Of all this unintelligible world,

Is lightened:—that serene and blessed mood,
In which the affections gently lead us on,—
Until, the breath of this corporeal frame
And even the motion of our human blood
Almost suspended, we are laid asleep
In body, and become a living soul:
while with an eye made quiet by the power
Of harmony, and the deep power of joy,
We see into the life of things.
(*Tintern Abbey*)
[我同样深信，是这些自然景物
给我一份更崇高的厚礼；
在这如沐天恩的心境中，
心灵上神秘不测的负担，
晦暗之世的如磐重压，
都趋于缓轻；在这平静如沐天恩的心境中
爱意温柔为我们引路，
仿佛暂停了呼吸，
血液也静止不动。
全身安然进入酣睡，
化为精神在飞升。
和谐与愉悦的深厚力量，教人眼目
清澄明净，我们可以直察
万象的生命。]（孙静译）

第二章　竹谱

檀弓，檀姓弓名，以其记人善于礼，故以之名书。其朴如此，不烦题以美名，而其书遂足千古。秦少游亦曰：吾文铢两不差，但以华丽为愧。盖皆以华丽为病。然则汪懋麟读少陵集，见其摛词掞藻，如古锦旧璧，美静而沉厚，以为绮罗珠玉，不能与之较色泽。此又一说。知以华丽之辞、鬟烟之句，写出古旧清匀之气，又有一段与天、与云、与山、与水上下一白之意，亦须种梅花千树，以香魂涤砚，浣笔有奇绝之色。每欲学步一二，得绚中之素，戛戛其难，而又格格不出，乃叹息搁笔。

一

《尚书·禹贡篇》："筱簜既敷。"前人释曰，筱即小竹，簜即大竹，意为大大小小的竹子遍布各地。《尚书》的语言质奥，学者们认为是上古虞夏商周四代公文号令的汇编，也是中国最古的记言历史。全书存世二十九篇，写作的时间参差不齐，《禹贡篇》可能写于春秋之际，距今约有两千五百年的历史。

《诗经》的咏竹名句还要早些，"瞻彼淇奥，绿竹猗猗"，据说是颂扬卫武公的歌词，也是最早把竹子与美德联系起来的文字。淇奥指淇水的弯曲处，属中原卫国，在今日的河南省北部。在上古，那是一片清流时静、修竹长吟的沃土。后来，淇园就成了竹林的代称。

《尚书》和《诗经》都经过孔子的编订，与他整理的《易》《礼》《乐》《春秋》合在一起，是后世儒家尊奉的六经。按照《庄子·天下篇》注的说法："《诗》以道志，《书》以道事，《礼》以道行，《乐》以道和，《易》以道阴阳，《春秋》以道名分。其数散于天下而设于中国者，百家之学时或称而道之。"它们在战国时期已有广泛的影响。

先秦典籍没有详述竹子的篇章，只留下一些零碎的记载，要把它们摭拾缀集，重新排列，组成一个有序的知识世界，还需要特殊条件。直到东汉，它才渐趋完备。当时，既有今古文学派对经义阐释问题展开的激烈争论，又有哲学家力图从特殊现象中寻求宇宙运行投影的尝试。在那样学术气氛中，许慎（54/55—147/149）撰写出不朽之作《说文解字》，它推究六书之义，至求缜密，凡十五篇，分五百四十部。后世学者誉为“天下第一种书”，将近两千年后，人们还要认真研读。

如果我们相信哲学家，认为我们的语言支配着我们的思维世界，认为我们的不同侧重点，特别是我们所经验的社会价值反映我们的语言，就像语言反映社会价值一样，以此意而言，《说文解字》的“竹部”也当是一篇最初的竹谱。它根据哲学家始一终亥、据形系联的原则，用一百五十多个属竹部首的字，创造了一部竹子的小型百科全书，或者说一个竹子的文化小宇宙。我们读到：“𥫗，冬生艸也，象形。下垂者，箁箬也。凡竹之属皆从竹。”清代著名《说文》学者朱骏声（1788—1858）诠解说：“冬生谓经冬不死。”另一位经学大师段玉裁（1735—1815）把象形释为“象两两并生”。因此关于竹的说明就是：竹是经冬不死的草；为象形字；两边下垂的笔画，表示笋壳；凡是竹的部属都从竹。这些从属的字，从竹的形态到竹的部位名称，从竹的制品到竹在典章制度的反映，组成了一套无法移译的词汇之网。由于中国文字的特殊构造，它不仅是声音，是意义，还是形象的符号，所以这套词网也是一个中华民族独享的宇宙，让我们看到竹子在先民思想生活中的价值。

1914 年，麦嘉温［John Macgowan］在伦敦出版见闻录，就把中国看成竹子的国度，名其书为 *Beside the Bamboo*；想必他早已熟读了 1793 年马戛尔尼［George Macartney］（1737—1806）率领英国政府代表团到中华帝国访问时由副使斯当东［George Staunton］编写的《英使谒见乾隆纪实》［*An Authentic Account of An Embassy from the King of Great Britain to the Emperor of China*］（1797）；那本书第 17 章写杭州府，专门记述了竹子，作者赞美说，竹子传到

西印度群岛是中国送给他们的最有价值的礼物。难怪西方人要称竹子为 *The Friend of China*。

《说文解字》的出现是中国学术史上划时代的大事，当时就赢得汉安帝的赏赐，不过它包罗的东西太多，竹子仅仅是整体结构中的很小一部分，毕竟它不是一部关于竹子的专门著作。真正特意为竹子构造一个世界的作者，还要过二百五十年左右才能出现。

二

两个半世纪以后是战乱不断的东晋，那样一个时期，生长在长江以北的竹子，由于生态环境的恶化，已在急剧减少。尽管二十世纪七十年代初期，我们在旧称河内的河南沁阳旅行，还能偶遇溪水萦屋、竹林环村的幽雅风光，但从两汉以降，淇水的猗猗修竹已连遭厄运，昔日竹林七贤的悠游之地也渐渐荒落无迹。1610 年，袁中道（1570—1623）路经淇水，在《游居杮录》中写他的见闻：

> 过子贡故里，渡淇水，水清澈见石子。憩有斐亭。过殷墟，宿于淇县。按《水经注》：“淇水亦名奥水。”《诗》云：“瞻彼淇奥，菉竹猗猗。”毛注云：“菉，王刍也；竹，扁竹也。”汉武帝塞决河，斩淇园之竹木以为楗，（《史记》“河渠书”：“而下淇园之竹以为楗。”《索隐》：“楗者，树于水中，稍下竹及土石也。”）寇恂（东汉初人）为河内，伐竹淇川，治矢百余万，以为军资。今通望淇川，无复此物，水边多瓦砾耳。王刍扁竹，亦无有也。旧说，菉竹指王刍扁竹，非今之竹，不知淇园亦自饶竹。谢灵运《山居赋》自注云：“淇园，卫之竹园，在淇水之旁。”可证。

“菉竹”或作“绿竹”，《水经注》卷九“淇水”条：“今通望淇川，无复此物，唯王刍编草不异。”后人多有考索辨析，有以为绿与竹为二草或二菜名者。钱锺书先生批评说，此是诗家景色，或出于目验，或出于兴到，未宜缘木求鱼，也不可守株待兔。然两汉之前，淇奥确有笋竹，《能改斋漫录》辨之最详、最确，诚如袁中道的结论。《焦氏笔乘》卷一也说：“《传》曰淇卫箘簬，又曰淇卫之箭，又下淇园之竹以为楗，又伐淇园之竹以为矢，是淇之产竹，自古而然。《诗》曰：绿竹猗猗。言竹之初生，其色绿也；长则绿转而青矣，故曰绿竹青青。卒章又曰如箦，如箦言其盛也。故谢庄《竹赞》亦曰：瞻彼中堂，绿竹猗猗。毛、陆之说未可从。”《筠廊偶笔》卷上的语气更肯定：“余弟子昭为司勋郎，冢宰黄公机问曰：淇园之竹，自古称之。余数过其地，绝无一竹，何也。子昭对曰：淇竹自汉已无之矣。公曰：有据乎？曰：有。昔汉武时河决瓠子，令群臣自将军以下，皆负薪置决河，以薪柴少，下淇园之竹以为楗。歌曰：薪不属兮卫人罪，烧萧条兮，噫乎何以御水？颓林竹兮建石菑。盖明验也。公为叹服。”但通望淇川，只余瓦砾，早已无复此竹，已不知多少代人兴此悲叹，这大概也是戴凯之的感慨，促使他写成历史上第一部《竹谱》，这是专记竹子的著作，与只载岭表花树的《南方草木状》一起，开创了中国植物谱志的先河。后来的不少竹谱，例如刘美之的《续竹谱》等等，都是对它的补充。

可戴凯之的生平，我们却所知甚少。宋代学者晁公武、陈振孙说他字庆预，是武昌人，左圭说他生活在晋朝，但都没有提供依据。《四库全书总目》的意见是：

旧本题晋戴凯之撰，晁公武《郡斋读书志》云：“凯之字庆豫，武昌人。”又引李淑《邯郸图书志》谓“不知何代人”。案《隋书·经籍志》谱系类中有《竹谱》一卷，不著名氏。《旧唐书·经籍志》

载入“农家”，始题戴凯之之名，然不著时代。左圭《百川学海》题曰“晋人”，而其字则曰“庆预”。“预”“豫”字近，未详孰是。其曰晋人，亦不知其何所本。然观其以仑韵年、船，以邦韵功、同，犹存古读。注中音训皆引《三苍》，他所援引如虞豫《会稽典录》、常宽《蜀志》、徐广《杂记》、沈莹《临海水土》《异物志》、郭璞《山海经注》《尔雅注》，亦皆晋人之书，而《尚书》“筱簜既敷”犹用郑康成“筱，箭竹；簜，大竹”之注，似在孔《传》未盛行以前，虽题为晋人，别无显证，而李善注马融《长笛赋》已引其“䈿龙”一条，段公路《北户录》引其“䓘必六年，复亦六年”一条，足证为唐以前书。

姚振宗（1843—1906）《隋书经籍志考证》引《宋书》邓畹传，载畹奉晋安王子勋起兵反，遣武昌戴凯之为南康相，齐王世子率众攻，凯之战败遁走。因定为宋人。陈直（1901—1980）《古籍述闻》、胡立初《齐民要术引用书目》也都断为刘宋人。看来他的时代似在晋宋之间。当时晋人爱竹的风雅逸事已然流传，王羲之和友人在暮春漫天飞花时节，坐卧茂林修竹间，涤除俗务，气度俊快；王徽之喜为竹友，每对竹，觉长林萧萧，思在天外。戴凯之无疑也用诗人的眼光品察竹子的世界，他撰《竹谱》，用四言韵语写出崭新的著录之文，文字精练而典雅，这让他成为中国竹学的奠基人。他的著作在印刷术普及后流传得更广，收进了各种丛书，清末学者孙诒让（1848—1908）《札迻》卷十一对它做过重要的校勘考定。

在《竹谱》的开篇，作者当先强调竹子的特殊形态，他说：“植类之中，有物曰竹；不刚不柔，非草非木。”竹子不同于草，也不同于树，按照作者的序次，植物中有草、木、竹，就像动物中有鱼、鸟、兽，应单列一类。这样崭新的看法，完全不同于他的前辈，标志着竹子已然从草木中脱颖而出，获得独立。从后来的发展中我们知道，竹子的确成为中国文化的一个特殊形象，象征了文人的一种理想。

《竹谱》记述的竹子有六十种之多，作者可能是位旅行家，到过很多地方。当然，有的材料从读书获得。但可贵的是，他在自己知识缺乏的地方毫不掩饰，公开承认自己的无知。他用诗的形式撰写正文，用注释的方式提供细节和掌故，有时还有学术的辩证，例如我们在“籦龙之美，爰自昆仑”的注释下读到：“籦龙，竹名，黄帝使伶伦伐之于昆仑之墟，吹以应律。《声谱》云：籦龙大竹。此言非大小之谓。《笛赋》云籦笼。非也，自一竹名耳。所生若是大竹，岂中律管笛与？”像这样从竹子的自然属性中显示文化意蕴的情调浮动在字里行间，这种古代学术的特色使得后来的学者踌躇，他们拿不准主意，究竟是把它放在农家类切实还是谱录类合适。

《竹谱》只存正文，没有序，作者的撰述本意已无法得知。它的问世在多大程度上激起人们爱竹的热情，也是难以回答的问题。我们所能确知的是，自六朝以降，歌颂竹子的诗篇就日益剧增，到了宋代，画竹也成为绘事的一个门类；《竹谱》未述及的象征意义，后人更是考引昔今，精加阐发，爱竹与否，已成为衡量人们日常生活雅俗的一个标志。

乾隆四十六年（1781）二月，经过近十年的编摩考订，第一部《四库全书》缮写告竣。在子部谱录类，收入戴凯之的《竹谱》，一并抄录的还有陈鼎的一卷同名著作。陈鼎（1650—？）字定九，又字九符，生于江阴，足迹则远至两广。他不特多尝异味，写成《荔枝谱》，且亦多睹异物，撰为《竹谱》。他在书中列述竹之异者凡六十条，包括朝鲜的龟脚竹，安南的珊瑚竹，占城的九曲竹，还有真腊的歌毕陀竹。他写回春竹，“产嶰谷中，作笛吹之，能回寒谷”。写孝子竹，“江南江北俱产，但种不多”。明记产地，意在补裨戴凯之的《竹谱》。

清人编著的竹谱，还有几种，例如吴度的《竹谱》，其中尤以陈仅（1787—1868）的四卷《竹荟》，一崇大雅，旁采遗书，演迤详婉，披览周环。作者处在乾嘉考证的风气中，又有壮游江皖吴越齐鲁燕冀的经历，开卷就对戴凯之《竹谱》做出回应与研索：

篛笼竹，《竹谱》作笼篛竹。《汉志》：黄帝使伶伦自大夏之西，昆仑之阴，取竹之嶰谷生，其窍厚均者，断两节间而吹之，以为黄钟之宫。即是竹也。竹间长六寸九分。马融《长笛赋》：惟篛笼之奇生兮，于终南之阴崖。《广东通志》云：清远县五十里曰峡山，相传黄帝遣二庶子，采阮俞竹为黄钟之管。二臣俱隐此山，祠在广庆寺东庑。今山上竹节间长九寸，围径三寸。疑此山即阮俞之山。《汉志》及《竹谱》误为昆仑耳。

按：篛笼，戴凯之《竹谱》作篛龙。陈氏引为笼篛，或是版本不同故。又，《南越志》以罗浮山之竹为篛笼。《汉志》，即《汉书·律历志》省称。《汉志》语亦见《吕氏春秋》卷五和《风俗通·声音序》。嶰谷为昆仑山北谷名，所产之竹，名嶰竹，所制箫笛，名嶰管。嶰谷亦名嶰溪，见《吕氏春秋·古乐》。阮俞，又作阮隃，山名，有人认为即昆仑，俟考。

清代后期还有位学者，孜孜不倦研究博物之学，他瞻仰戴凯之的渊渟岳峙，探涉穿贯，嗣其遗响，也采用四言诗的形式，吟述典据：

渭川千亩，千户之封（《史》：渭川千亩竹与千户侯等）。传名嚣水（《山海经》：嶓冢之山，嚣水出焉，上多桃枝竹），擅美华峰（《拾遗记》：岑华之山在西海之西，有蔓竹，为箫管，吹之若凤鸣）。蓬山筠篰（《拾遗记》：蓬山有浮云之篰，叶青茎紫，子如大珠，有青鸾集其上），罗浮簕笼（《南越志》：罗浮山生竹皆七八围，长一二尺，谓之簕笼）。仪天圆质（江逌《竹赋》：含虚中以象道，体圆质以仪天），象道虚中。葳蕤防露，泠泠来风（《楚辞》“七谏”：上葳蕤而防露，下泠泠而来风。蜀中有防露竹）。围或累尺，簹实衙空（见《竹谱》注：簹与由衙皆大竹，簹孔小，几于实中，由衙中空差大）。泣于帝子（《博物志》：舜死苍梧，二女啼于洞庭川，涕挥竹，竹尽斑。二女娥英也），识者蔡邕（《文士传》：蔡邕经会稽高迁亭，见屋东第十六竹椽，可为笛，取用，果有异声）。为舟何大（《山海经》：卫邱山南，帝俊竹林在焉，大可为舟。注，俊即舜字。又云，一节为船曰簫竹），达革亦雄（见《家语》）。或为菰菜（竹内实外泽曰菰菜），或谓箹筒（竹节疏而笋可食曰箹筒）。广西有雪（广西有雪竹，嘉定州又有月竹），西蜀有棕。落伽有紫，峡州有红（峡州宜都县有红竹）。会稽有箭，东方有弓（弓竹）。野曰蚱蜢，劳曰龙钟（竹之劳者曰龙钟，年老者如竹，枝叶摇曳，不自禁持，故云）。空实小异，节目大同（二句见《竹谱》）。九河鲜育，五岭实丛（《竹谱》：竹虽冬蒨，性忌殊寒；九河鲜育，五岭实繁）。箸篒为震（《埤雅》：幼竹此实也），簬箘贡通（韦昭《禹贡注》：箘竹一名聆风）。地有鄠杜（《地理志》：秦地有鄠杜竹林，号陆海也），林是稽公（《述征记》：山阳县东北嵇康圃宅，今为墟，而父老犹谓嵇公竹林）。林于叶薄（广而叶薄曰林于竹，一作箖箊），潇碧玲珑（潇碧，竹也；元稹诗：总是玲珑竹）。绿卿青士（王彪《临池赋》云：绿卿高拂。谓竹也。《三水小牍》：竹曰青士），环佩凌空（《云窗私志》：凝波竹出区吴山，紫枝绿叶，坚滑如玉，风吹声如环佩。汉成帝种于临池观，名环佩竹，花如海榴，实如莲子而小。赵飞燕服之，肌滑体轻）。篻棰篁篾（竹名，见《文选》“南都赋”），筱簜溟蒙（江淹赋：结筱簜之溟蒙）。青虵红鹊（《海录碎事》：紫云盖，慈竹也；赤玉脂，桃竹也；青虵枝，苦竹也；红鹊尾，青竹也），植物何穷。种须辰日（《岳州风土记》：岳人五月十三谓之龙生日，种竹多茂，即《齐民要术》竹醉日也。又曰竹迷日。山谷谓：种竹宜用辰日），易致青葱（《诗义》：南中生子母竹，今慈竹是。汉章帝三年，子母竹生白虎殿，青葱可爱，谓之孝竹，群臣作颂）。

这篇短文可看成古典竹文化的小引，或短篇的竹子图像志［iconography］，是他的心血之作《葩经识名衍韵》中的一节。作者对《诗经》鸟兽草木虫鱼一一进行研究，遐稽约取，条分部居，但以近古为征，不作臆必之论，写成净本，都为一编，可惜至今也未出版，连作者的姓名也几乎泯泯不复见，只在书名下留有一行小字：横湖芗谷冯著。

二十世纪二十年代，《竹谱》也吸引了一位西方学者波特菲尔德［W.M. Porterfield］的兴趣，这位执教于上海圣约翰大学［St. John's University］的学者，是一位生物学家，不只关心生命的初始形态，也执意寻求生命的各种形式，而拿手的研究工具则是分类。

分类，是一个极古老的词，根据《尚书·舜典》附亡《书》序："帝厘下土，方设居方，别生分类，作《汩作》。"按照孔传："生，姓也，别其姓族，分其类使相从。"而一意探求新方法的现代人，不免觉得它陈旧、枯燥、保守。但熟悉这工具的人知道，从亚里士多德［Aristotle］（前384—前322）到林奈［Carl von Linné］（1707—1778），分类从来不是一种简单的机械方法，每一分类系统都是创建一个世界。在《创世纪》［Genesis］，神第一次使用分类，神对挪亚［Noah］说："凡有血肉的活物，每样两个，一公一母，你要带进方舟，好在你那里保全生命。飞鸟各从其类，牲畜各从其类，地上的昆虫各从其类，每样两个，要到你那里，好保全生命"［And of every living thing of all flesh, two of every sort shalt thou bring into the ark, to keep them alive with thee; they shall be male and female. Of fowls after their kind, and of cattle after their kind, of every creeping thing of the earth after his kind, two of every sort shall come unto thee, to keep them alive］。分类是保全生命，激发活泼泼的气息，贴上标签，不过是生命的暂时静止；分类也是给连续的经验世界分节［articulation］，创造新门类，给人新的期待和新的发现；分类是思想，是智慧的一种形式，它构筑了人类的知识史；它不但显示真理，甚至能达到至高的美，就像数学那样，有一种冷寂而严净的美；它把我们从榛莽乱靡中带进一个秩序井然的世界，在那里筑起一个住所，让我们的观察、判断、分辨的眼力，让我们的惊奇感，得到充分的满足。

惊奇感和求知的意愿也是波特菲尔德的胸次本色，他走遍大江南北，进入乱山深处，调查记录了各类异竹。就像他的前辈邓玉函[Jean Terrenz]（1576—1630），“尝中国草根，测知叶形花色，茎实香味，遍尝而录取之”（《帝京景物略》），他每有所获，每辨识一种竹，都像一次科学的发现，都有阿基米德[Archimedes]（前287—前212）呼喊 *Eureka* 那样的激动。1930年，他终于厘清中国66种竹子的归属，在 *Journal of the North China Branch of the Royal Asiatic Society* (Vol. LXII, 1931)发表专论，对中国竹子做出类定。他指出，24种归 *Phyllostachys* 属，是单轴型[monopodium]；15种归 *Arundinaria* 属，13种归 *Bambusa* 属，是假轴型[symposium]；剩余14种分别归于其他5属。

《竹谱》的魅力竟让一位西方学者成了中国竹子科学分类的第一人，这也映照了那个时代的研究气氛，其时的学术已然成为世界学术，狭隘的地域观念遭到王国维（1877—1927）的猛烈抨击。宣统三年，他怀想着朱熹《鹅湖寺》诗（《鹅湖寺和陆子寿》：“旧学商量加邃密，新知培养转深沉；却愁说到无言处，不信人间有古今。”）的念头为《国学丛刊》作序，把学术的凛然胸怀展现出来：

何以言学无中西也？世界学问，不出科学、史学、文学。故中国之学，西国类皆有之。西国之学，我国亦类皆有之。所异者，广狭疏密耳。即从俗说，而姑存中学西学之名，则夫虑西学之盛之妨中学，与虑中学之盛之妨西学者，均不根之说也。中国今日，实无学之患，而非中学西学偏重之患。京师号学问渊薮，而通达诚笃之旧学家，屈余指以计之，不能满也。其治西学者，不过为羔雁禽犊之资，其能贯串精博，终身以之如旧学家者，更难举其一二。风会否塞，习尚荒落，非一日矣。余谓中西二学，盛则俱盛，衰则俱衰。风气既开，互相推助。且居今日之世，讲今日之学，未有西学不兴，而中学能兴者；亦未有中学不兴，而西学能兴者。特余所谓中学，非世之君子所谓中学；所谓西学，非今日学校所授之西学而已。治《毛诗》《尔雅》者，不能不通天文博物诸学；而治博物学者，苟质以《诗》《骚》草木之名状而不知焉，则于此学固未为善。必如西人之推算日食，证梁虞劆、唐一行之说，以明《竹书纪年》之非伪，由《大唐西域记》以发见释迦之支墓，斯为得矣。故一学既兴，他学自从之，此由学问之事，本无中西，彼鳃鳃焉虑二者之不能并立者，真不知世间有学问事者矣。

这些文字发表已近百年，今天读来，也是正大深明的不刊之论。我们生活在学风频变的今世，所难，绝不在论道，所患，全在无学。王国维即学即道，可望而不可即，固无须赘言，可他当年批评的风气，还在我们周围盘旋，只不过更轻佻嚣浮、虚锋涨墨、变本加厉而已。苦瓜老人（1910—1985）慨言："盛世常多照世杯，今人每令后人悲。冷风将至历书尽，行见天边斗柄回。"对照当今的学术，茫茫只教人哀。秋尽岁晚，时光不在，可我们学术工业［academic industry］（E.H. Gombrich, *Ideals and Idols*）所创造的污染，却足令后人一筹莫展。因此，再续引王国维的一段议论，非敢岸然以征文考典侈侈隆富为贵，实在是深爱这些文字，常读常自警也：

顾新旧、中西之争，世之通人率知其不然，惟有用无用之论，则比前二说为有力。余谓：凡学皆无用也，皆有用也。欧洲近世农工商业之进步，固由于物理化学之兴，然物理化学高深普遍之部，与蒸汽电信有何关系乎？动植物之学，所关于树艺畜牧者几何？天文之学，所关于航海授时者几何？心理社会之学，其得应用于政治教育者亦鲜。以科学而犹若是，而况于史学文学乎？然自他面言之，则一切艺术，悉由一切学问出，古人所谓不学无术，非虚语也。夫天下之事物，非由全不足以知曲，非致曲不足以知全。虽一物之解释，一事之决断，非深知宇宙人生之真相者不能为也。而欲知宇宙人生者，虽宇宙中之一现象，历史上之一事实，亦未始无所贡献。故深湛幽渺之思，学者有所不避焉。迂远繁琐之讥，学者有所不辞焉。事物无大小，无远近，苟思之得其真，纪之得其实，极其会归，皆有裨于人类之生存福祉。己不竟其绪,他人当能竟之。今不获其用，后世当能用之。此非苟且玩愒之徒所与知也。学问之所以为古今中西所崇敬者，实由于此。凡生民之先觉，政治教育之指导利用，厚生之渊源，胥由此出。非徒一国之名誉与光辉而已。世之君子，可谓知有用之用而不知无用之用者矣。

以无用之心治学，反有用于学术之林。然王国维之深意更在世道人心。宋荦（1634—1713）《论画绝句二十六首自注》以赏画言及此义时说：“一贵官语余曰，骨董中镜与剑差足取，以有用也；最无用者唯画乎？余笑曰：公好官，请以官喻：凡抱关击柝，各有所司，所谓有用也；若宰相无专职，而百官之职皆其职，如公言，则宰相最无用矣。世间衣服、饮食、宫室，皆用之适吾身，独画用之适吾心。当尘坱劳劳中，忽展名画，便如置身长林巨壑，心为一洗；或对古名贤高士，则肃然起敬。画虽一艺，其用最大，愿公勿轻议也。”宋荦以席上谈吐，述无用获全所以为贵、有用获残所以为贱之论，意趣如秋色来倚红阑，静人天怀。

《墨井诗钞》外卷有一首跋文，以画家的眼光，命笔造微，写艺术无用之意蕴曰："古人能文不求荐举，善画不求知赏，曰：文以达吾心，画以适吾意。草衣藿食，不肯向人，盖王公贵戚无能招使，知其不可荣辱也。笔墨之道，非有道者不能。"古人以淡泊静坐养身，以读书作画养心，有道无道从此考锻，无用之理境亦从此显然。

骆文盛（1496—1554）尝书款山寺十友为：苍髯翁松，抱节君竹，冰雪主人梅，晚香居士菊，怀素子水仙，碧莱道人菖蒲，秋江逸客木芙蓉，月露主人梧桐，幽芳处士兰，云华仙莲。钱士升（？—1651）十友则曰：茶醒友，鸥闲友，雪洁友，菊贞友，石介友，松高友，兰芳友，香清友，竹篆友，枫叶红友。此等名物就像诗人清兴忽来吟咏的风花雪月，俱为世间无用之物，然而，它却是文明的基因；文明之被难，亦往往从此开始。因此戴凯之《竹谱》的撰著，其旨也深矣。

三

到唐代，爱竹的风气已蔚为大观，六朝人对竹子的朴素赞美，此时提高为代表气节的胸襟。先哲们以现实化看待的事物，唐人把它象征化。他们认为，宇宙，实质上是道德的宇宙，人的道德原则乃宇宙的形而上学原则，人性就是这些原则的例证。理解这个道德的宇宙，即为知天，能够知天的人不仅是社会的人，而且是宇宙的人，也就是先师孟子所谓的天民。做一个天民所做的事才能获得浩然之气。这样，一种古老的思想又重现在生活，于是竹子不仅仅是一种诗意的吟咏对象，它本身就是一首永恒的诗，一种宇宙道德的体现。诗人赞美竹子像寒玉一样，远离俗物，在秋水月光中，在净洁的白雪中表现出虚心和高节。刘禹锡（772—842）说："高人必爱竹，寄兴良有以。"那不仅仅是一时的风雅观念，它还通过一首首好诗，一幅幅名画，生生不息传给后世。

这个时期，白居易（772—846）有两篇写竹的文字，为我们提供了重要的文献，远胜于《艺文类聚》《初学记》中那些采掇群书式的竹事记载。一篇是七言古体诗《画竹歌》，一篇是散文《养竹记》。《画竹歌》是当事人互相酬答的见证，是我们目前知道的最早、最可靠、最具体的画竹名家的记录。诗曰：

协律郎萧悦善画竹，举时无伦。萧亦甚自秘重，有终岁求其一竿一枝而不得者。知予天与好事，忽写一十五竿，惠然见投。予厚其意，高其艺，无以答贶，作歌以报之，凡一百八十六字云。

植物之中竹难写，古今虽画无似者。
萧郎下笔独逼真，丹青以来唯一人。
人画竹身肥拥肿，萧画茎瘦节节竦。
人画竹梢死羸垂，萧画枝活叶叶动。
不根而生从意生，不笋而成由笔成。
野塘水边碕岸侧，森森两丛十五茎。
婵娟不失筠粉态，萧飒尽得风烟情。
举头忽看不似画，低耳静听疑有声。
西丛七茎劲而健，省向天竺寺前石上见。
东丛八茎疏且寒，忆曾湘妃庙里雨中看。
幽姿远思少人别，与君相顾空长叹。
萧郎萧郎老可惜，手战眼昏头雪色。
自言便是绝笔时，从今此竹尤难得。

萧悦，兰陵人，为白居易僚属。《白氏长庆集》有数首诗酬赠，可见他们的友情之笃。张彦远说他“工竹，一色有雅趣”，《宣和画谱》著录其作品。唐代画竹名家传名十几人，风采可见者，只有萧悦能通过白氏的这首长诗去寄情想象，那使他的名字一直闪烁在后世的竹谱中。

白居易的诗感慨人生的一期一会，也有意无意为后人指示了一条艺术之道：“不根而生从意生，不笋而成由笔成。”这是文人墨竹兴起的先声。

白居易也是一位沉迷竹间的诗人，元和元年（806），他在盩厔作吏，公事之暇，栽竹百余，尚未成荫，已喜形于色，他写诗说：

佐邑意不适，闭门秋草生。何以娱野性？种竹百余茎。
见此溪上色，忆得山中情。有时公事暇，尽日绕栏行。
勿言根未固，勿言阴未成。已觉庭宇内，稍稍有余清。
最爱近窗卧，秋风枝有声。（《新栽竹》）

元和十四年（819），他到忠州任刺史，数登城东之楼，绕楼的修竹令他顾看不足，竟留宿不去，亦有诗为记：

萧洒城东楼，绕楼多修竹。森然一万竿，白粉封青玉。
卷帘睡初觉，欹枕看未足。影转色入楼，床席生浮绿。
空城绝宾客，向夕弥幽独。楼上夜不归，此君留我宿。（《城东竹》）

这样的爱竹生活不仅仅是吏事之暇的遣兴，很可能与他的佛学修为有关。他的老朋友元稹（779—831）说“佛书之妙奥，僧当为予言，予不当为僧言”（《永福寺石壁法华经记》），可谓至当。但白居易关于佛经八典的叙文，却概述得简明洁亮：

开示悟入诸佛知见，以了义度无边，以圆教垂无穷，莫尊于《妙法莲华经》，凡六万九千五百言。证无生忍，造不二门，住不可思议解脱，莫极于《维摩经》，凡二万七千九十二言。摄四生九类，入无余涅槃，实无得度者，莫先于《金刚般若波罗蜜经》，凡五千二百八十七言。坏罪集福，净一切恶道，莫急于《佛顶尊胜陀罗尼经》，凡三千二十言。应念顺愿，愿生极乐土，莫疾于《阿弥陀经》，凡一千八百言。用正见观真相，莫出于《观音普贤菩萨法行经》，凡六千九百九十言。诠自性，认本觉，莫深于《实相法密经》，凡三千一百五言。空法尘，依佛智，莫过于《般若波罗蜜多心经》，凡二百五十八言。是八种经，具十二部，合一十一万六千八百五十七言（合计当为一十一万七千五十二言）。三乘之要旨，万佛之秘藏，尽矣。

唐长庆二年（823）冬，苏州重玄寺法华院石壁刻金字经，大和三年（829）春成，白居易为作碑文，其叙如此。这样高深的佛学造诣，潜化在他的载道之作《画竹歌》，有种水静无痕的清脱。

《画竹歌》约写于长庆二年（822），时任杭州刺史，《养竹记》则要早一纪半，为长安校书郎任上所作，在贞元十九年（803）。

在评述这篇年轻时写的《养竹记》之前，最好先读读他的《太湖石记》，那是他晚年的精意之撰。我们要对古人何以竹石连称，寻个究竟，此处或能觅得些流变的机缘。《太湖石记》开篇曰：

古之达人，皆有所嗜。玄晏先生嗜书，嵇中散嗜琴，靖节先生嗜酒。今丞相奇章公嗜石。石无文无声，无臭无味，与三物不同，而公嗜之，何也？众皆怪之，我独知之。昔故人李生名约有云："苟适吾意，其用则多。"诚哉是言，适意而已，公之所嗜可知之矣！

以有嗜好的人为达人，西方读者大概要惊诧，会觉得那样的人总有点神经兮兮，推他们为心理分析家的入彀者也不为过。而此处所举的几位，玄晏先生皇甫谧（215—282），是针灸学的开创者，终日耽玩典籍，时人谓之书淫，或有箴其过笃，将损耗精神，则答曰："朝闻道，夕死可矣。况命之修短分定悬天乎！"确是达观。嵇中散是嵇康，靖节先生乃陶渊明，此暂不具述。奇章公则牛僧孺也。牛僧孺（779—847）是唐代著名的政治家，与李德裕（787—850）相雠相争，但爱好则每多相同，都是最早的玩石专家，太湖石的赏鉴，就从他们滥觞。洛阳城南三十里，有李德裕的平泉庄，中多怪石，醒酒石很是著名。开成初，牛僧孺留守东都，治第洛阳的归仁里，亦多致嘉石竹木，其中，"洞天一品"最奇特，《唐书》本传也为它写上一笔。他的赏石风味靠着与白居易、刘禹锡的相互唱和而带上不少诗意。

太湖石出洞庭湖西，有两种，以生水中者为贵。石在水中，岁久为波涛冲击，皆成嵌空，石面鳞鳞作靥，名曰弹窝，亦名痕。石性温润奇巧，扣之铿然如钟磬。没人锤下凿取，极不易得。另一种在山上，名旱石，枯而不润，或赝作弹窝以售，亦得善价。

牛僧孺的僚吏多镇守江湖，他们钩深致远，献瑰纳奇，必然都瞅准水中之石，但运到洛阳，毕竟迢遥千里，绝非轻易之事，虽白居易《奉和思黯相公以李苏州所寄太湖石奇状绝伦因题二十韵》有"渡江一苇载，入洛五丁推""拔从水府底，置向相庭隈"的形容，可后人还是不能释疑。因此究为何石，竟不得知。《太湖石记》描绘它们的形状是：

有盘拗秀出如灵丘鲜云者，有端俨挺立如真官神人者，有缜润削成如珪瓒者，有廉棱锐刿如剑戟者。又有如虬如凤，若铨若动，将翔将踊，如鬼如兽，若行若骤，将攫将斗者。风烈雨晦之夕，洞穴开嗐，若欲云歕雷，嶷嶷然有可望而畏之者；烟霁景丽之旦，岩崿霮霸，若拂风扑黛，霭霭然有可狎而玩之者。昏晓之交，名状不可。

这一连串的象形比喻，把大自然的百里之迴，千仞之奇，缩于方寸数尺之内，于是嵩华之秀，玄牝之灵，皆可得之于一石，不用远游就能在山水中陶醉，后来的山水画理论说：“石看三面，有圭端、刀错、玉尺、银瓶、香案、琴墩、虫窠、鱼砌、覆盂、欹帽、缺坼、蹲兽、蚌壳、螺躯、鸟罩、犀首之异状，须离象而求。”（《画筌》）虽专言小者，亦殆从此出。这就是唐人的赏石旨意，即《太湖石记》所谓的“适意”。它述列完这些形象，又落下点睛之笔：

摄要而言，则三山五岳，百洞千壑，覼缕簇缩，尽在其中。百仞一拳，千里一瞬，坐而得之。此所以为公适意之用也。

一石之蕴五岳，可作云山千叠之观，用西语说是 *Worlds Within Worlds*，这是赏石者所创的重要观念，它与造园正相反，赏石趣在缩，而造园意在阔。故晚明的杜日章想以五岳为园时，便扩为群石之聚，用一堆石头组缀石头之园。焦竑（1541—1620）记曰：“庀工程力，疏凿控会，不易旧区，别成远趣。南曰岣嵝洞，金简玉牒，仿佛见之，像衡山也。西莲花庵，三峰缥缈，像华岳也。草堂之前凿石为池，曰天中馆，像中嵩也。东北迤西，曰蓬玄阁、太乙楼，二翼八山，吞吐回合，像岱、恒也。总之怪石森列，或立或仆，堆阜窍穴，委邃突怒。夫以宇内名山所推者五，宗炳图而不能游，李固游而未能尽，君乃千岩万壑，覼缕簇缩，一瞬而得千里，一拳而当五山，坐使幽遐瑰诡之观，不鞭而来，无胫而致。”

这些人观石、藏石、聚石，都以适意为旨，以便青山白云，常在梦寐，岩光岚气，时来感人，不知西方文人听了又有何反应。西方人有时要把宇宙的图像缩小在园林，当然也用石头，只是非得雕镌成太阳神、海神之类的拟人形象，再点缀在规整的花木丛中。看重一水一石一世界的自然观念，那是接受中国造园之后的事了，观石、藏石当然也就自成别趣。不过西方博物学家收藏各种珍异之物，即所谓的 curiosities 或 *naturalia*，偶尔也会冒出适意的意味。博洛尼亚的科斯比[Ferdinando Cospi]（1606—1685）就把它看成年轻人的消遣，是值得一为的打发时日的方式。维罗纳的莫斯卡尔多[Lodovico Moscardo]也认为收藏家的差事既正经又免得无聊，乃赏心乐事。不过，这种适意，在西方没有多少人会看重。

十七世纪四十年代，英国旅行家伊夫林[John Evelyn]（1620—1706）到意大利游览，一踏上热那亚[Genova]，就注意到多利亚宫[Palazzo Doria]陈设的奇珍，那里有“玛瑙、缟玛瑙、红玉髓、天青石、珍珠、绿松石和其他珍石”[Achates, Onyxes, Cornelians, Lazulis, Pearle, Turquizes, and precious stones]，外面的花园中也尽是蓁蓁异木，珞珞奇石，延伸着殿内的丰富收藏。后来见到十六世纪比萨[Pisa]最初建起的满布奇珍的花园，竟说它像展馆，“有奇珍、宝石、矿石、贝壳、动物标本……不一而足”[joynes a Gallery...furnish’d with natural rarities, stones, minerals, shells, dryed, Animals...etc]。伊夫林是有名的杂家，他谈园艺，谈建筑，谈雕刻，也谈垦殖，谈养生，在那六十多年的《日记》[*Diary*]（1640—1706）中无所不谈。他是英国皇家学会[Royal Society]的奠基人之一，处在十七世纪后半叶那种学术中，也跟着时风，谈论中国，他过目的书就有曾德昭[Alvarez de Semedo]（1585—1658）《中华帝国志》[*Imperio de la China*, 1642; *The History of that Great and Renowned Monarch of China*, 1655]、平托[Fernão Mendes Pinto]（约1510—1583）《遍历记》[*Peregrinação*，1614；*Adventures and Voyages of Fernand Mendez Pinto, a Portugal, during his Travels in the Kingdoms of Ethiopia, China, etc*, 1653]之类的异国详录。

1682 年，伊夫林在一位博士的家里观看东方宝物，也偶遇中国山水，可没有留心画上的石头。那距基歇尔［Athanasius Kircher］（1601—1680）最早在《中国图志》［*China Illustrata*］（1667）向欧洲人展示中国风景画只有十几年，现在回顾起来，正是中西交流史上的大事。可惜伊夫林尚欠慧眼，只在《日记》中一个劲儿赞美凡尔赛［Versailles］那样整整齐齐的园林，心中念叨的是意大利花园与英国精致的奇珍室［cabinet］的相比，觉得它们有些同调合辙，都以安排的巧妙和偶然的效果，再现了世界的丰富图景。他称罗马花园为“举世无双的奇珍室”［Words sole Cabinet］，除了极尽揄扬之外，还意味着世界的各种知识都萃聚于此，几乎忘了那些自然物的排列不依完整系列的分类，而由匀称美观的审美渴望决定。

但伊夫林的感觉合乎那个时代的知识风尚。特索罗［Emanuele Tesauro］（1592—1675）撰写《亚里士多德之镜》［*Cannocchiale aristotelico*］（1670），有一章献给“自然的智慧”［Aggutezze della natura］，即以自然物为象形文字和象征图案。既然大自然以隐喻的方式说话，那么百科全书式的自然物收藏，逻辑上当然就成了世界的伟大象征。按照小约翰［John Tradescant the Yonger］（1608—1662）《特雷德斯坎特博物馆》［*Musaeum Tradescantianum*］（1656）的诗句，那也是人们应该学习的内容：

> Nor court, nor shop-crafts were thine ARTES, but those
> Which Adam studied ere he did transgresse,
> The wonders of the Creatures, and to dress
> The worlds great Garden.
> ［你的艺术既非宫室，也非手艺，而是
> 亚当被逐出乐园之前学习的内容。

研究种种奇妙的造物，去装点
世间最美的花园。］

现在，当我们站在维也纳自然史博物馆［Naturhistorisches Museum］的巨大展厅，那数不胜数的石头、珍宝和各种各样自然物，一起涌入我们的眼帘，很快就能想起这些诗句，时间虽久，也会惊讶那些“自然的智慧”，如何变成知识，又最终成为科学的智慧。

白居易也许对这些知识有兴趣，但他的《太湖石记》谋篇操觚，却专言赏石的品味。他在杭州，就蓄天竺石，移苏州刺史，又得双石，一一置于里第，还有五古一篇，述其来历：

苍然两片石，厥状怪且丑。
俗用无所堪，时人嫌不取。
结从胚浑始，得自洞庭口。
万古遗水滨，一朝入吾手。
担舁来郡内，洗刷去泥垢。
孔黑烟痕深，罅青苔色厚。
老蛟蟠作足，古剑插为首。
忽疑天上落，不似人间有。
一可支吾琴，一可贮吾酒。
峭绝高数尺，坳泓容一斗。
五弦倚其左，一杯置其右。
洼尊酌未空，玉山颓已久。
人皆有所好，物各求其偶。
渐恐少年场，不容垂白叟。
回头问双石：能伴老夫否？

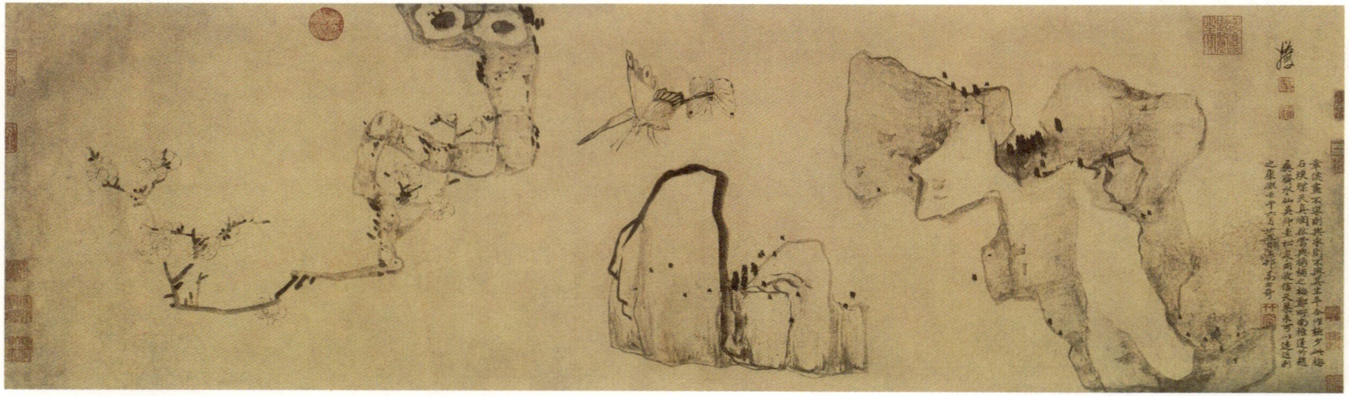

明陈洪绶《梅石蛱蝶图卷》，金笺墨笔，37.9cm×123cm，年代不详，北京故宫博物院藏

石虽不能言，许我为三友。

《双石》诗作于宝历三年（826），白居易五十五岁。到了既老又病风，恋恋不能忘情的，也非只骆马、樊素，还有修竹与美石。七十岁，暮景迫促，仍借一太湖石，味像赋诗："借君片石意何如？置向庭中慰索居。每就玉山倾一酌，兴来如对醉尚书。"（《杨六尚书留太湖石在洛下》）

奇石，是大自然的缩影，与夫金谷平泉，升沉岁月，清坚拔俗，姿致宛转，陆放翁《闲居》诗："石不能言最可人。"写自然风物之美，当有不能已于言者。在他们眼里，不懂这种美的人，不懂风花竹石能移人情的人，简直就不能成为诗人；甚而至于，没有这种风雅，即使作诗亦非诗，虽端严身正的君子，其行事亦必有不迈人情处。古人所谓澄怀品物、含道暎物，大致也当如此论之。

而物，按照利特雷大词典[The Littré]的说法，它包括了"激情的缘由和主旨，其比喻用法还代表所爱的对象"[Anything which is the cause or subject of a passion. Figuratively and most typically: the loved object]。博德里亚[Jean Baudrillard]据此发挥说：物的确是激情的对象，有人对收藏物投注的热情程度，不差于人性中的任何激情，甚至比其他激情来得更强烈，有时，他种激情缺如，就只有它纵横捭阖，统率着日常生活。在这样情况下，物已在实用范围之外，是别具他意的物，环绕着主体深自绸缪。物虽是一种对立的客体，可它同时也是我所感会的心境，我所意求的事物。物只是我，或我的激情之物。[It ought to be obvious that the objects that occupy our daily lives are in fact the objects of a passion, that of personal possession, whose quotient of invested affect is in no way inferior to that of any other variety of human passion. Indeed, this everyday passion often outstrips all the others, and sometimes reigns supreme in the absence of any rival… In this respect, the objects in our lives, as distinct from the way we make use of them at a given moment, represent something much more, something profoundly related to subjectivity: for while the object is a resistant material body, it is also, simultaneously, a mental realm over which I hold sway, a thing whose meaning is governed by myself alone. It is all my own, the object of my passion.］（*The System of Objects*）

中文的物很难找到此意，但若用于品石，宋人的确比唐人花了更大心力，投了更火的热情，把石头当作所爱之物。苏东坡圈子里的人，大都患有石癖，米芾患病更深，竟称“米颠”。《宋史》本传与《苏米谭史》皆有他的爱石故事：

米芾曾知无为州，治有巨石，四面巉岩，状奇丑。芾见喜曰：“此石足当吾拜。”具袍笏拜之，呼为石丈。

米芾为临江太守，闻有怪石玲珑奇巧，卧在河壖，人以为异，芾命移置州治。石至，遽命设几拜于庭下曰：“吾欲见石兄二十年矣。”闻者以为笑谈，坐是罢去。或问芾曰：“诚有否？”芾徐曰：“此石不合拜，吾乃揖尔。”又在润州鹤林寺，见松石沉秀，誓以来生为寺伽蓝，永护名胜。

米芾守涟水，地接灵璧，蓄石甚富，一一品目，入玩则终日不出。杨次公为宪使，正色言曰：“朝廷以郡邑付公，那得整天弄石。”米趋前曰：“固也。”乃搢笏于左袖中取一石，嵌空玲珑，峰峦洞穴皆具，以示杨曰：“如此之石，那得不爱。”杨殊不顾，纳之袖。又出一石，层峦叠嶂，奇巧更胜。杨又纳之袖。最后出一石，尽天划神镂之巧。杨曰：“非独公爱，老夫亦不能舍。”攫之登车而去。芾惘然自失者累月，时以书请之，竟不复得。

米芾字元章，太原人，后徙襄阳，又徙丹徒，号鹿门居士、海岳外史，世称米襄阳，又称米南宫，一位怪异的狂生，起居语默，略以意行，冠带衣物，多不用世法，是现代长发异装的艺术家的先驱。对所爱之物则情逾桃花之水。元祐二年（1087）在李公照府第见谢安《八月五日帖》，倾箧相换，未果，情绪一落千丈，归来“呕血目生花”。十四年后，不意于蔡京的舟中重见，暨暨欲得之意更迫，蔡京有难色，竟以赴水自尽逼使割爱。米芾一生都在与书画周旋，也常把心得、情趣写进书卷，他的《画史》开篇就说：

杜甫诗谓薛少保“惜哉功名迕，但见书画传”，甫老儒，汲汲于功名，岂不知固有时命，殆是平生寂寥所慕。嗟乎，五王（张柬之、敬晖、崔玄暐、袁恕己、桓彦范）之功业，寻为女子笑。而少保之笔精墨妙，摹印亦广，石泐则重刻，绢破则重补，又假以行者，何可数也。然则才子鉴士，宝钿瑞锦，缫袭数十以为珍玩，回视五王之炜炜，皆糠秕埃壒，奚足道哉！虽孺子知其不逮少保远甚。

在功名至上的时代，这真是震荡天地、惊泣鬼神的文字。比黄景仁（1749—1783）写给袁枚的诗“文章草草皆千古，仕宦匆匆只十年”更棒。又如其云：“翎毛之伦，非雅玩，故不录。”又云：“东丹王胡瓌《蕃马》，见七八本，虽好，非斋室清玩。”又云：“古人图画，无非劝戒。今人撰《明皇幸蜀》，无非奢丽；《吴王避暑》，重屏列阁，徒动人侈心。”又云：“苏木为轴，石灰汤转色，愈久愈佳，又性轻。角轴引虫，又臭气。”又云：“花草至于士女、翎毛，贵游戏阅，不入清玩。”（文字据《至正直记》）好尚如此。他批评五代以来的大画家，毫不客气，说荆浩“未见卓然惊人者”，说李成、关仝“俗气”，说许道宁“不可用，模人画，太俗也”。说到自己，也不客气：“李伯时病右手后，余始作画，以李常师吴生

（吴道子）终不能去其气，余乃取顾高古，不使一笔入吴生。”米芾更是一位不世出的书法家，在宋四家中，他耗的心力最大：

余无富贵愿，独好古人笔札，每涤一研，展一轴，不知疾雷之在旁，而味可忘。尝思陶弘景愿为主书令史，大是高致。一念不除，行年四十，恐死为蠹书鱼，入金题玉躞间，游而不害。（《跋秘阁法帖》）

他还说：学书须得趣，它好俱忘，乃入妙；别有一好萦之，便不工（《海岳名言》）。可他对奇石的爱好，则全然破戒，这倒真给心理分析家揪住，摁为坐堂的对象。

米芾的藏石，历代所记，自以砚山二石最为耀目，翁方纲还写了二千余字的长篇，钩沉诣微（现藏重庆市博物馆）。其一石五十五峰，有谓苏仲恭藏，米芾以甘露寺连江之地易得，而《铁围山丛谈》《悦生随抄》则谓米芾以之易仲恭弟之宅者，此石旋入宋禁中，后又归天台戴觉民，又归元大都太乙崇福宫张真人。又一石高下凡六峰，为薛绍彭所易，致使米芾伤心的写出玉蟾滴泪之诗。此石至明代归新安许文穆，又归秀水朱国祚，康熙戊辰犹在朱氏。新城王渔洋观于古藤书屋，为赋七言古诗，附七言短句寄朱彝尊，绝句云：“南唐宝石劫灰余，长与幽人伴著书。青峭数峰无恙在，不须泪滴玉蟾蜍。”后二年王渔洋复入京师，已为昆山徐乾学购去。乾隆间，平湖陆烜又在高氏处见之，他依前人所述词语的指导，记录了观看的心得：

米海岳砚山，余获观于清吟堂高氏。约径八寸，高半之，为峰六。右第一峰曰“玉笋”，突然耸峙，上有洞穴，微类笋形。玉笋之下为“方坛”，下隘上广，方平如砥，如可坐而游者，一小峰附其下，势若拱揖。中一峰，高四寸有奇，如卷旗，如张伞，曰“华盖”。稍下为“月岩”，圆窦相通，非人力所可及也。其左之第一峰连坡陀而起，如人伛偻。第二峰则隆崇离立，高不及三寸而有数十仞之势。第三峰与“华盖”相连，冈阜朴野，是名曰“翠峦”。“龙池”出其下，幽深无际，疑有潜鳞。《辍耕录》谓：天欲雨则津润，滴水少许，逾旬不竭也。下洞在“方坛”之趾，上洞据“华盖”之麓。元章云：下洞三折，可通上洞。试滴以水，果曲折流出，疑是中有避秦世界，尤令人神往矣。其色深黑，光莹如玉，千皴万皱，望之若或有草树蓬勃，则襄阳所谓不假雕琢，浑然天成者也。余骤见之，为不寐一夕。老子曰：不见可欲，使心不乱。以志余过，又以叹南唐半壁江山，今归何有，而独存此一片石也。(《梅谷偶笔》)

有人评议米芾说：“襄阳石癖，空前轶后；一官去留，挟石与走。”米芾给人留下的印象，主要就靠石头衬出的轮廓。而近千年来，人们对石的赏玩也是紧随米芾，酬唱妍丽，鲜有背驰，元人孔齐《至正直记》卷三论品鉴奇石：

灵璧石最为美玩，或小而奇峰列壑，可置几玩者尤好。其大则盈数尺，置之花园庭几之前，又是一段清致。谚云：“看灵璧石之法有三：曰瘦，曰绉，曰透。”瘦者峰之锐且秀也，绉者体有纹也，透者穷达内外也。凡取其色之黑而声清者灵璧也，惟取其声之清远者太湖石也。

此处所谓的谚云，即米芾所云，大概那时他的品石法已成为想当然的标准，进入人们的日常语言。后来董其昌还从中得意，议论画理：“昔人评石之奇，曰透曰漏。吾以知画石之诀亦尽此矣。

赵文敏常为飞白石，又常为卷云石，又为马牙拘石。此三种足尽石之变。”（《容台别集》卷四）飞白石者，透也；卷云石者，绉也；马牙拘石者，瘦也。董其昌追配米芾如此。然而郑板桥另有别论：

米元章论石，曰瘦，曰绉，曰漏，曰透。可谓尽石之妙矣。东坡又曰：石文而丑。一丑字，则石之千态万状，皆从此出。彼元章但知好之为好，而不知陋劣之中有至好也。东坡胸次，其造化之炉冶乎？燮画此石，丑石也，丑而雄，丑而秀。弟子朱青雷索余画不得，即以是寄之。青雷袖中倘有元章之石，当弃弗顾矣。（《郑板桥集·题画》）

郑板桥显然过于敬爱东坡，急于剔除米芾的品石原则，以致来不及去想想，那也许不是米芾的别出心裁，而是反映出一个文人圈子的共同识见。苏东坡虽不像米芾石不去手，可他积极塑造周围人的赏石方式，却凌秋光，磨月色，令人手玩，创出新境：

元祐三年，李伯时仕京师，居虹桥，得陈彦点的马台石，置于斋中。一日，东坡瞧见，就对李伯时说：“把这块石头凿斫出凹槽，经常洗一洗你收藏的玉石，把玉的形状也刻在四旁，我当为你做铭，称它为洗玉池。”而所谓玉石者，凡一十六件：双琥璩，三鹿卢，带钩，珌琫，璊瑑，柸水，苍佩，螳螂，钩配柄，珈琐，珙璧，珥玤楹，璩珕。伯时既下世，池亦湮晦。

李伯时（1049—1106）名公麟，号龙眠居士，舒州人，是著名的金石学家，他发扬刘敞（1019—1068）收藏古物、欧阳修（1007—1072）集录前代遗文的作风，撰写并图绘了第一部古器物学专著《考古图》，整体认识先秦器物或许还以审美的眼光视之，他是第一人，不止以白描画独步。制礼局详议官翟耆年评论《考古图》："每卷每器，各为图叙，其释制作镂文、窾字、义训及所用，复总为前序后赞，天下传之，士大夫知留意三代鼎彝之学，实始于伯时。"李氏收藏古玉黄彝甚丰，可惜《考古图》亡佚，难窥全貌，仅从吕大临（约 1046—1092）的《考古图》中，还能得见铜器五十八件，玉器十四件，洗玉池之物有几种在焉。书载：他每闻一器，捐千金不少靳，既得，必歆磨探考，稽证诗书百氏，研究透彻乃止。古器物学至今沿用的觚、爵和饕餮等称呼，都是他的定名。同年好友陆佃（1042—1102）的《礼象》能一反时人以爵为雀状的陋见，大概就受了李伯时的启迪。

《考古图》约完成于元祐三年，同年正月，苏东坡差知贡举，招李伯时帮衬，点检试卷。东坡于古器物，基本外行，但给予李伯时的点化，却把"发明圣人奥义微旨于数千百载之后"的汲古与"资玩悦目"的赏美，典融一物，于是，"风霜兵火，湮沦磨灭，散弃于山崖墟莽之间，未尝收拾"之物，带着古来之风烈，入于石中。李伯时以钟鼎篆镌之洗玉池上云："元祐惟五年庚午正月初元吉，舒城李伯时公麟父曰：友善陈散侯惠我泗滨乐石，沿敬怀义，德不敢辞，乃用琱古宝十有六玉，环四周，受泉其中，命曰洗玉池。永嘉明德，恭祈寿康，子子孙孙，无疆惟休，其宝用之无已。"

东坡的洗玉池铭曰："维伯时父，吊古啜泣；道逢玉佩，解骖推食；剑璏戚柲，错落其室。"惜未见拓本传世，《能改斋漫录》云："伯时既下世，池亦湮晦。徽宗尝即其家访之，得于积壤中。其子硕以时禁苏文，因潜磨去铭文，以授使者。"又云："十六玉，唯鹿卢环从葬龙眠，余者咸归内府。东坡铭刻与伯时序跋，昔有而今亡，池亦归天上。"好在《东坡集》续集卷六中有与李伯时信一通，还能让我们一想仿佛：

辱手示及惠新酝，感愧殊深。即日起居佳胜。洗玉池铭，更写得小字一本，比之大字者稍精。请用陈伯修之说，更刻于石柱上为佳。人还奉谢。

东坡藏石，也有几物名扬石谱，一为雪浪石，得于中山府，其色黑，有白脉，如披麻皴之委曲，又如孙位、孙知微所画石间奔流，尽水之变。后人美之曰：“玄肤白理，纵横包络，若龟兆，若蚕丝。而曳云点雪之文斑斑然，有若墨色，如星斗错落上下。”东坡又作白石大盆盛之，激水其上，名其室为雪浪斋。此石高约三尺，围可一抱，面有东坡自刻《次韵滕大夫雪浪石诗》，诗极奇横，汪师韩（1707—1774）称：来则山岑竞举，止则壁岸无阶。秦观和李端叔都有和诗。向在定州苏公祠，嘉庆间移往福建，光绪末年转入金陵时已不见石盆，后又辗转入镇江于氏。题咏甚众，裒成巨册，仅康熙御制，即有五首。黄小松（1744—1802）尝撰《雪浪石盆铭》，翁覃溪（1733—1818）书字。王昶、张廷济有记。盆则曲阳石，亦多刻字，所谓“中山曲阳同一盆”也。张若霭（1713—1746）画有《雪浪石图》，现藏承德避暑山庄。

东坡《雪浪石》诗“画师争摹雪浪势，天工不见雷斧痕”，不勾取外廓形状，只点化色质纹理，后来的《云林石谱》也这样述录作记。这大概掀动起观石的新兴头。洎乎后世，当端石在清人书案成为名珍奇品，文人的眼光就更细切了。他们评说端石之美有五，虽称名袭用俗语，运词却遥接古音，津津可听：

端石之美五：一青花。欲细不欲粗，欲活不欲枯，欲沉不欲露，欲晕不欲结，欲浑不欲破。如缁尘翳于明镜，如墨渖着于湿纸，斯绝品矣。一鱼脑冻。冻者水肪之所凝也。白如晴云，吹之欲散，松如团絮，触之欲起者，是无上品。惟大西洞有之。洁白疏散者谓之碎冻，亦复佳，灰色、褐色为下品。一蕉叶白。如蕉叶初展，含露欲滴者上也。素而洁者次之，黄而焦、蓝而灰者为下。一天青。如秋雨乍晴，蔚蓝无际者上也。阴而晦者为下。青花者石之荣，鱼脑、蕉白者石之髓，天青者石之肉。荣无质，必傅他质而著之。傅于天青者上品，傅于鱼脑、蕉白者无上上品，惟大西洞有之。大西洞以鱼脑带青花者为极品，次则蕉白带青花，次则天青带青花，次则鱼脑、蕉白、天青无青花者，若冰纹带青花，乃千百中之一二，谓之绝品可也。一曰冰纹冻。白晕纵横，有痕无迹，罥如蛛网，轻若藕丝，是谓冰纹，亦曰冰纹冻，即大西洞亦不多有也。他洞白纹如线，适损豪颖，非所尚矣。（节自吴兰修《端溪砚史》）

东坡还有一对双石，系在扬州时，程德孺持节岭表归赠，一绿一白，石各逾尺，属英石类，出自广东英德县东。绿者，岗峦迤逦，有穴达于背；白者，晶晶盈盈，明亮可鉴。东坡名之为“仇池”并作《双石引》，谓在颍州时，梦见人请住一府，榜曰仇池。醒来诵杜甫诗“万古仇池穴，潜通小有天”，因以压梦。

东坡集中有三首短古绝调，叙仇池石在士大夫中传观的雅事，有含藏，有顿挫，有波澜，令人莞颐。且看第一首诗题：《仆所藏仇池石，希代之宝也。王晋卿以小诗借观，意在于夺。仆不敢不借，然以此诗先之》。王晋卿是苏东坡的朋友，也是驸马大人，知道东坡仇池石后，便心血来潮，写诗借观。东坡则担心璧还无日，只好先以诗婉言之。这样一来，王晋卿倒给吊起胃口，开始还是好奇，现在转成迷恋。一帮朋友知道，也立马起哄，又出点子，又写诗，越玩越热闹，东坡也给怂恿得豪气壮大，竟开口说：“王晋卿示诗欲海石，钱穆父、王仲至、蒋颖叔皆次韵，穆、至二公以为不可许，独颖叔不然。今日颖叔见访，亲睹此石之妙，遂悔前语。仆以为晋卿岂可终闭不予者，若能以韩幹二散马易之者，盖可许也。复次前韵。”竟又写一诗。

东坡拉出壮胆的几位，大名分别是钱勰、王钦臣、蒋之奇，都是宋朝的名臣，也都是收藏家，聚书甚富。有这些朋友帮腔，东坡公然提出要换韩幹二马，才肯相让，落想直在天外，谑弄而有义味，听者绝倒。然而，这也成了后世文人的榜样，程孟阳想要李流芳（1575—1629）的画，就如此行事，那是万历丁巳（1617）十一月：“孟阳乞余画石，因买英石数十头为余润笔，以余有石癖也。灯下泼墨题一诗云：不费一钱买，割此三十峰。何如海岳叟，袖里出玲珑。孟阳笑曰：以真易假，我真折价矣。舍侄淄仲从旁解之曰：且未可判价，须俟五百年后人。知言哉！”

明人孙凤《孙氏书画钞》法书部记录宋人一帖，文曰：“泗州南山杜氏家，世多灵璧。予以韩幹二马、李邕四帖易得其石，置之斋阁，焚香居中，云烟万状。此亦人间一种之清欢也，数百年后，必有情好相同者知此也。元丰六年薛道祖述。”此处亦言韩幹马，颇疑乃仿东坡故事而造伪帖。

东坡的友人陈师道（1053—1102）《后山谈丛》记韩幹画走马，绢坏损其足，李伯时谓“虽失其足，走自若也”。刘子翚（1101—1147）《屏山诗钞》还说：李伯时拓而补四足。葛立方（？—1164）《韵语阳秋》卷十四有更详细的记述：“韩幹画马妙绝一时，杜子美尝赞之云：韩幹画马，毫端有神，骅骝老大，腰褭清新。此画与赞，旧藏李后主家，其后李伯时得之，则马四足已败烂。伯时题之云：此马虽无追风奔电之足，然甚有生气。因自作四足以补之，遂为伯时家画谱第一。一日出以示王公明之祖。祖甚爱之，时祖有商鼎，亦甚珍惜。王曰：如能以韩画相易，不敢靳也。于是赠商鼎而得其画。今见藏公明家。余婿沈子直尝见，极爱之，为余言此。”

而东坡欲换之韩画，想必更佳，因他知情更细，朋九万《乌台诗案》就载有王晋卿送韩马十二匹，共六轴，请东坡跋尾之事。尔时，他冒出的主意可真让王晋卿面有难色。但也并非想入非非，米芾不就说过，他用颜书朱巨川告身换王晋卿的韩马，结果又用韩马换了刘泾的砚山石吗？事情到此虽成僵局，可赌注还在加大，蒋之奇竟要踢净瓶，烧木佛，再添一重公案："轼欲以石易画，晋卿难之。穆父欲兼取二物，颖叔欲焚画碎石。乃复次前韵，并解二诗之意。"

这些文人真是情绪化，非要把游戏玩得沸反盈天，到了如此地步，收场要巧妙，诗歌又再显身手。"盆山不可隐，画马无由牧"，它戛然而止，留下了些许神秘。

后来东坡在黄州绘制水墨竹石，画霜根老节，只在石畔，而撑霄戛云、掀风播雨之态，皆付之无穷意想。他把赏石爱竹，雅为关合，在石史上也是创格。《春渚纪闻》卷六有特写：

先生戏笔所作枯株竹石，虽出一时取适，而绝去古今画格，自我作古。薳家所藏枯木并拳石丛筱二纸，连手帖一幅，乃是在黄州与章质夫庄敏公者。帖云："某近者百事废懒，惟作墨木颇精。奉寄一纸，思我，当一展观也。"后又书云："本只作墨木，余兴未已，更作竹石一纸同往。"前者未有此体也，是公亦欲使后人知之耳。

何薳（1077—1145）强调说"绝去古今画格"，想必与文与可的竹石大异其趣。盖其运思清拔，英风劲气，使人应接不暇，恐非文与可所能拘制。

这是东坡在玩石游戏中做出的最大贡献。它很快传开，连宗室赵大年也学作小山丛竹，黄山谷评曰：殊有思致，只竹石的笔意尚觉柔嫩，不像东坡那样老辣。刘将孙还说：米元章以泼墨作山水，亦得于东坡竹石（《养吾斋集》）。

东坡的竹石，为人争传，如清气徘徊于幽林，遇之可爱，见之者虽至愚至幼，靡不合掌赞叹。韩侂胄（1152—1207）封平原郡王，执政十三年，势焰熏灼，对东坡竹石亦仰之深敬，《鹤林玉露》乙编卷三记东坡谪儋耳，“道经南安，于一僧壁间，作丛竹丑石，甚奇。韩平原当国，札下本军取之，守臣亲监临，以纸糊壁，全堵脱而龛之以献。平原大喜，置之阅古堂中”。

邓椿《画继》列东坡竹石为“铭心绝品”。元代的大鉴赏家汤垕也说“仆曾收枯木竹石图，上有元章一诗，今为道士黄可玉所有矣，亦奇品也”。惜东坡的竹石今不得见，明清人留下的鉴赏文字或能略传一二，引录几段，以见一斑。

张丑《清河书画舫》：东坡万竿烟雨小帧，绢本，精细。款云：眉山苏轼。下有飞白坡石，兼远景烟霭，极精。上方文征仲诗跋称许，娓娓可诵。

吴其贞《书画记》：苏东坡竹石图纸画一大卷，高一尺有奇，长约五六尺。纸墨尚佳，写风晴露竹八段，枝叶类于文与可，惟风竹一段笔意纵逸，有如茅如柳之况，绝无作家气。其石亦有生秀之韵，有宋人题绝句一首于风竹之上。自无题识，只有“东坡居士”一小图书，此印昆阳城图亦有之。

安岐《墨缘汇观》：北宋苏轼秀石苍筠图，绢本，小长幅，高一尺六寸余，阔一尺五分。水墨，细竹二竿，新篁参差相映，笔法高妙，用墨浓古，其秀石平坡以淡墨皴染，苍润浑厚，具有天真，诚为无上逸品。赵文敏以此为法，王叔明接其衣钵矣。坡脚下正中押“东坡居士”朱文一印，左首薛绍彭题云：玉局翁所作岩桧竹石，皆极天巧，出乎规矩之外，胸中丘壑随意造微，真一代名笔。

人们几乎一致认为，东坡的竹石，别有一等趣味，非画手之谓。周必大（1126—1204）《平园续稿》卷七先引东坡的诗："空肠得酒芒角出，肝肺槎牙生竹石。森然欲作不可留，写向君家雪色壁。"然后评泊："英气自然，乃可贵重。五日一石，岂知此耶。"东坡的竹石，风格气势如斯。费衮有一段议论，专谈书画并及竹石之于人：

书与画皆一技耳，前辈多能之，特游戏其间，后之好事者争誉其工，而未知所以取书画之法也。夫论书当论气节，论画当论风味。凡其人持身之端方，立朝之刚正，下笔为书，得之者自应生敬，况其字画之工哉！至于学问文章之余，写出无声之诗，玩其萧然笔墨间，足以想见其为人，此乃可宝。而流俗不问何人，见其笔稍佳者则珍藏之。苟非其人，特一画工所能，何足贵也。如崇宁大臣以书名者，后人往往唾去，而东坡所作枯木竹石，万金争售。顾非以其人而轻重哉！蓄书画者，当以予言而求之。（《梁溪漫志》卷六）

这也是理解文人画的通论主轴，它解说了中国艺术理论的一个重要问题。

以石为清赏，为艺术，正符合现今所谓的拾得之物［*objet trouvé*; ready-made］，《俞楼诗纪》有一则讲俞曲园（1821—1907）先生叠石，说他随意点染园林，信手弄石即为艺术，王廷鼎（1840—1892）先是开场白曰："宫保彭公于楼后凿池竣，楼之前坦然以平，夷然而旷，一枝两枝之花疏疏焉，三茎五茎之草离离焉，咸若无所附丽者。"接着引出曲园先生：

公于是仰而瞻，俯而眺，曰："是又不可以无石。"复命健儿循山麓采云根，大者如轮，小者如甑，长者如柱，圆者如笭，盘盘焉，困困焉，委于楼之前。公审以目，擿以杖，命以指，一时仆者起，顽者灵，僵者秀，如蹲狮，如卧虎，如猊之跃，如螭之蟠，奇而峻者峰矣，缭而曲者岫矣，幽而明者洞矣。一食之顷而邱壑具，数弓之地而烟霞生。噫，何神妙不测一至于斯也。盖公尝以宇宙为园林，以河山为泉石，以生民为卉木矣。危者而使之安，乱者而使之治，枯者而使之润，夫亦一指顾间耳。今顾于区区者而神之欤？且夫公在今日亦天壤间一巨石也。其节坚，得石之贞；其志廉，得石之介；其性持重，如石之镇静；其量冲和，如石之清灵。是石之胜，公皆具之，又何怪乎反手而成奇观哉！乌乎，楼之旁劣石犹多矣，得我公提携顾盼而攻治之，而砻错之，将见碔砆瓦砾，咸起废立顽，卓然自效于兹楼之下矣。一叠石云乎哉！（《叠石记》）

文字起伏，若断若续，高潮处在石头坚贞廉介数句。石亦如竹，有比德之美，绝不是现代艺术家专意拾得的俗物，按照古人的说法，它是天地至精之气，结而为石，负土而出，它逃离自然的意义，也仅仅由于它是矫矫出尘的雅物，由于：

烟外好花红浅淡，竹前奇石翠参差。

生活在晚明的李日华（1565—1635）不满意尔时的绘画，即怀此念想："时流绘法荒谬，阅之使人愦愦。不如环列大理石屏，以一榻对卧其下，翻有荆关董巨之想。所谓天不足补之以人，人不足则还之于天，亦却醨酒而饮清泉意也。"此处所谓还之于天而饮清泉，即求其品味纯正而悬然天成，绝非畜秽追俗，灭理背行。在我们这个被物、被图像污坏的时代，此点极为关键。本书再三申述此意，或是一种莫名的情绪。不过，二十世纪二十年代，王国维借金石学的名义，用浅白的语言，就对近世文明发为忧虑了，《静安文集续编·宋代之金石学》云：

> 金石之学，创自宋代，不及百年，已达完成之域。原其进步所以如是速者：缘宋自仁宗以后，海内无事，士大夫政事之暇，得以肆力学问。其时哲学、科学、史学、美术，各有相当之进步，士大夫亦各有相当之素养。赏鉴之趣味与研究之趣味，思古之情与求新之念，互相错综。此种精神，于当时之代表人物苏轼、沈括、黄庭坚、黄伯思诸人著述中，在在可以遇之。其对古金石之兴味，亦如其对书画之兴味，一面赏鉴的，一面研究的也。汉、唐、元、明时人之于古器物，绝不能有宋人之兴味，故宋人于金石书画之学，乃陵跨百代。近世金石之学复兴，然于著录考订，皆本宋人成法，而于宋人多方面之兴味反有所不逮。

宋人的赏鉴趣味与研究趣味可以欧阳修（1007—1072）为例。欧阳修于金石潜神留思，研复渊旨，穷年兀兀，从不中辍，其开拓金石学的著作《集古录跋尾》卷十“杂法帖”有两条，一云：“吾有《集古录》一千卷，晚又得此法帖，归老之计足矣。寓心于此，其乐何涯。嘉祐壬寅大雩摄事致斋闲题。”又一云：“老年病目，不能读书，又艰于执笔，惟此与《集古录》可以把玩，而不欲屡阅者，留为归颍销日之乐也。盖物维不足，然后其乐无穷，使其力至于劳，则有时而厌尔。然内乐犹有待于外物，则退之所谓著山林与著城郭何异？宜为有道者所笑也。熙宁辛亥清心堂书。”

南宋大儒朱熹（1130—1200）自小爱好金石，并多所研覃，所作《家藏石刻序》从《集古录》中载得秋石数叠，亦不废赏玩：“予少好古金石文字，家贫不能有其书，独时时取欧阳子所集录，观其序跋辨证之辞以为乐。遇适意时，恍然若手摩挲其金石而目了其文字也。既又怅然，自恨身贫贱，居处屏远，弗能致所欲得，如公之为者，或寝食不怡竟日。来泉南又得东武赵氏《金石录》，观之，大略如欧阳子书，然诠序益条理，考证益精博，予心亦益好之。于是始胠其橐，得故先君子时所藏，与熹后所增益者凡数十种，虽不多，要皆奇古可玩，悉加标饰，因其刻石大小，施横轴悬之壁间。坐对循行卧起，恒不去目前，不待披筐箧，卷舒把玩而后为适也。”

不只赏玩以宋人为高，连文人的创物史也以宋代为英耀，大者如聂崇义之裁定礼器（《三礼图集注》）、李诫之饬材营造（《营造法式》），小者如蔡襄之仿作澄心堂纸，苏轼之妙造油烟墨，都为后来的考工制物树立了格调。

宋人情趣之高，后人常有绝世之叹，一旦消逝，紧随其后的元代奎章阁侍书学士虞集（1272—1348）也哀厉不已，他题写东坡七人咏竹诗墨迹的跋文摅其感慨云：“元祐同朝诸贤，历官行事，月日可考知者尚多。七君子偶以倡和同在此卷，使人览之有无穷之悲慨者，何也？当时君子之多，近古所未有；同为君子而为道不同，亦古所未有。故贲然文明错著，曾见于一日，而天下尠福，卒莫睹，夫久大之德业，胥为摧败沦丧，而终不可复，皆天也耶？”（《道园学古录》卷十一）虞集连叹悲夫，以慨宋时文明之不复见。今时的品味就更每况愈下了。

王国维极意并举宋人的研究趣味与赏鉴趣味、思古之情与求新之念，用意深长。宋人使这二者融然有度、粲然出新，写出中国文明的辉煌一章。记述趣味的著作在宋代兴起，良有以也。仅仅花草树木之评，今日还能寓目的就有《梅谱》（范成大）、《兰谱》（赵时庚）、《洛阳花木记》（周师厚）、《牡丹记》（欧阳修）、《丽春花谱》（游九言）、《牡丹荣辱志》（丘浚）、《芍药谱》（孔常甫）、《海棠谱》（陈思)、《桐谱》(陈翥)等书。石谱则杜绾《云林石谱》、范成大《太湖石志》、常懋《宣和石谱》都是佼佼者。另有《渔洋公石谱》一种，大概是宋末元初人的手笔，因述及周草窗，又记有大德间事。

元人的石谱鲜见，但奇石直峰的铭记颇多，能数出二十余篇，如《青崖集·湖山石铭》《清容居士集·凝云石赋》《存复斋集·灵璧石记》等等，都不难翻检。卢挚亦有《太湖石记》，传本绝少，不易遇见。唯周密（1232—1298）《癸辛杂识》、孔齐《至正直记》记述他们在吴兴、溧阳、四明的亲历，漫议宋以来的立石者，则全是警人的肃肃之语。孔齐云：

先人尝言，作石假山甚不祥。盖石者，土之骨也，不可使其露形于外。考之宋徽宗作花石纲，由是女真祸起。赵冀公南仲作石假山于溧阳南园，未几毁于兵火。豪民陈竹轩富甲于溧阳，号曰半州，所居即南仲之宅，堂后有巨石，高踰三丈，名曰“双秀”，见之者咸谓不祥，不数年竹轩死于京城，子孙凋落。又江景明，宣城人，寓居溧阳，风流文采，时人慕之，作假石山于南园，未逾年卒，由此遂废。妻兄吴子道假山石于所居之西，先人尝谕之曰：“立石以为标格之美观，固是好。但高则不祥，若不过五六尺，不踰檐，则无伤也。”且历举其覆辙者言之，有吴兴奸民蒋德藻，曰：“此公朴实，前辈特不欲此。”等至明年，外海致讼，家资废半，更兼子女祸于内，渐至气象不佳矣。至正丙申，毁于兵火。

予以至正春二月寓鄞之东湖上水，暇游史祖墓，途中见废宅基，史之外孙宋末所卜居，未几，入我国朝，宅废，爰易三姓，今为耕地，旁有曲水流觞，立石山之遗制，尚存数十太湖石，不暇观也。今年，一豪民贡谀于时贵，率土民舁运往城中，而豪谢者为之狗。此亦以假山之不祥，作而不能玩于数年之久，且以力得于吴中，岂易置者，必害民劳物耳。今又为他人所夺，意何时而已耶。己巳闰十月二十五日记。

这些话重甸甸的，读之心直下坠，记此绝不协调，然又不能不记。元代最有名的二片石，命运也是如此，一名“垂云”，一名“沁雪”，均是赵孟頫的爱物，后来，“垂云”流落云间，已不可考。“沁雪”石质纯黑，遇雨润，白色隐起如雪，故名。清初，石归钱谦益、柳如是，置之绛云楼前，柳氏有诗曰：“洗罢新松看沁雪。”不久楼火，石亦烬（“沁雪”一说传于顾氏小石山房，一说即现立于常熟虞山公园环翠小筑者）。

但明人却不顾元人的警语，也不管宋人的研究精神，只追摹前人的鉴赏趣味，《石谱》撰述者少而藏石家夥，有位米万锺（1570—1628），特著名，其为陕西西安人，寄籍顺天，是米芾的后裔，人谓无芾之颠而有芾之癖，因称友石先生。所画《墨石》（故宫博物院藏），颇类吴彬。他也撰有石谱名《石史》，唯不见传录。不过，几种笔记都提到他蓄的奇石：

一灵璧石，高四尺余，延袤陂陀，势如大山，四面皆画家皴法。近山脚特起一台，台上平下削，平处刻伯原（元清碧先生杜本字）二字，小篆绝佳。

又一灵璧石，非方非圆，周遭如屏障，有脉两道，作殷红色，自凹处垂下，如瀑布之射朝日。高八寸许，围迳尺，纯黑，凝润如膏。

一英德石，高四寸，长七寸，如双虬盘卧，玲珑透漏，千溪万径，穿穴钩连。

一兖州石，大如拳，灰褐色，巉岩浑雅，坚致有声，得之绎山。

一仇池石，亦大如拳，声如响磬，峰峦洞壑，奇巧殊绝，刻其侧曰：小武夷。

这些文字，乍读未觉特然，描述石头而已。可看看石头的修辞小史，读读唐人的华润、宋人的质简，它们就清切得可触可摸了：是语言把石头创造为声色并起的小幅山水。这品味的渐变也迁移到石头的功用，李日华说："石品各有所擅：灵璧以韵胜者，磬材也；端溪、歙溪以质胜者，砚材也；大理、凤凰以文胜者，屏几材也；玛瑙、殷红、透碧以色胜者，器物装嵌材也。若夫偫坐琴书之间，偎倚松梅之下，则多峰峭之英山，多洞穴之林虑，多棱崿之昆山，多矾头晶莹之玉花，将罍而后合格耳。"（《紫桃轩又缀》卷一）这不同的配布，有些就是明人的独举。

清代品石，缉绪明人而有新美之益，奇石记、观石录不求全责备，且多短篇小制，出以诗歌夹注的形式则是创格，例如冯登府（1783—1841）的《论石截句八首》：

烟波叠嶂范成大，湖口九华苏长公。宋贤好事多成癖，不独颠人满袖中。范成大有烟波叠嶂，见本集。

太湖蚌蛀英州巧，灵璧巉空大理奇。最爱石斋斋畔石，不教韩马换仇池。黄公道周有仿砚山图，自写石斋斋中之石画。往见于陈恭甫侍御处，欲以莘田砚山易之，未得也。

雕搜赤壁赋中句，罗列漆厨龛际星。太息玉蟾蜍泪滴，南唐已失砚山青。宋广济库有灵璧石笔架，徽宗御书"山高月小水落石出"八字。武林故观堂内漆厨中龛二石，一有星似南极，一似北斗。米家砚山旧藏朱竹垞检讨家，今不如流落何处矣。

涪翁肘后屏三叠，欧老梅花石一林。绝倒勺园米仲诏，房山半角费沉吟。湖口三石，山谷为肘后屏风。滁州菱溪石，欧公物也。石旁有梅花，亦公手植。米万钟购房山奇石于勺园，百夫曳十二日不能致，乃留良乡。

三品鸥波苔径封，垂云沁雪配双峰。青田一鹤忽飞去，冷落石门洞口松。赵松雪三品石在莲花庄。垂云沁雪二石亦赵氏物。湖州归安学有一奇石，端木子彝时为校官，以太鹤洞天名之。子彝，青田人也。

清晖堂侧玉玲珑，锦水灵泉次第供。选士风流同选石，晴窗三百对文峰。闽督署清晖堂多供英州石。朱竹君视闽学，令士子每名采一石筑亭供之，为三百三十三士亭。多镌姓氏于上，今在学署。

闽水千滩多异品，欝林片石不曾分。百金归买何时遂，只割东山一朵云。一朵云，（冯登府）勺园太湖石也。

少人多石柳州语，石不能言欲点头。奇绝四明都未见，花砖只认晋阳秋。余从四明得晋砖甚富。（《拜竹诗龛诗存》卷四）

像这样的小诗，连同像王绍兰（1760—？）那些《仇池石记》、《柳星石记》《鹊华秋色石记》等等，散见在别集丛书，它们一起回应着白居易《太湖石记》的持久影响，传达着一个共同的主旨：

岩窦透邃，峰岭层棱，物象宛然，得于仿佛。虽擅一拳之多，而能蕴千岩之秀，大可列于园馆，小或置于几案。如观嵩少而面龟蒙，坐生清思。圣人常曰：仁者乐山。好石乃乐山之意。盖所谓静而寿者，有得于此。（《云林石谱》）

从《太湖石记》出发，快览了一通石史，我们终于要回到《养竹记》了。《太湖石记》以石之磊落多姿专言象征，即以片石象征大自然；而《养竹记》的中心则是比德，借竹以喻道比德，不为俗子之归；这是白居易留给我们的一对最重要的竹石观念。

《养竹记》说：贞元十九年春，白居易以拔萃选及第，授校书郎，在长安的常乐里找到已故的关相国府第的东亭寓住。第二天，他在亭子的东南，看见一丛竹子，枝叶殄瘁，无声无色，就问关氏的故老，答曰：竹子乃相国手植。自从相国去世，他人假居，砍伐了能制筐编帚的竹子，剩余的就很低矮弱小了。再加上

“凡草木杂生其中，莑茸荟郁，有无竹之心焉”。白居易“惜其尝经长者之手，而见贱俗人之目，剪弃若是，本性犹存。乃芟翳荟，除粪壤，疏其间，封其下，不终日而毕”。他先是为一座旧第的丛竹被俗人斩刈而戚戚不安，接着再反衬出重新封植后的喜悦：“于是，日出有清阴，风来有清声，依依然，欣欣然，若有情于感遇也。”他高兴得仿佛和丛竹一起浸染在无边的春色中。不过，在《养竹记》，更重要的是它的起始部分，那不是由记叙而是由议论开头的：

竹似贤，何哉？竹本固，固以树德；君子见其本，则思善建不拔者。竹性直，直以立身；君子见其性，则思中立不倚者。竹心空，空以体道；君子见其心，则思应用虚受者。竹节贞，贞以立志；君子见其节，则思砥砺名行，夷险一致者。

白居易以为，竹之于草木犹贤之于众庶，也许是第一次运用儒家“比德”观点全面颂扬竹子的品德，从而写出竹史上的重要篇章。此后，竹子登堂入室，进入文人的道德世界。因之，在竹子的文化史上没有什么能超过比德的观念。

“比德”起源很早，它从先秦哲学传统中衍生而出，成为一种比喻方式，而不是特别的理论，染浓了中国哲学的图像性特色。在中国，没有希腊意义上的哲学，哲学家也不是一种专业，可以徘徊在神庙的柱廊下探讨宇宙的问题，像柏拉图[Plato]（约公元前428—347）说的那样，去对天堂的智慧作渴求[Philosophía órexis tes theías sophías]。中国哲学的目的，只是使人之为人，而不是成为某种专家的人。《论语》《老子》都是一些为人的名言隽语，充满比喻而缺少表面联系，明晰不足却暗示有余，这就为诠释、发挥留下余地。所谓的传、记、注、音、疏都是为此而设。难怪中

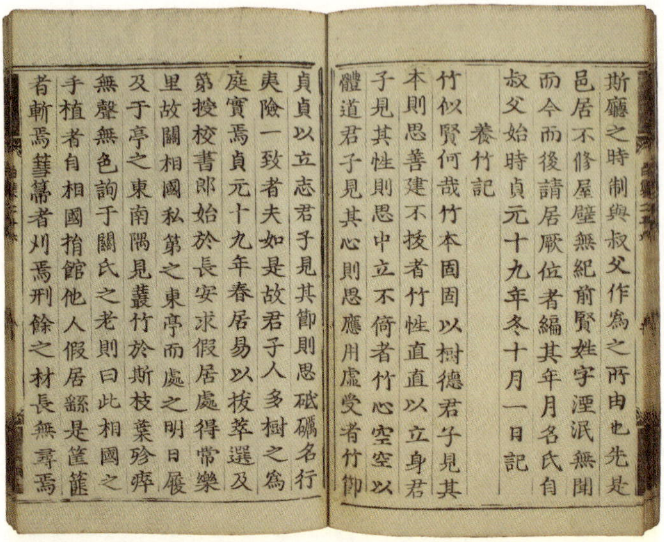

斯廳之時制與叔父作爲之所由也先是
邑居不修屋壁無紀前賢姓字湮泯無聞
而今而後請居厥位者編其年月名氏自
叔父始時貞元十九年冬十月一日記

養竹記

竹似賢何哉竹本固固以樹德君子見其
本則思善建不拔者竹性直直以立身君
子見其性則思中立不倚者竹心空空以
體道君子見其心則思應用虛受者竹節
貞貞以立志君子見其節則思砥礪名行
夷險一致者夫如是故君子人多樹之爲
庭實焉貞元十九年春居易以拔萃選及
第授校書郎始於長安求假居處得常樂
里故關相國私第之東亭而處之明日履
及于亭之東南隅見叢竹於斯枝葉殄瘁
無聲無色詢于關氏之老則曰此相國之
手植者自相國捐館他人假居繇是筐篚
者斬焉篲箒者刈焉刑餘之材長無尋焉

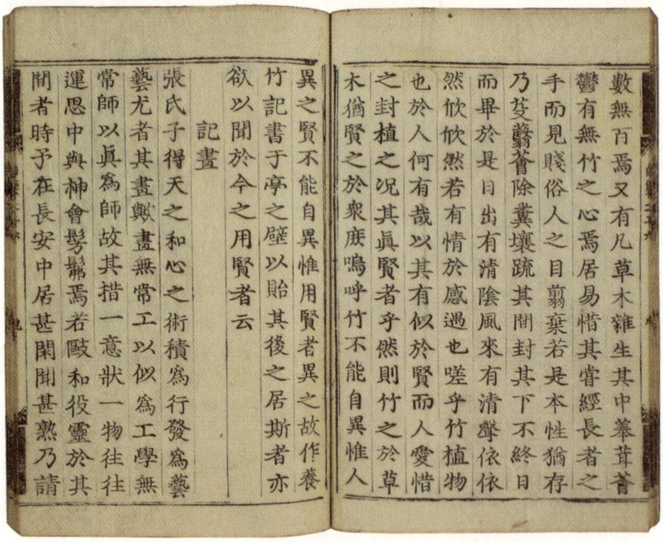

數無百焉又有凡草木雜生其中菶茸薈
鬱有無竹之心焉居易惜其嘗經長者之
手而見賤俗人之目翦棄若是本性猶存
乃芟翳薈除糞壤疏其間封其下不終日
而畢於是日出有清陰風來有清聲依依
然欣欣然若有情於感遇也嗟乎竹植物
也於人何有哉以其有似於賢而人愛惜
之封植之況其眞賢者乎然則竹之於草
木猶賢之於衆庶嗚呼竹不能自異惟人
異之賢不能自異惟用賢者異之故作養
竹記書于亭之壁以貽其後之居斯者亦
欲以聞於今之用賢者云

記畫

張氏子得天之和心之術積爲行發爲藝
藝尤者其畫歟畫無常工以似爲工學無
常師以眞爲師故其措一意狀一物往往
運思中與神會髣髴焉若敺和役靈於其
間者時予在長安中居甚閑閑甚熟乃請

唐白居易《白氏长庆集·养竹记》书影
日本繙宋大字本（《四部丛刊初编》本之底本）
书末有日本元和四年（1618）那波道円校跋

国哲学史几乎是一部解经的历史。而解经也成了显示智慧的渊致，绝不像现代的时尚哲学，鼓励以更晦涩去解释晦涩[obscurum per obscurius]。大概就在解经的过程中，产生出比德的喻解方式。最有名的章句出现在《礼记》的《聘义篇》：

子贡问于孔子曰："敢问君子贵玉而贱碈者，何也？为玉之寡而碈之多与？"孔子曰："非为碈之多故贱之也，玉之寡故贵之也。夫昔者君子比德于玉焉：温润而泽，仁也；缜密以栗，知也；廉而不刿，义也；垂之如队，礼也；叩之，其声清越以长，其终诎然，乐也；瑕不揜瑜，瑜不揜瑕，忠也；孚尹旁达，信也；气如白虹，天也；精神见于山川，地也；圭璋特达，德也；天下莫不贵者，道也。《诗》云：'言念君子，温其如玉。'故君子贵之也。"

[子贡问孔子说："请问君子为什么重玉而轻碈呢？是因为玉少见而碈多有的缘故吗？"孔子说："不是因为碈多有就轻贱它，玉少见就看重它。在过去，君子是用玉来比喻德行的：玉温和润泽，像仁；质地缜密有文理，像智；有棱角却不割伤他物，像义；垂挂着如同下坠，像礼；敲击它，声音清扬悠长，又戛然而止，像乐；瑜不掩瑕，瑕不掩瑜，像忠；色彩外露而不隐，像信；光耀如同白虹，像天；精神显露于山川，像地；圭璋（不凭借他物）直接送达主君，像德；天下之人都看重玉，像道。《诗》说：想念那君子，温润如美玉。所以君子才看重玉呀！]

这些也见于《荀子·法行篇》的文字，使我们注意到，那是借孔子之口说出的哲理，而孔子又是对《诗经》的阐释。比德说的另一佳例是智者乐水、仁者乐山，原本一句四言式的格言，解经者们把它铺陈为一篇散文小品：

问者曰：夫智者何以乐于水也？曰：夫水者缘理而行，不遗小间，似有智者。动而下之，似有礼者。蹈深不疑，似有勇者。障防而清，似知命者。历险致远，卒成不毁，似有德者。天地以成，群物以生，国家以宁，万事以平，品物以正。此智者所以乐于水也。

问者曰：夫仁者何以乐于山也？曰：夫山者万民之所瞻仰也。草木生焉，万物植焉，飞鸟集焉，走兽休焉，四方益取与焉。出云道风，嵸乎天地之间。天地以成，国家以宁，此仁者所以乐于山也。(《韩诗外传》)

妙用比德，堪称灵心的发挥，然而却不是凭空无据的想象，在《荀子·宥坐篇》我们也能读到孔子类似的言论。由于有伟大的圣人作依托，观水明道在西汉经学家董仲舒（前 179—前 104）《春秋繁露》和刘向（约前 71—前 6）《说苑》中都得到反复提倡，最终成了一种深自远引的生活方式。宋懋澄（1572—1622）《蘼芜馆手录序》自述其观水之去来曰：

华亭春申浦之南九里，为余故乡，去所居东三百余武，有大水，通朝夕潮，晨飡后，辄放舟柳下，观水之去来，悟剥复之理，感水之盈缩，知盛衰之机，其来也勇往，其去也勇退，其平也勇沉，信乎非天下之至柔，孰能运天下之至勇乎？况夫文漪千变，潆回万端，每境与心会，无适可逾，往往终日。而同居之人，无可与同是适者，因携古人之书与俱，遇奇事则录其始末，间加点窜，使读书临水之适，更番目中，而吾之适，益无穷焉。

汤显祖（1550—1616）为朱懋忠制义写叙，还不失时机把它用于养心作文之道：

养心有二。子曰：智者动，仁者静；仁者乐山，而智者乐水。故有以静养气者，规规环室之中，回回寸管之内，如所云胎息踵息云者，此其人心深而思完，机寂而转，发为文章，如山岳之凝正，虽川流必溶流滀也，故曰仁者之见。有以动养其气者，泠泠物化之间，亹亹事业之际，所谓鼓之舞之云者，此其人心炼而思精，机照而疾，发为文章，如水波之渊沛，虽山立必陂陁也，故曰智者之见。二者皆足以吐纳性情，通极天下之变。

当然，更重要的是，它也成了中国最精微最广大的艺术——山水画的哲理基础。宗炳（375—443）《画山水序》曰：

圣人含道映物，贤者澄怀味象。至于山水，质有而趣灵，是以轩辕、尧、孔、广成、大隗、许由、孤竹之流，必有崆峒、具茨、藐姑、箕、首、大蒙之游焉。又称仁智之乐焉。夫圣人以神法道而贤者通；山水以形媚道而仁者乐，不亦几乎？

魏晋时代，《庄子》也发挥影响，观水明道油然转为听水触兴，《云仙杂记》卷二记陶渊明轶事云：

渊明尝闻田水声，倚杖久听，叹曰："秫稻已秀，翠色染人，时剖胸襟，一洗荆棘，此水过吾师丈人矣。"

这种襟怀透彻的颂水之言，轻而易举又教禅宗用作公案：

一禅师问玄沙："学人乍入禅林，乞师指个入路！"答曰："还闻偃溪水声么？"对方答云："闻。"他说道："从这里入。"

清祝昌《山水图册》，十二开之六，纸本设色
21.5cm×22.2cm，年代不详，安徽省博物馆藏

流水的禅意也飘萦进午竹[Gochiku]的俳句：

长夜迟迟，流水之声，诉我所思。

唐宋时期甚至出现了专门画水的名家，方干《玄英先生诗集》有《卢卓山人画水》《陆山人画水》诗，其后孙位、孙知微更卓著，蒲永升曾得二孙笔法，为苏东坡作水图二十四幅。传至南宋，马远（？—约1225）得其意，至今我们还能见到他的《水图》十二段（北京故宫博物院藏）。水图或有厌火之用，但在那些爱竹者看来，水的空明、澄净与灵动，完全可以用来比附竹子的美德。郑板桥曾经引经、征史、援诗来表达这种雅意：

竹之在山不待言。《诗》曰："淇奥绿竹"；《史》云："渭川千亩竹"；少陵云："映竹水穿沙"，又曰："懒性从来水竹居"。是竹不独爱山，又爱水也。今为沙水竹石之图，且系以诗曰：

智仁山水分头乐，竹性由来兼得之；
若使故逢鲁司寇，杏坛应种百千枝。

诗人写道：智者和仁者的山水之乐，竹子兼而有之。孔子若与竹子邂逅，也肯定让讲学的杏坛种竹成林。这既是写诗，也是用典，还是移情，汇为一体，则是对古代哲理的一种可能意义的探讨。不过，"比德"的基础却没有动摇。这就是中国哲学的一种表达特色：先是一些言论或格言，然后经过代代的发挥和补充，甚至是修正，最终成为一串思想的珍珠而现出新意，然而人们心中牢牢记诵的仍然是最初的名句。

"比德"对中国文学的作用或可写为专书，此不详论。我们已注意到，白居易《养竹记》写于贞元十九年（803）春天。之前，已有岑参（约 717—770）《范公丛竹歌》，序云：“职方郎中兼侍御史范公乃于陕西使院内种竹，新制《丛竹诗》以见示。美范公之清致雅操，遂为歌以和之。”诗句“守节偏凌御史霜，虚心愿比郎官笔”，已寓怀比德；数年后，又有刘岩夫《植竹记》出现。刘岩夫大概比白居易年轻一代，唐穆宗长庆年间（821—824），与兄长宽夫和端夫同举进士，当时即有文名，只是作品大多散佚，《全唐文》仅收两篇，幸运的是《植竹记》没有烟灭：

秋八月，刘氏徙竹凡百余本，列于室之东西轩、泉之南北隅。克全其根，不伤其性，载旧土而植新地。烟翠霭霭，寒声萧然。适有问曰：树椅桐可以代琴瑟，植樝梨可以代甘实。苟爱其坚贞，岂无松桂也？何不杂列其间也？答曰：君子比德于竹焉。原夫劲本坚节，不受霜雪，刚也；绿叶凄凄，翠�浮浮，柔也；虚心而直，无所隐蔽，忠也；不孤根以挺耸，必相依以林秀，义也；虽春阳气王，终不与众木斗荣，谦也；四时一贯，荣衰不殊，恒也；垂蕡实以延凤，乐贤也；岁擢笋以成干，进德也。及乎将用，则裂为简牍，于是写诗书彖象之命，留示百代。微则圣哲之道坠地而不闻矣，故后人又何所宗欤？至若镞而箭之，插羽而飞，可以征不庭，可以除民害，此文武之兼用也。又划而破之，为篾席，敷之于宗庙，可以展孝敬；截而穴之，为篪为箫，为笙为簧，吹之成虞韶，可以和人神，此礼乐之并行也。夫此数德，可以配君子。故岩夫列之于庭，不植他木，欲令独擅其美，且无以杂之乎！窃惧来者之未谕，故书曰《刘氏植竹记》。

《养竹记》和《植竹记》一质一文，异曲同工，堪称唐人写竹双璧。三百年后，杨万里（1127—1206）又用赋的形式谱写出变奏曲：

客有问于清虚子曰："昔者子猷爱竹，字之曰君，谓此君一日之不可无。古之知竹者，未有若子猷之勤者欤？"清虚子曰："子猷可谓爱竹矣，知竹则未也。古之知竹者，其惟吾夫子乎！盖尝闻之，夫子适卫，公孙青仆，子在淇园，有风动竹，闻萧瑟檀栾之声，欣然忘味，三月不肉。顾谓青曰：人不肉则瘠，不竹则俗，汝知之乎？其诗曰：瞻彼淇奥，绿竹如箦；言念君子，温其如玉。吾乃今知竹之所以清，武公之所以盛也。盖君子于竹比德焉：汝视其节，凛然而孤也，所谓'直哉史鱼，邦有道如矢'者欤！汝视其貌，颀然而臞也，所谓'伯夷叔齐，饿于首阳之下，民到于今称之'者欤！汝视其中，洞然而虚也，所谓'回也其庶乎，屡空'，'有若无'者欤！故古之知竹者，其唯夫子乎！子猷非知竹者也。"客曰："甚哉，清虚子之言似夫子也。敢贺此君：'从陈蔡者皆不及门'，君何修何饰，乃得与四子而同席？愿坚晚节于岁寒，以无忘夫子之德。"（《清虚子此君轩赋》）

与白居易朴质的散文笔法不同，杨万里比刘岩夫更充分借用汉赋的问答形式，并遽然把知竹跟孔子三月不知肉味的典故联缀。赋中以竹比德的话在每句都抄引孔子言论，若不熟悉《论语》，就很难越过语言的障碍。这也就是古人从童蒙时代起，要刻苦背诵经典的一个原因。

四

白居易的一诗一文，成为后人在世俗世界创造超俗世界的灵感资源。不过，在此需要特别插叙一节，因为宋代科学家和鉴赏家沈括（1031—1094）《梦溪笔谈》卷二十一记录过一项重要的发现：

近岁延州永宁关大河岸崩，入地数十尺，土下得竹笋一林，凡数百茎，根干相连，悉化为石。适有中人过，亦取数茎去，云欲进呈。延郡素无竹，此入在数十尺土下，不知其何代物。无乃旷古以前，地卑气湿而宜竹邪？

［近年延州永宁关的黄河河岸崩塌，土地下陷几十尺，在下面发现了一丛竹笋，总共有几百根，根干相连，全都成为化石。碰巧有宦官从那里经过，也拿走了几根，说是要进献给皇上。延州一带本来没有竹子，这些化石埋在几十尺深的土下，不知是哪一代的东西。恐怕是远古以前这里的地势低下而又湿润宜于竹子的生长吧？］

这段记载，萧萧数语，却弥足珍贵。为我们了解竹史提供了难得的文献。尤其引人注意的是，它还为同时代的另一著作《河南邵氏闻见后录》（卷四）证实，邵博（?—1158）说：

章子厚在丞相府，顾坐客曰："延安帅章质夫，因板筑发地，得大竹根，半已变石。西边自昔无竹，亦一异也。"

当时，这些消息一定不胫而走，成为座席间的新闻。遗憾的是，囿于局限和条件，沈括尽管创制过十二气历，发明过隙积术和会圆术，还最早发现了磁偏角，也讨论过种竹法，更是一位爱竹者，家中竹坞，有竹万个，环以激波，又有萧萧堂，为竹间之可燕者，但却未能蹑影追踪对竹根化石进行深入的研究。

据说希腊哲人泰勒斯[Thales]（著称于前580年）在米利都[Miletus]的山丘散步，也偶然发现一块化石，是海贝石化而成，这使他得出惊人的推断：水为万物的本原，破天荒第一次提出世界源于单一物质的宇宙论见解。这见解，不管我们看来多么不可思议，它却表明，希腊自然哲学的出发点是以永恒的本原去解释丰富多彩、不断变化的现象世界，至少包含三项在后来发展中日益变得重要的基本要求：第一，必须寻求一个统一的本原；第二，答案必须只用理性给出，通过探索“更好的”知识而大胆猜测我们尚未知道的东西；第三，必须容忍批判的讨论，甚至把它当作一种生活方式，而且是最好的方式。泰勒斯积极鼓励学生对他进行批评，激起阿那克西曼德［Anaximander］反驳他的本源理论，阿南克西曼德又把那种态度传承给下一代。于是，大胆猜测和自由批判的传统在米利都建立起来。那是希腊哲学生活最辉煌最文明的创举。泰勒斯也是凝望天空思考得出神，以致跌进脚下沟中的人，这一失足却把神话世界和理性世界联系起来，打开了人们可以去讨论、去玩味、去静思、去发现、去惊奇的领域：苍天所宣示的庄严感，神圣感，引人一窥宇宙奥秘的敬畏感，在神的名誉之下，显现出来。

泰勒斯的现代继承者爱因斯坦在他的最后二十五年，也力图以一驭万，去探索哲人们邃古以来梦想的 *Sancta Simplicitus*［神圣的简洁］，但他不是寻找万物的本原，而是提出另一种假说，去统一人类对物理世界的概念，他以宗教般的虔敬，沉思我们头上无限隐秘的星空，他说：

The most beautiful and most profound emotion we can experience is the sensation of the mystical. It is the sower of all true science. He to whom this emotion is a stranger, who can no longer wonder and stand rapt in awe, is as good as dead. To know that what is impenetrable to as really exists, manifesting itself as the highest wisdom and the most radiant beauty which our dull faculties can comprehend only in their most primitive forms — this knowledge, this feeling is at the center of true religiousness.［我们能够体会的最美丽最深刻的情感就是神秘本身。它是一切真科学的源泉。没有这种情感，不会惊奇不会敬畏的人，虽生犹死。懂得确有存在之物在我们的知解之外，它显示的最高智慧和最辉煌之美，我们迟钝的感官只能略知它的皮毛——这种认识，这种感觉，乃是真正虔敬的中心。］

二十世纪最杰出的科普作家巴内特［Lincoln Barnett］的《宇宙和爱因斯坦》［*The Universe and Dr. Einstein*］(1948)，写人类知识史进展的一个紧要关头，以凌云之笔讨论爱因斯坦的这段话，写出真理比虚构还要奇特［Le vrai n'est pas toujours vraisemblable］的本性，它激动了无数的心灵。而读书读到这种文心诗魂，还不受点儿感染的人，若不是一个寡情少义也是一个乏味无趣的人。

因为科学就像艺术与文学一样，是人类精神的冒险，是各种创造性艺术中最富人性的艺术：它是人类的失败和短见，也是人类思想的光辉一闪，这种闪光照亮了我们眼前的黑暗，展现出世界和人类精神的奇迹。但它还不仅仅于此，科学更源出于人类最富于人性的努力——解放自己。我们努力理解世界也努力理解我们自己，以一种成熟的富于责任感的文明生物那样行动——科学乃是这种努力的一部分。［Science is not only, like art and literature, an adventure of the human spirit, but it is among the creative arts perhaps the most human:full of human failings and shortsightedness, it shows those flashes of insight which open our eyes to the wonders of the world and of the human spirit. But this is not all. Science is the direct result of that most human of all human endeavours – to liberate ourselves. It is part of our endeavour to see more clearly, to understand the world and ourselves, and to act as adult, responsible, and enlightenned beings.]

科学代表了我们求知的愿望，代表了我们把自己从无知与狭隘、从害怕与迷信中解放出来的愿望。这也包括专家们的无知、行家们的狭隘，以及害怕自己被证明是错误，被证明是“不准”，等等。[Science represents our wish to know, our hope of emancipating ourselves from ignorance and narrow-mindedness, from fear and superstition. And this includes the ignorance of the expert, the narrow-mindedness of the specialist, the fear of being proved wrong, or of being proved ‘inexact’...] (Karl Popper, *Realism and the Aim of Science*)

科学还时时告诉我们，真理不能轻易获得；尽管古典格言说：*veritas filia temporis*[真理乃时间之女]——

> 但是，至于确实的真理，还没有人知晓……
> 即使有人偶然说出了终极真理，
> 他自己也不会知道，因为：
> 一切只是猜想织成的网。
> [But as for certain truth, no man has known it...
> And even if by chance he were to utter
> The perfect truth, he would himself not know it:
> For all is but a woven web of guesses.] (Xenophanes)

这种猜想构成了科学的本性。它激励人 *Sapere aude*[敢于显示智慧]；甘愿呕心沥血，尘外孤标；甘愿过寂寞岁月，彻夜探讨。科学固然不是完美之物，在当代还受到了一些高深哲学家的肆意攻击，更有恶魔利用它来制造恐怖。尽管如此，在人类的文明中，科学却像艺术一样，是少数值得我们为之牺牲的圣物，就像自由、仁爱、善良以及帮助需要帮助之人那样值得我们为之牺牲。

像西方的科学家一样，沈括的同龄人程颢（1032—1085）、程颐（1033—1107）兄弟也都为人类的知识增长而激动，不同的是，他们不太关注天空深处的星体，而总把经典规范放在心中。他们把《大学》里的一句话“致知在格物”解释为：凡天下之物，莫不因其已知之理而益穷之。他们的后继者朱熹（1130—1200）更反复强调，要“权立疑义”，提出一个“未可便以为是”的假设，然后再去严格检验，这甚至接近了科学的方法。他对弟子们说：

诸公所以读书无长进，缘不会疑。某虽看至没紧要的事物，亦须致疑。才疑，便须理会得彻头。

他有勇气，又精细，把这种怀疑精神昂然用于勘磨儒家的重要经典，从而开创了一个经学研究的新世界。这种新经学在十六世纪之后达到极盛，使十一世纪到十六世纪那种主观、唯心主义、有教训意味的哲学让位于全靠严谨冷静的研究作基础的学术复兴，在那场复兴中，产生了像顾炎武（1613—1682）、阎若璩（1636—1704）、戴震（1724—1777）、钱大昕（1728—1804）、王念孙（1744—1832）之类的大师，他们就像一位哲人评价的德意志学者：渊博的考据，哲理的探讨，对最难懂文字的钻研，版本的校订，字典的编纂，材料的收集与分类，在一切学问的领域内，凡是艰苦沉闷，但属于基础而必不可少的劳动，都是他们的专长，他们以了不起的耐性与牺牲精神，替现代大厦把所有的石头凿好。但唯一缺少的就是实验室中的研究和数学的抽象演算。因此，他们中没有出现一个中国的伽利略［Galileo］（1564—1642）或牛顿［Newton］（1642—1727），这显得特别触目。而伽利略和牛顿，那时已不再有心思去纠缠经典，他们都把眼光转向了宇宙之书：

Philosophy is written in this grand book—I mean the universe—which stands continually open to our gaze, but it cannot be understood unless one first learns to comprehend the language and interpret the characters in which it is written. It is written in the language of mathematics, and its characters are triangles, circles, and other geometrical figures, without which it is humanly impossible to understand a single word of it; without these, one is wandering about in a dark labyrinth. (*Il Saggiatore*, 1623) [哲学写在宇宙这本宏伟的书上，它始终打开在我们眼前，如果我们不首先掌握它的语言，破译它的文字，就无法领会它的含义。这本大书以数学的语言撰写，它的文字是三角形、圆形和其他图形，离开这些图形，人类就无法理解它的只言片语，就只能在幽暗的迷茫中徘徊。]（伽利略《试金者》）

要掌握宇宙的数学语言，也就是要掌握神创的语言，它回应了柏拉图学园门楣上的一行铭文：不懂几何者勿入。新柏拉图主义者波罗克鲁斯[Proclus]（约 410—485）赞美说：何处有数，何处就有美。而数学的完美，从欧几里得[Euclid]（著称于前 300）《几何原本》[*Elements*]的 467 个命题与阿波罗尼乌斯[Apollonius of Perga]（前 262—前 190）《圆锥曲线论》[*Conics*]的 487 个命题都能从《原本》的 10 个公理演绎推导而出，得到证明。它显示了早在古希腊时代，数学领域就出现了几乎超人的空前的思想深度。克莱因[Morris Kline]评论说：在世界的几百种文明里，有算术和几何者并不鲜见，但只有希腊人才想到要完全用演绎推理来证明结论；这种决心根本违背人类其他所有领域的习惯做法，几乎完全不合情理，因为人类凭借经验、归纳、类比和实验已获得了那么多高度可靠的知识；可希腊人需要真理，而且认为只有用毋庸置疑的演绎推理才能获得；他们还认识到，要获得真理就必须从真理出发，决不把靠不住的事实当作已知；因此他们明确地先给出所有的公理，一开头就予以陈述，以便马上能获得批判的考察。

希腊的数学，实质是宇宙论的数学，始终闪耀着一个强烈的信念：数学知识是打开天地间种种联系的奥秘的钥匙。他们坚持把数学等同于物理世界的实质，在数字里看到宇宙的结构与设计的最终真理以及最美的黄金分割比例[Golden Section]，他们奋力把对自然的合理化认识推进到如此深远的程度，乃至万物都是数，宇宙之书就是用数的语言写成的书。这种语言成了催生现代科学的根本动力。十五世纪的天才莱奥纳尔多·达·芬奇[Leonardo da Vinci]（1452—1519）在《笔记》中重复了学院的箴铭：非数学家勿读此笔记。

而西方哲学的基调自来就是数学化的。前苏格拉底哲学家[Presocratics]、柏拉图、亚里士多德无须费言，近代科学兴起后，情景尤其如此。笛卡尔[René Descartes]（1596—1650）是解析几何的创立者。莱布尼茨[Gottfried Wilhelm Leibniz]（1646—1716）是微积分的发明者，其成果堪与牛顿平分秋色。洛克[John Locke]（1632—1704）是医生，做过化学研究，与牛顿、波意尔既是朋友又是讨论科学的对手。贝克莱[George Berkeley]（1685—1753）虽是神学家，却探讨过化圆为方，也论述过几何光学、算术和自然科学。帕斯卡[Blaise Pascal]（1623—1662）也是神学家，但还是数学家、物理学家，在流体力学和数学概率论上的贡献曾深受时人拥戴。稍后的大哲学家中，斯宾诺莎[Benedictus Spinoza]（1632—1677）的学说与十七世纪新兴起的数理物理学紧密相关。而要读懂十八世纪的康德[Immanuel Kant]（1724—1804）《纯粹理性批判》[*Kritik der reinen Vernunft*]（1781，rev. 1787），就不能忘记，其核心问题乃是研究天文学时所碰到的问题。《实践理性批判》

[*Kritik der practischen Vernunft*](1788)的结尾说：有两物，越思索就越神奇、越畏敬：位我上者，灿烂星空；在我心者，道德律令[Zwei Dinge erfüllen das Gemüt mit immer neuer und zunehmenden Bewun- derung und Ehrfurcht, je öfter und anhaltender sich das Nachdenken damit beschäftigt: *Der bestirnte Himmel über mir, und das moralische Gesetz in mir*]。它概括了康德一生的情志。

有位中国学者说："人类的凡百事业中，毕竟有数学这样不容自欺的干净事业，人类还是有希望的。"（陈克艰《数学的发明和发现》）数学确实配得起这样的称誉。

在二十世纪的哲学群星中，像罗素[Bertrand Russell]（1872—1970）与怀特海[Alfred Whitehead]（1861—1947）合撰《数学原理》[*Principia Mathematica*]（1910—1913）三大卷，维特根斯坦[Ludwig Wittgenstein]（1889—1951）也写有《论数学的基础》[*Bemerkungen über die Grundlagen der Mathematik*]（1956），胡塞尔[Edmund Husserl]（1859—1938）和乔姆斯基[Avram Chomsky]（1928—）都是学数学出身，皮尔士[Charles Peirce]（1839—1914）与波普尔在数理逻辑、概率论、天文学或量子力学方面皆有很高的造诣，一些更抽象的哲学家例如塔尔斯基[Alfred Tarski]（1902—1983）、哥德尔[Kurt Gödel]（1906—1978）和奎因[W.V. Quine]（1908—2000）本身就是数理逻辑学家。1905年是*annus mirabilis*[奇迹年]，这一年，爱因斯坦发表了具有划时代意义的狭义相对论，还发表了对量子理论的发展做出卓越贡献的论文，1915年，他又发表了广义相对论。它们一起奠定了现代物理学的基础，也在哲学上迈出重要一步：使观察者成为他所描述的世界的物理方面的重要组成部分。爱因斯坦说，广义相对论受益于马赫的哲学，而马赫[Ernst Mach]（1838—1916）在维也纳大学学习的是数学和物理学，1864年成为格拉茨大学首席数学教授，

1866 年又担任物理学教授。

即使这样，当代伟大的宇宙论者霍金［Stephen Hawking］（1942—）还是不满意二十世纪的哲学家，说他们跟不上科学理论的进步：

十八世纪的哲学家驰骋于包括科学在内的整个人类知识领域，讨论的对象包括宇宙起源之类的问题。可十九世纪和二十世纪，除了少数的专家外，科学对哲学家或一般人都太技术化、太数学化了。哲学家大大缩小了他们的探索范围，连 21 世纪最著名的哲学家维特根斯坦都说："哲学仅余的任务就是语言分析。"这是自亚里士多德到康德以来伟大的哲学传统的何等堕落！［In the eighteenth century, philosophers considered the whole of human knowledge, including science, to be their field and discussed questions such as: did the universe have a beginning? However, in the nineteenth and twentieth centuries, science became too technical and mathematical for the philosophers, or anyone else except a few specialists. Philosophers reduced the scope of their inquiries so much that Wittgenstein, the most famous philosopher of this century, said, "The sole remaining task for philosophy is the analysis of language." What a comedown from the great tradition of philosophy from Aristotle to Kant!］(*A Brief History of Time*)

而霍金，这位剑桥大学卢卡斯数学教授［Lucasian Professor of Mathematics］的抱负是：找到一个完整的理论，去完善而不是去复制宇宙［Reason is not come to repeat the universe but to fulfil it］(George Santayana, *Reason in Science*)，以实现人类理智的终极胜利：理解上帝之心［the Mind of God］。

将近一百年前，中国的一位学者许崇清（1888—1969）在与蔡元培辩论时，思路倒与霍金有重叠处。蔡元培宣称：“在科学发达以后，一切知识道德问题，皆得由科学证明，与宗教无涉。惟科学所不能解答之问题，如宙之无涯涘，宇之无终始，宇宙最小之分子果为何物，宇宙之全体果为何状等。是举此等问题而研究者，为哲学。”许崇清以科学的知识批评说：

方今自然科学界，关于时空（即宇与宙）之研究，则有 Einstein 于 1905 年发表之“相对性原理”[Relativitätsprinzip]。此原理以二假定为前提，其一则为“相对性之假定”，其二则为“光速不变之假定。”艾氏据此以时间相对性之定义，而牛顿力学所悬设之绝对空间、绝对时间几至不能成立。

这是首次用中文介绍相对论，其文刊于1917年9月的《学艺》。不到两个月，国立武昌高等师范学校教授李芳柏（1890—1959）就在校立数理学会成立的会上向听众讲演了狭义相对论（1917 年 11 月 3 日《奈端（牛顿）力学与非奈端力学》）。

可为什么古代中国学者的科学精神和方法没有产生现代科学，人们常常深思这个问题。1962 年出版的《东西方的哲学和文化》［*Philosophy and Culture: East and West*］中有篇杰出论文《中国哲学的科学精神和方法》［The Scientific Spirit and Method in Chinese Philosophy］给出了回答，作者先是制出一个十七世纪中国和欧洲学术大师的比较年表，把近代欧洲新科学和中国新学术定局时期伟大学者的主要活动简明而清晰展示在人们的眼前：

顾炎武出生（1613）的前四年，伽利略发明望远镜，用它革新天文学，同时，开普勒［Kepler］（1571—1630）发展革命性的火星研究和发现行星运动的新定律。当顾炎武从事文献学研究和重建古音韵时，哈维[Harvey]（1578—1657）发表论血液循环（*Exercitatio de Motu Cordis et Sanguinis in Animalibus*, 1628），伽利略出版关于天文学和新科学的两部杰作（1632；1638）。阎若璩开始考订《尚书》的前十一年，托里切利[Torricelli]（1608—1647）完成空气压力的实验（1644）。其后，波意尔[Boyle]（1627—1691）宣布他的化学实验成果，阐述了以他名字命名的定律（1660—1661）。在顾炎武完成他的文献学的划时代研究《音学五书》的前一年（1667），牛顿发明微积分，完成了光的分析。1680 年，顾炎武撰写《音学五书》定本的前言；1687 年牛顿出版《自然哲学的数学原理》[*Philosophiae naturalis principia mathematica*]。

按照波普尔[Karl Popper]（1902—1994）的说法，牛顿的《自然哲学的数学原理》标志着人类历史上的最伟大的事件，最伟大的智力革命；标志着两千多年梦想的实现，标志着科学的成熟，标志着科学从哲学中脱颖而出。

这些不同国家新学术时代的大师们在科学精神和方法上如此惊人的相似，使他们工作领域的根本不同更加引人注目。伽利略、开普勒、波意尔、哈维和牛顿研究的是自然客体，是星星、球体、斜面、望远镜、显微镜、三棱镜、化学药品、数和天文表。而他们的同代中国人用的是书本、文学和文献证据。后者创造了三百年的科学的书本学问；前者创造了一种新科学和一个新世界。

做了这些比较之后，作者笔锋一转，这样写道：

That was a historical explanation, but was a little unfair to those great Chinese scholars of the seventeenth century. It was not enough to say, as I did, that "the purely literary training of the intellectual class in China has tended to limit its activities to the field of books and documents." It should be pointed out that the books they worked on were books of tremendous importance to the moral, religious, and philosophical life of the entire nation. Those great men considered it their scared duty to find out what each and every one of those ancient books actually meant. [这是一种历史解释，但对那些十七世纪的中国学者稍欠公允。我只是说“中国知识阶层纯粹靠的是文字训练，这把他们限制在书本和文献领域”还不充分。我应该指出，他们所推敲的那些书，乃是与全民族道德生活、宗教生活和哲学生活关系重大的典籍。那些伟大人物认为，发现每种古代书籍的真正意义乃是他们神圣的责任。]

接着作者援引英国维多利亚时代诗人布朗宁[Robert Browning]（1812—1889）笔下的文法学者来比譬中国十七世纪的学术大师：

> "What's in the scroll," quoth he, "thou keepest furled?
> Show me their shaping,
> Theirs who most studied man, the bard and sage,—
> Give!"— So, he gowned him,
> Straight got by heart that book to its last page...
> "Let me know all!...
> "Even to the crumbs I'd fain eat up the feast...
> "...What's time? Leave Now for dogs and apes!
> Man has forever."
> [“你卷起的书卷里是什么？”他问道，
> “让我看看他们的风神，
> 那些渊博的智者、诗人和哲人——
> 给我！”于是，他把书卷扔在他身上，
> 他一下子就读透到最后一页。……

"我要知道一切!"……
"飨宴要吃得不留残屑。"……
"时间是什么，让'现在'留给狗和猩猩，
人有的是永恒。"]

布朗宁对人文主义时代做了这样礼赞："这人决意不求生存而求知识"[*This man decided not to Live but Know*]。

孔子表达了同样的精神："学如不及，犹恐失之。""朝闻道、夕死可矣。"朱熹也在他的时代表示："义理无穷，惟须毕力钻研，死而后已耳。"

这是一个精彩的回答，与本书隐含的回答不同，它以正统观念解释了中国文人何以重视修身洁己、重视阅读经典而忽视对大自然科学奥秘的探索。李约瑟[Joseph Needham]（1900—1995）在他的皇皇巨著《中国科技史》[*Science and Civilisation in China*]第二卷也有异曲同工的说明：

Encouraged by the world-outlook of a bureaucratic literature-dominated society, the scholars threw all their energies into history, philology and archaeology. What came out of it was not that terrifying strength which has transformed the world of space and time, but rather a vast edifice of knowledge of the past of a people, an edifice to which its European counterpart has only been for the past two centuries even comparable.

On 9 July 1704, Yen Jo-Chü, one of the greatest builders of this edifice, lay dying in Peking, of a disease which a few milligrams of one of the drugs which modern natural science would later discover, could have cured. The picture exemplifies both the nobility and weakness of medieval Chinese humanism.

[在一个官僚化、重文学的社会，它的世界观推动着学者倾力投身于历史、文字训诂和考古的研究，结果没有产生那种足以改变时空世界的可怕力量，而是建立起一个巨大的关于一个民族往昔的知识结构，一个只是到了晚近两世纪欧洲才能勉强匹敌的结构。

1704 年 7 月 9 日，这一知识结构的最伟大缔造者之一阎若璩在北京病倒，后来近代自然科学发现的一种药，只消几毫克就可把他治愈，可他却与世长辞了。这种图景既表现了中古中国人文主义的高贵，又表明了它的弱点。]

在这样的知识结构中，像沈括那样把目光转向物理世界、数学世界的学者，尚属凤毛麟角。即以数学言之，唐前之书，人人皆谓寸珠尺璧，一一可宝，然若诘以《九章算法》，则能回答者极少：

古数学诸书仅存者，皆不为文人所习，好古博览之士或仅能举其名。儒者之言，远宗河洛，深推律吕，又或主论高远，罔察民故。而世传算法，率坊贾所为，剽窃杜撰，聊取近用，不能求其本末，而古书渐亡。数学之衰，至此而极。万历中，利氏入中国，始倡几何之学，以点线面体为测量之资，制器作图，颇为精密，然其书率资翻译，篇目即多，而取径迂回，波澜阔远，枝叶扶疏，读者每难卒读。又奉耶稣之教，与士大夫闻见龃龉。学其学者，又张皇过甚，无暇深考乎中算之源流，辄以世传浅术，谓古九章在此。于是薄古法为不足观，而或者株守旧文，遽斥西人之异学，两家之说遂成隔碍。此亦学者之过也。余则以为，学问之道，求其通而已。吾之所不能通，而人则通之，何问乎今古，何别乎中西。（梅文鼎《绩学堂文钞》卷二《中西算学通自序》）

这是清初梅文鼎（1633—1721）的闻见和卓识。但在伽利略时代到来之际，也许只有朱载堉才是沈括的同道人，才是艺术和科学兼擅的通才[uomo universale]，李约瑟也赞美朱载堉说，他虽远离欧洲，却是一位文艺复兴人。朱载堉（1536—1611），字伯勤，号句曲山人，卒谥端清。明仁宗五世孙，派别天潢，但却时时作竹林之思，因此累疏让爵，把高位让给了朱载玺。乾隆《怀庆府志》记他的生活是：常常策杖郊野，与二三田畯，灌桑牧豕；隐居东复卜园，凿池，理花，种竹。夜深忘倦，则闲步中庭，仰窥玄象，沉思星空的明晦。在学术上，朱载堉测定水银密度，编制万年历，推算洛阳一带的地磁偏角，尤其是，他求解等比数列，做出一项划时代的世界性贡献，精确解决了困扰着中外几千年的返宫和转调的音乐难题，建起十二平均律（即新法密率）的数学调音体系。为了验证他的理论，他不只运用数学手段，还厘定方案，亲手实验。他讲解如何制作律管的文字，句句都来自亲身的实践：

多采金门山竹，择天生合式者为律最佳。

大竹不堪用，惟用小竹长节者耳。节短而不圆，两端不匀者，亦不堪也。

竹节长而厚，内外皆可修治。假如黄钟外径五分，内径三分五厘，竹之厚者外径五分强，内径三分五厘弱，则内外皆有余，斯可以修治也。

这是竹质，若是铜质，他描述的过程简直就像近代的工艺流程报告。

万历丙午三十四年七月初九日，公历的1606年8月12日，朱载堉的精心之作《乐律全书》装印完工，其时距付梓开板已有十一年之久，可至迟在1581年2月6日，他就完成了十二平均律的全部理论。

这段时间，进入中国的耶稣会士正在发起一股书简的洪流，将中国文化的内容告知西方世界。因此，现代学者不断细查旧籍，想寻出十二平均律在欧洲传播的蛛丝马迹。其中，美国北得克萨斯大学音乐学院的卓仁祥[Gene J. Cho]教授发现的两通利玛窦[Matteo Ricci]（1522—1610）书信最为重要，时间约为1597年3月至10月，内容是向罗马教廷报告万历朝的历法之争：

Percio Cemsceze, nel presentare nell'ottobre del 1595, il calendario dell'anno seguente al Ministero dei Riti, aveva fatto osservare.

"Si e detto recentemente che il calendario va errato e che bisogna correggerlo." [郑世子1595年10月向礼部进历书，同时奏称，大统历尚有小差，乞要更正。]

Quando il calendario, al tempo dei Mim, andava errato ci furono dell discussioni tra Cemsceze Zaeiu e Scimiunlu, ma nessuno di essi ebbe la scienza sufficiente per correggerlo. [其时，郑世子载堉和邢云路已经讨论了明朝历法的差误，但他们俩人谁也没有足够的知识补偏勘谬。]

信中只言及朱载堉与邢云路的改历上疏，但据推测，利玛窦读过《律历融通附音义》，肯定知道十二平均律的算法。特别是当时的欧洲背景也正有此需要：扎尔利诺[Gioseffo Zarlino]（约1517—1590）在竭力倡导平均全音律调谐的方法，而他的学生、伽利略的父亲温琴佐·伽利略[Vincenzo Galilei]（约1520—1591）则在《古今音乐问答》[*Dialogo della musica antica et della moderna*]（1581）中提出异议，巧的是，扎尔利诺又曾是利玛窦的老师。联通了这些关系，利玛窦只需把朱载堉利用的比数，通知欧洲一声，就足以使那些沉浸在热烈探索转调返宫法的音乐家们恍然大悟，而斯蒂芬[Simon Stevin]（1548—1620）在那样的情境中写出《论歌唱艺术的理论》[*Vande Spiegheiling der Singconst*]就不是什么反常之事，西方学者认为，此书公布了十二平均律的计算方法。

戴念祖教授也提出，由于金尼阁[Nicolas Trigault]（1577—1628）曾在河南传教三四个月，其后又往返于豫晋陕之间，朱载堉的郑王怀庆府又恰好是他传教的必经之地，想必他有大量的机会获知新法密率的信息，或直接购得《乐律全书》寄往欧洲。况且，入华侨居的邓玉函与伽利略、开普勒同为林琴科学院[Academia dei Lincei]的院士，他在万历朝的历法之争和崇祯朝的历书编纂中，为了得到日食的准确测量法，在 1616 至 1622 年间，曾多次通过欧洲地方主教致书伽利略、开普勒，相与讨论，在这些国际飞鸿中，他们都有可能获得朱载堉的律学信息，这些律学是修订历书的中西人员必须通晓的知识。1636 年，即伽利略被审判的第二年，梅尔塞内[Marin Mersenne]（1588—1648）在《宇宙和谐》[*Hrmonie Universelle*]中首次向欧洲公布十二平均律，而这位作者，按照《新格罗夫音乐大辞典》[*The New Grove Dictionary of Music and Musi- cian*]的介绍，跟那个时代的主要思想家如笛卡尔[René Descartes]（1596—1650）、伽桑狄[Pierre Gassendi]（1592—1655）、费马[Pierre Fermat]（1601—1665）等人，自然也少不了伽利略，都有直接的通讯联系，他在巴黎的住所号称知识猎奇的会议所。由这样的科学中介伟人来向知识界宣布十二平均律是再自然、再合适不过了。

1722 年和 1744 年巴赫[Johann Sebastian Bach]（1685—1750）创作《平均律钢琴曲集》[*Das Wohltemperierte Klavier*]的第一卷和第二卷，他以神奇的乐音演示平均律的优越性，让人打消与自然听音误差的顾虑，去领略天赐之福的无限甜美。但平均律的创建者朱载堉却长久不敢动笔写下他的发明，就像高斯[Carl Friedrich Gauss]（1777—1855）不敢发表非欧几何那样：他们都唯恐愚人叫嚣。《乐律全书 · 进律书奏疏》说：

律吕之学乖谬久矣，盖由宗守黄钟九寸、三分损益、隔八相生此三言之谬也。夫此三言实为律学之谬，然举世宗守之。闻臣此言而不以臣为大谬者，盖亦几希。是以臣愚虽得之以心而缄之于口，韫藏有年不敢形于纸笔，为此故也。

《乐律全书》是朱载堉自撰自刊的综合丛书，包括律学、乐学、算学、历法、舞蹈，既有科学，又有艺术，还有经学、史学、计量学的知识，《牛津简明音乐史》[*The Concise Oxford History of Music*]称它为一部不朽的大型音乐百科全书。万历三十四年（1606），《乐律全书》进呈御览，一送礼部，一送国子监，一送文渊阁，一送翰林院。从此，尘封于群书之中。

五

中华民族历来以乐律为国家兴亡的象征，它在正史中赫然有志，在政府中秩然有职。皇家如此宝重，《乐律全书》的命运尚且这样，若翻翻专论竹子的科学篇章，那就更加可怜了。像北魏贾思勰《齐民要术》、元代大司农司《农桑辑要》或王桢《农书》，记述竹子的自然属性都殊觉草草，大多局限在种植和食用的日常生活上，既简单也不够深入。总体上，文人很少关注竹子的物之常理，而总是珍爱它的精神之品与审美之韵。在戴凯之以后，吴越忠献王之子钱昱（943—999）尝与沙门赞宁谈竹事，因集为竹谱三卷；南宋会稽画家丁权也撰有《竹谱》，以其身份猜测，或是品评、为画之作；但都亡失。古书流传能不间断，亦诚难也。

曩时曾见《评竹四十则》一小册，初读之下，似乎平淡犹人，及取宋人之说比类推致，可通之处殊多，才知其缘情而制、因义而起者，虽是出自清人的手笔，实则发挥宋人语达未详、意摘待𠁁的微旨，是一部专言品味的竹谱。其纸尾书前均有“药林”朱文小印，为符曾（1688—1764）所撰，纸色古旧，乃二百五十年前之物，每小幅四百余字，极雅，是作者亲缮的洁本，向未开雕，真寂寥短章，舂容大篇。因录之于下，以见岁月之驰骤，并使今世爱竹者，一览此古竹图像学[iconology]。至于本书的文气断破，则不遑多顾。

无竹令人俗，俗之一字，断不可有。此余之所以爱竹也。北地竹至难得，聊以画竹当之。

昔王子猷居山阴，见人家有竹，辄往造之，盘桓竟日。人问其故，答云：何可一日无此君。解人哉，子猷也。此君，此君，久矣无之矣。

画竹者欲其清刚，又欲其夭娇，甚矣竹之有似乎君子也。今人辄以柳叶描之，百炼刚化为绕指柔，气节之衰始于士夫，又何论他人耶。

晴竹如得意之士，昂霄直上；雨竹如失志之人，含愁欲诉；雪竹如深山道士，默坐无言；月竹如幽人佳客，竟体清修；风竹如鸾凤飞翔；烟竹如姬姜憔悴；新竹如婴儿脱襁；老竹如颓然自放；慈竹如母乳其子；丛竹如子随其父。若夫非此数者，亦当以意拟之，写竹者慎之哉。

凡花之妙，在于香色。而竹则无色无香，独妙于韵。盖香色易知而韵难知，宜赏韵者鲜矣。

竹之修洁，在草木之中，有非草木所能并者，不徒见重于高人。即自好之士，无不与竹成密契。盖性之所近，品亦似之耳。

古人有一日不可离者酒，有一日不可少者竹。酒能陶融世事，竹能脱然尘埃，盖不相同而实相近耳。二者之中，吾尤愿与人友竹。

世称声之清者，惟松风独绝，而未若竹之有风，尤成逸响。当其清风入林，翛然遇之，或坐孤篁之下，或游丛筱之间，虚虚徐徐，萧萧疏疏。此境之妙，有不可言者。试以吾言参之，必有独契其微者矣。

予尝偃仰榻上，闻竹声与雨声兼至，淅沥潇洒，莫可名言。于时万虑一澄，灵响独结，斯境之妙，盖有得之于耳而契之于怀者。不知其何以至于此也。

雪之奇，固在群山缟素，万木僵立，而尤在折竹一声。至寂之中，百感生焉。此则范宽所不能图，而摩诘所不能咏者。若夫杲日乍升，困竹飏起，斯又别具一番境界。见者必为叫绝。

竹之萌生，即具凌霄之概，虽径尺而有千丈之势。此亦犹夫人之少年，中有抱负，纵未见之设施，而英姿已露于眉睫之间。观于此竹，得不尤信。

竹之为竹，非若桃李之艳于春也，兰桂之芳于秋也。然而无色之中，至色存焉。无香之中，奇香寓焉。极天下之清妙，无逾竹矣。

竹非晓人，不足与论。其清修高韵，离去尘垢，风节要在首阳之间。下此难与言扳跻矣。

月夜游于深竹之间，如遇不食烟火者，与之谈方外则可，若一涉世事，未免唐突。试诵“独坐幽篁里，弹琴复长啸；深林人不知，明月来相照”。此境此情，可于此诗味之也。

画竹用笔，须极刚劲，方与竹之真性情相似。若一柔弱，便如芦苇，骚骚然遇风辄靡，则何以凌励霜雪。观于文与可、苏东坡、吴仲圭诸人辈，不独文章气节，奕奕生光，即偶一下笔，森严之象，使人生敬。

管夫人画竹，别有风致。常见其写碧琅庵图，赠一老尼，万竿烟竹，翠色生香。要是闺中之秀，固为宝绘。

竹之虚心直节，世人亦既知之矣。然一种冷香孤韵，非结世外缘者，不能领其幽清之趣。此元珠之索，所以必待罔象也。

韩平原喜画大叶竹，人号为太师竹。余以为此竹之羞也，急宜洗去，无污吾竹。

文与可见一曲谨之士，即画一迂竹赠之。非惟为人写照，兼为竹写照。

画家以逸品为上，神品次之。与可之竹神品也，至于东坡则逸矣。今人写竹，顾安得与之论神逸哉。

相马者，相之于牝牡之外。相竹者，相之于笔墨之余。观其运用之妙，纵横驰骤，神气生动，有不可遏抑之势。此真善写竹者也。

北地少竹，予取青芦树本，种于窗前，以当修篁。每遇西风乍起，清露晨流，萧萧瑟瑟，无限秋意。非竹者爱之无异于竹，何况竹乎？予与竹可称心交。

予斋前无竹，便觉尘氛满襟。遂乞篁邨写修竹图，张之壁间，日夕坐卧其下，佳客至，招之相对，洗琖酌泉，如游竹林中，清谈便可竟日。若残客到门，则遣谢之，急诵宋人句云：“我尝对君此默坐，胜见无限寻常人。”此诗可为先得我心。因欲名其斋为竹斋，以见予之一日不能忘此君也。

余友黄朗亭，常教其子礼田画竹。予留榻斋中，日乞其画，每一幅成，则作评语一则书其上。观其洒墨弄笔，便觉烟云满纸，风雨横生。以此消炎夏，不烦挥扇。

程午桥太史馆选后，即谢病家居，闭门著述。所居曰筱园，广可数十亩，无杂卉他木，悉皆种竹。善画，其竹尤佳。久之竹生床下，或生柱石间，所见无非竹者。曰：竹吾神与之接，而气与之通，心目间皆竹矣，宜吾之工于竹也。后人欲精绘事者，当师午桥。

竹圃者，赵谷林兄弟读书处也。其家西偏，有竹万竿，故名竹圃。结屋数间，环以竹，多藏古书史。并贮吴仲圭《竹谱》一卷，颜其堂曰“宝圭”，盖以庆竹之遭也。性嗜竹，兼善写竹，曰：少食其萌，老收其用，莫如竹矣。其画虽不工，然竹之意趣，无不悉合，是能得竹之神者。常谓余曰：屋成待君归。惜乎今死矣。念之惘惘。

真西山云：士大夫不可一日不知菜味。余谓士大夫不可一日不知竹味。不知菜味，是不知民间疾苦。不知竹味，则俗不可医，何有于民哉。盖竹能清修，使人意远。若日坐绿云苍雪中，便入离垢法门。此亦士大夫之换骨丹也。

画梅取曲，画桐取直。至于竹，则风驰云骤，凤翥鸾翔，各极其飞舞飘扬之致，直使造化在心，挥洒应手，岂止曲直已哉。吾于画竹，得古今绘事之变。

余性爱竹，寤寐不忘，孤竹君遂见梦于余曰：子亦知有墨台氏乎，吾即其二子也；赖子虚心，表余苦节，无以报子，报子以渭川千亩，子亦可以自豪矣。醒而诧于人曰：竹灵矣哉，富锡侯封，保赉余之厚也。

写小竹须有风姿，尤须挺拔刚健含婀娜，方极其致，所谓我见魏公真妩媚也。若张禹辈吾又何取。

凡写大竹，意中先具，故落笔有千寻之势。若蛇蚹蝉腹，寸寸为之，宁有是哉。必如项羽临阵，使敌人望之，人马辟易，乃见所长。

竹郎，昔人获于江边，剖竹得之，故称竹郎。后遂为夜郎王，雄长诸夷。放翁诗云：“竹郎有庙临江际”是也。噫，竹亦能生王者哉。

冠莱公在崖州，多惠爱，及卒，国人哀之。丧过，家家插竹于地，酬酒焚纸，月余枯竹复生，人以为公之忠忱所致。至今崖人称为莱公竹。

有姚佚女，哭帝舜于苍梧之野。泪痕着竹成斑，后人号为湘妃竹，又名斑竹。盖二妃之精诚，感竹如此，数千年后，紫晕犹存。

冬月无笋，孟宗母病，思食笋。宗抱竹泣，遂生。因名孝竹。盖忠孝节三者，皆于竹著，其异如此。

黄州产竹如缶，人多取以构屋，不独代为陶瓦，并可用作梁柱，举凡窗牖几榻，皆以竹为之。是竹有功于黄甚大。

嘉定有竹工极巧，取竹磨洗去节，色光可鉴如玉。刻以为器，上镂人物禽鱼花草之类，无不精妙工细，曲肖其状。价颇昂，人有终身成一器者，又不止三年楮叶矣。是竹之灾妖也。

有名慈竹者，冬月竿从中出，枝向外，余月竿从外出，枝向内，若母之抚其子者，故名。又有云竹，竹上花纹如云。又有莓箓竹，状如莓藓，所积久之成纹，极可爱。交广间竹类甚多，然皆不入画格，故不及载。

或问余曰：竹之佳在于何处，君胡以好之若是也。答曰：余亦不知其何故。口不能言其佳，惟心知其佳，故好之甚耳。此如嗜饮者见之骨醉，岂能举似人耶。

善画竹者，画其色，不若画其声。其色如何，观夫绿映须眉，碧分襟袖，烟梢翠滴，露叶青浮，色非不佳也。然禅家所谓着相者，非善之善也。至于其声，何以能闻，惟用烘云托月之法，写其风雨乍至，千竿戛击之状，遂若琴筑起于空中，钟鼓撞于海上。军容十万，金铁皆鸣，不言声而大声从纸中出。见者色飞神解，此则禅家所谓不着相者。真善之善也。故曰：绘事可以通禅。

乾隆二十年乙亥岁六月八日药林老人偶题于赏雨茆屋。

符曾字幼鲁，号药林，钱塘诗人，全祖望（1705—1755）评其《春凫小稿》："春容骀宕，超然自得，绝不为境所束。"陈撰（1679—1758）也说他"如春在花，如意在琴"。他的咏竹名句"吹得叶声如水流"，脱笔写来，直见本襟。生平还有二事，特为拈出，以资想象其人。

一见于《冬心先生杂画题记》之《题幼鲁竹里勘书图并送之京》，未署年月，实作于康熙六十一年（1722），诗曰："符生抱幽姿，竹林散签帙。勘书费雌黄，坐失岁月日。刘向订赵齐，李谧定甲乙。一卷既精勤，四库阅可必，将此登銮坡，看尔运双笔。"《勘书图》起源甚早，《东观余论》载有传为顾恺之所画者。《玉山名胜集》也有所记，惜不著画手，但录秦约题诗。后来默默数百年，入清，才渐有所增。柳如是的《校书图》和汪文柏的《勘书图》都是其例，唯流传无踪，令人悬想。陈其年《填词图》，后来兴起的《校碑图》都属此类。陈氏《填词图》还有刊本与刻石传世，乃大汕所画。姚文瀚也画有《勘书图》（故宫博物院藏），似状四库馆臣校书情景。近人傅增湘（1872—1949）勘书最勤亦最多，一生所校达七百九十七种，一万六千三百零一卷。校书图也有数种，胡婉宜与江采二女史所绘两幅，写老人几砚雠书，研朱细读，于松窗竹屋间，一缕清润幽素。而此《竹里勘书图》则为符幼鲁亲绘（杭州文物考古所藏），题跋近三十家，冬心跋语亦在焉，唯文字稍异。画心有七十四叟王无我题记："同游友符幼鲁以小卷写竹里勘书，盖其意深矣。竹能清修，书能纪事。幼鲁少年博学，托意画图，余将畏焉。"

一见于杨钟羲《雪桥诗话续集》，记其与大收藏家安岐（麓村）的交往，颇珍贵："安麓村善古诗，鉴赏古迹不爽毫发，倾家收藏项氏（元汴）、梁氏（清标）、卞氏（永誉）所珍，颇为当代推重。

幼鲁尝馆于其家，法书名绘，相对评品，日为抚玩不置，安氏贻以端溪砚。自麓村殁，所宝尽矣。幼鲁《试砚诗》云：竹雀丛丛啅夕阳，幽窗启处室生凉。徒教画轴云烟过，泪滴空余古研香。云林堂峻仿倪迂，彝鼎摩挲今在无？一片秋光上吟屋，萧寥阑角冷双梧。”安麓村逝于乾隆十一年左右，此诗有追惟昔交、含凄怀友之意。

符幼鲁平素格调清绝，有洁好，居室常有书帙、画卷、茗香置列；素素萧淡，绝非东华软香尘土中人所能企及；尤爱倪云林的诗画，题椒园珍弆《倪云林诗翰卷》曰：“清诗最赏倪高士，妙笔犹传逸气飘。惜少龙涎香一饼，菰蒲深处伴春宵。”就像此诗赞赏的云林雅逸，画竹到了元代，也臻于清绝的至境：李衎森然，吴镇遒丽，顾安以摇曳生姿态，倪瓒以疏简稚弱取别裁，他们都有逸气飘风，如溪上桃花，自然流出人世。赵孟頫则以钝笔篆籀飞白法入画，从至和处见笔，于至密处见墨，殊有瑶台缓步之态。尤需细论的是，元人更在宋人的成就上翼宣增美，把《竹谱》的撰写水平也推到高峰。

六

生活在元代初年的蓟丘人李衎（1244—1320）字仲宾，号息斋，是朝廷的一位要人，官至集贤大学士，在扬州去世后，又受封为蓟国公，追谥文简。他和当时最有影响的画家高克恭（1248—1310）、赵孟頫（1254—1322）都是朋友，也都是获得极高声誉的画竹大师。按照赵孟頫的说法，有史以来的画竹名家，都不如李衎那样用意精深。李衎的作品传世不多，现藏美国纳尔逊-艾特金斯美术馆和北京故宫博物院的《四清图》（各藏一段，画于1308年）可能是他最重要的作品。广州美术馆收藏的《纡竹图》有他本人写的长跋，是段珍贵的文字：

东嘉之野人，编雍竹为虎落以护蔬果。既殒获则舍而弗顾。予过其旁，怜无罪而就桎梏者，乃命从者释其缚而扶植之，不胜困悴。再阅月而视之，则芃芃然有生意矣。噫，当其长养之时，横遭屈抑，盘辟已久，伛偻者卒不能伸，偃俯者卒不能起，萧条寂寞，见弃于时。虽外若不堪其忧，而霜筠雪色，劲节虚心，存诸内者，固不少衰也。猗与，伟与！此君之盛德也！贫贱不移，威武不屈，有大丈夫之操；富贵不骄，阨穷不悯，有古君子之风。忆绘而传之好事，抑可化强梁于委顺之境，拯懦弱于卓尔之途，其于世教或有助云。

李衎把作画的目的说得清楚明确。这一题材他还不惮厌烦绘过几次，此幅作于延祐戊午年秋八月，即1318年，大约在第二年，他出版了精心之作《竹谱详录》。

《竹谱详录》成稿于1299年前后，待正式付梓已相距二十年，其间一定经过反复推敲和修改。他以渊湛之笔涵纳了戴凯之奠定的传统和他自己时代的审美趣味；“竹谱”成为一种独立、成熟的体式，在他笔下完全确立。后来，在此基础上，竹谱的撰写面貌纷呈，表现出不同的特色，有的精当，有的浮泛，有的颇便初学，有的足可观览。有位学者评述道：

柯九思《竹谱》，笔墨精洁，语简而明。高松《竹谱》虽有本于李衎竹谱，然其图为初学说法，不惜金针度与。周履靖《淇园肖影》说解多同于高谱，而竹图则异。程大宪《雪斋竹谱》于竹之形态，更为完备。黄凤池《集雅斋竹谱》较程谱为简，且多雷同。胡正言《梨云馆竹谱》解说亦多采自程谱，但搜集时人之画，且有题咏，可云别开生面。后附起手式亦尚简要。王著《青在堂竹谱》解说从李高二谱来，竹图则诸昇、王质所画，而体裁颇善，刻印均精，故流行最广。汪之元《天下有山堂画艺》以下，已成自郐，陈陈相因，罕能脱出前人窠臼。蒋和《写竹简明法》虽欲自振，惜其写竹之功太浅。竹禅《画家三昧》可谓一空依傍，但学识凡庸。（容庚《记竹谱十四种》）

而李衎《竹谱》建立的标准，清音自远，粲溢今古，眼光既是研究，又是赏鉴，一脉宋人的优秀传统，后之《竹谱》不及，端在于此。张雨（1283—1350）《贞居先生诗集》卷二有诗赞美道：

李侯制竹谱，画法论毫芒。
晚乃与神遇，脱略惊大方。
目中无全牛，胸次有筼筜。
此图遇真识，吾诗其并藏。

1939年，多伦多大学[University of Toronto]学者怀履光[William Charles White]（1873—1960）出版《中国墨竹书画册》[*An Album of Chinese Bamboos*]，文字的主干，即翻译李衎《竹谱详录》的部分篇章，可能是它首次向西方世界传播。三年后，德文的全译本接踵问世（Aschwin Lippe, “Li K’an und seine ‘Ausfürliche Beschreibung des Bambus’. Beitrage zur Bambusmalerei der Yüan- Zeit”, *Ostasiatische Zeitschrift*, XVIII, 1942-43）。又过了近四十年，一位年轻的学者对它做了更全面的研究（Arthur Mu-sen Kao, “The Life and Art of Li K’an.” Ph. D. diss., University of Kansas）。而有趣的是，怀履光书的扉页以白居易的小诗为引首：

NIGHT SNOW

Already roused

By chill
Of coverlet and pillow,
Again I see
The window
Lightened up.

In the depth
Of the night,
I know
The snow
To be heavy,
For at times
I hear
The sound
Of snapping bamboos.
[已讶衾枕冷，
复见窗户明。
夜深知雪重，
时闻折竹声。]

小诗的译笔全然意象派[imagism]的家法，特录之。英文本的《竹谱》，底本采自《知不足斋丛书》，不但序言，连鲍廷博的跋文也一并移译。

《竹谱详录》的序共三篇，依次为：柯谦（1234—1302），写于 1319 年；牟应龙（1247—1324），写于 1307 年；作者自序，写于 1299 年。柯谦，字自牧，是另一位画竹大师柯九思（1290—1343）的父亲，他的序指出了李衎作谱的目的和创新的思路：

元李衎《四清图卷》（局部），纸本墨笔，35.6cm×359cm，年代不详，北京故宫博物院藏

草木之族，唯竹最盛，亦惟竹之得于天者最清。族之盛，故爱竹者喜为之谱；族之清，故知竹者工为之画。……余观戴凯之辈有谱而无画，李颇、文与可诸公有画而无谱。至若竹下开径，与竹所直造之俦，谱与画又两无之，尤无功于竹者。今竹之族遇集贤大学士息斋李公，独何幸耶！

柯谦开章明义，直述李谱的集大成之处。戴凯之的缺漏在于有谱无画，五代李颇和宋代文与可的不足在于有画无谱。每天生活在竹林中，潇洒劲严，无一毫尘俗气，固然高妙，但是如果不能涤笔于冰盂雪盌而写之，则既无画又无谱。因此，把画与谱结合起来创立一种新的形式，就成为李衎的志向所在。

《四库全书总目》的作者称赞《竹谱》说：“其书广引繁征，颇称淹雅，录而存之，非惟游艺之一端，抑亦博物之一助。”但是，中国文人的博物或格物，从来都不单论物理，它也是精神的映照。很快我们会注意到，李衎作谱与他人格的契合。柯谦继续说：

公孕霄壤间清气，胸次洒落，精神峻洁，与此君意趣，默相符契。宜其爱之深，知之至。又产竹之乡，足迹所遍历，于其族类，靡不识者，于是既精于墨戏，复详于纪述，而画与谱两得之。此君之族，可谓千载一遇矣。

竹子向称此君，正是在这种寓意上，它象征着英人望士超世拔俗的崇高信念。此处，如果我们再次听到“君子于竹比德”之类的套语，千万不要认为它们是老生常谈。它们是中国古典文化精华的璇玑碎锦，随时都会放出缤纷的光彩，把大自然变成生活艺术的宗教，因此是一些神圣的观念。序言的最后部分把竹子和作者融为一体，唱出赞歌：

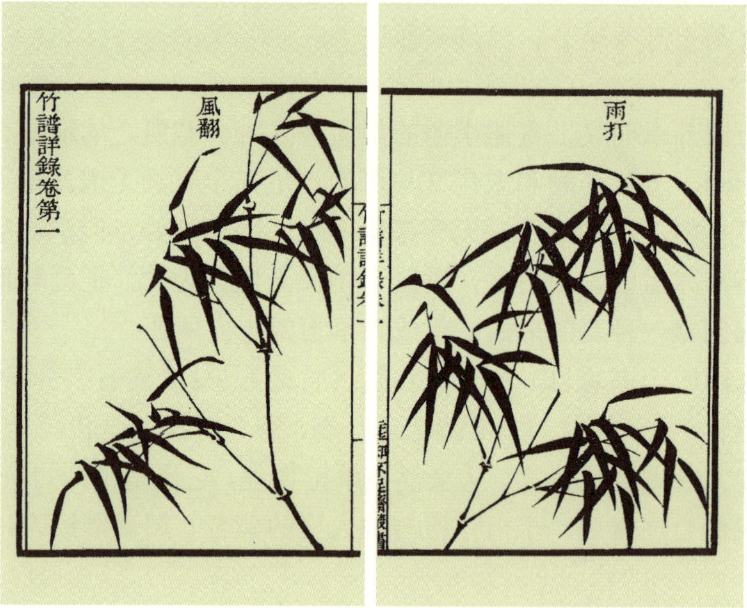

元李衎《竹谱详录》书影，《知不足斋丛书》本

君子于竹比德焉。彼可谱可画，竹之形色种类也。非谱与画所能尽则竹之德也。竹心虚，用其虚以应物，即公之不骄不吝，与物无忤也。竹性直，用其直以养气，即公之处身高洁，浩然莫屈也。竹节贞，用其贞以当大任，即公之处朝廷而为人伦之品镜，使万里外国而专对之，舌胜于三军之勇也。此其德之全体大用，游息之暇，一以寓兴于竹。画与谱又竹之寓焉者也。人能不以竹视竹，而求其得之于天者于形色之外，则公之为人可以想见矣。呜呼，公之据德而游艺，其意趣可与俗人言哉！

因此，竹林成了红尘百廛中的一片清净绿洲，成了脱俗者的向往之地。这样的境地让他们忘记了自己和竹子的区别，甚至忘记了事物的一切区别，他们的经验似乎已经消融了有限和永恒的界限，他们生活在其中，他们是真正独立的人。

令人惊异的是，作者的自序和柯谦序言形成的鲜明对照，作者以轻描淡写的笔调说，他撰写此书的起因是想继承黄庭坚（1045—1105）的遗愿，把戴凯之记述简略的《竹谱》增补加详为一部竹子的历史。由于他曾登会稽，涉云梦，泛三湘，观九嶷，南踰交广，北经渭淇，所以他有比前人更丰富的旅行见闻，于是，他才能上稽六籍，旁订子史，下暨山经地志，百家众技，稗官小说，甚至竺干龙汉之文也在取资之内。他想让种植采伐者识其时，制作器物者审其宜，模写画形者究其微，这就是他的目的。但是如果我们细读《竹谱》正文，就会一眼发现，他是怎样妙用儒家的比德把千姿百态的竹子族属编织成一个有序的世界，制定出他的“竹品”。而竹品使这部“为学”的著作同时也转成“为道”的著作。为学的目的是要增加实际的积极知识，像作者自序所表达的那样；为道的目的则在于提高心灵，超乎现世之上。就此而言，《竹谱》提供了一些精美的知识和言论，教我们认识到一些人类精神的发展史。《竹谱》的目标是指向哲学的。

《竹谱》共二十卷，当初面貌如此，但久佚。我们能够见到的则有七卷本和十卷本之别。七卷本为鲍廷博（1728—1814）所刊，乃据嘉庆九年所得明成化间缮本，因其纸已糜坏，不宜展阅，请富廉为摹写一帙，又为缩本刊入《知不足斋丛书》。十卷本为四库馆臣从《永乐大典》抄出，收入《四库全书》子部艺术类。它们卷数虽异，却都是现存的最足本。

在七卷本中，第一卷稍长一些，一开始作者就讲述自己画竹和著书的经过，并提供了一篇元代之前的画竹简史，属于阿里奥斯托[Ariosto]（1474—1533）所谓的 quelli studi ch'immortal fanno le mortal virtudi[使人美德永存的研究]。接着讨论粘帧、矾绢、位置、描墨、承染、设色、笼套等项目，并附有 15 幅图，这些归于《画竹谱》名下的记述，保留了古代绘画技法史的珍贵资料。但这位文人画家的经验更多体现在第三部分的《墨竹谱》，作者用 22 幅图详细讲解画竹的要领。可以说，这一卷既是作者艺术生涯的实践记录，又是有意为未来艺术家传授从画竹大师文与可到他的追随者所代表的墨竹传统。而那种传统证明了绘画史的一条基本原则：绘画得益于绘画的，比它得益于观察自然的还多[Aber auch in der Geschichte der darstellenden Kunst ist die Wirkung von Bild auf Bild als Stilfaktor viel wichtiger als das, was unmittelbar aus der Naturbeobachtung kommt]（H. Wölfflin, *Kunstgeschichtliche Grundbegriffe*）。自然不过是题材，绘画才能在自然中看出艺术。例如，他在论竹的墨色浓淡时写道："画竿若只画一二竿，则墨色且得从便；若三竿之上，前者色浓，后者渐淡；若一色则不能分别前后矣。"首先是墨色，其次才是自然。李衎本人的作品正如此而为，他的一竿竹《墨竹图》（北京故宫博物院藏）、《新篁图》（北京故宫博物院藏），或一色浓墨，墨光满纸；或淡墨分节，浓墨出枝，焦墨撇叶；皆从便挥写。而《修篁树石图》（南京博物院藏）画竹三竿，《四季平安图》（台北故宫博物院藏）画竹四竿，则近者墨深，远者墨淡，悉合谱中所言。就此实践意义而看，它可以跟维拉尔·德·昂内库尔［Villard de Honnecourt］（著称于1225—1250）的画稿书和琴尼诺·琴尼尼［Cennino Cennini］（约1370—约1440）的《艺匠手册》［*Il Libro dell'Arte*］相媲美，那两位西方作者与他的生活时代相上下。

第二卷为《竹态谱》和《墨竹态谱》，是第一卷的补充，共有三十七幅图，以便让我们对竹子的各种名目有明确的认识，他从增加人们积极知识的角度看出：艺术跟现实世界的联系微弱而跟观念世界的联系强大。他深知丛生之竹乏姿致者多，而孤生之竹可入画者鲜，因此他强调图式［schema］的法则。这样，他成了中国画谱撰写模式的制定者。作者先说明怎样在心中储备图式，然后再引楮挥毫。他敦促我们要把种种概念跟我们知道的竹子对号：

凡欲画竹者，先须知其名目，识其态度，然后方论下笔之法。如散生之竹，竿下谓之蚕头。蚕头下正根谓之䈗，又名竻。旁引者谓之边，或谓之鞭。节间乳赘而生者谓之须，旁根生时谓之行边。边根出笋谓之伪笋，又名二笋。丛生之竹，根外出者谓之蝉肚根，竹下插土者谓之钻地根。凡竹从根倒数上单节生枝者谓之雄竹，双节生枝者谓之雌竹。或云，从下第一节生单枝者谓之雄竹，生双枝者谓之雌竹。生长挺挺然者名笋。笋初出土者谓之䈑，又名蘖，又名篗，又名竹胎。稍长谓之牙，渐长名笛，又名䈌，又名子，又名笣，又名箘。过母名篧，别称曰箨龙，曰锦绷儿，曰玉版师。篰叶谓之笣，箨又名笿。解箨谓之箸。半笋谓之初篁。梢叶开尽名䈶，方为成竹。竹箨谓之竿，竿中之水结而为膏，曰簧。竿上之肤曰筠。竹之皮曰箟。刮下青皮谓之筎。火烧谓之㶡，火烧出汗谓之沥。竹之节曰箹。竹列谓之笐。竹叶谓之箘，竹叶下垂曰箁箸。竹枝谓之天篅，竹花谓之箮，又名华草，又名篗。竹实谓之练实。竹有病谓之篵。竹枯换根谓之箹。竹枚谓之个。积竹曰攒，批条曰篾，编而为瓦曰篗。杀青而尺截曰简，联简曰策，熨而为版曰牒。竹貌谓之䈵，竹声谓之籀，竹色谓之苍筤，竹态谓之婵娟。竹深谓之篓。竹得风其体夭屈谓之笑。生而曲曰箞，弱曰篛。此其名目之大略也。

首先要知道竹子的名目，辨识其姿态，然后才执觚下笔，这说明画家“所见”的作用是多么小，而“所知”的作用又多么大；说得极端些，画家不是从竹子中看出它的优美，画家是把竹子之美强加给它；画家对景作画，除非大自然可以融入他所学到的语汇[acquired vocabulary]，否则什么都不能成为他创作的母题，就像尼采[Friedrich Wilhelm Nietzsche]（1844—1900）思索写实主义时提出的反诘：

> “Treu die Natur und ganz!”— Wie fängt er’s an:
> Wann wäre je Natur im Bilde abgethan?
> Unendlich ist das Kleinste Stück der Welt!
> Er malt zuletzt davon, was ihm gefällt.
> Und was gefällt ihm? Was er malen kann!
> (*Scherz, List und Rache*, 55)
> [“忠实的画出全部自然”，但用何狡计
> 艺术才能迫使自然就范?
> 自然的小小碎片也包含着无限!
> 因此画家仅仅从中选取他之所喜，
> 他所喜者何物？就是他会画的东西！]

第三卷到第七卷是《竹品谱》，依次为：全德品，竹 75 种，图 13 幅；异形品上，竹 55 种，图 26 幅；异形品下，竹 103 种，图 8 幅；异色品，竹 63 种，图 7 幅；神异品，竹 38 种，图 7 幅；似是而非品，竹 23 种，图 8 幅；有名而非竹品，竹 22 种，图 10 幅。

所谓的“品”，是中国古典文化的一个重要概念，它把铨量衡鉴和高下等级结合起来，表达为一种独特的分类眼光和幽细的审美感受，先是汉代的九品论人，后是六朝向绘画、书法、围棋、诗歌等方面的渐次发展，自此以降，成了人们欣赏艺术须臾不离的指南。我们日常用语的品尝、品味、品格、品质，都是这种“品”的遗痕。品有多种指标，钟嵘《诗品》的上中下三品是等级标准，宋人黄休复画品的逸神妙能四格是混合性标准，传为司空图的二十四诗品是风格标准。不过，中国人讲品虽也用风格一词，例如讲人品有“风格峻整”(《晋书》庾亮传)，讲文品有“宏材逸气，体度风格”(《颜氏家训》)，讲画品有“运笔立意，风格不下前辈”(《宣和画谱》)，可跟我们用的 Style 大为不同。在现代学术中，我们用 Style 讨论中国艺术史，的确方便，但也不能忘记，Style 原是借来的术语，它是西方艺术史的核心观念，关注的是样式的类型和形式的变化。而在中国古代，即使有，也是稀薄的。在伊斯兰世界就更不值一提了，他们说：瑕疵乃风格之母[Imperfection is the mother of style]；风格成了一个画家有别于他人的瑕疵，而不是人们赞美的个性。他们警告说；只有安拉[Allāh]才能创造，才能无中生有，谁都甭想与他比试；画家要安分自己该做之事，想成为一个创造者是极大的罪恶。《吾名曰红》[*Benim Adim Kirmizi*]用三个故事分别证明：风格是瑕疵；完美的画根本不需要签名；风格与签名不过是画家对坏作品愚蠢无知的狂妄自大[The first story established that ‘style’ is imperfection. The second story established that a perfect picture needs no signature, and the third marries the ideas of the first and the second, and thus demonstrates that 'signature' and 'style' are but means of being brazenly and stupidly self-congratulatory about flawed work]。

瓦萨里[Giorgio Vasari](1511—1574)《名人传》[*Vite*](1550)则截然不同，它说艺术家的轶事天花乱坠，骨子里却想解答艺术从简陋的草创期走向完美期的风格变化之谜，后来西方艺术史研究的主流，就看谁能在风格这块礁石上冲激起更高更大更猛的浪花。而张彦远《历代名画记》讲山水画的变化不过是全书的插曲，关键处却在建立五品，以包六法，以贯众妙，并坚称：只有神迈识高，情超心惠者，才可议乎知画。因此不是Style，而是品才是中国艺术史的核心观念。这品字不仅让画充满了诗意，连画论也有诗的意味，画史也染上诗的色彩；早在第一篇完整传世的画论《画山水序》中就写出了峰岫峣嶷、云林森渺那样的神思；所谓的《二十四诗品》，越读越不类诗论，而像明代的文人看着画图，应会幽岩，写出的诗句。但在西方，一切评述绘画的文字差不多都是叙事性的，即使以诗的节拍为之，也大都如此。不过，此处说到西方的叙事特征，却切勿以为是蓄意贬低，美国剧作家米勒[Arthur Miller](1915—2005)早就提醒我们：

Europeans think that nobody sits down simply to write a story. They believe that, consciously or not, the writer reflects something in the society that's very meaningful to him. So, his work is a window into the secret life of the society. Europeans latch on to works that seem to them to have touched some vital spring of a society's psyche. (*Timebends: A Life*)[欧洲人认为，为写故事而写故事，是不可思议的。他们相信，作家提起笔来，有意无意，总会反映出现实社会中让他感触极深的一面。因此，他的作品就变成了窥测社会奥秘的一

扇窗。欧洲人一旦发觉某些作品触及了社会心态的主弦，就会引起共鸣。］（李永平译）

一扇窗的提法，让我们想起阿尔贝蒂［Leon Battista Alberti］（1404—1472）的名著《论绘画》［*De Pictura*］（1435），那是文艺复兴新一代的纲领性文献，它也把一幅画看成一扇窗户。而西方人讲品味的术语 taste，Geschmack，goût，gusto 也在文艺复兴时期流行起来，只不过它远不如中国的品那样微妙。中国所谓的品及其所统辖的各种标准，构成了中国文人特有的鉴赏方式，它以一套丰富的词汇塑造着我们的感官，使它们细入深眇，多彩多姿。相比之下，他国的赏鉴术语则不免显得贫瘠、粗糙。

《竹品谱》基本采取样式标准。按照作者的说法，南北俱有而又宜入画者，为全德品；形状诡怪者为异形品；颜色不同者为异色品；神异非常者为神异品；似是而非竹者为一品；有竹名而非竹者为一品。总共六品。每品记录与其相关的竹子，种类之多，远远超过戴凯之的《竹谱》，即使在同一品种下，也较前人更为翔实。这就是作者提供给我们的实际的积极知识。然而，他编织这些知识之网的纲领却是比德论。这也提醒我们，中国艺术的品也是把人格捎带在内的。下面是这六品的小序：

竹之为物，非草非木，不乱不杂，虽出处不同，盖皆一致。散生者，有长幼之序；丛生者，有父子之亲。密而不繁，疏而不陋，冲虚简静，妙粹灵通，其可比于全德君子矣。画为图轴，如瞻古贤哲仪像，自令人起敬起慕。是以古之作者，于此亦尽心焉。故作全德品。

凡竹生于石，则体坚而瘦硬，枝叶多枯焦，如古烈士，有死无二，挺然不拔者。生于水，则性柔而婉顺，枝叶多稀疏，如谦恭君子，难进易退，巽懦有不自胜者。惟生于土石之间，则不燥不润，根干劲圆，枝叶畅茂，如志士仁人，卓尔有立者。虽少有不同，相去亦不远矣。其有曲节方茎，中通外涩，或拥节邪对，互干歧分，杪生细箨，腰出横枝，类如虞舜重瞳，高辛广颡，河目海口，隆准龙颜，盖皆特异于常，不容不审。故作异形品。

绿者，竹之常色。其有或紫或黄或斑或晕赤，若人有颜如渥丹，美如冠玉，栗黄绘紫，脂白爪青者。志操虽同，表仪实异。故作异色品。

怪力乱神，孔子所不语；神道设教，圣人亦不废。考之竹类，盖有变幻非常，奇奇怪怪，不可以理喻者。故作神异品。

古人有云：物多相类而非者。幽莠之幼也，似禾；骊牛之黄也，似虎。白骨疑象，武夫类玉，此皆似是而非者也。孔子曰：恶莠，恐其乱苗；恶乡原，恐其乱德。恶似是而非者。今夫微草贱木，萑苇之属，本无刚劲之姿，岁寒之操，以其乘山泽之气，分雨露之滋，对月临风，娑婆弄影，望之似是，夷考即非，此竹之乡原也。故作似是而非竹品。

竹之比德于君子者，盖禀天地之和，全坚贞之操，虚心劲节，岁寒不变。是宜昔人特号以此君，而不敢与凡草木例名之也。彼棕榈瞿麦之属，何足算。盗名欺世，眩惑愚瞽，譬夫小人之儒，深情厚貌，荒唐诡谲，偶尔假誉一时，妄自披襟，掇古贤哲。若不精辨名实，深考行能，遽因左右之称，遂加众庶之上，两端既竭，五技易穷，而方冀其立长治之基，成久安之业，殆犹乞甘雨于土龙，欲驰千里而乘海马，岂惟不胜其任而已。故作有名而非竹品。

这些文字表明，作者记录的不仅仅是眼前世界的种种图像，也是透过自然万象对随处显现的永恒实在的感受：我们在竹子中见到的，就是我们的理想姿态和不朽形象。

《竹谱详录》强调说：画竹为图，如瞻古贤哲仪像，令人起敬起慕，是以古之作者，才于此尽心。唐朝的画竹大师王维，诚如作者所言，“妙迹世罕其传”，但他卜筑兰田玉山，游止辋川，以为风雅之地，复画辋川图卷，前人也多有所记，又有摹本、刻石传世，至今披阅，还可一一接图神游：仿佛入辋川，度华子冈，过孟城坳，憩辋口庄，泊文杏馆，上斤竹岭，并木兰砦，绝茱萸沜，蹑槐陌，窥鹿柴；返于南北垞，航欹湖，戏柳浪，濯栾家濑，酌金屑泉，经白石滩，停竹里馆，身在万千竹林间。王维《竹里馆》咏道：

独坐幽篁里，弹琴复长啸。
深林人不知，明月来相照。

夜色初静，四面幽篁细细，竹影迷蒙间，月色之香浮起，那些厌倦了喧嚣的人，抚动琴弦，向着未知的、生灭之理自显的宇宙传送琴音，以至河山大地，资清而化，人在月下，即洁成晖。辋川，在西安东南，西面绵延而来的是太白山，清初的学者李柏（1624—1694）曾在那里山居力耕，在穷困中写作，他的《槲叶集》小序写得很短，还不到二十五字：“山中乏纸，采幽岩之肥绿，浥心血之余沥，积久盈箧，遂为集名。”太白山，据慎蒙《名山记》：“在凤翔府郿县东南四十里，钟西方金宿之秀，关中诸山莫高于此。其山巅高寒，不生草木，常有积雪不消，盛夏视之犹烂然，故以太白名。”它危峻高拔，比华山还凶险，至今也很少人敢去攀缘。在那种景况中，李柏为我们留下登山的记录：

始旁溪以穿林，继攀萝于鸟道，枯槎横续其断岸，石栈勾折

明项圣谟《王维诗意图册》，十六开之一，纸本墨笔
28.1cm×29.4cm，1629年，北京故宫博物院藏

于危岛，其险也如此。及登绝顶，万缘俱空。日瘦月小，星寒云低。远眺东南，天山一色。俯瞰北渭，渺然一带。五将、九峻，俱为培塿。

可太白山不仅仅以其深险断却俗世，它也是累钟名英的大山，挚恂和马融在那里续兴绝学，张载在那里开创关学。还有郑玄（127—200）和郭泰（128—169）那样令李柏心仪的纯粹学人，生活在那里，他们在《后汉书》都占有一席之地：

郑玄，字康成，籍北海高密，尝在马融门下受业，马融三年不见，只让高业弟子传授。康成日夜寻诵，从不怠倦。后来回到高密，大将军何进征召，州郡官吏迫胁，康成不得已前往，何进为他设置几杖，礼待甚优。但他不受任何官职，住了一夜，就跑掉了。国相孔融仰慕他，屣履造门，还在高密县特立一乡，曰“郑公乡”。建安初，天下大乱，康成自徐州回高密，路遇盗贼数万人，他们竟自动下拜，相约不入高密界内，表示仰敬。大将军袁绍约他大会宾客，客中多坐豪俊，他们对康成纷设异端，互起发难。康成依方辩对，咸出问表，全是得所未闻之论。他一生不仕，全力倾注经典，志在帮助后人读通那些古书。

郭泰，字林宗，太原界休人，也是一位鸿儒。博通典籍，善谈论，美音制，又奖掖士人，与河南尹李膺友善，名震京师。司徒黄琼、太常赵典劝他当官，他一一辞谢，只在家中研究学问。有人问范滂：“郭林宗何如人？”范滂答曰：“隐不违亲，贞不绝俗，天子不得官，诸侯不得友，吾不知其他。”他去世的时候，蔡邕为他作碑文，曾对卢植说道：“吾为碑铭多矣，皆有惭德，惟郭有道无愧色耳。”可见他的人品之高。

郑玄和郭泰处在动乱之际，辛苦研究艰深的著作，细心传播民族的学问，其功深远，都是后世学者的懿范。有这样的前贤典型，李柏也足以像徐霞客（1586—1641）那样恋此山川了，“有一二家濒江而居，山为夙雾所笼，水势正湍而急，延吐烟云，实为胜地，恨不留被氇于此，依崖而卧明月”，与宿昔的精魄长驻。几十年后，李柏也像这些先辈一样，成为受人尊敬的大儒，他的《槃竹编》告诉我们，他也许是在竹林里阅读《竹谱》的最后一位大儒：

山中之人食无肉，山中之人居有竹。
有肉无竹非山居，山人种竹满山谷。
森森绿玉蔣诩径，菁菁簭龙张荐屋。
屋边径边竹无数，看花看子看不足。
又坐竹林看《竹谱》……

第三章　爱竹者

今人写古人，多有用冷笔者。苟且狥人，为解人颐，甚而翻古人不堪之事，以为难遇，卑古人至当之论，以为迂阔。风雅之在今日，岌岌乎危于一线。三十年来读书看画，总觉愧对古人。萧伯玉言风雅递减，与闻子将曰：“众生福业，日趋减薄。宋元逸集，力索之不得，弟之福已不及前人，后人之福，应不及弟，亦何由读弟之书乎？”真无可奈何花落去也。又苦苦告乃弟言：“四十九年，梦幻泡影，利害婴身，如以毛置掌，了不觉知。此后当作置睫想，庶有开交之路耳。裂缺之光，一瞬而逝。长我者，少于我者，亲知已去数人。长沙岑禅师摩亡僧顶曰：此僧却真实。为诸人提纲商量也。”此是何等语，以身警世，能不怀真情恳恻心，将古人唤起。此正是作文如火星在手，不得不振其光亮之意。

一

晚唐诗人杜牧（803—852）追怀两晋南北朝的风度，赋诗曰：“大抵南朝皆旷达，可怜东晋最风流。”（《润州》）约略写于五世纪初的《世说新语》记载那时的人物，以丛残小笺，长短缀联，叙隽行清言，却每奏一篇，即欲起王谢诸人，一一呵活眼前，更于山水清音中，独标风范：

山巨源如登山临下，幽然深远。
王衍神姿高彻，如瑶林琼树，自然是风尘外物。
清露晨流，新桐初引，王恭于时目王忱，濯濯如春月柳。

这些人物襟度高胜，旷简异行，引人遥想。《世说新语》写他们的清谈、放浪、服药、嗜酒，既狂狷、任性，又爱山水、好艺术。如《汰侈》一章专记其荒诞不经和骄奢无度，说石崇（249—300）和王恺争豪，王恺以糖膏和饭擦锅，石崇即堆起白蜡当柴；王恺用连洛阳都不易买到的药材赤石脂泥壁，石崇便捣细要到国外才能购回的香椒涂屋；王恺作紫丝步障（贵族出游在道路两旁摆设的像屏风可以遮风寒、挡尘土的行幕）四十里，石崇就设锦缎步障五十里以敌；王恺的外甥晋武帝给他高二尺许的珊瑚树助阵，石崇连看都不看，抄起铁如意把它击碎，以高三四尺者六七株示之。其奢靡相尚，令人骇目。石崇的财富大都来自做荆州刺史对远使商客的劫掠，是一个十足的军阀，可他为《金谷诗》作序，自扮出场的却是一个截然不同的形象：

余以元康六年，从太仆卿出为使，持节监青徐诸军事征虏将军。有别庐在河南县界金谷涧中（即金谷园）。去城十里，或高或下，有清泉茂林，众果竹柏药草之属。

时征西大将军祭酒王诩当还长安，余与众贤共送往涧中，昼夜游晏，屡迁其坐。或登高临下，或列坐水滨。

遂各赋诗，以叙中怀。或不能者，罚酒三斗。感性命之不永，惧凋落之无期。故具立时人官号、姓名、年纪，又写诗著后。

石崇以诗会主人的身分周旋在他的金谷园，那是中国最早的私家园林，在历史上的名声之大，几乎无园可比，只是它的面貌一直都在雾中。晋人史道硕的《金谷园图》或有所据，可惜在唐以后不知所踪。我们现在只能依据两篇诗序（《金谷诗序》《思归引序》）抚事追迹。那些文字中，石崇流露出的伤怀“感性命之不永，惧凋落之无期”，完全丢掉了与王恺斗富时的气概，倒是与王羲之（321—379）《兰亭集序》的忽眇情绪同调相侔。实际上，《世说新语》也正是比王羲之为石崇，以《兰亭集序》拟《金谷诗序》。就像北魏洛阳的寺宇楼观可以归入金谷园的系统，兰亭也可以代表东晋名流的池馆别业。参与兰亭盛会的四十一人，无论在地位上、财力上，还是在知识上、趣味上，都是有资格自筑园林的名流。例如，谢安（320—385）就在土山营墅，“楼馆林竹甚盛”，继承了乌衣巷前辈的遗风；积极辅佐司马睿（276—322）称帝的纪瞻，按《晋书》本传，也曾“立宅于乌衣巷，馆宇崇丽，园池竹木，有足赏玩”。

不过，金谷园的豪华和兰亭的优雅却大异其趣；前者游宴赋诗，是奏鼓吹，送贵宾；后者聚会吟咏，是借山水，散胸怀。他们都以园林为活动舞台，而其地都有溪涧清流，都有茂林修竹。私家园林一经出现，不论是南方，还是北方，竹子都占有一席之地。这让我们注意到《魏书》卷九十三记述的一位南方人，名叫茹皓（？—504），活动于五世纪后半叶和六世纪初，原本吴人，随父移居北方，靠着自己的机悟敏速，最后当上骁骑将军。《魏书》说他：

性微工巧，多所兴立。为山于天渊池西，采掘北邙及南山佳石。徙竹汝颍，罗莳其间，经构楼馆，列于上下。树草栽木，颇有野致。

“采掘北邙及南山佳石”一语，论者以为是宋徽宗花石纲的先导。由此而推，它也预示了白居易的《太湖石记》和米芾的爱石癖。而从汝水与颍河移竹封植，倒是表明，茹皓是有文字可征的在北方造园有意使用竹子的第一人。

二

我们猜想，茹皓是把南方爱竹者的风尚带到了北方，那种风尚由王羲之的儿子王徽之开启首唱。王徽之的一生，满是故事，当时，他的爱竹轶事已在流传，爱竹者们为他自豪，也许会说他掀开了竹史的崭新一章，因为从他以后，竹史就成了爱竹者的历史。

王徽之字子猷（？—388），活动于四世纪后半叶，是魏晋风流中的名士，也是一位向秀（约 227—272）和郭象（约 252—312）在《庄子注》从理论上赞美的那种超越事物差别、率性任情的人。《世说新语》记其风雅说：

王子猷住在山阴，夜里天降大雪。他午夜梦回，起身打开屋门，一面喝酒，一面眺望四方，见上下莹彻，一片皓然。于是信步徘徊，诗情涌动，朗诵左思的《招隐》之诗。忽然又想起戴逵，即冲寒映雪，在皎洁朗明中，坐着小船前去拜访。戴逵住在剡县，小船摇了一夜才到。可还未入门，又遽然掉头返棹，划回了山阴。有人问他缘故，他说：吾本乘兴而行，兴尽而返，何必见戴？

这段逸事为人频频援引，它说明托怀玄远的人对于知己所具有的妙赏能力：由皎洁的白雪而想念襟怀如月的朋友，在和白雪的彻夜默对中，天地的莹彻和内心的高洁往返映照，成为奇妙的倾谈，它驱散沉沉的夜色，萦迴在白雪深埋的友人的草庐之上。在渐露曦明的戴逵家门前，王子猷心里一片明亮，他毅然返棹，没有给世俗的客套留下丝毫的余地。还有故事说：

王子猷听说桓子野吹笛吹得很好，但不相识。一天他在停泊的船中，得知桓子野正从岸上经过，就派人告诉他：听说你擅长吹笛子，请为我演奏一曲。桓子野当时已身贵名重，也一向听说王子猷的大名，立刻掉头下车，坐在凳上，吹奏《三调》。吹完后，上车扬长而去。宾主连一句话都没说。

“客主不交一言”，他们弃绝一切俗礼，连招呼都不用打，那是清谈风气中别出的赏鉴格调。王子猷请桓子野吹笛，他相信他的演奏，是真赏知。桓子野为他演奏，他知道对方能够欣赏自己的吹笛，是真艺术。既然相知相契，何必还要交谈呢？后世的八大山人（1626—约1705）会心的歌道：

闻君善吹笛，已自无踪迹。
乘舟上车去，一任主与客。

他们只任音乐之美在心灵间回环飘旋，庄子所谓“终身不言，未尝不言”已洎为心声。

据说，桓子野每闻清歌，辄唤“奈何！”善吹笛，为江左第一；又能挽歌，与羊昙、山松（？—401）齐名，时称三绝；他吹奏的《三调》演变为后世的《梅花三弄》，所用的竹笛也流传有自，为汉代蔡邕（132—192）所制。伏滔《长笛赋》序说：“予同僚桓子野有故长笛传之耆老者，蔡邕伯喈之所制也。初邕避难江南，宿于柯亭之馆，以竹为椽。邕仰眄之，曰：‘良竹也。’取以为笛，音声独绝，故历代传之。而不幸折于孙绰妓之手，惜哉！”南齐萧衍《咏笛》诗：“柯亭有奇竹，含情复抑扬。妙声发玉指，龙音响凤凰。”典即出此。

东坡作《水龙吟·笛词》有“楚山修竹如云”之句，高云翔说：“后之笺释者，独谓是蕲州出笛竹；至‘异材秀出千林表’之语，不知是东坡叙取材法也。凡竹，林生，后长者必过前竹，其不能过者，多死。一林内特一竹可材。远而望之，或伐取数十百竿，错乱终不可识。蔡邕仰视柯亭屋椽得奇材，不待如此求之。而邕后无至鉴，独有此法可求耳。”云翔名骧，吉水人，善笛，洞晓音声，能移宫转羽。曾敏行（1118—1175）说他在酒肆闻数老乐工相近谈论乐律，只微笑而已。其人乃前致敬曰：“某辈大晟府旧人，适有所谈，而诸学士发笑，必某言不协理也。”云翔时已酒酣，乃取笛弄之，诸工骇听失色，设拜而去。

竹笛在中国乐器中极为显豁，也是研究乐律的重要工具。《吕氏春秋·仲夏纪》载：“昔黄帝令伶伦作为律。伶伦自大夏之西，乃之阮隃之阴，取竹于嶰溪之谷，以生空窍厚钧者，断两节间，其长三寸九分，而吹之，以为黄钟之宫，吹曰舍少。次制十二筒，以之阮隃之下，听凤凰之鸣，以别十二律。”王子猷本人也是一位音乐家，他的“人琴俱亡”之痛即见于《世说新语》。又，现藏台北故宫博物院的一具仲尼式古琴，金徽、玉轸、玉足，龙池内阴刻隶书数字，号称“晋升平元年制”，“瑯琊王徽之斲”。

《世说新语》还说，王子猷任诞不羁，粗服散带，不观朝事，连做官做的什么官都不知道。陆游《初归杂咏》诗：“偶尔作官羞问马，颓然对客但称猫。”暗用此事。但这些故事哪一个也不如“种竹”出名：

王子猷尝暂寄人空宅住，便令种竹。或问：“暂住何烦尔？”王啸咏良久，直指竹曰：“何可一日无此君！”

它三言两语，竟意外写下竹史上的关键一笔。王子猷爱竹可能与天师道有关，但像他这样的特拔之士，洒然把竹子视为知己，玄对修篁，散怀竹林，却是一个重要时刻的标志：青青翠筠，肃肃君子，虽同幻化，心神犹真。

从此，竹子称为此君，意即这位君子；欣赏竹子，即是庄严自己，即是倚竹真成绝代人。

三

东晋以后，竹子已然代表一种生活态度影响着人的日常行为，那就是超俗。尽管“超俗”犹如春花秋草，非必日用不离，又像冬扇夏裘，没有什么实际用处，但却能激起风雅的情怀，具有一种塑造人，惠养人和纯净人的魅力。因此，不仅个人独处，就是与朋友交往也看重这种格调。《世说新语》又讲：

王子猷经过吴中，知道一位士大夫家有许多好竹，要去拜访。主人扫净庭院，整理好摆设，在正厅专事等待。子猷坐肩舆前往，不去见主人，却径直到达竹下，讽诵啸傲，良久不已。主人等得失望，怕他看完竹子跑掉，只好关起大门，不让他回去。王子猷因此反倒更欣赏主人，于是留坐畅谈，兴尽而归。

这样的榜样，无形中就会感染周围的人。他的朋友戴逵（？—395）有个儿子叫戴颙（378—441），也像父亲一样是位音乐家和雕塑家，很可能就受王子猷的引导，深深爱上竹子，最后以留恋黄鹄山的竹涧而隐于山北的竹林精舍。有时我们甚至怀疑，王子猷本人也是受了前辈典型的启发，他的父亲王羲之曾拜访过一位高士，留下的逸闻见于《永嘉郡记》：

乐城张廌隐居颐志，家有苦竹数十顷，在竹中为屋，常居其中。王右军闻而造之，廌逃避竹中，不与相见，一郡号为竹中高士。

世事竟如此巧合，在竹中设居的创始者也是王子猷的山阴前贤，或许非出偶然，《越绝书》和《水经注》都提到山阴的苦竹里，说那是范蠡的受封之地。

这些爱竹故事传为美谈，成为后人模仿的典型。新时代的爱竹者还往往根据自己的理想，增添进新的内容，形成一种生生不息的传统。金冬心说他每闻多竹胜地，如渭川淇上者，便直造竹所，不问主人，人见之错呼为王郎。文献还提醒我们，连袁粲（420—477）那样身居高位的人也愿意徜徉在竹林，做一个爱好虚远、不以事物经怀的雅人。《南史》卷二十六这样写他：

独步园林，诗酒自适。家居负郭，每杖策逍遥，当其意得，悠然忘反。郡南一家颇有竹石，粲率尔步往，亦不通主人，直造竹所，啸詠自得。主人出，语笑款然。俄而车骑羽仪并至门，方知是袁尹。

不必惊奇这些故事和前引王子猷的事迹何其相似，就是语句也有袭用的痕迹。在以金谷园和兰亭分别代表的南北私家园林兴起后，正是这类轶事，这类风雅的踪迹散落在山水意象间，成就了中国园林的历史感，成为古典园林不灭的灵魂：南湖水落，旧台之明月犹悬；西郭烟销，废塔之彩云不散。自然生成人文，人文映照自然。小者，柳宗元（773—819）游历的石潭，大者，苏东坡怀古的赤壁，若询之楚人——

武昌赤壁，仅一小丘；而柳州遗迹，按图索之，殊不相当。独以两公文在，几与五岳四渎并垂声于宇宙。

因此，穿池筑台，垒石叠山，虽盘互得势，苍然不群，若穿越它的小径寻觅不出些许的历史踪影，顿时就会显得单薄、乏韵。而一花一竹，虽不尽妙得俯仰，飞香满怀，但要是雅人志士的护持手栽，就足以令人秉烛夜观，览之心动。

明季江南一带的园林，像李逢申的横云草堂，虞大复的豫园，王时敏的乐郊园，钱谦益的拂水山庄和吴昌时的竹亭别墅，数百年后还引人凭吊留连，彷徨不忍去，首先就是荒草流尘、老松疏竹间若隐若现的历史。那种历史以它的气质，以它的语言，表现一个往昔时代的迷人之处，即使只是左史之兰、子猷之竹、元章之石一类的故事，也带着那个消逝之世的风骨、教养和情致；连它的声望，也跟我们当代时髦的声望完全不同，格调迥异，它高贵而教人神往，足令江山儿女有寥落之思。魏晋之际的名流邹湛（？—299）说过：

自有宇宙，便有此山。由来贤达胜士，登此远望，如我与卿者多矣，皆烟灭无闻，使人悲痛。如百岁后有知，吾魂魄犹应登此。

不有哲人，风迹谁存？千载之下，我们置身废墟间，追念的往往就是这种古人的神魄。经历过山川骞崩之变的明末文学家张岱（1597—1684）写道：

园亭非昔，尚有山川。山川何有，苍苍渊渊。
烟云灭没，蹙踞蜿蜒。呼之或出，谓有龙焉。

诗中所谓的龙不是别物，乃是古哲的英灵。那些增人惆怅，引人动情的轶事，能使园林山水在倾为荒烟茂草后，仍悬亘于后人的梦寐，千百年下，依然闪耀出开悟人心的无形之光，成为活着人的精神支柱。崇祯七年十月，李清（1602—1683）于役东阳，闻暨邑内有西施浣纱之溪，于是欣然往拜：

迨伫立溪边，一寻浣纱故迹，则有舟子以小艇至，缆欲解而藻挂，筏甫移而萍开。临流怅望之际，彼盈盈送目，皎皎垂腕，与溪流为花月之交辉者，今仅存一块然之拳石耶？时予凝眸石旁，见“浣纱”两字，点画如新，对兹韵石，窃为徙倚不能去。

当西子浣溪时，犹蓬门中一青娥素姬耳，蛾眉淡扫，固无脂粉浣颜色之嫌，而况临清流以鉴朱容，持素纱以映玉质？履巉石则怯恐伤莲，返故庐则倦欲扶体，当不知含颦敛翠作何绰约，以引人于目乱心迷之飘荡也。

予临览既毕，复履眺久之，怅然如有待焉。及旋趾后，则一丝残照，两点鸦啼矣。溪边流水潺潺响，其犹环佩之余韵乎？是耶？非耶？立而望之，偏何珊珊其来迟？

浣纱石旁，红颜渺渺；斜阳天远，只是一片残照的景色；怅望之际却敷演为中国文人山水园林的一个深刻严肃的主题：溪园若是无儿女，青史河山漫寂寥。

唐代女诗人薛涛（？—约834）善制松花小笺，虽片纸不传，但造笺旧址却常为后人连连盘桓，何曰愈（1793—1872）《退庵诗话》记云：

薛涛井在锦城东南数里许，旁有浣笺亭，花竹幽深，鱼瓦留翠，传为薛涛造十色笺处。道光十八年，赵竹庵以《题浣笺亭》诗寄示何退庵，何氏次韵答之，硕农明府又和之，络绎吟咏，颇道其胜。退庵诗云："枇杷花树里，来访美人居。竹影迷鸳瓦，苔痕上翠疏。绮筵觥录事，红粉花尚书。十幅蛮笺好，文君井不如。"

废井旧亭，却绾人系恋，关心殊甚，胜过金銮载笔，掖门记观；自来玉树艳歌，古今同慨。苍茫古墙，寂寞荒园，虽春雨垣空，仅余残萼，也自成废墟之诗[poetics of ruins]；而不必抚锋镝、望觚棱，方为追古情怀。

四

废墟，希腊人称 *ereipion*，罗马人叫 *ruina*，都指古老建筑的残迹，见证着已然逝去的场景或已毁灭的辉煌，是希罗多德[Herodotus]和修昔底德[Thucydides]一类哲人沉思阐释的对象。按照莫尔捷[Roland Mortier]的说法，废墟先要有媒介功能，让人去探讨历史、哲学和道德，而后才有美叫人感受。然而，还有一类废墟，那是人类罪行造孽的恐怖地带[Topographie des Terrors]，终天绝地，莫述万一，故本文不论。

在西方，废墟的寓意集中于罗马，那里遍地历史也遍地古迹，仿佛它们原本是柏拉图理念世界的成员，下落到凡界，成了人们的伤逝篇章，唤起最深沉的思考：

Rome, still thy ruins grand beyond compare,
Thy former greatness mournfully declare,
Though time thy stately palace around,
Hath strewed and cast thy temples to the ground…
Fallen is that city, whose proud fame to reach,
I merely say, "Rome was," there fails my speech.
（Hildebert of Lavardin, Archbishop of Tours, *c*. 1100
from *Chronicles of the Kings of England.* ）

十四世纪，意大利诗人彼特拉克[Francesco Petraca]（1304—1374）告诉我们，他是带着怎样的怀古感情和乔万尼·科伦纳[Giovanni Colonna]一起登临戴克里先浴场[Baths of Diocletian]的高大穹顶，在澄彻的碧空下，无边的静寂中，眺望罗马的废墟[Foro Romano]。那样的气氛里，他们谈论的不是日常事务和政治事件，而是眼前的荒碑断础，是那些残败的旧墙令他们遥想的历史。他们边交谈，边赞扬古典时期的文明，歌颂基督教的古代文化，又进而评论科学和艺术的创造。由感念往事的沉晦，萌发了让历史复活的决心。从那时直到吉本[Edward Gibbon]（1737—1794）和尼布尔[Barthold Georg Niebuhr]（1776—1831）再到哈斯克尔[Francis Haskell]（1928—2000）时代，这同一古迹不知有多少次在人们心中唤起类似的沉思和想象。十六世纪反复出现在阿尔贝蒂尼[Albertini]（著称于1493—1510）、塞尔里奥[Sebastiano Serlio]（1475—1554）与赫姆斯克尔克[Maerten van Heemskerck]（1498—1574）著作和绘画中

的格言 *Roma quanta fuit ipsa ruina docet*［从废墟上认识罗马的宏伟］变为艾伦坡［Allan Poe］（1809—1849）的名句 *The grandeur that was Rome*［宏伟即罗马］，古代的文明世界一直是西方人心目中的奇迹。这种观念也是文艺复兴诞生的一个起因。

文艺复兴一词的原意是再生或复活，乔托［Giotto］（1267—1337）时代的意大利萌发出这种想法。那时人们要赞扬一个诗人或艺术家，就说他的作品像古典时期作品那样好。人们也这样称颂乔托，说他是引起一次真正艺术复兴的大师；这也意味着他的艺术像古希腊、古罗马作家所赞扬的古代大师。这一观念在意大利风行起来，他们深深意识到，在遥远的过去，意大利人以罗马为首都，曾经是世界文明的中心，日耳曼部落的哥特人和汪达尔人入侵后，罗马帝国被打得七零八落，国家的力量和荣誉骤然衰败，现在必须复兴了。意大利人心里的复兴观念，跟再生“宏伟即罗马”的观念息息相关。他们满怀自豪回顾古典时期，期待着复兴的新时代。

由怀古到文艺复兴，这是西方历史最激动人心的篇章。古典世界的宏伟性，希罗多德和一些希腊作家记述的古代遗迹，约公元前 225 年拜占庭的菲罗［Philo of Byzantium］专论的《七大奇迹》［*On the Seven Wonders*］，在诗人、画家和教皇中间传开，尽管 *Sic transit gloria mundi*［世界的光荣已逝］，但却引得时人遥遥遐想，讲论不倦，而且非常神奇，那波热潮又与肇始时期的科学研究衔接。我们至今在海德堡大学迷人的图书馆 Bibliotheca Palatina 披阅菲罗著作的九世纪写本残卷，还不由得要屏心静听，仍觉得那几页羊皮纸卷谡谡有声。

荷兰手法主义［Mannerism］艺术家赫姆斯克尔克 1532 年跑到罗马，几年后返回故乡，带给父老的礼物，就是镌刻的版画《七大奇迹》，这些版画从意大利到瑞典，多次翻刻，散为人们梦中的奇观。传教士甚至把它们带到中国。清代初年，南怀仁[Ferdinand Verbiest]（1623—1688）刊刻《坤舆图说》，不但向中国人介绍地球之度数、经纬、两极、地震、潮汐、冷暖及天下两地人足相对而行的事理，还把七大奇迹与独角兽、美人鱼、长颈鹿诸异物，附为插图，一起展示给读者。而此前中国人对七大奇迹即使略有所闻，也只限于零星的文字，如宋代赵汝适《诸蕃志》卷上所述的亚历山大里亚之塔：

遏根陀国（为 Iskanderiah 之音译，指亚历山大港[Alexandria]），勿斯里之属也。相传古人异人徂葛尼（为 Dhu-l-Karnein 之音译，为亚历山大大帝之阿拉伯语名），于濒海建大塔，下凿地为两屋，砖结甚密，一窖粮食，一储器械，塔高二百丈，可通四马齐驱而上，至三分之二，塔心开大井，结渠透大江以防，他国兵侵，则举国据塔以拒敌，上下可容二万人，内居守而外出战。其顶上有镜极大，他国或有兵船侵犯，镜先照见，即预备守御之计。近年为外国人投塔下。执役扫洒数年，人不疑之，忽一日得便，盗镜抛沉海中而去。

由于南怀仁著作的出版，七大奇迹始为国人所知，王士禛《居易录》卷二十六录之甚详。没过多久，张潮（1650—？）编辑的《虞初新志》就把它们收入卷中，插图、译名也皆据《坤舆图说》依次排比：一、亚细亚洲巴必鸾城[The Hanging Gardens of Babylon]；二、乐德海岛铜人巨像[The Colossus at Rhodes]；三、利未亚洲厄日多国孟斐府尖形高台[The Great Pyramid of Egypt]；四、亚细亚洲嘉略省茅索禄王茔墓[The Mausoleum at Halicarnassus]；五、亚细亚洲厄弗俗府供月祠庙[The Temple of Artemis at Ephesus]；六、欧逻巴洲亚嘉亚省供木星人形之像[The

Statue of Zeus at Olympia]；七、法罗海岛高台[The Pharos of Alexandria]。

书中不仅提及希腊大雕刻家斐第亚[Phidias]（约前500—前432年），甚至罗马大斗兽场[Colosseum]也赫然在目。但令人惊讶，它们在中国文人心目中的反响竟如此寂淡，《虞初新志》的编者只轻轻的一句“极西巧思独绝，然吾儒正以中庸为佳，无事矜奇斗巧也”，即把如此宏丽的奇迹吹拭得不成片段。《钦定四库全书总目》钩稽至细，竟考证出乐德海岛铜人巨像似影附《神异经》中的巨人朴父而作，结论是：“疑其东来以后，得见中国古书，因依仿而变幻其说，不必皆有实迹。”这与文艺复兴人的感受判若天壤。我们看十五世纪末多米尼科的一位传教士科隆纳[Francesco Colonna]在威尼斯出版的传奇《波利菲卢斯的绮梦寻爱》[*Hypnerotomachia Poliphili*]，就连那位让书中的波利亚[Polia]对来到冥王庙[Polyandrion]废墟前的波利菲卢斯表达万物无常的伤感与忧郁的人，也仍然凭着对茅索禄王茔墓的想象，去赞美梦中的奇观：

Il quale altissimo Obelisco minima fede ancora ad me non si lassa havere, che unaltro conformitate monstrasse, ne similitudine. Non gia il Vaticanio. Non il alexandrino. Non gli Babylonici. Teniva in se tanta cumulatione di miraveglia, che io di stupore insensato stava alla sua consideratione. Et ultra molto piu la immensitate dillopera, et lo excesso dilla subtigliecia dil opulente et acutissimo ingiegnio, et dilla magna cura, et exquisita diligentia dil Architecto. Cum quale temerario dunque invento di arte? Cum quale virtute et humane forcie, et ordine, et incredibile impensa, cum coelestae aemulatione tanto nellaire tale pondo suggesto riportare?［这样一座高高的方尖塔，我真不知还有什么像它一样，不是梵蒂冈的那座，不

是亚历山大的那座，也不是巴比伦人造的那座。我神情恍惚，站着凝视它，它有这么多令人惊叹之处，更何况它那巨大的体积，令人惊讶的丰富细节，以及建筑师的高超造诣、精工细作与异常的努力。多么大胆的创造力！这需要人类怎样的力量、艺术和技巧，需要怎样让人难以置信的工程，才能使这座与天比肩的巨大重物耸入云霄。]

七大奇迹的恢宏意象也隐现在《绮梦寻爱》的语词和木刻画中，成为震动人心的文艺复兴的一部分。它催生了欧洲的废墟画派。当赫姆斯克尔克在故乡透过金色的迷雾回望罗马时，心中涌现的就是这部书描绘的奇观。可是直到晚清，国人才对西方建筑的崇高性给予赏赞。猛然间，感受竟大变，决然不同于张潮的议论，这在当时的漫游笔记随处可见。朱自清的《巴黎》更对整座城市赞赞不已："我们不妨说整个巴黎是一座艺术城。从前人说六朝卖菜佣都有烟水气，巴黎人谁身上大概都长着一两根雅骨吧。你瞧公园里，大街上，有的是喷水，有的是雕像，博物馆处处是，展览会常常开；他们几乎像呼吸着艺术气，自然而然就雅起来了。"不过，这已经是二十世纪三十年代人的看法了。

《虞初新志》刊板于康熙年间，时过不久，张潮的西方同代人斯威策[Stephen Switzer]也出版了三卷本著作集《村野图景，或贵族、绅士与园艺家的遣兴》[*Ichnographia Rustica, Or, The Nobleman, Gentleman and Gardener's Recreation*]（1715—1718），作者身处 Grand Tour[大旅行]正要兴起的时代，他急不可待催促有教养的人走向往昔的遗迹，因为：一片废墟比最美丽的建筑更宏大人的胸襟，它让心灵深处的哀思升入天堂。这种观念激发了十八世纪末人们向往废墟的热潮。那时人们再看莎士比亚[William Shakespeare]（1564—1616）的怀古之笔，例如《威尼斯商人》

[*Merchant of Venice*]中的夜歌：

The moon shines bright: in such a night as this,
When the sweet wind did gently kiss the trees
And they did make no noise, in such a night
Troilus methinks mounted the Troyan walls,
And sigh'd his soul toward the Grecian tents,
Where Cressid lay that night.
[好皎洁的月色！微风轻轻吻着树枝，
不发出一点声响；
我想正是在这样一个夜里，
特洛伊罗斯登上特洛伊的城墙，
遥望克瑞西达所寄身的希腊人的营幕，
发出他的深心的悲叹。]

In such a night
Stood Dido with a willow in her hand
Upon the wild sea-banks, and waft her love
To come again to Carthage.
[在这样一个夜里，
狄多手里执着柳枝，
站在辽阔的海滨，
召她的爱人回到迦太基来。]
（朱生豪译）

诗句幽幽而来，觉得整个旅途也满是古意，伴随着他们追寻特洛伊和迦太基的废墟，忘记了它们仅仅是衬托全剧气氛的修辞语句。

十五世纪，文艺复兴的名流菲奇诺[Marsilio Ficino]（1433—1499）尝给布拉西奥里尼[Giacomo Bracciolini]写信，直抒人文主义者的怀抱，言辞超特，悠然令音，殊可玩味。他说：

Res ipsa [*scil.*, historia] est ad vitam non modo oblectandam, verumtamen moribus instituendam summopere necessaria. Si quidem per se mortalia sunt, immortalitatem ab historia consequuntur, quae absentia, per eam praesentia fiunt, vetera iuvenescunt, iuvenes cito maturitatem senis adaequant. Ac si senex septuaginta annorum ob ipsarum rerum experientiam prudens habetur, quanto prudentior, qui annorum mille, et trium milium implet aetatem! Tot vero annorum milia vixisse quisque videtur quot annorum acta didicit ab historia. [历史不可缺如，它使生命悦泽，且予其道德意蕴。透过历史，逝者恒之；无者有之；旧者新之；少者壮之。若一位七旬老人，以其阅历而享智慧之誉；一个思接千载之人，该是多么睿哲！的确，一位胸怀历史春秋的人，真可谓历经千古了。]

这也是菲奇诺要从罗马遗迹中阅读出的内容，他想让“源自时间长河”的静止不动的人类记录获得新生，如同诗人面对希腊废墟的古瓶写出的颂歌：

Thou still unravished bride of quietness,
Thou foster-child of silence and slow time,
Sylvan historian, who canst thus express
A flowery tale more sweetly than our rhyme!
(John Keats, *Ode on a Grecian Urn*)
[你这献身于静穆的完美新娘，

是寂静和悠久的时光把你抚养，
你这田园的史学家，竟能铺叙
一个如花的故事，比诗句还高亢！]

它促使像潘诺夫斯基[Erwin Panofsky]（1892—1968）那样的学者想在废墟上建起 *Turris Eburnea*[象牙之塔]，以防止人文的终结，他们心中的塔铭大致如斯：Prometheus could be bound and tortured, but the fire lit by his torch could not be extinguished[普罗米修斯可以被缚，可以遭受酷刑，但他点燃的火种，绝不会熄灭]。

废墟中瘗埋着文明的火种，这就是人文学者为什么要大声疾呼：坚决保护废墟，保护古迹，而绝对无权拆毁。实际上，古迹也根本不属于我们。它们部分的属于我们生前的建造者，部分的属于我们身后的世世代代。我们只是传送者，位于它们的过去与未来之间。这条训令自文艺复兴起，就日益在西方生效。

1898 年，中国的戊戌变法失败，康有为（1858—1927）跑到国外，游历十一国，他以孔子的三世之道评说欧洲新理，指摘其多皆国争之具，去孔子之道远甚。可让他惴惴不安的，正是这条训令的遗产。在罗马，他看着遍地的古迹，不禁连连感慨：

二千年之颓宫古庙，至今犹存者无数。危墙坏壁，都中相望。而都人累经万劫，争乱盗贼，经二千年，乃无有毁之者。今都人士皆知爱护，皆知叹美，皆知效法，无有取其一砖，拾其一泥者，而公保守之，以为国荣。令大地过客，皆得游观，生其叹慕，睹其实迹，拓影而去，足以为凭。

而我国阿房之宫，烧于项羽，大火三月。未央、建章之宫，烧于赤眉之乱。仙掌金人，为魏明帝移于邺，已而入于河北。齐高氏之营，高二十六丈者，周武帝则毁之。陈后主结绮临春之宫，高数十丈，咸饰珠宝，隋灭陈则毁之。余皆类是。故吾国绝少五百年前之宫室。即如吾粤巨富，若潘、卢、伍、叶者，其居宅园林，皆极精丽，几冠中国，吾少时皆尝游之。即若近者，十八铺伍紫垣宅，一门一窗一栏一楯木，皆别花式，无有同者。而前年伍家不振，忽改为巷，遂使全粤巨宅，无一存者。夫以诸巨富者之讲求土木，不惜巨赀。其玲珑窈窕，花样新奇，皆几经匠心，乃创新构。……乃不知为公众之宝，而一旦扫除，后人再欲讲求，亦不过仅至其域，谈何容易胜之乎？

康有为满脑子亘浮着对文明坠落的担心，与西方人文学者的隐忧同慨，可废墟时时牵动我们魂魄的，早在三百多年前，李日华听了槲叶道人的一番议论后，已风云在念：

尝疑天地气化日薄，众生福缘日减。古者连城之璧，照乘之珠，瑰玮奇丽之物，不可复得。即如服御，秦伏陶（或作复陶，衣名，见《左传》昭公十二年，又襄公三十年）、吉光（神马名，见《抱朴子·对俗》；此指吉光毛皮之裘，见《西京杂记》卷一）、阿锡（亦作阿緆，细布，见《汉书·礼乐志》）、空方（应作方空，织物名，见《后汉书·章帝纪》）之类，亦难经目。以至唐人所重飞刀缕雪之脍（即缕子脍，《清异录》：“广陵法曹宋龟造缕子脍。其法用鲫鱼肉、鲤鱼子，以碧笋或菊苗为胎骨。”），宋所造团龙浮乳之茶（即龙团茶，熊蕃《宣和北苑贡茶录》：“太平兴国初，特置龙凤模，遣使即北苑造团茶，以别庶饮。”），其法悉亡。近则珠池所采，率系沙砾小玑，重铢以上者，即目为瑰宝。而陶厂所藉苏摩罗青，其国已告竭久矣。又如无藉气化，出于人心结撰者，如《花间》《草堂》入谱之弦索，《灵枢》《素问》应手之针灸，鱼龙角觝偃师木鸢之神巧，弹棋格五蹴鞠之秘戏，其事不复可问。岂从此精奇妙丽日渐消蚀而不可挽耶！偶阅道书，九天先生降王方平宅，书牍遗龙女曰：“汝谪以来，月轮周围，已减一寸矣。更减一半，汝得复还本处。幸自努力。”方平问故，先生对月屈指曰：“自垂象以来，至黄帝时减若干。自黄帝至唐尧，又减若干。自唐尧以至三代渐减，至今则愈减矣。减之又减，以至于无，则天地毁。不但是也，即世间声色滋味，莫不渐减。如人自少至老，精神消损，顷刻不停，亦复如是，人皆不觉。以真人睹之，若日影过庭，分毫不差耳。”以此说印余所疑，当自了了，不复可置叹也。（《紫桃轩杂缀》卷三）

龙女乃龙王之女，《法华经·提婆达多品》《柳毅传》均述其事。《古诗源·绵州巴歌》曰：“下白雨，取龙女，织得绢，二丈五。”知龙女亦为创物高手。苏东坡元祐二年（1087）赏观赵令晏、崔白画的竹梅蒲苇，写诗赋感，惊叹其“幅径三丈”，非人间所有，也是归为神女的绝艺：“扶桑大茧如瓮盎，天女织绡云汉上。往来不遣凤衔梭，谁能鼓臂投三丈。人间刀尺不敢裁，丹青付与濠梁崔。”（《赵令晏崔白大图幅径三丈》）诗句间动浮着蔚然之光、苍然之色，起人为绢绡的奇美开颜发艳，后世之不韵，则未着墨。但李日华由文明日减讲到宇宙寂灭，发论人天悚听之语，心情却是难言。好在其时趣味尚雅，还有一片光景，还有“取烟不难之墨，不让古人”，还不至于嗛然过甚，以致莽荡无凭借。而康有为落拓奔走，天涯逆旅，殊域花草独茂，故园彩云不飞，见几堆落红，几带寒墟，都不容不登高怅怅，抚碑泣下，时起中华文明式微之哀：

故中国数千年美术精技，一出旋废，后人或且不能再传其法。若宋偃师之演剧木人，公输、墨翟之天上斗鸢，张衡之地动仪，诸葛之木牛流马，南齐祖冲之之轮船，隋炀之图书馆能开门掩门、开帐垂帐之金人，宇文恺之行城，元顺帝之钟表，皆不能传于后，致使欧美今以工艺盛强于地球。此则我国人不知崇敬英雄，不知保存古物之大罪也。然不知崇敬英雄，不知保存古物，则真野蛮人之行，而我国人乃不幸有之。则虽有千万文明之具，而为二者之扫除，亦可耗然尽矣。虽有文史流传，而无实形指睹。西人不能读我古书也，宜西人之尊称罗马，而轻我无文，亦固然哉！

这里的英雄，指那些对文明有突出贡献的人，康有为有时也用英哲称呼。他在苏格兰，就谈到那些英哲：

吾游苏格兰时，自创汽机之瓦特，创生物学之达尔文，及诸诗人、文人、乐人、机器人诸遗宅，马夫扬鞭，皆能指而告我，各国皆然。其崇敬英哲，虽最鄙下人，皆能如是，而穷乡皆能行之。中国人非不好古，然自一二名士外，则鲜能知之。其趋时风或好言适用者，则扫除一切，此所以中国之古物荡然也。夫不知西人者，以为西人专讲应用之学者也，而不知其好古而重遗物，遍及小民，乃百倍于我国。

注意，此处所论极为重要，西人之重无用之物如此，让我们可以和前面王国维的话蝉联起来。康有为更进一步看出，此无用之物实关乎文野的分别，关乎文明的存亡。他紧接着上文，振发议论：

夫天下固有以无用为有用者矣。虚空，至无用也。而一室之中，若无虚空，则不能旋转。然则无用之虚空，之为用多矣。凡小人徒见其浅，而君子能虑其远。古物虽无用也，而令人发思古之幽情，兴不朽之大志，观感鼓动，有莫知其然而然者……过欧洲之都会，古董之肆森列；其余国，则食肆、用物肆耳。观古董之多寡，而文野之别可判矣。

无用之物的观感鼓动，到底有多么重大，只有那些刻刻把文明的火种深护在心的人，或能略窥一二。只讲实用，说不定就会倒退成农夫，倒退成野人，康有为这样继续说道。

他又讲欧洲人居室和亚洲人居室的区别：入欧人之宅，其厅必遍挂古董异物以相争耀。亚洲人亦有名士故家藏古董者，然不悬于外。且若是之家亦甚渺，郡邑不易一二见也。故观室庐古物之多少，而其人民文野之高下可判。康有为的议论还有很长，但下面的一段中西比较，鞺鞳震人，我们应该铭记在心：

昔张督欲以焦山为炮台，吾争之，谓焦山佳胜，岂可为炮台以杀风景。张谓吾等名士诞虚，卒行之，此可谓能讲实用者矣。然守长江者无铁舰以攻人，守于江口外，而至设炮垒于焦山，是几若某抚之陈炮于大堂矣。张固能好古者，然使英人为之，则必保存焦山矣。故保存古物会不可不设，而好贤慕古之风流，中国人犹未至也，宜更加之意也。

也许，中国的古物不在地上，而在纸上，在文字中，在废墟的诗里。

五

在中国，废墟一词初见于《左传》，然而《毛诗序》已说《黍离》写诗人的愍周之感，是故宫废墟的幽思之篇。到了后世，像宋人韩维（1017—1098）的“野竹濛荒堑，寒花乱废墟”（《城西书事》），意象凄丽，已把怀古与审美合为一笔，写出中国文明的废墟特色。盖古人惜往伤今，怅然于却顾丛台，终朝云翳，沉吟芜甃，几度花飞。人生多感，大抵如此。但张岱（1597—1684）《西湖梦寻》、余怀（1616—1696）《板桥杂记》却想重现端然未动的当年盛景，一曰："雪巘古梅，何逊烟堤高柳；夜月空明，何逊朝花绰约；雨色空蒙，何逊晴光滟潋。"一曰："南曲衣裳妆束，四方取以为式，大约以淡雅、朴素为主，不以鲜华、绮丽为工。"是品味，还是寄慨？其实都是记述眼前的废墟，都是东京梦华之录，是怀古的歌诗。

《梦寻》序云："余生不辰，阔别西湖二十八载，然西湖无日不入吾梦中，而梦中之西湖，实未尝一日别余也。前甲午、丁酉，两至西湖，如涌金门、商氏之楼外楼、祁氏之偶居、钱氏余氏之别墅，及余家之寄园，一带湖庄，仅存瓦砾，则是余梦中所有者，反为西湖所无。及至断桥一望，凡昔日之弱柳夭桃、歌楼舞榭，如洪水湮没，百不存一矣。"这是写湖上废墟。生活在杭州的人，见此山川改革，能不惊惶骇怖，乃思梦中寻往？

而原来的杭州却像罗马一样，是一个神奇的都市，只不像罗马那样的宏伟，她全靠本身缥缈的韵致，尤其是她神奇中的神奇：西湖烟雨。大凡到过杭州的人，都一致认为，西湖是神赐给我们感官的礼物，她的不朽美色，我们只消观赏，却不能言喻。历代描绘西湖的篇章，偻指无算，即使再美的句子也难免雕琢的痕迹，她的空灵晶映，一入文字，便落脂粉，达不到纯粹的自然。也许苏东坡的一首小诗勉强例外，它不仅写美，还写出了想象的滟潋姿态和字词的空蒙虚神。

苏东坡在极力描绘西湖美的同时，也美化了西湖。他的伟大作品以他的姓氏命名，称为苏堤，早在南宋，就膺列西湖十景之一，宁宗时马远、僧若芬，嗣后陈清波、马麟，都有图绘，周草窗、张成子、陈君仲亦有词赋，俱晚宋名作。

苏堤，成于元祐年间，是取自西湖葑泥积起的造物，它从南山伸入湖心，堤柳依依，映带层峦，纯是湖上一道优美的轮廓，看不出人工的巧思。漫步苏堤六桥之上，闲眺水尾山头，近处的小草杂花照眼，远方的林樾山峦浮黛，遇雨则水迷山没，云低树断，最足静观。杭州人感念东坡的功德，曾奉他的肖像在孤山竹阁，近年又移住在苏堤的第一桥畔。

西湖像一幅水墨长卷，山水中，逸品也。西湖也是游船的世界，舟楫之美，甲于江南。洪稚存（1746—1809）说：虎丘泛舟，以朱翠炫目胜；秦淮泛舟，以丝竹沸耳胜；平山堂泛舟，以园林池馆胜；若西子湖，则以上三者，春秋佳日，时时有之，又加以山水清华，烟雨迷离，觉可以娱心志、悦耳目者，无逾此也。外如鸳鸯湖之百重杨柳，消夏湾之十里芙蕖，柳色花光，亦其次也。厉樊榭（1692—1752）也盛称道：

西湖风漪三十里，环以翠岚，策勋于游事者，唯船为多。澄怀卧游，如身坐碧琉璃，湖光山渌，动摇窗棂。

湖上的头船，如大绿、十样锦、宝胜、明玉之类，无虑数百，其次则小楫轻舫，皆华丽雅靓，旁舞如织，南宋时景象如此。雍正间，厉樊榭作《湖船录》，历代有名可记者，还得八十又九种。

湖上的游人可分两类，一类挈家带眷，一类偕友同行，他们一到湖畔，船夫就围来争揽。船上供应各种垆边食馔，品类繁多。《武林旧事》滔滔不绝列述那些美食，包括市食 41 种，果子 42 种，菜蔬 20 种，粥 9 种，鲊 30 种，凉水 18 种，糕 19 种，蒸作从食 56 种，诸色酒名 54 种，读读就快人朵颐。又有花篮、画扇、时花、犀钿、髹漆、织藤、窑器、竹编、珠翠冠梳、天香彩段，更是令人动心。

还有一种游人，那是出入张岱《西湖七月半记》中的人物。他们要在月色苍凉、东方将白时，纵舟酣睡于十里荷花间，享受香气袭人，清梦甚惬的雅游。这些萧瑟韵士，有时也自制游船。

童巨卿和黄汝亨的竹船，一小一大，最负盛名：

童巨卿编竹为桴，称为烟波钓筏，泛于湖中，月明风清，吹洞箫芦苇间，山谷鸣应。

黄汝亨用巨竹为泭，浮湖中，编篷屋其上，朱栏青幕四披之，竟与烟水云霞通为一席。地理志云：有梅湖者，昔人以梅为筏，沉于此湖，有时浮出，至春则开花，流满湖面。故题此竹船为“浮梅槛”。

每花月夜，及澄雪山阴，与韵人禅衲，徜徉六桥，观者如堵，俱叹西湖千载以来未有。虞长孺诗云：飘飘孤屿拾寒芳，槛外浮梅带竹香。莫道此君非处士，自来雪蕊配风篁。

袁宏道尝述轻舟游湖的感受，写来已非文字能尽：

棹小舟入湖，山色如娥，花光如颊，温风如酒，波纹如绫，才一举头，已不觉目酣神醉。此时欲写一语，描写不得，大约如东阿王初遇洛神时也。

西湖之美，移人情者如此。朱国祯（1557—1632）《涌幢小品·山游篇》记苏州黄省曾（1490—1540）“嘉靖十七年，当试春官，适田汝成过吴门，与谈西湖之胜，便辍装不果北上，来游西湖，盘桓累日”。为看西湖的一段岚翠，竟投笔碎墨，不顾关乎一生仕途的考试，山水之兴，动人深矣。王修微说她“病归湖上，西泠片水，复自依依”。那些西湖边生活的人，有如此神奇的湖山可以神览，纵使万事销磨，也有归处依傍，有秋水无边相对慰藉。

崇祯十二年（1639）春天，一位绝色的才女泛舟来到西湖。她的小传作者说：“柳如是游西泠间，格调高绝，词翰倾一时。”

柳如是，又名柳是（1618—1664），游西湖的小词，飘飘不凡，以咏桃花最为动人，隽妙得耐人十日思，与华亭张玉珍“花光不定夕阳天”，可并传桃花之极韵，比况高深甫的桃花妙观六趣，只觉其俗。其诗云：

垂杨小院绣帘东，莺阁残枝未思逢。
大抵西泠寒食路，桃花得气美人中。

起句明瑟可爱，末句意象闪动，伊人宛在，托想殊美。诵此四句，惊为绝调。柳如是漂泊的魅力，更惹人珍念，她是西泠六桥畔的一道流动风景。一次给朋友汪然明（1577—1655）写信，欲借画舫游湖，信中说：

早来佳丽若此，又读先生大章，觉五夜风雨凄然者，正不关风物也。羁红恨碧，使人益不胜情耳。少顷，当成一诗呈教。明日欲借尊舫，一向西泠两峰。余俱心感。

柳如是的信札，风格特异，看似细细打磨词句，实则情致神骨自出，风采之美，起读即知，那是“红笺共养芙蓉粉，彩笔双栖翡翠床”（《怀长姑夫人》）漾起的文笔、书法双绝。

汪然明的西湖游舫，也有大小两类。《春星堂集》曰：制画舫于西湖，其大者，一曰不系园，舫长六丈二尺，广五之一；一曰随喜庵，规制叠更，楼阁窈窕。陈继儒咏不系园诗：“金谷玉津成往迹，虚舟一叶总输君。”（《戊辰暮春过不系园》）。所谓的“园”，所谓的“庵”，都是飘动的园林，其小者，曰团飘，曰观叶，曰雨丝风片。个中以不系园最称高雅，主人极为珍爱，一般人不得登船。黄汝亨曾代制禁忌规约。然而，若不是草衣纤郎王修微、画中人杨云友和三山佳丽林天素在船上吟过诗，作过画，醉过酒，即便它蒙雍正皇帝御选，入了《悦心集》，恐怕也早已名付灰烟了。王修微《寄题不系园》曰：

湖上选名园，何如湖上船。新花摇灼灼，初月戴娟娟。
牖启光能直，簾钩影乍圆。春随千嶂晓，梦借一溪烟。
雨泛浓香合，霞栖寂寞偏。延清虚阁迥，叠邃曲房连。
逸韵供诗用，遐情与画传。

修微有红妆季布之风，诗亦如其为人。尝从西湖入云间，人或迹之，已峭帆泖塔，恍若画中孤航。竟陵诗人谭元春（1586—1637）述其风采说：

己未秋阑，逢王修微于西湖，以为湖上人也。久之复欲还苕，以为苕中人也。香粉不御，云鬟尚存，以为女士也。日与吾辈去来于秋水黄叶之中，若无事者，以为闲人也。语多至理可听，以为冥悟人也。人皆言其诛茆结庵，有物外想，以为学道人也。尝出一诗草，属予删定，以为诗人也。诗有巷中语，阁中语，道中语，缥缈远近，绝似其人。荀奉倩谓："妇人才智不足论，当以色为主。"此语浅甚。如此人此诗，尚当言色乎哉！而世犹不知，以为妇人也。

谭元春是竟陵诗派的领袖，如此推赏，绝非过情侈言之论，连陈眉公（1558—1639）那样的大山人见了王修微，也引为殊荣，《晚香堂小品》精意选入了眉公答王修微书笺一通：

空山中自修道人飞至，便成洞府。何必处处鸾鹤，山山蕙兰，乃称世外也。别时黯惨，使人不能返视。黄芦白茆，孤雁严霜，峭帆之下，幸尔无恙。昨梦秋月如规，游氛散尽，晓谓侍儿曰：此梦奇祥。已得手书，追呼二三韵士视之，惊叹其奇绝。天女散花，昔闻其语，今见其人矣。梅花烂漫，度在二月初旬，能舞棹谐此清诺否。先期一报，煮雪相待衡门之下也。

杨云友则山水花鸟俱能，她在随喜庵舟中画《断桥秋树图》，有山光在笔，云气生衣之致，一时名流，争为题咏。董其昌特赏其澹宕而别饶骨韵，惜生世不谐，不能竟其所诣，即相随于西泠松柏之后。曾鲸（1568—1650）为其画像留芳，汪然明有诗专记，《春日湖上观曾波臣为云友写真》曰："痛惜佳人伤绝代，丁宁彩笔漫传神。" 含情殊深。汪然明又藏有《擫篴图》一轴，谢彬写像，蓝瑛补景：画杨云友与林天素俱宫妆，一吹竹，一弹丝，坐桐下，汪然明则据石倾听。（程庭鹭《篛盦画麈》）令人神往。这样的才女遽逝，柳如是览其画作，但见山谷萧条，原野嵺悕，给汪然明的信也似一片濛濛渌水，伤心无极：

泣蕙草之飘零，怜佳人之埋暮，自非绵丽之笔，恐不能与于此。然以云友之才，先生之侠，使我辈即极无文，亦不可不作。容俟一荒山烟雨之中，直当以痛哭成之可耳。

念畴昔风流，黯伤如许，真乃言之不能达而竟能达之言者。在另一通飞鸿掠过湖上的信中，她的缕缕心绪，摇落旅怀，飘零之感竟似柳花寂寂，触望转凄：

鹃声雨梦，遂若与先生为隔世游矣。至归途黯瑟，惟有轻浪萍花与断魂杨柳耳。回想先生种种深情，应如铜台高揭，汉水西流，岂止桃花千尺也。但离别微茫，非若麻姑方平，则为刘阮重来耳。秋间之约，尚怀渺渺，所望于先生维持之矣。便羽即当续及。昔人相思字，每付之断鸿声里。弟于先生亦正如是，书次惘然。

柳如是写"残花和梦垂垂谢，弱柳如人缓缓归"，表达情感，如此哀婉，而不见雕绚，又隐约着淡粉轻烟，令人忘却本色之美；仿佛创作这些篇章的主角是语词，而不是诗人的智慧和敏感蚌病结珠，痛苦使然；真摇曳出了语言的神奇光芒。语言之育人，唤醒根因，撩起夙慧，其功甚伟。她寄给汪然明的信共三十通，崇祯十三年在西湖畔付梓。林天素序曰：

余昔寄迹西湖，每见然明拾翠芳堤，偎红画舫，徉徜山水间，俨然黄衫豪客。时唱和有女史纤郎，人多艳之。再十年，余归三山，然明寄示画卷，知西泠结伴，有画中人杨云友，人多妒之。今复出怀中一瓣香，以柳如是尺牍寄余索叙。琅琅数千言，艳过六朝，情深班蔡，人多奇之。然明神情不倦，处禅室以致散花，行江皋而逢解珮。再十年，继三诗画史而出者，又不知为何人，总添入西湖一段佳话，余且幸附名千载云。三山林雪天素书于翠雨阁。

西湖北山有翠雨阁，那里修竹万竿，又玉兰数十本环绕，花时清辉照人。林天素的三山翠雨阁想必亦如此。她竹下作序，写菲芳宛转之怀，殊有明月此时，风景当年之意。加之行笔顿挫，纸尾悠扬，笔致又飘闪，虽短制，却有拦搁不住的风光，如读山中白云的小词。

《柳如是尺牍》更是落落词高，飘飘意远，风雅得如天边好云，不可想象，是西湖上往来的最动人的信笺，绎绎然直欲和苏东坡的湖上诗篇比美，发人"薛涛笺上相思字，重开又还重折"

之感。那些文字，绸缪雁素，以喻心扉，牵情花雨，笺志山水，又若天涯芳草移入尺幅间，一展卷，行踪便在六桥烟水上。

映波桥看湖山，最有美韵。时宿雨新霁，岭上白云，山似画中落，水如琴上闻，我侪皆在轻烟水墨子规声里。定香亭边，风蒲半折，竹光的历，花气迷蒙，诵“和云流出空山，净洗花香未了”，觉草木津津其中，景色不减落红千片冉冉凌波时。放棹所如，晴光水北，旋近第六桥头，遥看栖霞岭，盈盈在目。经曲院，载芰荷清气，随风不散，划碎半湖花影，水亦香透。白石所谓“荷叶似云香不断，小船摇曳入西泠”也。系舟入山，山中殊为丽瞩，除乱书横床，垂露在手，即幽竹舜英，小草环碧。静览《尺牍》，方起即如彩云出衣。

尺牍是中国文人的风雅信物。名人手迹，六朝始重，散在人间，视为瑰宝。《梦溪笔谈》说：“晋宋人墨迹，多是尺牍。唐贞观中，购求前世墨迹甚严，非吊丧问疾书迹，皆入内府。”今日所见六朝翰墨，大都是唐人用响拓法传播的书札。宋元刊印尺牍，绍承唐风，仍以书法为尚。淳熙三年（1176）张栻出版《范文正公尺牍》于桂林郡斋，据旧刊苏州郡庠者重梓，已是二刻，是以文章而不因书法，可称特例。其时尺牍例入文集，单行极罕。明代后期，风气一变，多示人写信模效之径，《尺牍争奇》《尺牍谷音》《尺牍清裁》，皆是文辞范本。苏东坡、黄山谷尺牍也在尔时最为流行。《柳如是尺牍》的刊刻，则缘于保存西湖一段佳话，因之孤迥特出，成为文献，大概也是世界文明史上出版的第一部在世女性书信专集，固在尺牍史上占有显重地位。而早于柳如是一个世纪的意大利曼图亚女侯爵伊莎贝拉·德埃斯特［Isabella d’Este］（1474—1539），一生赞助艺术，一生收藏绘画，五十年间写了二万多封信，大都记其收藏事迹，可她也许永远都不会想到让它们出版。

崇祯十三年庚辰十一月《尺牍》刊板之际，柳如是乘舟至虞山，著儒服访钱谦益于半野堂。二十三年后，康熙三年甲辰六月二十八日死于家难。她尝作白描花草小册，竹、梅二帧有题诗，可见心境：

不肯开花不趁妍，萧萧影落砚池边。
一枝片叶休轻看，曾住名山傲七贤。

色也凄凉影也孤，墨痕浅晕一枝枯。
千秋知己何人在，还赚师雄入梦无？

柳如是逝世后八天的七月七日，顾苓（1609—？）为画像并八分书《河东君小传》。后来的摹写者甚夥，嘉庆间陈栻所作最佳，余集所作最著名。自清初以来，题咏柳如是小影者有百家之多，陈寅恪（1890—1969）先生的题诗最晚出，他专为婉娈倚门之少女、绸缪鼓瑟之小妇扬芳立名，是最知柳如是者：

弓鞋逢掖访江潭，奇服何妨戏作男。
詠柳风流人第一，画眉时候月初三。
东山小草今休比，南国名花老再探。
好影育长终脉脉，兴亡遗恨向谁谈。

岱岳鸿毛说死生，当年悲愤未能平。
佳人谁惜人难得，故国还怜国早倾。
柳絮有情还自媚，桃花无气欲何成。
杨妃评泊然脂夜，流恨师涓枕上声。

佛土文殊亦化尘，如何犹写散花身。
白杨几换坟前树，红豆长留世上春。
天壤茫茫原负汝，海桑渺渺更愁人。
衰残敢议千秋事，剩咏崔徽画里真。

这些诗见于《柳如是别传》第四章第一期稍后，此前，陈先生对柳如是《尺牍》做了细密精致的解说。

就在柳如是去世前二年，周亮工（1612—1672）开始编选《赖古堂名贤尺牍新钞》，从康熙元年到康熙九年的近十年中，板行三集，共四十八卷。毛先舒（1620—1688）也循收藏的新风气，集藏友朋笺素。他们都有寻玩手迹，斯人宛在，读其辞，情事如昨之意，且欲留示子孙，使人想见先辈风调如此，兴今昔之感。但若求问其往事，则露零郲下，草满华园，令人唏嘘烦酲，心荡不已。《赖古堂名贤尺牍新钞》载汪然明致周靖公信一通云：

三十年前，虎林王谢子弟，多好夜游看花，选妓征歌，集于六桥。一树桃花一角灯，风来生动，如烛龙欲飞。较秦淮五日灯船，尤为旷丽。沧桑后，且变为饮马之池。昼游者尚多猬缩，欲不早归不得矣。

倏忽之间，汪然明与诸佳丽夜月泛舟，手弄澄明，天光月色与游船灯火、千影同水的盛景，已成无痕之梦。

《瓯香馆集》中也有诗说：“一片西湖水，今成饮马池。”知是实录。他们回首前尘，伤心湖山，美人尘土，画船劫灰，一片欢场，尽是水上废墟。陈寅恪先生说：“盖清兵入关，驻防杭州，西湖胜地亦变而为满军戎马之区。迄今三百年，犹存‘旗下’之名。汪然明身值此际，举明末启祯与清初两时代之湖舫嬉游相比论，其盛衰兴亡之感，自较他人为独深。”

《西湖纪游》载：汪然明见南屏雨花台怪石凌虚，湖光射竹，即因岩创建竹阁，直承白乐天的遗风。又在北山幽境，跨涧架阁，极耸甍昂霄之致，阁旁则万竹环绕，流泉洒几案。他以装点湖山为务，殊多建树，其时都沦为墟里孤烟。他与云友观画听琴的次竹园，经常过访的黄汝亨寓林竹篁，也只剩暮天凉月，“其盛衰兴亡之感自较他人为独深”，无奈中吟为哀句：“往事沧桑空在眼，衰年幽独转伤情。”

《容斋随笔》云：“东坡谓废兴成毁不可得而知。予每读书史，追悼古昔，未尝不掩卷而叹。伶子于叙《赵飞燕传》，极道其姊弟一时之盛，而终之以荒田野草之悲，言盛之不可留，衰之不可推也。” 汪然明口述前朝遗物于易代之后，嗟乎桃枝结恨，湖水空在，新月牵怀，环佩不归，自有一种切身的苍茫——念珠玉临水犹悲怅，况是黄衫之客。只是翠袖歌残，春老荒垣，后人习用，虽怀古情深，也易成套语，殊为人诋。好在套语尽管少灵动，欠活泼，却未必尽是废语；吴宫花草，平原十日之留，隋楼清歌，杜牧三年之梦；诗家所谓静思陈事，追念无因，仍感触无穷者，盖其寂落中有古意也：

六朝文物草连空，天淡云闲今古同。
鸟去鸟来山色里，人歌人哭水声中。
深秋簾幕千家雨，落日楼台一笛风。
惆怅无因见范蠡，参差烟树五湖东。

日下旧台，秋在空苑，遗迹依然而令人洒泪，此乃情之所至，情至则哀怨必生，所谓“美哉轮焉，美哉奂焉？歌于斯，哭于斯也”，但熔此哀怨而为净化陶莹，却正是废墟的古意。

Once out of nature I shall never take
My bodily form from any natural thing,
But such a form as Grecian goldsmiths make
Of hammered gold and gold enameling
To keep a drowsy Emperor awake;
Or set upon a golden bough to sing
To lords and ladies of Byzantium
Of what is past, or passing, or to come.
(William Yeats, *Sailing to Byzantium*)
[一旦超脱自然，我就不再以
任何自然物为形体外衣，
只要那古希腊金匠
用鎏金和锻造的金器
让睡意沉沉的皇帝保持清醒；
或者就镶在一树金枝上歌唱，
给拜占庭的贵胄淑女们听
过去、现在和未来的事情。]

光绪乙巳年，杨复明（1869—？）游学津门，与友人访古，至老河堤，父老云："此查莲坡之水西庄也"。水西庄即芥园，康乾时查为仁（1693—1749）号莲坡者别墅。鉴湖骆元鋐北上历游，访水西庄，曾为记录，我们悬想这座园林，那是宝贵的文献，《游水西庄记》曰：

庄何以号"水西"也，介卫河之西，引流达圃，因地命名也。入庄扉，纡折而行，登"水西草堂"，堂高而爽，琪花瑶草，环植阶下，盖庄中大观也。循曲廊可百余武，得一轩，轩窗四启，但见藤萝障日，杨柳摇风，宛在绿阴深处，所谓“揽翠轩”也。其遥峙者，为“藕香榭”，榭临沼，沼内莳君子花，疑濂溪遗爱也。他如泉石交错，有亭“枕溪”，松篁掩映，有馆“绣野”，皆就其景而颜焉者也。步茅溪至僻处，矮屋数楹，榜曰“课晴问雨”。檐前香稻披陇，青菱漾渠，布桔槔，浮小艇，依稀乎田野家风也。若夫楼屋之翼，翼者曰“数帆”，曰“候月”，指牙樯之南北，目冰魂之东西，意超象表，神与景融，凭眺之余，尤使人心旷情怡也。总之，斯庄之胜，在结构萧疏，点缀闲雅，运以人工而自洽天然之致，以视巨囿宏樊，侈土木之雄而失园林之趣者，固判若仙凡也。

辛酉（1741）仲秋，予与龙城纵岱霞维舟庄畔，信步摅怀，既而秣陵邱大山踵至，相与连袂而游，寻芳选胜，洵不期而遇也。游兴方浓，屐齿未遍，而急雨洗径，凉飚袭裾。稍霁，则赤乌将坠，挽我行舸，因以周览诸境，亦天假之缘也。主人方读礼繐次纪纲，承命设饮下榻，缱绻多情，悬知其地佳者，其人自韵也。予与二君快睹满壁琳琅，多名人题詠，酒酣效颦，分赋一律，并志其概而各系之诗，聊以鸣一时之豫，且以酬地主也。地主为谁，查莲坡昆季也。

骆元鋐写了八首绝句，分咏水西庄八景，“绣野”一景，种竹最多，诗曰：“翠竹黄花绕径栽，闲窗斜对矮邱开；凭将满膈烟霞谱，绣出林泉小景来。”那正是查莲坡、查集堂兄弟主持津门风雅，接会南北时的风光。查集堂，名为义（1700—1763），官中宪大夫，诗书画俱能，尝见其《兰竹图》长卷，画于乾隆丁卯（1747）正月人日，有印曰：“四五百竿竹，二三千卷书。”其时，水西庄贮书万卷，与扬州小玲珑山馆、杭州小山堂齐名，楼台之胜，花木竹石之幽，为津门园亭冠。而当杨复明寻访时：

此地距庚子年已折之城约三里许，楼台竹石，俱成劫灰，只清涟碧水，依旧东流。偶于蒿莱中拾得一石，黝然而黑，横如叠屏，高四寸五分，广八寸，其下曲折洞穿，两旁悬崖，有壁立千仞之势。予就峤壁上镌“莲坡先生玩石”六字，配以檀趺之座，欲与先生结一重石因缘。

此因缘亦即古意。诚作者所言：汉唐池馆，昔见繁华；魏晋荆驼，曾同芜没。“顾古今奇石，转徙隐见无定，而奇章赞皇之石，或不可复睹。惟所言之石，则见石之精灵拊掌称奇，谓意象所至，亦自横绝太空。”

至正庚寅（1350）四月下浣，顾瑛（1310—1369）访友于东城，在故宋周太尉宅断垣乱墟外，得一废石，上有东坡题识觞咏之语，一拂拭，即觉其挺挺拔拔，如老坡独立于山林丘壑，孤标秀出，废荒为之朗照。物色憔悴之墟，经此古意的刷炼，不须装饰，竟有审美的功用。

若乃登高目极，临水送归，关山夐夐，楚花濛濛，此情此境自会起人古希腊所谓的 *Katharsis*，当情感的高潮骤雨般扫过，月明如练天如水，空气也清寂得如水覆肌，霁心明目。就像一位踣蹶的诗人，受了爱情（Mrs. Jane Stith Stanard）的感动，仿佛站在大海边，回溯千古，苍茫间，海伦的身姿从清灵灵的水中凌波而出，霎时洗净了一身风尘：

Helen, thy beauty is to me
Like those Nicean barks of yore,
That gently, o'er a perfumed sea,
The weary, wayworn wanderer bore
To his own native shore.

On desperate seas long wont to roam,
Thy hyacinth hair, thy classic face,
Thy Naiad airs have brought me home,
To the glory that was Greece
And the grandeur that was Rome.

Lo! in yon brilliant window-niche
How status-like I see thee stand,
The agate lamp within thy hand!
Ah, Psyche, from the regions which
Are Holy-land!
(Edgar Allan Poe, *To Helen*)
[海伦，我看你的美貌
就像古代奈西亚的帆船，
在芬芳的海上悠然浮起，
把倦于漂泊的游子
送回故国的海岸。

早已惯于在怒海上飘荡，
你风信子般的卷发，典丽的面容，
你女神般的风姿带我返航
回到古代希腊的光荣，
回到往昔罗马的辉煌。

看哪！在壁龛似的明亮窗户里，
我见你竚立着，像一尊神像，

拿着一盏玛瑙的明灯！
哦！佳丽，那遥远的圣地，
原来是你的故乡！]

虽古典人物凋落磨灭，文采风流亦随之飘散，然独于此中掇拾一二古意，仍觉天地间有一种神奇维系着人生。不独爱伦坡如此，昔时汪然明伤情的湖上废墟，也可以一首古诔方之：霏漠漠，淡涓涓；春融冶，秋鲜妍；触即碎，潭下月；拭不灭，玉上烟。伤情亦伤得雅正，中国的废墟诗学，这是重要的一端，谭嗣同（1865—1898）有两首《古意》诗，写此：

鳞鳞日照鸳鸯瓦，姑射仙人住其下。
素手闲调雁柱筝，花雨空向湘弦洒。

六幅秋江曳画缯，珠簾垂地暗香凝。
春风不动秋千索，独上红楼第一层。

作者循环在手，低徊在心，若求索解，则今古苍茫，如堕烟雾。苏曼殊说："《古意》两章，有弦外音。"亦不能得其确解。谭嗣同又有《戊戌北上留别内子》，序云："戊戌四月初三日，余治装将出游，忆与内子李君为婚在癸未四月初三日，恰一十五年。颂述嘉德，亦复欢然，不逮已生西方极乐世界。生生世世，同住莲花，如此迦陵毘迦同命鸟，可以互贺矣。但愿更求精进，自度度人，双修福慧。"此虽健笔，却极儿女情长。其《江行感旧诗》，哀外舅家之作，序中一面写"青春北行，践履陈迹。邱山华屋，遇拟羊昙；茫茫百端，感深卫玠。行歌且谣，未喻衔悲"。一面又是"府史吏卒，傲脱不俗，所谓卖菜佣皆有六朝烟水气"。就连谭嗣同这样健气入于玄杳、不可方物的烈士，下笔再奇肆，美感也决不会偏废。因之，《古意》两章，实亦不必求解，但赏其瑰玮绝丽，吹竹渊含古声，凄动人心而已。这层意思，俞陛云（1868—1950）评唐彦谦的《小院诗》说得颇深致：

人之闲恨闲愁，其来无自。场临广武，则凭吊英雄；宫过咸阳，则追怀故国；访贞娘之墓，叹息婵娟；经宋玉之居，兴嗟词客。其实皆悠悠陈迹，而言愁欲愁，亦如此诗之小院月明，无端惆怅，非必有离情暗恨也。

卫玠（286—312）初欲渡江，据说，形神惨悴，语左右云："见此茫茫，不觉百端交集。苟未免有情，亦复谁能遣此。"张叔夏（1248—1320？）景炎三年（1278）过西湖庆乐园，谱《高阳台》，词云："故园已是愁如许，抚残碑、却又伤今。更关情。秋水人家，斜照西泠。"皆是此意。

古意，即情钟怀土，道感逝川；南去符郎，只见江流；北来萧综，唯闻落叶；"人生自是有情痴，此恨不关风与月"，百端交集发为无端惆怅之情，邈若坠雨，飘似秋嵚也；废墟则是维系这情意的历史磐石，它把无数怀古之作连贯成一部特殊的历史，每回看，每壮观惊怀人类的奇迹，樵牧哀歌之地，夕阳欲下之时，却给生命增加了厚度和深意；往昔有比今日或明日更重大者，缘由在此。废墟即历史，它能拯救人精神的废墟。

Le jardin du dépouillement
Qui ose dire qu'il n'est beau?
［园林荒芜，但谁人能说此墟不美？］

安徽宣州北城外二里，有谢亭，传为谢朓（466—499）送别友人范云（451—503）赴湖南零陵内史之任的地方。南朝梁元帝《玄览赋》："经谢亭而帐饮，想彦伯之高风。"唐李洞《送张乔下第归宣州》："无成来往过，折尽谢亭松。"李白《秋登宣城谢朓北楼》："谁念北楼上，临风怀谢公。"又咏《谢公亭》曰：

谢亭离别处，风景每生愁。
客散青天月，山空碧水流。
池花春映日，窗竹夜鸣秋。
今古一相接，长歌怀旧游。

作者独立昔日帐饮之地，寂寥可语者，唯周围的红花与绿竹，风日代谢，年年依旧，虽江山摇落，谢亭却把过去和现在用无形的线紧紧相连，风雅不磨，付之千秋，教人累笺不尽。

谢朓《咏竹辞》："前窗一丛竹，青翠独言奇。"范云《古意诗》："竹花何莫莫，桐叶何离离。"他们分袂的石亭玉阶早为废墟，唯竹下之歌，千年百里，尚还可期。

六

公元353年暮春之初，天朗气清，惠风和畅。王羲之以修禊事举行了中国历史上最负盛名的文人雅集：兰亭之会。兰亭在会稽山阴，其地崇山峻岭，茂林修竹，又清流激湍，映带左右。王献之（344—386）赞叹那里的景色："从山阴道上行，山川自相映发，使人应接不暇。若秋冬之际，尤难为怀。"与会者凡四十一人，他们列坐曲水之旁，一觞一咏，各叙幽情，有二十六人赋诗，十五人无诗罚酒。王羲之编集序曰：

明文徵明《兰亭修禊图卷》（局部），金笺设色，24.2cm×60.1cm，1542年，北京故宫博物院藏

每览昔人兴感之由，若合一契，未尝不临文嗟悼，不能喻之于怀。固知一死生为虚诞，齐彭殇为妄作。后之视今，亦犹今之视昔，悲夫！故列序时人，录其所述。虽世殊事异，所以兴怀，其致一也。后之览者，亦将有感于斯文。

王羲之所列序者，都是魏晋风流中的名彦。其中，最有名的是谢安，他少有重名，放情山水，初无处世意，累辟不就，年四十余始出仕。曾为吴兴太守，在官无当时誉，去后则为人思。他在寒雪日与晚辈讲论文义，引出谢道韫咏柳絮风起之句的故事，是文学史上有名的佳话。一次，他与殷浩诸人共集，问道："眼往属万形，万形来入眼不？"发义尤其精妙，是魏晋清谈中最深邃的论题。

另一位许询，字玄度，高阳人，好黄老，尚虚谈，善属文，作玄言诗与孙绰齐名。尝诣简文帝，"尔夜，风恬月朗，乃共作曲室中语。襟怀之咏，偏是许玄度之所长，辞寄清婉，有逾平日"。简文帝虽一向和他情趣相投，此次相遇尤相咨嗟，不觉造膝，执手共语，达于将旦。事后简文帝说："玄度才情，确实不易多得啊。"

第三位孙绰（314—371），字兴公，游放丘壑，作《天台山赋》，自谓掷地有金石声。名公之碑，必请绰为文，品藻人物，尤为所重：司马昱问孙绰："刘真长何如？"曰："清蔚简令。""王仲祖何如？"曰："温润恬和。""桓温何如？"曰："高爽迈出。""谢仁祖何如？"曰："清易令达。""阮思旷何如？"曰："弘润通长。""袁羊何如？"曰："洮洮清便。""殷洪远何如？"曰："远有致思。""卿自谓何如？"曰："下官才能所经，悉不如诸贤；至于斟酌时宜，笼罩当世，亦多所不及。然以不才，时复托怀玄胜，远咏老庄，萧条高寄，不与时务经怀，自谓此心无所与让也。"

还有支道林（314—366），不但能诗，善草隶，谈玄理更绝人；《庄子·逍遥篇》，旧是难处，诸名贤所可钻味，而不能拔理于郭象、向秀之围。支道林在白马寺，与冯太常语及《逍遥》，支卓然标新理于二家之表，立异义于众贤之外，皆是诸名贤寻味之所不得。又尝论南北人学问曰："圣贤固所忘言。自中人以还，北人看书，如显处视月；南人学问，如牖中窥日。"他尤以般若学名家，著有《即色游玄论》。又判三乘滞义，炳然通贯。

《世说新语》记王羲之与这些名流聚谈俊语，所在多有，议论倜傥，久久咀嚼，犹有余甘：

王羲之作会稽，初至，支道林在焉。孙绰谓王曰："支道林拔新领异，胸怀所及，乃自佳，卿欲见不？"王本自有一往隽气，殊自轻之。后孙与支共载，往王许，王都领域，不与交言。须臾支退。后正值王当行，车已在门，支语王曰："君未可去，贫道与君小语。"因论庄子《逍遥游》。支作数千言，才藻新奇，花烂映发。王遂披襟解带，留连不能已。

支道林、许询诸人共在会稽王斋头，支为法师，许为都讲。支通一义，四坐莫不厌心；许送一难，众人莫不抃舞。但共嗟咏二家之美，不辩其理之所在。

支道林、许询、谢安诸人共集王家。谢顾谓诸人："今日可谓彦会。时既不可留，此集固亦难常，当共言咏，以写其怀。"许便问主人有《庄子》不，正得《渔父》一篇。谢看题，便各使四坐通。支道林先通，作七百许语，叙致精丽，才藻奇拔，众咸称善。于是四坐各言怀毕。谢问曰："卿等尽不？"皆曰："今日之言，少不自竭。"谢后粗难，因自叙其意，作万余语，才峰秀逸，既自难干，加意气拟托，萧然自得，四坐莫不厌心。支谓谢曰："君一往奔诣，故复自佳耳！"

这些语言美的大师共座清谈，与其说是论理，不如说是磨砺

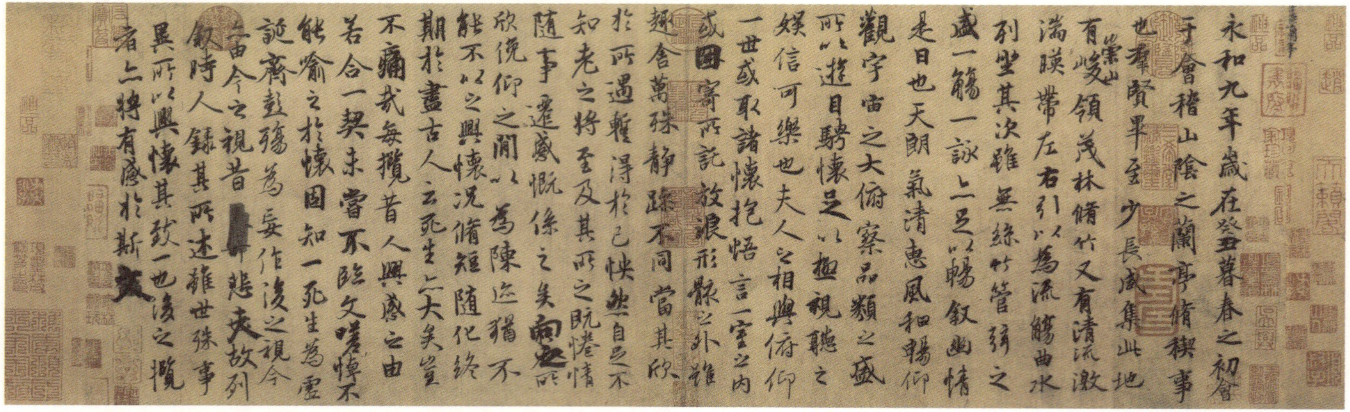

晋王羲之《兰亭序》，唐冯承素摹本，24.5cm×69.9cm，年代不详，北京故宫博物院藏

语言自身的辉光。兰亭之会，除了这几位名流，王羲之的儿子凝之（叔平）、徽之（子猷）、操之（子重）皆随父与集。其时，少长咸至，嘉宾既臻，相与游盘，他们借山水之美，畅然高情，赋起诗来：

三春启群品，寄畅在所因。
仰眺碧天际，俯瞰渌水滨。
寥朗无涯观，寓目理自陈。（王羲之）

庄浪濠津，巢步颍湄。
冥心玄寄，千载同归。（王凝之）

先师有冥藏，安用羁世罗。
未若保冲真，齐契箕山阿。（王徽之）

这些诗给山水超妙的玄义，佳兴趣高，览之增怀；山水也以“千岩竞秀，万壑争流，草木蒙笼其上，若云兴霞蔚”，待人赏看。王应麟（1223—1296）《困学纪闻》卷十三曰：“愚谓东晋玄虚之习，诗体一变，观兰亭所赋可见矣。”兰亭诗一出，诗风亦摇荡乍转，陶渊明田园诗，谢灵运山水诗的时代即将来临。

兰亭之会以修禊为名，那时大概早已虚无其实，仅成雅集。早此七八十年，一些名士至洛水修禊，时人谈起，即称“戏乐”。《世说新语》记载说：“乐令（彦甫）问王夷甫曰：“今日戏，乐乎？”王曰：“裴仆射善谈名理，混混有雅致；张茂先论《史》《汉》，靡靡可听；我与王安丰说延陵、子房，亦超超玄著。”

兰亭之后，宋文帝元嘉十一年（434）三月乐游园禊饮，南齐武帝永明九年（491）三月三日芳林园禊宴，也都是文献有征的园林游艺，是兰亭雅集的余绪，与后来著名的西园雅集、草堂雅集、红桥雅集、水绘园雅集连为一部历史。这种雅集自是友于花竹的雅集，因而也把隐遁变为风花雪月的悠然自适，以至孔稚珪（447—501）的隐逸竟是在家中设置园林，凭几可眺庭树寂寂，杂草不除而有蛙鸣之趣。江淹（444—505）也直言："五亩之宅，半顷之田，鸟赴檐上，水匝阶下，则请从此隐。"

千百年之下，兰亭雅集往矣，只成了人们怀古录中的想象，《兰亭序》法帖却化身千亿，永存不灭。贞观二十年左右，唐太宗亲为王羲之撰写论赞，他说："观其点曳之工，裁成之妙，烟霏露结，状若断而还连；凤翥龙蟠，势如斜而反直。玩之不觉为倦，览之莫识其端，心摹手追，此人而已。其余区区之类，何足论哉！"

1827 年 1 月，万里之外的歌德萌动了中国的思想之旅，开始阅读《花笺记》，5 月又看《玉娇梨》，数月之内，他心中的中国意象不断活跃，竟据《百美新咏》拟作"中国诗"四首。其后，文思更是奔涌，到了 8 月，中德文学因缘的最重要诗作《中德岁时诗》[*Chinesisch-Deutsche Jahres-und Tageszeiten*]灵现出新世界：春色明美，诗人们环坐溪边，一觞一咏，流连时光，把《兰亭序》的风雅也带进西方。

而兰亭之会也映衬了西来学术发挥影响的景致，那时，玄学和般若学相互碰撞，灵感的火花明灭在园林竹木间，萦为人心中挥之不去的意象，表达为抽象的思想。孙绰的发问："此子神情都不关山水，而能作文？"宣明了那一时代的怀抱。

在那玄对山水的风气中，王子猷每风景，必造竹林，集岩水之娱，终日不倦。他不仅居必种竹，他也成了修竹的代称。《历代名画记》卷六录有晚王子猷一代的顾景秀作品《王献之竹图》，这"献"字极可能为"徽"的讹误，若此合理的推测属实，王子猷就是最早修竹图的促成者，那类画卷大概还写有赞词，是传播楷模的最好方式。

到了唐代，在竹烟波月间寄托理想，在竹林深处搭建简陋的居室，已形成风气，韩愈的一首小诗写出那样风尚：“竹洞何年有，公所斫竹开。洞门无锁钥，俗客不曾来。”（《奉和虢州刘给事三堂二十一詠》）其后，苏东坡的同代人黄希旦（1033—1074）又扩展韩愈的主题。稍早一些，司马光（1019—1086）《种竹斋》把王子猷的清雅跟石崇的华贵做了对比：

吾爱王子猷，借宅亦种竹。
一日不可无，潇洒常在目。
雪霜徒自白，柯叶不改绿。
殊胜石季伦，珊瑚满金谷。

目存潇洒而冷视珊瑚，这也是苏东坡比较兰亭雅集和金谷聚会的态度：“金谷之会皆埃尘之友也。季伦之于逸少，如鸥鸢之于鸿鹄。”不止如此，他还更进一步，把“何可一日无此君”的情怀表达得更具体，更通晓，也更警切，《于潜僧绿筠轩》诗曰：

可使食无肉，不可居无竹。
无肉令人瘦，无竹令人俗。
人瘦尚可肥，士俗不可医。

这样个人化的趣味，不是宗教信仰，只是一己对待花竹的感触，可是，心怀风雅的人初次听到这些诗句，谁不会有完全新鲜的发现？无须丝毫推行，就微妙地影响了他的生活。卫宗武（?—1289）曾多次演义东坡的诗意，“惟应对此君，细把坡诗读”。华幼武（1307—1375）给周庄友人的诗说：“可能一日暂相忘，坐对此君看不足。

君不见，白乐天，重言养竹比养贤。又不见，东坡诗，无竹士俗不可医。君今有竹善培养，会看直拂青云上。”刘克庄（1187—1269）借居友人寓所，诸事未备首先种竹，《移竹》诗云：“借居未定先栽竹，为爱疏声与薄阴。”直到清代，这种襟度也丝毫未减，北京故宫博物院藏有《玉壶外史医俗图》，画改琦（1774—1829）立于坡上，对竹而吟，旁有凌霞行书题记：“玉壶有词客，毋乃神仙俦。不必身后隐，常觉心天游。日与俗缘避，轩冕同缀疣。居常喜种竹，不减王子猷。谓竹可医俗，此语闻前修。”这样，苏东坡实际上为生活的雅俗提出一条划界的标准，爱竹与否成了判断的尺度。这个标准开启了一个崭新的竹子世界，文人雅士就此建起精神之家。

七

文同（1018—1079）是竹林家园的早期建立者。文同字与可，号笑笑先生，世称石室先生，梓州永泰人，仁宗皇祐元年进士，以文学名，画笔尤健。历知陵、洋、湖州，游宦数十年，不为党争，不为利益，始终自奉简素，立身淡泊。在居官的任上，为老百姓做过不少好事，令人由衷的崇敬和亲近。司马光说他：“与可襟韵游处之状，高远潇洒如晴云秋月，尘埃所不能到。某所以心服者，非特词翰之美而已。”这一代名相的赞词，很像文与可对自己竹轩和竹阁的颂扬：

开轩俯清溪，正在修篁内。
霜筠抱冰节，爽气常四会。
主人无俗客，日与此君对。
日上寒影来，满襟摇琐碎。

回庑抱层阁，萧然深且虚。
画栏凭曲曲，高竹爱疏疏。
尘滓外不到，衣襟清有余。
每来聊自适，幽意满琴书。

文与可平生为文五十卷，散落不存虽多，但吟咏竹林之家者仍数见，可他的大半生涯却在宦途奔波。当他每为形势所迫，归隐之心不能践行时，意存心想的故园竹便僾然出现：

故园修竹绕东溪，占水侵沙一万枝。
我走宦途休未得，此君应是怪归迟。

文与可把竹子视为知己，其实他也是以竹抒写自己。在一枝为垂岩所轧的纡竹上，他寄寓了自己的心魂：屈己自保，生意愈艰；蟠空缭隙，拳局以进；不能奋迅条达，以尽其性；然而它心异众草，节逾凡木，决不松懈精神的强韧："观其抱节也，刚洁而隆高；其布叶也，瘦瘠而修长。是所谓战风日，傲冰雪，凌突四时，磨轹万草之奇植也。"

文与可多次调任，辗转颠簸，一旦安身，就广栽竹木。他住过的地方皆以竹子命名，或称墨君堂，或称金影轩，或称霜筠亭，或称此君庵，所谓墨君、霜筠、此君、金影，都是竹的别名，或者径直称为竹坞——像他这样如此频繁以竹颜居的诗人还绝无仅有。《墨君堂》一诗自述道：

嗜竹种复画，浑如王掾居。
高堂倚空岩，素壁交扶疏。
山影覆秋静，月色澄夜虚。

萧爽只自适，谁能爱吾庐？

首联向王子猷也就是向竹子致意。结句的发问标志着竹林之屋向一种新生活发展的开始。

苏东坡是文与可的表弟，两人情高谊雅，相互间有不少酬和的诗文，《容斋随笔》说：“今人但能知文与可之竹石，唯东坡公称其诗骚，又表出‘美人却扇坐，羞落庭下花’之句。”可见东坡对与可理解的深刻和全面。就是与可画的竹石，我们也多半是通过东坡的诗文，才有了更贴切的认识。

钱锺书先生在半个世纪前尝奉命选注宋诗，轮到文与可，他独举其成就为诗画联手，其《宋诗选注》说：

文同是位大画家，他在诗里描摹天然风景，常跟绘画联结起来，为中国的写景文学添了一种手法。泛泛地说风景像图画，例如：“峰次青松，岩悬赪石，于中历落有翠柏生焉，丹青绮分，望若图绣矣”（《水经注》卷四清水），这是很早就有的。具体的把当前风物比拟为某种画法或某某大画家的名作，例如：“律以皴法，类黄鹤山樵”（林纾《畏庐续稿·登太山记》），或者：“只见对面千佛山上梵宫僧寮与那苍松翠柏高下相间，红的火红，白的雪白，青的靛青，绿的碧绿，更有那一株半株的丹枫夹在里面，仿佛似宋人赵千里的一幅《瑶池图》”（刘鹗《老残游记》第七章），这可以说从文同正式起头。例如他的《晚雪湖上寄景孺》：“独坐水轩人不到，满林如挂《暝禽图》”；《长举》：“峰峦李成似，涧谷范宽能”；《长举驿楼》：“君如要识营邱画，请看东头第五重。”在他以前，像韩偓的《山驿》：“叠石小松张水部，暗山寒雨李将军”，还有林逋的《乘公桥作》：“忆得江南曾看着，巨然名画在屏风”，不过偶然一见；在他以后，这就成为中国写景诗文里的惯技，西洋要到十八世纪才有类似的例子。文同这种手法，跟当时画家向杜甫、王维等人的诗句里去找绘画题材和布局的试探，都表示诗和画这两门艺术在北宋前期更密切地结合起来了。

以墨竹为墨君，也是文与可的首创，这给诗文又添一新词，后来，陆游“欹枕还应对墨君”，刘因“人间只有墨君堂，何曾梦到琼华宫”，都是其例。文与可的住舍名墨君堂已见前述，苏东坡说：“王子猷谓竹君，天下从而君之，无异辞。今与可又能以墨像竹之形容，作堂以居君，信厚矣。”东坡还专为墨君堂作记，特论与可对竹子的深厚感情，语句凝练，却缥然有凌云意：

与可之为人也，端静而文，明哲而忠，士之修洁博习，朝夕磨治洗濯，以求交于与可者，非一人也。而独厚君如此。

那些修身洁己的人，日夜刻苦学习，锻炼自己，以便能跟与可交往，与可就是这样有魅力的人。然而他却不求显达于人，既不充诎于富贵崔嵬，也不陨获于贫贱蹭蹬，纵蒲轮之征，亦不改悬车之素，皭然淡于名利，决不沽名钓誉。他“独厚君如此”，君就是竹子。竹子的品格，发于天然，出乎本性，无须任何思想意志和外力的推动，这就是与可心里只有竹子的原因：

与可独能得君之深，而知君之所以贤。雍容谈笑，挥洒奋迅而尽君之德，稚壮枯老之容，披折偃仰之势；风雪凌厉，以观其操；崖石荦确，以致其节。得志，遂茂而不骄；不得志，瘁瘦而不辱。群居不倚，独立不惧。与可之于君，可谓得其情而尽其性矣。

竹子茂而不骄，瘁而不辱，投荒濒危亦自适其适，其情其性，风概如此。与可有这样的好友为伴，在世间沉浮无常的荣辱中颠沛，不论为官，还是赋闲，风雅之心都不会失去依托，即使居庙堂之高，其简远绝俗之致亦可概见。东坡对与可发出了由衷的赞美和羡慕，这种赞美在评他画竹的艺术中达到巅峰。翻开中国画竹的历史，还没有一个人像与可那样获得如此至高的殊荣，尽管他的作品传世极少，后世的画竹名家却都梦想成为他的学生。

八

东坡先生咏竹之歌的精彩篇章，大都为与可而作，他自己是否每移居每种竹，以资静对吟唱，无暇详考，只记得他在《记先夫人不残鸟雀》的短文中说过："吾昔少年时，所居书室前有竹柏杂花，丛生满庭，众鸟巢其上。"那景象深深印在东坡心里，以至五十八岁还从梦中觅得这样美丽的句子：

坐于南轩，对修竹数百，野鸟数千。

在一首咏御史台竹的五言古诗，他歌颂竹子迎风低昂、中音中节的韵律与竹干可折不可辱的意志，在写出风平云散现出"一一青琅玕"的景象后，他又想到童年生活过的南轩：

今日南风来，吹乱庭前竹。
低昂中音会，甲刃纷相触。
萧然风雪意，可折不可辱。
风霁竹已回，猗猗散青玉。
故山今何有，秋雨荒篱菊。
此君知健否，归扫南轩绿。

这是古代咏竹的名篇，清初诗人查初白（1650—1727/28）说它骨节清刚，琅然可诵。东坡以竹代言，以辞抒意，可以看作东坡身世的象征和表白。经过几番风吹雨打后，南轩始终挂念于怀，那是他和弟弟苏辙（1039—1112）童年时代通过读书开阔心胸的地方。当初的情景，父亲苏老泉（1009—1066）极爱怜极高兴而忍不住写道："竹萌抱静节，乳鷇含淳音。"东坡也回忆读书的乐趣说：

幼时父兄驱率读书，初甚苦之。渐知好学，则自知趣向。既久，则中心乐之。既有乐好之意，则自进不已。古人所谓知之者不如好之者，好之者不如乐之者。（李廌《济南先生师友谈记》）

《宋史》卷三三八本传，开章就有两段东坡早年学习的故事。一段说他十岁的时候，父亲在外游学，母亲程氏教他读书。一次读到《后汉书》范滂（137—169）传，母亲不禁慨然。因为范滂少励清节，立志要做一番事业，他受命担任清诏使，登车揽辔，慨然有澄清天下之志。党锢之祸逼近，他不逃避，不委曲求全，不逢迎苟合，为了理想，宁可付出生命。在就刑前他跟母亲说，您要忍受痛苦，我对不起您。母亲说，一个人既要美好的节义品德，又要富贵长命，能兼得吗？我愿意你去实现你的理想。其时，东坡正想以范滂为榜样，听到母亲的叹息问道："轼若为滂，母许之否乎？"母亲答曰："汝能为滂，吾顾不能为滂母邪？"这样深慈悲严的声音，教导东坡一生都坚守住自己的理想。后来又读释氏书，深悟实相，参之孔老，更博辩无碍。在他的文集，我们读到一段语录，可视为他的座右之铭：

三千大千世界，犹如空花乱起乱灭，而况我在此空花起灭之中寄此须臾，贵贱、寿夭、贤愚、得丧，所计几何，惟有勤修善果以升辅神明，照遣虚妄以识知本性，差为着身要事也。

五百年后，利玛窦[Matto Ricci]（1552—1610）以易佛补儒之志，与中国人谈生死之道，畅论死前、死际、死后之三艰，编为《畸人十篇》，其卷上有云："天主借我此世，似侨寓，非以长居，则以天下为寓，不以为家；吾常生别有乐地，为我常家焉……凡有终之生，咸为须臾。持此须臾端倪，为吾身后全吉大凶之所关系，故不可不慎焉。"似乎就是针对东坡的这段语录而发。可以说，他们分别找到了应去之地和必在之理。但若论悬识賸旨，然后节文自会，如胶之粘木，石之合玉，利氏犹冗冗，不若东坡数言而通明。

东坡能在王安石新党执权时不苟从，司马光旧党当政时也不盲纵；虽屡受贬黜，却始终超脱于"奸小之境"的漩涡之上，这正赖于他兼把儒家的气节和释家的空寂并为立身要事。他记录过一段遭遇，可看作他处事的常规。他说，一次在江上乘舟行驶，快到曲江县，船在滩上遇险。十几个船工用力撑船，四周狂涛一片，一些人吓得变了脸。他正在写字，便放下笔，站起身，看看自己对船工也没什么帮助，于是又坐下来继续挥毫。

他经历的事太多，做人的格调又如此之高，真是"尚有此身，付与造物者，听其运转，流行坎止，无不可者"(《答程天侔书》)，从不会为个人的得失而改变心境。现代学者赞扬他既有儒家风范，又有释家简化生命的信念，这种融合十分罕见，只有极少数人两者兼备。连皇帝也佩服苏东坡人格的伟大，颁谥"文忠公"头衔的圣旨称他：

不可夺者峣然之节，莫之致者自然之名。

峣然之节和自然之名，这也是苏东坡对竹子的颂歌，囊括了他全部咏竹诗歌的主题，诞生了他特有的风雅：像竹溪云烟，从自然中流出，文理天成，姿态奇生。即使在谪居黄州期间，无论生活多么艰难，也压不垮他的严净的气节。他曾得一废圃于东坡之胁，筑而垣之，以作居室。当时正值大雪，即命名雪堂，还乘兴在四壁画满大雪纷落的景象：

起居偃仰，环顾睥睨，无非雪者，苏子居之，真得其所居者也。

东坡以环顾四周无非雪者为栖身之家，坐在大雪掩映的寒室中，对着熊熊盆火，涌动着身游尘外的想象力。其天怀之淡定，风趣之静峭，友人李昭玘以题雪堂诗为之写照：

山翁口掉肩拥褐，斫竹擎茅劳架结。
堂成不用巧丹涅，却画东坡四山雪。
群石崭崭争皎洁，门外堂间两清冽。
万境一心同莹彻，石床云生湿肌发。

白雪如剪剪幽花，倾耳无声，在目皓皓，这教他多次想到渊明（365—427）。渊明即陶潜，一位晋宋风流中辞彩精拔、莫之与京的诗人，他不以躬耕为耻，不以无财为病，赋《归去来词》明志，放逸之雅，棲托之高，自然英旨，是东坡最仰慕的理想友人：

余既治东坡，筑雪堂于上，人俱笑其陋。独鄱阳董毅夫过而悦之，有卜邻之意。乃取《归去来词》，稍加隐括，使就声律，以遗毅夫，使家僮歌之，时相从于东坡，释耒而和之，扣牛角而为之节，不亦乐乎？

他过着“竹杖芒鞋轻胜马，一蓑烟雨任平生”的渊明式的生活，任的职也是不理事的小官，虽然如此，他还是不忘仕宦在社会上的优势，居官深觉自愧，闵闵有恤人之心。他极力呼吁武昌太守朱寿昌去禁止弃婴，用尽了心力，《上鄂州太守朱康叔书》尾段云：“轼向在密州遇饥年，民多弃子。因盘量劝诱米，得出剩百石别储之，专以收养弃儿，月给六斗。比期年，养者与儿，皆有父母之爱，遂不失守。”接着又说，若一年能救一百个婴儿，该是心头第一大喜事。

《燕子龛随笔》有一则说：昔陶渊明遣一仆与其子，兼作书曰：“此亦人子，须善遇之。”所谓“不独亲其亲，不独子其子也”（《礼记·礼运篇》）。记朱九江（1807—1882）先生绝句云：“新茶煮就手亲擎，小婢酣眠未忍惊；记否去年扶病夜，泪痕和药可怜生？”这些都是最美的人性文字。东坡救婴，渊明诫子，皆发自无边的大爱，然而渊明临终留给孩子的遗言却是：“吾少而穷苦，每以家弊东西游走。性刚才拙，与物多忤，自量为己，必贻俗患，黾勉辞世，使汝等幼而饥寒。”平平语，自有艰苦，又语语兀傲，拔俗千寻，读之凄楚。

东坡在黄州的几年，也是耽心读书、写作的重要时期，这位真正的学者，对什么都想了解：

> 上自天上，下至人间，
> 一面研究学问，一面研究自然。
> [Und möchte gern, was auf der Erden
> Und in dem Himmel ist, erfassen,
> Die Wissenschaft und die Natur.]
> (*Faust*, Studierzimmer)

《上文潞公书》与朋友谈著述，悲凉中写出生命的本意：

到黄州，无所用心，辄复覃思于《易》、《论语》，端居深念，若有所得，遂因先子之学，作《易传》九卷。又自以意作《论语说》五卷。穷苦多难，寿命不可期。恐此书一旦复沦没不传，意欲写数本留人间。念新以文字得罪，人必以为凶衰不祥之书，莫肯收藏。又自非一代伟人不足托以必传者，莫若献之明公。而《易传》文多，未有力装写，独致《论语说》五卷。公退闲暇，一为读之，就使无取，亦足见其穷不忘道，老而能学也。

在到黄州前，东坡著作在查收中已十亡七八，其时，于无可奈何中，又把心血之作托之友人，然而终归渺冥，佚失天涯。

给文彦博（1006—1097）写信寄书，东坡已做好“必老于此”的准备，因而一有空闲，即寻竹赏竹。元丰七年（1084）二月一日，他简明记道：“东坡居士与徐得之、参寥子步自雪堂，并柯池，入乾明寺，观竹林。”其前写给古氏的字，欣然描画了他的娱老打算：

古氏南坡修竹数千竿，大者皆七寸围，盛夏不见日，蝉鸣鸟呼，有山谷气象。竹林之西，又有隙地数亩，种桃李杂花。今年秋冬，当作三间一灶头，取雪堂规模，东荫修竹，西眺江山。若果成此，遂为一郡之嘉观也。（《书赠古氏》）

东坡身处困顿，对生活仍有如此的热爱，胸怀真像秋水长天，不杂鄙委牵拘的琐见。《寿星院寒碧轩》诗，是在黄州思念竹轩而作，实写于凄寂之途，但眼前的无情碧树皆迁想为心中之竹：“清风肃肃摇窗扉，窗前修竹一尺围。纷纷苍雪洒夏簟，冉冉绿雾沾人衣。”在《答言上人》的信中，他甚至说，就是雪堂，也是出诸梦想；虽云梦想，却足与渊明的桃花梦境比况：

雪堂清境，发于梦想，此间但有荒山大江，修竹古木；每饮村酒醉后，曳杖放脚，不知远近，亦旷然天真，与武陵旧游，未易议优劣也。

武陵旧游即桃花源之游。陶渊明以爱菊著称于世，没有给我们留下以竹明志的实录。他的桃花源里，虽然有桑有竹，大概也只是泛写农家气象，然而，有时不经意的几笔，却很可能是他安身所在的留影：

斯晨斯夕，言息其庐。花药分列，林竹翳如。
清琴横床，浊酒半壶。黄唐莫逮，慨独在余。

难怪后人从他的诗中，不断读出咏竹的意象，像清代画竹名家魏容，就多次集录陶诗，为墨竹题咏：

寒气冒山泽，落叶掩长陌。
怀此贞秀姿，清飚矫云翮。

凄凄岁暮风，柯叶自摧折。
此荫独不衰，卓为霜下杰。

高柯濯条干，中夏贮清阴。
凉风起将夕，神鸾调玉音。

陶渊明生活在晋宋之间，北方五胡乱华，南方战乱不断，作为动乱史实的目击者，他悲慨交心。住的虽然是破房子，还要常常为饥寒担忧，但只要能在自然中与花木药草、茂密的竹林为友，也就足够了。他自己生活不幸，然而却没有以一己之哀去褫夺人们生活中的喜悦；他留给我们的诗文不仅仅有严肃哀伤的内容，更重要的，还有永不绝望的欢乐与活力。在一段自述里，他表达了后世文人所歆羡的境界：

少来好书，偶爱闲静，开卷有得，便欣然忘食。见树木交阴，时鸟变声，亦复欢尔有喜。尝言五六月北窗下卧，遇凉风暂至，自谓是羲皇上人。意浅识陋，日月遂往，缅求在昔，渺然如何。

这是一段以其超世而不离世、绝俗而不绝情的浅近直白令人深深震撼的名言，陶渊明不为外界的纷扰左右，在喜见禾苗垂露的躬耕中，在与自然交往的平凡生活中，他获得了心灵的幸福，他是把自然当作人类心灵需要的第一位诗人，在自然中见到了别人在天堂也见不到的美。

在黄州，苏东坡也完全过着躬耕的生活，他写道：某现在东坡种稻，劳苦之中亦自其乐；有屋五间，果菜十数畦，桑百余本；身耕妻蚕，聊以卒岁。他觉得自己的举意动作已逼似渊明。实际上，他也的确是渊明的真正的知音，他曾多次书写渊明的诗歌，在《书渊明乞食诗后》的跋文，他对渊明的固穷表示由衷的同情：

渊明得一食，至欲以冥谢主人，此大类丐者口颊也。哀哉！哀哉！非独余哀之，举世莫不哀之也。饥寒常在身前，声名常在身后，二者不相待，此士之所以穷也。

对于渊明的出仕和归隐，他都毫不保留地予以赞美：

渊明初亦仕，弦歌本诚言。
不乐乃竟归，视世羞独贤。

他说渊明：欲仕则仕，不以求之为嫌；欲隐则隐，不以隐之为高，古今贤之，贵其真也。陶渊明曾经做过八十多天的彭泽县令，可因为无法穿官袍、整官带，无法对税政司派来的小官磕头而辞官归农。洪景庐（1123—1202）称他：

高简闲静，为晋宋第一辈人。语其饥则箪瓢屡空，瓶无储粟。其寒则短褐穿结，絺绤冬陈。其居则环堵萧然，风日不蔽。穷困之状，可谓至矣。

渊明在彭泽，悉令公田种秫，曰："吾常得醉于酒足矣。"妻子固请种秔，乃使二顷五十亩种秫，五十亩种秔。其自叙亦云："公田之利，足以为酒，故便求之。"犹望一稔而逝，然仲秋至冬，在官八十余日，即自免去职。所谓秫秔，盖未尝得颗粒到口也，悲夫！

秔是不黏的稻，也叫粳；秫乃黏的谷，可以酿酒。渊明做官，本是为了赚点儿钱谋生度日，最好还能有点儿酒喝，因此，辞官也没有标榜自己如何清高，只是说：

质性自然，非矫励所得；饥冻虽切，违己交病。

这种任真自得的品格，既非隐逸也非忠义的称号可以名之、可以牢笼。我们看他的诗，简直到了自然、自得、自成的无笔、无墨的境界。他平静写来，不弄奇特，然而艳如花上晶露。炼净炼到了如此的程度，仿佛随口说出的话就是诗，就是韵律透彻的天籁，不像李白那样用了激情，也不像杜甫那样用了苦心，倒应了西方一位大诗人的理想：Sponte sua carmen numeros veniebat ad aptos, Et quod temptabam dicere versus erat (Ovid, *Tristia*)［吟唱自行按照适当的节律款款流出，记述下来就是诗］(《哀怨集》)。他对于日常的景象，对于好风、微雨、飞鸟、新苗，对于农夫、稚子、亲旧、近邻流露出来的亲切平和的爱意，糅合着仁者哀世的深悲和智者欢愉的谲语，是那么亲近感人；他用“固穷”的意志作为任真本性的支柱，在大伪的人世中写出的不朽篇章，又那么简净真淳，真是把人性的弱点和凉薄都读成了华严经卷；连苏东坡那样的天才，读他的诗也不能不深深入迷。

苏东坡在艰难孤独中，总是与心灵中的渊明唱和问答，他甚至在《江城子》说：他的前身就是渊明。他前后撰写的一百多首《和陶诗》成了我们了解他心路历程的宝贵文献。《池北偶谈》记杜茶村少时咏东坡云：“堂堂复堂堂，子瞻出峨眉；早读范滂传，晚和渊明诗。”合肥龚芝麓（1615—1673）酒间常击节诵之，以为二十字说尽东坡一生，真不可及。

有时东坡落笔写竹，也自然会想到渊明，早在三十多岁的一首咏竹诗，即以李白“何处闻秋风，翛翛北窗竹”的诗意煞尾：“只应陶靖节，会听北窗凉。”典故就是渊明夏月虚闲、北窗高卧、清风飒至的名句。在《和陶诗》中，不但直述“买田带修竹，筑室依清流”，而且干脆以竹比喻渊明：“渊明独清真，谈笑得此生。身如受风竹，掩冉众叶惊。”心中眷恋着竹子，因而就像渊明把自己的雅意倾注在篱边野菊上和它们谈心一样，他也在竹林中深思自己的个性，研究如何获得心灵的平静，《黄州安国寺记》写道：

得城南精舍，曰安国寺，有茂林修竹，陂池亭榭。间一二日辄往焚香默坐。深自省察，则物我相忘，身心皆空。求罪始所生而不可得。一念清净，染污自落。表里翛然，无所附丽。私窃乐之。旦往而暮还者，五年于此矣。

他是元丰三年（1080）离开京师到达谪居地黄州的，当时黄州只是汉口下游的河边小镇，地处偏远。在那里，他找到了安国寺的茂林修竹，静坐其中，深自内省，想找出遭谪罪行的来由，洵不可得，终于在自责无由中幡然彻悟："静爱竹时来野寺，独寻春偶过溪桥。"心灵已无适无莫，如琉璃般的莹净。当他离开黄州时，近五年的光阴一闪而逝，留给民间的只是他和竹子的轶事：

东坡自黄移汝，别子由于高安，过瑞昌亭子山，题字崖石，点墨竹叶上。至今环山之竹，叶叶有墨点。景定中王景琰主瑞昌簿，移植厅事，扁其堂曰："景苏。"盖簿厅东坡夜宿处也。(《吴礼部诗话》)

南宋诗僧道灿《题景苏堂竹》亦细细记述这段掌故：

一叶复一叶，世道几翻覆。
一点复一点，书脉要接续。
亲见长公来，一节不肯曲。
见竹如见公，北麓能不俗。
回首熙丰间，几人愧此竹？
翰墨直枝叶，点化到草木。
长公有深意，此事付北麓。

九

1101年，宋徽宗登基，东坡先生去世，苏辙在墓志铭述其著作曰："有《东坡集》四十卷、《后集》二十卷、《奏议》十五卷、《内制》十卷、《外制》三卷。公诗本似李杜，晚喜陶渊明，追和之者几遍，凡四卷。"共九十二卷，即东坡六集本，而我们今天看到的东坡七集足本，如明成化四年程宗刊本，卷数已达一百一十卷之多，每次翻检，都不能不对他的渊浩留下深刻的印象，他有一句话，直到现在仍然值得人文学科的专家们思索：

物一理也，通其意则无适而不行。分科而医，医之衰也。占色而画，画之陋也。

东坡涉猎之广，仅仅撰写的题跋就足以涵盖风雅，它延及书画、碑帖、纸墨、笔砚、琴棋等诸多门类，不只写出书画上的惊人识见，就连论琴的小语也闪闪生辉，如云中绿绮，时响至音。

在中国文明，琴往往与剑并举，是古人的随身之物，象征文武的两个极致。东坡似未曾说剑，倘论之，想必以庄子三剑与列子三剑举为最胜，因其一关国事，一关私恨，最得剑器的精芒。《说剑篇》云：

庄子曰："臣有三剑，唯王所用。请先言而后试。"

王曰："愿闻三剑。"

曰："有天子剑，有诸侯剑，有庶人剑。"

王曰："天子之剑何如？"

曰："天子之剑以燕谿石城为锋，齐岱为锷，晋魏为脊，周宋为镡，韩魏为夹，包以四夷，裹以四时，绕以渤海，带以常山，制以五行，论以刑德，开以阴阳，持以春夏，行以秋冬。此剑直之无前，举之无上，案之无下，运之无旁，上决浮云，下绝地纪。此剑一用，匡诸侯，天下服矣。此天子之剑也。"

文王茫然自失，曰："诸侯之剑何如？"

曰："诸侯之剑以知勇士为锋，以清廉士为锷，以贤良士为脊，以忠圣士为镡，以豪杰士为夹。此剑直之亦无前，举之亦无上，案之亦无下，运之亦无旁。上法圆天，以顺三光；下法方地，以顺四时；中和民意，以安四乡。此剑一用，如雷霆之震也，四封之内，无不宾服而听从君命者矣。此诸侯之剑也。"

王曰："庶人之剑何如？"

曰："庶人之剑，蓬头突鬓垂冠，曼胡之缨，短后之衣，瞋目而语难，相击于前，上斩颈领，下决肝肺。此庶人之剑，无异于斗鸡，一旦命已绝矣，无所用于国事。今大王有天子之位而好庶人之剑，臣窃为大王薄之。"

王乃牵而上殿，宰人上食，王三环之。

庄子曰："大王安坐定气，剑事已毕奏矣！"

于是文王不出宫三月，剑士皆服毙其处也。

列子三剑，见于《汤问篇》，它夹在一连串动人的故事中间，讲黑卵杀来丹之父，来丹欲报仇，因向孔周请剑：

孔周曰："吾有三剑，唯子所择；皆不能杀人，且先言其状。一曰含光，视之不可见，运之不知有；其所触也，泯然无际，经物而物不觉。二曰承影，将旦昧爽之交，日夕昏明之际，北面而察之，淡淡焉若有物存，莫识其状；其所触也，窃窃然有声，经物而物不疾也。三曰宵练，方昼则见影而不见光，方夜见光而不见形；其触物也，騞然而过，随过随合，觉疾而不血刃焉。

来丹剑到手，谋报父仇，趁黑卵之醉，自颈至腰三斩之，黑卵不觉，来丹知剑不能杀人，叹而归。

庄子三剑，其义甚明，列子三剑，卢重玄解之曰：“夫道至之人，无伤于万物，万物之害亦所不能伤焉；故毒虫不螫，猛兽不攫；故物之至精者亦无伤。老子曰‘其神不伤人’，是以圣人贵夫知者何？以其不伤于万物者也。”又曰：“器珍者则害物深。至道至精，无所伤物。”此剑之神髓，亦是琴道的精华。

据说，早在远古时代，舜便弹五弦之琴，歌《南风》之诗，使天下大治。迨及周朝之制，琴加二弦，成为七弦。五代后蜀广政四年（941），孟昶颁布的令箴再次把政事与琴道相连，令箴说：政存三异，道在七丝。后句即言舜弹琴之事。政存三异，典出《后汉书》卷二十五鲁恭传，传曰：鲁恭（32—112）为中牟令，以德化为理，不任刑罚，建初七年（82年），螟虫伤害庄稼，群聚成灾，但却不入中牟之界。河南尹袁安闻之，疑其不实，派肥亲去调查。鲁恭陪同肥亲，随行阡陌，俱坐桑下，适有雉鸟飞过，停在旁边，肥亲问童子：“儿何不捕之？”儿言“雉正要养小鸟”。肥亲瞿然而起，与鲁恭告别说：“所以来者，欲察君之政迹耳。今虫不犯境，此一异也；化及鸟兽，此二异也；竖子有仁心，此三异也。久留，徒扰贤者耳。”

孟昶令箴又说：“尔俸尔禄，民膏民脂；下民易虐，上天难欺。”这成了宋太宗颁发《御制戒石铭》的主句。那种戒石铭竖立在地方官署，元明清三朝一直沿用，官每升堂，面对此石，为政立身，鉴之此箴。社会之弦的和谐全赖于不欺凌下民。

琴到后来，也与书并称，代表文人理想生活中的两种佳境。在那样的情景，我们甚至会惊讶，居然有两种小虫得到赞美，一是鞠通，一是脉望，第一种以琴为室，第二种以书为家。钮树玉（1760—1828）的联语“鞠通夜抱朱丝静，脉望朝含绿字香”，大概是古代咏虫的最美诗句。

而把琴棋书画凝为短语，宋代之前已见成例，唐人何延之《兰亭记》赞扬辨才和尚说："博学工文，琴棋书画皆得其妙。"后来的诗人更把它们与竹下生活紧紧联为一体，黄玠《赋竹居》写道：

好风从东来，吹我石上竹。取琴竹下弹，希声不成曲。桃李正无言，世人自相逐。繁华此何时，所贵君子独。

残棋久未收，竹凉成小坐。樵苏冷不爨，所设惟瓜蓏。风吹碧云动，时有苍雪堕。焉知人间世，赤日如焦火。

远过幽人居，支筇立良久。竹影落秋波，照面绿于酒。俗士不必来，屐齿苍苔厚。案头二王书，妙不数颜柳。

好画不厌看，奈此风凄冽。翠禽双飞来，翻枝落残雪。竹间见石友，岁晚共贞节。淡如君子交，冷面炙不热。

诗人于附题中特别注明，时序乃春夏秋冬，所为则琴棋书画。他为友人顾德玉万竹轩题诗，流为心声的也是这种光景清事：

日出尘未动，清坐傍疏帘。帘影带深竹，风漪摇四檐。花时甘澹退，寄怀在棋奁。举手属有念，食子乃久拈。

辟间棕毛拂，窗下漆几棐。一尘飞不来，竹色净于水。宾退日更长，清风亦时至。兰亭修禊辞，硬黄临茧纸。

白日何促促，秋灯动华屋。所思浩无端，开轩坐幽独。凉月出东楹，琴声隔深竹。欲问弹者谁，童子睡正熟。

江晚雪初集，翠竹声珊珊。晓起当南荣，飞舞万玉鸾。爱此不能去，岂知双袂寒。欲招丹渊子，写作图簇看。

琴棋书画，古人引为雅事，是静居清坐的良伴，只是围棋比较特殊，它需要两个人的合作对垒，白居易《池上》诗："山僧对棋坐，局上竹阴清；映竹无人见，时闻下子声。"东坡读了，不禁

“欣然喜之，自尔欲学”。

理学家邵雍（1011—1077）大概是围棋国手，他作《观棋大吟》，写“算余知造化，着外见几微”，洒洒然三百六十行，一千八百字，居然古代第一长诗。然而五百多年后，钱谦益（1582—1664）反复吟咏的六七十首观棋诗，却大都秋气迷离，残局残棋：

寂寞枯枰响泬漻，秦淮秋老咽寒潮。
白头灯影凉宵里，一局残棋见六朝。

霜落钟山物候悲，白门杨柳总无枝。
残棋正似乌栖候，一角斜飞好问谁？

但倘在静平之日，观高手对弈，柳下竹边，坚坐注目，赏其绝弦去斤、声前句后之妙，那就殊有启迪心智之益。不过若以兵法言之，则粗迹也。其悟入处，大约在一步苟不得，一刻懈不得，推之为学，当获益巨大。但棋谱的高妙，却在于松。所谓松，静气也。其气亦通画理，张大风（？—1662）对程幼洪讲画之理色，曰：“善棋者落落布子，声东击西，渐渐收拾，遂使段段皆赢。此弈家之善用松也。画亦莫妙于用松。疏疏布置，渐次层层点染，遂能潇洒深秀，使人即之有轻快之喜。”（《尺牍新钞》卷二）他的老友龚贤（1618—1689）也说：“棋谱云妙，莫妙于松。吾谓用松二字，画之秘诀也。笔松理密岂易几乎。”（《十百斋书画录》）都取益于围棋。

围棋据说起源甚早，战国史官撰《世本》，其《作篇》曰：“尧造围棋，丹朱善之。”东晋张华《博物志》也说：“尧造围棋，以教子丹朱。或云：舜以子商均愚，故作围棋教之。”

经过数千年的实践，围棋发展为手谈、坐隐的雅戏，宋人称为“忘忧清乐”，到了清初，景象已是热闹非凡，《梅谷偶笔》记曰：

康熙年间奕学之盛，亦从来未有。同时国工有黄月天、徐星友、周东侯、周西侯、何闇公、周懒予、汪汉年、程兰如、娄子恒、梁魏京、赵两峰、卞邠原、吴来仪、周元服、汪幼清、凌元焕、江天远、黄稼书、张吕陈、姚籲孺、盛大有、蒋再宾、过百龄、戴臣埜、许在中、吴孔祚、季心雪、李元兆、张继芳、谢友玉、释野雪诸人。中以黄君月天为冠，大约可让诸家一先，其奕则冲和淡泊，好整以暇，虽他人奇兵异阵，彼终应之恬如也。

徐星友尝撰《兼山堂奕谱》，评棋精当。其论奕谓：“用虚不如用实，用巧不如用拙；制于有形，不若制于无形；臻于有用之用，不若臻于无用之用。”斯言何其隽永。

周懒予性好稗官小说家言，常乘人握子布算时出以观之，即下，辄应应已。复观，当交征危迫之际，其人或汗流浃背，懒予则从容如故。局甫半，辄语人曰：若负几路矣。及竟，如其言。范高士路尝问曰：子于奕至矣乎？对曰：“今之奕者虽未见加我，然竟局复观，顾尚有所悔；至者当无是也。”范叹以为名言。吾人学问，事后复思其不如。懒予之悔者鲜矣。

汪汉年，歙人，朱太史尝作序赠之，称其小诗详雅中律。谓天下是非毁誉有一定而不可淆者，莫如奕，方其胜负决于前，某也一品，某也二品，三品，较然论定。既极其诣，则其人虽吾所恶，但可诟及其人，终不得诟其艺之未至。噫，古今成败得失，大抵如奕，其赞测臧否，安能尽如奕之一一有定评耶！

其所称颂者，如盛大有、过百龄之稍变旧习，汪幼清、姜子恒之进求工稳，黄月天有弈圣之称，徐星友乃大雅之作，余如周懒予之绵密，李元兆之野战，汪汉年之稳健，周东侯之偏锋，要皆各极其妙。洎至乾嘉年间，则有范西屏以神化擅声，施定庵以无敌标誉，他们同是海宁人，同享“棋圣”的称号，走出了令人难以追摄的神韵。黄仲弢和蒯礼卿编选的《海昌二妙集》卷首，辑录了他们的年谱。

范西屏生于康熙四十八年（1709），施定庵晚生一年，相差一岁，俩人刚二十岁出头，杭世骏《海域杂咏》就称他们“海内第一手”。西屏三十八岁后的数年间，曾在太仓教毕沅（1730—1797）下棋，沅时年十七岁，作《秋堂时弈歌》献给这位老师，小序说：

每对弈，州中善弈者环观如堵墙，君不思索，布局投子，初似草草不经意，及合围讨劫，出死入生之际，一着落盘中，瓦砾虫沙，尽变为风云雷雨，而全局遂获大胜，众口欢呼，神色悚异。

乾隆壬申（1752）后，西屏多在扬州苏州一带游历，留下不少故事，《淮海英灵集》记之曰：

范名世勋，海昌人，偶骑驴至扬州探亲，路过一棋局，人与对枰，连负两局。局中人责负钱，范曰：“我身边适无钱，但有一驴可抵。”众诺之，即牵驴去，初不知其为何许人也。越月余日，而范复至，连胜两局，众议价以钱。范曰：“不须钱，即还我旧驴可矣。”盖范前度适欲买舟他往，无地寄驴，故借棋局喂养，至是则加茁壮矣。于是众始知其为范西屏，相与爽然。

施定庵的踪迹与西屏类似，曾应邀在卢见曾（1690—1768）的使署对弈，当时国手黄及侣与程兰如受先，但定庵却能授黄

明钱榖《蕉亭会棋图轴》，纸本设色
62.1cm×32.3cm，1566年，辽宁省博物馆藏

及侣二子。程兰如是定庵的前辈，雍乾间围棋大家，尝胜当年盟主徐星友，定庵二十一岁游湖州时在知府唐敌堂的署中和他相遇，梁魏今亦在座，那次邂逅成了定庵棋艺发展的关键。他回顾说：

岁壬子，偕梁丈游岘山，见山下出泉潆漾纡徐，顾而乐之。丈曰："子之弈工矣，盍会心于此矣？行乎当行，止乎当止，任其自然，而与物无竞，乃弈之道也。子锐意深求，则过犹不及，故三载仍未脱一先耳。"余因悟化机流行，无所迹象，百工造极，咸出自然，则棋之止于中正，犹琴之止于淡雅也。回忆从前登高涉远，每入迂途，言下有会，即与诸前辈分先角胜，益穷向背之由于未形，而决胜负之源于布局也。

传载，西屏和定庵有过几次对局，雍正十一年（1733）三月至乾隆元年（1736）四月应海宁县令林凤溪之邀到官署决胜，杭世骏记录此事，但无弈谱传世。他们同游京师，又有对垒十局，因施负较多，亦未传谱。最惊心动魄的一次名为"当湖十局"，号称中国围棋史上的妙绝古今之作。乾隆四年（1739），平湖世家张氏（张永年及长子张世昌，次子张世仁，号称柘湖三张）迎请西屏、定庵对弈示范，时西屏三十一岁，定庵三十岁，正风华耀世，所向披靡之际，他们的对局如风起云涌，奇绝高远，又如风静雪霁，利落得不见尘埃。隅坐者看得瞠目结舌，手震神呆。评者认为：当湖十局是西屏、定庵的绝诣，也是旧法势子对局的极致。后来，方浚颐（1815—1889）曾请周小松评解，小松钻研多日后辞谢说："范施高艺，我望尘莫及，不敢随便乱评。"

当湖十局中有无限奇奥，就像欧阳修梦中的棋局："夜凉吹笛千山月，路暗迷人百种花。"令人品味不绝。我们想象，它是与松涛、竹音、流水共鸣而达到的"坐隐不知岩穴乐，手谈胜与俗人言”（黄庭坚）的妙域。数代棋师畏葸缩手，不敢妄评，其因或此。

奥地利大作家茨威格[Stefan Zweig]（1881—1942）曾写过一部奇异的小说《象棋的故事》[*Schachnovelle*]，其中有一段极力钩举象棋的精髓，细读之下，觉得它更适合于围棋：

Ich wußte wohl aus eigener Erfahrung um die geheimnisvolle Attraktion des, königlichen Spiels, dieses einzigen unter allen Spielen, die der Mensch ersonnen, das sich souverän jeder Tyrannis des Zufalls entzieht und seine Siegespalmen einzig dem Geist oder vielmehr einer bestimmten Form geistiger Begabung zuteilt. Aber macht man sich nicht bereits einer beleidigenden Einschränkung schuldig, indem man Schach ein Spiel nennt? Ist es nicht auch eine Wissenschaft, eine Kunst, schwebend zwischen diesen Kategorien wie der Sarg Mohammeds zwischen Himmel und Erde, eine einmalige Bindung aller Gegensatzpaare; uralt und doch ewig neu,mechanisch in der Anlage und doch nur wirksam durch Phantasie, begrenzt in geometrisch starrem Raum und dabei unbegrenzt in seinen Kombinationen, ständig sich entwickelnd und doch steril, ein Denken, das zu nichts führt, eine Mathematik, die nichts errechnet, eine Kunst ohne Werke, eine Architektur ohne Substanz und nichtsdestominder erwiesenermaßen dauerhafter in seinem Sein und Dasein als alle Bücher und Werke, das einzige Spiel, das allen Völkern und allen Zeiten zugehört und von dem niemand weiß, welcher Gott es auf die Erde gebracht, um die Langeweile zu töten, die Sinne zu schärfen, die Seele zu spannen.Wo ist bei ihm Anfang und wo das Ende? Jedes Kind kann seine ersten Regeln erlernen, jeder Stümper sich in ihm versuchen, und doch vermag es innerhalb

dieses unveränderbar engen Quadrats eine besondere Spezies von Meistern zu erzeugen, unvergleichbar allen anderen, Menschen mit einer einzig dem Schach zubestimmten Begabung, spezifische Genies, in denen Vision, Geduld und Technik in einer ebenso genau bestimmten Verteilung wirksam sind wie im Mathematiker, im Dichter, im Musiker, und nur in anderer Schichtung und Bindung.
[据我个人的经验，深知象棋被称为“国王的游戏”所具有的神秘魅力，人们发明了各种游戏，但只有这一种，其胜负不取决于一时的独断，它只给智慧戴桂冠，或确切些说，它只给一种特殊形式的智力天赋戴桂冠。但是，以下棋为“游戏”不是辱没了它？它不也是一种科学，一种艺术，一种在这二者间飘浮游移的东西，联系着各种矛盾的范畴，你看它：既古老，又永远新颖；以机械为基础，却全凭想象力起作用；呆板的几何空间把它限制在有限的范围，但组合方式又让它有无限的可能；它既不断发展，又全然不出结果；可以说，它是没有结果的思想，没有答案的数学，没有作品的艺术，没有物质的建筑。然而事实证明，它又比一切作品和建筑都更好经受住了时间的考验，是唯一属于所有人和所有时代的游戏，而且谁也不知道是哪位神明把它带到世间来让人遣愁解闷、砥砺智慧、振奋人心。它从哪儿开始？又到哪儿结束？它的简单规则，任何孩子都学得会，每个生手都可试试，可同时，它那永不改变的狭仄方格，却磨炼出一种独特非凡而又无与伦比的能手：一种独具此绝妙棋艺才能的人。对于这种特殊的天才，想象力、耐心和技巧都不同程度发挥作用，就像它们对于数学家、诗人和音乐家一样，只不过方式不同组合相异罢了。]

西屏和定庵在小小的棋枰上倾注的正是数学家、诗人和作曲家的才华和智慧。西屏如崇山峻岭，抱负高奇，弃取之妙，莫测端倪；袁枚（1716—1797）尝见其对枰，西屏全局僵矣，俄而争一劫，则七十二道体势皆灵。定庵如大海巨浸，含蓄深厚，长策取胜，在落落布子虚实大意间创出奇观。《弈妙》说：西屏、定庵俱称神化，譬之于诗，范则太白也，施则子美也。他们是屹立在围棋史上的双子星座，留下的《海昌二妙集》是任何学弈者的必读之作。

然而也有文人认为，琴棋书画四种雅艺，只有琴才是可学之道，因为：琴之为器，焚香静对，不入歌舞场中；琴之为音，孤高岑寂，不杂丝竹伴内；它散怀抒怨，调节己心，虽有正性，其感亦深。而其他三艺都是为人忙碌，迎来送往，劳心伤神。

以琴调心，自古多有发明。列子讲师文从师襄学琴的故事，以乖合之说表意："人知以形习声，不知辨声运形者乃神；若心不应器，虽成而不精；若极声之能、尽形之妙，理须神契而心自得。"后来的琴师大都从中取益：

师文弃家从师襄学琴，柱指钧弦，三年不成章。师襄曰："子可以归矣。"师文舍其琴，叹曰："文非弦之不能钩，非章之不能成。文所存者不在弦，所志者不在声。内不得于心，外不应于器，故不敢发手而动弦。且小假之，以观其后。"无几何，复见师襄。师襄曰："子之琴何如？"师文曰："得之矣。请尝试之。"于是当春而叩商弦以召南吕，凉风忽至，草木成实。及秋而叩角弦以激夹钟，温风徐迴，草木发荣。当夏而叩羽弦以召黄钟，霜雪交下，川池暴沍。及冬而叩徵弦以激蕤宾，阳光炽烈，坚冰立散。将终，命宫而总四弦，则景风翔，庆云浮，甘露降，澧泉涌。

据《淮南子·主术训》，师襄是鲁国的乐太师，也是孔子的琴道老师。因琴道在孔子学派受到独特重视，故在文人中代代传延。

等到北齐颜之推写《颜氏家训》，已是“衣冠子孙，不知琴者，号有所阙”的景象。但一直要到宋代浙派琴师的推动，古琴音乐才彻底摆脱唱词的束缚，文人才越来越有机会能像东坡那样，运用玄美的语言去阐发古琴的微、妙、圆、通的希音主义。他们确也不失时机，很快就把琴音的理想状态定置在近乎静、近乎虚、近乎道的边缘周流，以至说，琴只有三声，即散声，按声，泛声：“泛声，应徽取音，不假按抑，得自然之声，法天之音，音之清者也。散声，以律吕应于地，弦以律调次第，是法地之音，音之浊者也。按声，抑扬于人，人声清浊兼有，故按声为人之音，清浊兼备者也。”（《遵生八笺》卷十五）散按间出，清以泛声，乃得中道。若操多散声，以类箜篌，巧取按声，以同筝阮，则大失雅音。“而世人悦于听乐而无味于琴者，悦其声之淫也。乐用七音而二变，与宫徵联用，故声淫而悦耳；琴用五音，变法甚少，且罕联用他调，故音虽雅正，不宜于俗。”味于琴者，决不会以旋律的优美衡准，它是在音与声之间的断处空白领会幽音远韵。明初冷谦论琴声十六法，即以轻、松、脆、滑、高、洁、清、虚、幽、奇、古、淡、中、和、疾、徐而一统为希音。徐字条下曰：

古人以琴涵养性情，故名其声曰希，尝于徐徐得之。音生运指，优游弦上，节其气候，候至而下，以叶厥律，或章句舒徐，或缓急相间，或断而复续，或续而复断。因候制宜，自然调古声希，渐入渊微。（《蕉窗九录》）

渐入渊微即“探道入渊微”之意，而“道”，按照庄子的说法，它视而深远，听而无声；深远之中，但见其象；无声之中，但闻和音。深而又深，却能生物，玄妙又玄妙，却能成气；所以道和万物接应，真体虚寂却供应万物的需求，驰骋不已却为万物的归宿。

因此，由妙指希声进入嗒然忘我的道境，即庄子所谓的自然之命、无怠之声的天乐（《天运》），乃是希音主义的最终指归，就像荷兰汉学家高罗佩[R.H. van Gulik]《琴道》[*The Lore of the Chinese Lute*]的撮凡举要：

Playing the lute purifies one's nature by banishing low passions, therefore it is a sort of meditation, a means for communicating directly with tao. Its rarefied notes reproduce the 'sounds of emptiness', and so the music of the lute tunes the soul of the player in harmony with tao.[琴之在音，荡涤邪念，纯净人心，因而它是一种静思，一种与道直接交往的手段，它以稀少的音符重现"无声至乐"，所以琴乐使演奏者的灵魂与道和谐为一。]

释家《智度论》有一则关于音乐问答的话："问云：诸佛贤圣是离欲人，不须音乐歌舞，何故供养妓乐？答曰：诸佛于一切法无所著，故无所须。诸佛怜众生出世，故受之。其供养者，使随愿得福。"看来，诸佛能容让铙钹叮噹，全是慈悲为怀。但《毗尼母经》透露真况说："六群比丘作歌音，诵经叹佛，佛不听也。作者有五种过，一者于此音中，自生染著；二者生人染著；三者诸天不乐；四者言者不正；五者语意不了，是名音乐。"佛不听咿嗄梵呗，殆如柏拉图之于伊俄尼亚调和鲁底亚调，以其松弛、酥软，蚀坏人心也。但柏氏犹喜多里亚调和弗鲁吉亚调，爱其沉稳、庄重。故也有人会幻想，诸佛大概欢迎巴哈、海顿那样的乐曲庄严净土；我们俗人以为佛不听乐，还是缘于心杂，感受不到佛在悲苦人世的大音无声。

音乐，也许从根本上就是有声的寂静。在素净的白色基底上，声音只是表面的装饰之花，固然能够愉耳；可无声处才愉悦心灵，它抚去胸臆的不平，静落在心，微微似竹外数声风定，烟际一痕月轻。而大音至乐，总是隐寄着六代莺声，三山草色；它隐逝了更深阔的人生，有酸辛，有哀伤，还有不堪回首的苦痛；就像读“千山复万山，山山峰峦好。一别四十年，相识人已老”那样的沉痛语（1969 年冬潘天寿被押解到嵊县、宁海等地游斗，在回杭州的火车上，捡拾香烟纸一枚，书其背三诗，此其一），单凭思辨不能说明，非要靠美丽的善心才能领悟。阿兰·科诺[Alain Corneau]（1943—）《日出前让悲伤结束》[*Tous les Matins du Monde*]（1991）的最后一幕，主角马兰·马雷[Marin Marais]（1656—1728），一位维奥尔提琴[Viol]的演奏大师，正处于最辉煌的时候，可愀然感到了心灵的困惑，急急地欲向老师科隆伯[Sainte Colombe]请益，但直直等了三年，直到 1689 年 1 月 23 日的寒夜，他才有机会问道：

May I ask you for one last lesson?

May I attempt a first lesson? I wish to speak…Music exists to say things that words cannot say. Which is why it is not entirely human. You’ve found out that music is not for kings?

I’ve found out it’s for God.

You’ve wrong: God can speak.

For the ear?

Things I can’t speak of are not for the ear.

For gold? For glory? For silence?

Silence is only the opposite of language.

For rival musicians? Love?

No.

Love?

No.

The sorrows of love? Wantonness?

No.

A wafer for the Unknown?

Not that either. What's a wafer? You can see it, taste it. It's nothing.

I give up. I give up. One must leave a drink for the dead.

You're getting warmer.

A refreshment for those who've run out of words. For lost childhood…To muffle the hammering of shoemakers. For the time before we were born, before we breathed or saw light…

A moment ago you heard me sigh. Soon I'll die. My art will die with me. I'll only be missed by my chickens and geese. I'll give you a few airs that can wake the dead.

[能求您给我上最后一课吗?

不，这是给你上的最初一课。我想说，音乐就是表达那些语言表达不了的东西。所以音乐不是世俗的。你应该知道音乐不是为国王的。

是为上帝的……

不，上帝能言。

为愉悦耳朵的?

耳朵不能接受不可言喻的东西。

是为了金钱? 为了名誉? 还是沉默?

沉默只是语言的另一面。

是为了与别的音乐家争胜?

不。

是为了爱?

不。

为了爱情的痛苦？还是为了放纵？

不。

是不是一种贡品？

也不是。你说的贡品是什么，那是你能看、能吃的点心，那算不了什么。

我不明白。是不是给死者的礼物？

是的，你比以前答得好些了。

是给那些不能讲话的人低声的安慰。给那些失落的童年……让鞋厂的锤声变得柔和。是为那些已经逝去的时光。

刚才你应该听到我的叹息声。我离死神不远，曲子也将消亡。到时怕是没人会悲伤，只有鸡鹅会记得我。让我来教你几句能让死者还生的曲子。]

中国伟大的琴师一定也有那样深痛那样沉重的心思，隐而不宣。所以他们的音乐才独一无二，才不可重复，才力求在无声处放出光明，才有精诚兮无言声：

樵采于山，松柏郁郁。劲劲高风，萧萧挺直。惜斧斤之难下，欲随才而成格。惆怅涉再深之林，徘徊坐磊落之石。见有梧桐感秋，枝叶淅淅；此乃负英迥之心，授草木之质。宿气清开，幽纹坚实；取空山之逸响，法上皇之古律。鸣直以弦，固交以漆。方其轩窗闲寂，寒月初高；白云四尽，八表寒飘；露凝香湿，体静声调。于是乎弹兹琴兮坐空林，景肃肃兮夜沉沉。有精诚兮无言声，抚深怀兮高正音。高正音兮难遏，小弦急兮如夺。波洋洋兮山来，气泠泠兮灵活。怅幽深兮鹤立，谩顾我而不发。于是怨脱十指，音生七弦。悉古今之郁事，问旻旻之青天。心欲宽兮调苦，声欲缓兮愁先。欣尧尧之超越，畏众口之共喧。眇人生之有涯，属其心之未遂。上清空兮仙悲，入郊虚兮神畏。迴玉极兮动天，将余言兮不暨。风翏翏兮木飕飕，寒月静兮来空楼。如放舟兮荡中流，蛟龙潜兮言啾啾。故乃双眉释梦，如怀不胜；情持萧瑟，慨对深灯。转转不已，迺舍琴而歌之，歌曰：一鼓兮塞垣深，再鼓兮湘神临；明余怀兮不悉，更问琴兮何心。（黄媛介《琴赋》）

约而言之，汉魏六朝，琴音之体婉妙，极于哀思。蔡邕《琴赋》："哀声既发，秘弄乃开。"嵇康《琴赋》："称其材干，则以危苦为上；赋其声音，则以悲哀为主；美其感化，则以垂涕为贵。"皆以音悲为美。至于唐宋，并述哀弄，元稹写莺莺，"因命拂琴，鼓《霓裳羽衣序》，不数声，哀音怨乱，不复知其是曲也"。不过，虽发其情华，却未极音实，久而渺然。是以哀雅独弦，转而渐为清气含芳，其旨亦变，或曰：琴含六气而妙归于静。它泯去了一切人生的悲情，但以希音契合"道心唯微"，粲粲分明而又遥遥远暖。鼓琴者遂以竹云之致与山水之心为知音。它回应了一段古老的传说：

伯牙善鼓琴，钟子期善听。伯牙鼓琴，志在登高山。钟子期曰："善哉！峩峩兮若泰山。"志在流水。钟子期曰："善哉！洋洋兮若江河。"伯牙所念，钟子期必得之。伯牙游于泰山之阴，卒逢暴雨，止于岩下，心悲，乃援琴而鼓之。初为霖雨之操，更造崩山之音。曲每奏，钟子期辄穷其趣。曰："善哉！子之听也。"

可西方却不大看重以乐音去叩响自然中的高山流水，照歌德的说法，音乐完全是形式和内在价值，它要把表达之物升华和擢拔［Music is wholly form and intrinsic value, and it raises and ennobles all that it expresses］。或者说，净化为整个永恒景象神奇呈现的抽象结构。有位宇宙学者谈论过几位西方的音乐大师，一以贯之的观念，就是结构之美：

我喜爱巴赫、莫扎特、一些意大利和英国的老作曲家。也很喜欢舒伯特，对贝多芬的兴趣则差得多。但巴赫和莫扎特哪个更吸引我，却很难说清。

我不在音乐中寻求逻辑，总是全凭直觉。我对音乐理论一无所知。要是不能凭本能抓住一部作品的内在结构，就不会喜欢那部作品。

我一向认为亨德尔的音乐很好，甚至完美无缺。可还是有点儿浅薄。贝多芬的音乐，戏剧性过浓，个性太重。

舒伯特表达感情的能力很强，有创作旋律的天赋。可几部较大的作品却有结构上的缺陷，教我困惑不解。

舒曼的小品很有吸引力，颇具独到之处，感情也充沛。但形式比较贫乏，使我不能充分欣赏。门德尔松很有天才，但缺乏深度，让他的作品往往流于平庸。

勃拉姆斯的几首歌曲和几部室内乐很有价值，音乐结构也同样不凡。但大部分作品好像都没有内在的说服力，使人不明白为什么要写那种音乐。

我赞赏瓦格纳的创造能力，但他的音乐在结构方面的缺陷，正是音乐颓废的标志。另外，他的风格使人不可名状地感到咄咄逼人。因此，他的大多数作品我都感到厌恶。

理查德·施特劳斯天资过人，却只在表面效果上下功夫，意境美遂缺。这不是说我远离所有的现代音乐。德彪西虽华丽多彩，但结构上有问题，无法激起我的强烈热情。

在西方，艺术都趋向音乐［All art constantly aspires towards the

condition of music]（Walter Pater，*The School of Giorgione*）。但在中国，艺术都韵化为诗。琴的品质自然也诗意化了，按照它的标准，一张完美的琴，不只弦要韧密，轸要栝圆，徽要数次，越要中疏，它的音色还要具备九德，也就是说，第一要奇：泛音轻快，散音松透，按音清脆，走音平滑；第二要古：音色既不尖锐，也不钝拙，淳淡之中有金石之韵；第三要透：岁月绵远，胶漆干匮，发越响亮而不咽塞，纯净而不含胶漆之杂音（故琴以古远为上）；第四要静：指板左右前后弧度平正，无煞音（不匀之砂音）和飒声（飘起之尖音）；第五要润：发声不燥，韵长不绝，清远可爱；第六要圆：声韵浑然，不破不散，啴缓舒绎，曲折不失节；第七要清：发声犹如风中铎，不杂副音；第八要匀：七条弦之散音（空弦音）和十三徽位之按音泛音，音色统一，不生歧异；第九要芳：愈弹而声愈出，无久弹声乏之病。

戴长庚于道光癸巳年刊行《律话》，在下卷论琴，首先列述的就是历来的善制琴者。其曰："相传斲琴名手，自蔡伯喈外，隋唐有赵邪利、雷霄、雷珏、雷文、雷迅、郭亮、沈镣、张钺、金儒、僧三慧，宋有蔡叡、朱仁霁、卫忠正、赵仁济、马希仁、马希先、金渊、金公路、陈亨道、马大夫、梅四、龚老、林杲，元有严古清、施溪云、施谷云、施牧州，明有高腾、朱致远、惠桐冈、祝公望诸家。"胪举之后，接着便是感叹：这些高手，造琴虽然皆有精义，又纤毫无病，然所制无几，百十中也难得一二。

大概古今名手，积意发愤，一二为而已矣，还唯恐匿影不深。可即使其偃蹇已甚，人反是以知其必传，知其出手之琴就像小提琴中的阿马蒂[Amati]、瓜尔内里[Guarneri]和斯特拉迪瓦里[Stradivari]名琴那样，横理庚庚，玉音自奇，都是香林八节，"是谓天地之中，山水之阴"（东坡《十二琴铭》），都是可遇而不可求的罕见珍品，都是有故事可发人兴慨的传奇之秘，例如苏子由之"寒碧琴”：

昔东坡为登州司户参军，子由省之，携寒碧琴游大海，舟覆，琴堕海。后高丽人得之，献其王，王视为苏氏物也，藏之数百年。迨明崇祯间，高丽困于兵，请援，上遣总兵黄某帅师救之。高丽戴天子德意，而以黄师之有劳于其国也，赍予甚腆，濒行复赠之以琴，而琴遂复还中国。其后黄帅道淮上，总漕路公闻之，易以良马，不可。黄帅没，其子避乱，怀琴渡江，至金山，匣琴系以铁絙，坠郭公墓下，沉诸江者三年。黄子有姊甚贫，因谓姊曰：“吾无能为姊计，有先人之所宝者，足朝夕矣。”乃告以琴所在，遣人取之。

这样珍罕的宝物，它要求的演奏家，就不只是唫揉绰注、学而能之的琴手。董其昌说过：“余初释褐时，琴师第一手讽余学之。谋于严中舍，中舍曰：‘此事极难，但初下指，一声不合，即终身无复合理。’余悟其语，遂辍琴不学。”古人对琴道悬鹄如此之高，我们所遇的琴师大都是俗人，也就不足为憾了。

董其昌退避三舍，想必是心中现起那些十分淘洗、十分脱化的清修之士，像竹林七贤中嵇康那样的天才。这也回答了古琴为什么要在竹林弹奏，在那里才能奏出精深的乐章。崟崟山下竹，泠泠手中弦。倘若没有修竹为伴，也要张琴于水流月静或松风碧岩。王维的《竹里馆》写竹下抚琴，月色溶溶，幽篁寂寂，景乃恒有之景，唯求知音，则不得不索于明月长林。短短的诗句，脱手即片片清辉，引得后人也竞相仿作：

有客弹素琴，闲坐幽篁里。
明月筛画簾，化作潇湘水。

素琴的音律在竹林间幽渺得如叶上泻水，与竹叶梢上的轻风双美并进；画簾的线条弄着月光撒下一条条微明忽暗的光影，恍如淡淡的秋水。希音主义的古琴理想，流注诗篇，触景成象，具体而微，声音透着竹香。

《溪山琴况》的作者徐上瀛说，每山居深静，竹木蒙茸，清风入弦，绝去炎嚣，虚徐其韵，所出皆至音，所得皆真趣，不禁怡然吟赏：

吾爱此情，不紱不竞；吾爱此味，如雪如冰；吾爱此响，松之风而竹之雨，涧之滴而波之涛也。有寤寐于淡之中而已矣。

黄汝亨在径山看竹，忘情于深竹林里，秋声起处，宛然嵇康抚弦按歌，触指间，有清折之音飘逸在寒玉绿云中，环环相属，悠悠远去：

竹色自可爱，无如此径深。
千秋寒玉立，万亩绿云沉。
远窦窥天入，清光覆地阴。
泠泠秋声切，到处奏嵇琴。

道光间潘曾莹（1808—1878）在一次月夜听萧培元（1815—1873）操琴，声如秋烟，忽悟画理，挥笔写出一片竹林：

竹阴在地月在天，千竿万竿横翠烟；
试吟潇湘水云篇，请以琴理参画禅。

他的老友戴鹿床（1801—1860）也反复说：“画之理通于乐，

昔帝尧命质效山林豁谷之音以歌，乃麋辂置缶而鼓之。窃谓效其音与形，一也。”“萧思话鼓琴有松石间意，未识此篁亦有萧郎琴意否？”“弦柱非山林，而闻之者有竹石间意，其神似也，画亦作如是观。”此处尚可进一解：琴，有声而静；画，无色而艳；听竹画竹，取其两参。

在古代，竹和琴有如此深契的因缘，难怪苏东坡也像他的老友文与可，经常在水边竹下聆听琴音，热情之高盛，就是谪居黄州也未见衰减，有一次他喝完酒：

既饮，往憩于尚氏之第，尚氏亦市井人也，而居处修洁如吴越间人，竹林花圃，皆可喜。醉卧小板阁上。稍醒，闻坐客崔成老弹雷氏琴，作《悲风晓月》，铮铮然，意非人间也。

他为文与可的古琴精心撰写的《琴铭》，是他十分看重并多次述及的文字：

攫之幽然，如水赴谷。醳之萧然，如叶脱木。按之噫然，应指而长言者似君。置之枵然，遗形而不言者似仆。

东坡听琴赏音，也再次和陶渊明同条共贯。陶渊明爱菊爱酒，但更爱琴道，琴的意象在他的诗文随兴而现。与古代哲人大象无形、大音希声之论相侔，他蓄一张无弦琴，表达自己对无法用声音表达的音乐的谛听，对超以弦外的哲思性音乐[philosophical music]的感受。李白的诗“大音自成曲，但奏无弦琴”(《赠临洛县令皓弟》)，追怀此情态。

不过，对于这种大音，老子和李白的笺注家们似还稍有疏略，它很可能有些类似毕达哥拉斯[Pythagoras]（前 565—前 490）

明文震亨《唐人诗意图册》，十开之八，纸本设色
28cm×34.3cm，年代不详，北京故宫博物院藏

所说的“天体音乐”[the music of the spheres]，或者称为 *musica mundana*，那是由七大行星像里拉琴[lyre]的七根弦一样奏出的宇宙和声。莎士比亚的《威尼斯商人》让我们坐在洒满月光的细草上，在柔静的心灵中落满那种音乐：

How sweet the moonlight sleeps upon this bank!
Here will we sit and let the sounds of music
Creep in our ears; soft stillness and the night
Become the touches of sweet harmony.
Sit, Jessica. Look how the floor of heaven
Is thick inlaid with patens of bright gold.
There's not the smallest orb which thou behold'st
But in his motion like an angel sings,
Still quiring to the young-eyed cherubins.
（*The Merchant of Venice*, Act V, Sc. I, 54-62）
[月光多么恬静睡在山坡上！
我们就在这儿坐下来，让音乐的声音
悄悄送进我们的耳边；柔和的寂静和夜色，
是最足以衬托出音乐的甜美的。
坐下来，杰西卡。瞧，天宇中
嵌满了多少灿烂的金钹；
你所看见的每一颗微小的天体，
在转动的时候都会发出天使般的歌声，
永远应和着嫩眼的天婴的妙唱。]
（朱生豪译）

可是，这么美的音乐，我们为什么听不到？如果无人听见，又如何证明它的存在？毕达哥拉斯的回答是：我们听不到天体音乐，是因为我们从出生那天起就一直在听，只是心灵后来受到污染，才误其为无声，正像铁匠听不到锤打声的震耳欲聋。这使我们猜想，毕达哥拉斯和陶渊明大概都是老子所谓的返婴或者拉丁文所说的 *sancta simplicitas*［天真如圣］的倡导者，而 *musica mundana* 是来自天国的音乐，它只能以神听，不能以耳听和以心听（《文子·道德篇》），只能用觉照之觉，不能用觉触之觉和觉悟之觉去感应（晁文元《法藏碎金录》卷三），因为后两者只能聆听 *musica instrumentalis*［器乐］和 *musica humana*［人乐］。

当然，这样笺释只是想象，不过，毕达哥拉斯在音乐理论上的具体而独创性的研究却极其值得张皇。据说，他做出一项伟大的贡献：一些长度具有一种简单数值比的振动的弦，如果处在同样的张力下，就会一起发出和谐的声音。他首先把这数值比看作宇宙和谐源泉的数学结构，提出人类历史上最重要的发现。这种发现促进了一种全新的思维，使得万物的终极基础不再假设为一种感性的物质，比如泰勒斯学说的本原之水，而是设想为一种理想的数的形式原则。这是一个改变世界的创见，至今也还在改变着我们的生活。数的本原论与老子的道大不相同，它不但以其抽象性导致柏拉图的理念理论，它还以其可操作的演绎性成为现代科学的根源。不可言喻的道和可以计算的数创造了两个不同的世界。

而陶渊明只是说，他性不解琴，此外即不多论，令他想象不到的是，赏听无弦琴的方式产生的巨大影响，他无意中把一个崇高的主题带进音乐世界，在日本也涌现出不少的追随者。前文述及的外貌平平而内心自有清水静流的良宽，就是一个对无弦琴有深透理解的人。那位毅然立身于令人生畏的贫寒、以行乞为修炼的僧人，在《草堂诗集》杂诗的开首，就写出了无弦琴的韵律与风云齐飞，共水流合鸣，以妙不可言的希音之声在孤零零的山中草庵上回旋的情景，是日本诗歌中拂之嘹亮的篇章。

无弦琴在西方不知何如，但至少斯蒂文斯[Wallace Stevens]（1879—1955）的一些诗句，像是在清水世界的边缘闪光[A world of clear water, brilliant-edged...]，追和着陶渊明的节律：

> Just as my fingers on these keys
> Make music, so the selfsame sounds
> On my spirit make a music, too.
> Music is feeling, then, not sound.
> (*Peter Quince at the Clavier*)
> [仿佛我的手指在琴键上
> 奏出音乐，同样的声音
> 在我心中也奏出音乐。
> 因此，音乐是感情，不是声音。]

苏东坡也像陶渊明那样，说他不懂琴道，可是王圣俞评论他的《琴贵桐孙》是“习故谙谙，故言而中”，赞美《家藏雷琴》《王进叔所蓄琴》诸篇为解琴之语。他本人对琴理的见解，也多次形诸吟咏，形诸梦寐：

> 元祐六年三月十八日五鼓，船泊吴江，梦长老仲殊弹一琴，十三弦颇坏损而有异声。余问云：“琴何为十三弦？”殊不答，但诵诗曰：“度数形名岂偶然，破琴今有十三弦。此生若遇邢和璞，方信秦筝是响泉。”梦中了然论其意，觉而识之。今晚到苏州，殊或见过，即以示之。写至此，笔未绝，而殊老叩舷来见，惊叹不已，遂以赠之。时去州五里。

他的听僧昭素弹琴诗，让我们一见琴乐对他生活的重要作用，他以朱弦疏越，释躁平矜，将千万重烦虑，一一磨去，克享天心，收归本真。而这本真，乃是中国古代思想的一个基本原则，是连结儒学和道学的最重要的环节，在东坡的生命中，它也处处萦之怀抱：

至和无攫醳，至平无按抑。
不知微妙声，究竟从何处？
散我不平气，洗我不和心。
此心知有在，尚复此微吟。

这不啻为希音主义的美学宣言。最神圣的音乐不是来自攫、醳、按、抑的指法，不是来自手中之弦，而是来自绝海之滨、空洞之野，来自宇宙深处的回声，来自更神奇的力量拨动的琴弦。听到的音乐固美，但听不到的音乐更美［Heard melodies are sweet, but those unheard are sweeter］(John Keats, *Ode on a Grecian Urn*)；我们站在苍茫的天地间，洗净了心灵，就能享受这天赐之福的声音。难怪伟大的艺术家都成了伟大愿望所激发的宇宙论者。《浮士德》唱道：

Dass ich erkenne, was die Welt
Im Innersten zusammenhalt.
［去了解有哪些力量，
使这个世界变为一个整体。］

去探索这一切是人类的古老梦想，是音乐家、诗人、思想家的梦想。这梦想使苏东坡在许多领域都丰富了古典的文化。他是诗人，是散文家，同时代人称他诗文才落笔，四海已皆传遍，下至闾阎田里，外至夷狄，莫不知名；他也改革了词坛，一洗绮罗香泽之态，摆脱宛转绸缪之度，开出了大雅寥阔的气象；他更博通释老，尤精《易经》《论语》，但他从不对人说教，也决不用以自傲，写出的心得，不过是供朋友读读而已。

在绘画史上，他几乎是不用一件作品就一直影响到现在的文人画大师，在书法史上，则以一件作品即奠定了他艺术天才的地位，写于1082年前后的《黄州寒食诗卷》，公认为宋代最伟大的书法，以至黄庭坚（1045—1105）说道："此书兼颜鲁公、杨少师、李西台笔意，试使东坡复为之，未必及此。"也就是说，那是件不可能再次出现的神奇墨迹。黄庭坚是苏门四学士之一，他后来的某些造诣几乎能和东坡相埒。然而名声越大，他就越景仰东坡。邵肯堂曾记下他亲见的景象：黄氏晚年把东坡画像悬于室中，每早作衣冠荐香，肃揖甚敬。有人对他说，你们俩的名声相差无几，何必如此。黄离席惊避曰："庭坚望东坡，门弟子耳，安敢失序！"苏东坡的才华和灵性，不仅仅他的学生，甚至连反对他的人，也不得不由衷钦佩。

十

苏东坡是中国历史上罕有的天才，他仿佛能把任何艺术都陶冶得放出光彩，像宝石一样，每面都熠熠生辉，常看常新，明莹得不见衬露的颜色，又微茫得不见造作的痕迹。连他每日的寂寞生活也能成为充实更新自己的时光，我们在他写给谪居西南边区王巩的信中读到，他先为自己连累王巩难过，然后又说：

某近颇知养生，亦自觉薄有所得。见者皆言，道貌与往日殊别。更相阔数年，索我阆风之上矣。兼画得寒林墨竹已入神品。

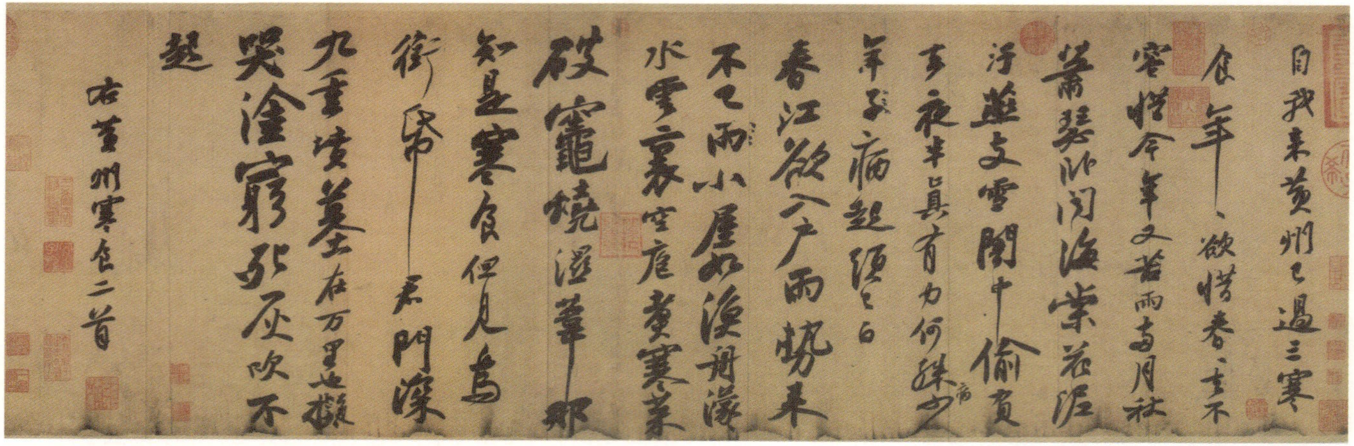

北宋苏轼《寒食诗帖》，墨迹素笺本，33.5cm×118cm，约1082年，台北故宫博物院藏

信中说颇知养生而薄有所得，大概就是他读汉人枚乘《七发》，感而有悟，所作的四戒，时在元丰三年十一月，书于雪堂：

“出舆入辇，命曰蹷痿之机；洞房清宫，命曰寒热之媒；皓齿蛾眉，命曰伐性之斧；甘脆肥浓，命曰腐肠之药。”此三十二字，吾当书之门窗、几席、缙绅、盘盂，使坐起见之，寝食念之。

而阆风则在昆仑之巅，乃仙人所居之处。后世所传的东坡画像，确然禀性含灵，逸韵天陶，有“仙风入骨已凌云，秋水为文不受尘”（《次韵王定国得颖倅》）的气度。他追和王巩的诗说：“无人伴客寝，惟有支床龟。”（《次韵王巩留别》）又说：“谁能相思琢白玉，服药千朝偿一宿。”（《次韵王巩独眠》）内心的寂寞竟成为养生的道术，也在此时灵验。东坡去世七十年左右，乾道六年八月，陆游到东坡故居参观，在雪堂瞻仰苏氏的画像，见他一身紫袍乌帽，手持竹杖，倚石而卧，纯然一种超乎尘垢的气象。画像以竹杖为东坡气质的标志，也肯定出自东坡本人的授意。而喜爱他的人确是这样看他。连主张东坡该杀的南宋大儒朱熹在晚年也改口说道：“东坡老人，英秀后凋之操，坚确不移之姿，竹君石友，庶几似之！”（《跋陈光泽家藏东坡作竹石》）

东坡致王巩信的尾句尤其不能忽视，他说画竹已入神品，恐怕也不是虚应故事。据说他在黄州期间，每见激发灵感的丛竹老木，即使于鸡栖豕牢之侧，也必就而图之。大艺术家米芾二十二岁时到雪堂拜访东坡，与他讨论书法，观看过他的画竹，后来撰写《画史》，还念念不忘那段经历：

苏轼子瞻作墨竹，从地一直起至顶。余问何不逐节分？曰：“竹生时何尝逐节生？”运思清拔，出于文同与可，自谓与文拈

北宋苏轼《枯木怪石图卷》，纸本墨笔，尺寸、年代不详，日本永青文库藏

一瓣香。以墨深为面，淡为背，自与可始也，作成林竹甚精。子瞻作枯木，枝干虬屈无端，石皴硬亦怪怪奇奇无端，如胸中盘郁也。吾自湖南从事过黄州，初见公，酒酣曰："君贴此纸壁上。"观音纸也，即起作两枝竹一枯树一怪石见与。后晋卿借去不还。

回忆写得具体、生动，从心底流露出尊敬，东坡画竹的风格和意趣都跃然纸上。文中的晋卿前文已述及，即王诜，娶宋英宗的女儿魏国大长公主为驸马都尉，是宋代有名的画家和收藏家，他喜爱东坡的墨竹，竟然借去不还，连物议也不顾，可见东坡"墨竹已入神矣"的自诩并非谵言戏语。在当时，这种赞赏不限于皇亲贵胄，在民间，人们甚至把他的墨竹予以神话。《春渚纪闻》卷六记载：

东坡先生临钱塘日，有陈诉负绫绢钱二万不偿者。公呼至询之，云："某家以制扇为业，适父死，而又自今春已来连雨天寒，所制不售，非故负之也。"公熟视久之曰："姑取汝所制扇来，吾当为汝发市也。"须臾扇至，公取白团夹绢二十扇，就判笔作行书草圣及枯木竹石，顷刻而尽。即以付之曰："外出速偿所负也。"其人抱扇泣谢而出。始逾府门，而好事者争以千钱取一扇，所持立尽。后至而不得者，至懊恨不胜而去。遂尽偿所逋。一郡称嗟，至有泣下者。

这段传说，自然使我们想到王羲之为老妪书写六角竹扇的故事。这类变换主角，情节相类的轶事，东西方都广为存在，杰出的学者克里斯[E. Kris]和库尔茨[O. Kurz]在《艺术家传奇》[*Die Legende vom Künstler*]（1934）的名下对它们做过精绝的研究。此处我们所关心的是，东坡在人们心中的风雅形象，几百年后，人们还可以通过墨竹去想见东坡昔日的志尚，明代鉴赏家李竹嬾《六研斋二笔》卷三录有一则跋文：

沛县儒学大门，嵌壁有东坡竹二枝。跋云："先生与叔祖山阳掾，暨先大夫同榜雅契。熙宁中，守彭门。叔祖通直赴约射堂，晏谈旬余。一日，戏写邛竹二枝。且曰：'观此如何？'叔祖曰：'此如学士立身许国，劲挺不移；又其疏枝结叶，则如学士驭事爱民，间密以济。'先生笑曰：'公精鉴也。'卷而赠之。"

像这样卷而赠之的墨竹，东坡一定画了不少，遗憾的是，传世的东坡墨竹几乎没有一件真迹，人们只能把他挥笔写竹的神采付诸想象的画面：

东坡正和他的朋友在一座雅园聚会，他们边喝酒，边说笑，边作诗。周围是水石潺湲，风竹相吞，老树新花，皆绝好动人。在一片喝彩声中，东坡给人拥到书案台前，台上早已摆好澄心堂纸、诸葛高笔、李廷珪墨和龙尾溪砚，皆为一代之选，是东坡最喜爱的名物。还有雪浪石的曲折森耸，叠映出他胸中的青山媚妩。这是中国文人无法抗拒的最激发灵感的环境，东坡的墨竹就在这样的环境中诞生。

元祐年间，李公麟（1049—1106）绘《西园雅集图》，又传有米芾作的《西园雅集记》，为我们精心留住了这幅画面，其时，东坡已从谪居地黄州返回京师，是他难得的快意时光。六百年后，王虚舟（1668—1743）题曰："前有兰亭，后有西园，两会皆天运所开，千古无匹者也。"王梦楼（1730—1802）更激动，竟连跋五通，尾句云："雍正甲寅春分，适风雪初晴，春日妍丽，笔墨滋润，窗无点尘，临此一过，觉竹径清溪，亦复去人不远。”

中华竹韵

中国古典传统中的一些品味

下

许江主编　范景中撰文

中国美术学院出版社

第四章　艺术

韩退之力去陈言，而“粉白黛绿”，乃引《史记》；李长吉不经人道语，但“绣幕围春风”，则古乐府句。古人犹如此，后之人欲表表自著，难也矣。因每作文每对文字抱敬畏心，怀感恩意。矧文字缘情而生，人皆知之；情之生于文字，生于形式，则未易知也。此理萧伯玉与顾与治书已触及，惜未具论。昔人读庄子，不待解其意，已妙其声音节奏，直欲缭绕半空；言《逍遥》则如鲲鹏之独运，言《齐物》则似天籁之自鸣，一上口，顿觉举体欲仙。此亮其声音却偏能深其意思者。形式之创造感情，有以也。深论此意，唯 E.H. Gombrich 发挥精详，通行之艺术概论，向不及此，因补缀之。本章杂谈艺事，或可以概论初阶视之。

一

黄山谷题东坡竹石云："石润竹劲，佳笔也。"又题水石云："东坡墨戏，水活石润，与今草书三昧，所谓闭户造车，出门合辙。"东坡绘画的风格可见一斑，都是发挥笔墨的精诣。可惜他的墨竹全然失传，我们只能见到他对画竹的记述和评论。然而，那些文字颉颃风雅而解多特识，让人一窥"士人画"在东坡生命中的起源，是东坡留给我们的重要艺术遗产。

墨竹起于唐代，到了大约1120年编撰《宣和画谱》，列入十门画科。虽然还仅是绘画的一个门类，但却标志着一种新型的绘画，它完全不同于北派的金碧青绿、勾勒填彩的工致画法；尤为重要的，描绘题材不过是它的一面，它更追求笔墨中的韵味，追求笔墨外的诗意，追求迅疾而多姿的笔触发挥的艺术灵性。苏东坡从简单描写石块和竹子开始，毫素所拟，课寂叩虚，以书法家的才情和诗人的天赋让笔下的墨竹远远超越单纯画类的界限，对中国绘画生出深远有力的影响，根本扭转了绘画的形式、风格和趣味的发展。这种所谓写意的画法，大概八世纪由王维创始，那时，写实的技艺日臻精美，文人以笔墨矫正现成图式的新意也悄然笔端，东坡的《凤翔八观》述其旨趣曰：

何处访吴画，普门与开元；
开元有东塔，摩诘留手痕；

吾观画品中，莫如二子尊。
道子实雄放，浩如海波翻；
当其下手风雨快，笔所未到气已吞；
亭亭双林间，彩晕扶桑暾；
中有至人谈寂灭，悟者悲涕迷者手自扪；
蛮君鬼伯千万万，相排竞进头如鼋。
摩诘本诗老，佩芷袭芳荪；
今观此壁画，亦若其诗清且敦；
祇园弟子尽鹤骨，心如死灰不复温；
门前两丛竹，雪节贯霜根；
交柯乱叶动无数，一一皆可寻其源。
吴生虽妙绝，犹以画工论；
摩诘得之于象外，有如仙翮谢笼樊；
吾观二子皆神俊，又于维也敛衽无间言。

诗中赞美两种画风。吴生即吴道子（？—792），他站在艺匠传统的高峰，与王维开创的格调分规并峙。东坡则偏爱清且敦者。苏子由也有诗写此，与东坡不同，极意强调各自胜绝。《初白庵诗评》特别看到：子由诗“谁言王摩诘，乃过吴道子？”与东坡结意相反。不过这种艺匠传统此不具述，想留待另一部书详论。

摩诘即王维，他是董其昌心目中南宗画的始祖，画法已不全是石青石绿的敷染彩晕，而是“得之于象外”的写意，是雪中芭蕉，意到笔成，与院派画体分途而行。那是一种初创的艺术风调，到了苏东坡倡导士人画的时候，完全确立起来，它迅速提高绘画的地位，也改变了绘画史的思考路线。张彦远，苏东坡和董其昌，这些中国绘画史上三次重大观念转折的主帅，不是以王维就是以吴道子创为起点，不过，张彦远眼里的工匠技艺还有很重的分量，可在他的后辈，就只有士人画占据中枢了。

士人画，后人称为文人画，顾名思义，绘画已不是手工艺人精心制作的产物，而是文人带着诗意自由挥洒的结晶；《欧阳文忠公集》卷二有一小诗，是欧阳修（1007—1072）专为题有梅尧臣（1002—1060）诗跋的《盘车图》而作：

古画画意不画形，梅诗咏物无隐情。
忘形得意知者寡，不若见诗如见画。
乃知杨生真好奇，此画此诗兼有之。

文人画的意趣已呼之欲出。苏东坡更进一步提出："少陵翰墨无形画，韩幹丹青不语诗"（《韩幹马》）。绘画乃为无声的诗歌。据此，我们还可以补充一句，绘画是有像的书法。米芾《画史》载：钱藻字醇老，收张璪松一株，下有流水涧，松上有八分诗一首，断句云：近溪幽湿处，全藉墨烟浓。又有璪答诗。此以孤松，八分书和诗并举，虽未深言，已足以发人想象。几百年后，会稽诗人商盘（1701—1767）写孙山人画竹歌（《质园诗集》卷十一），以奇峭的语言传述了这种观念：

山人画竹有成竹，磊砢扶疏标节目。
山人画竹得竹情，腕指拂拂风雨生。
展开一幅澄心纸，兴酣泼墨如泼水。
檀栾曾写万琅玕，扫断青鸾八尺尾。
君不见，画竹胜于真竹真，古今传者知几人。
内擫外拓书法备，要令瘦硬方通神。
山人纵横无不可，刚劲之中含婀娜。
小笔为叶大笔枝，想见解衣离棒镍。

简而言之，诗歌立意为绘画的精神，浚发灵心，创造意境，标会神理，渲染气氛，泛爱大自然的一切光影、色彩、春水秋音和花雨蒙零；书法则显现天划神镂之工，提供绘画的技术原则和审美情趣。

据说，伏羲仰观天象，俯察万物，始创八卦，用以说明亘古以来不断变化的现象世界。中国最古老深奥的哲学著作《易经》把每一变化都置于组成一卦的单根线条位置上加以解释，文王叠加八卦而成六十四卦，也全部始于一根直线和截为二段的短线，因此最初的一线成为万物之本。《道德经》说：一生二，二生三，三生万物。最初的一线产生一切，一切自一开始，数，生气勃勃，活跃起来。明末南京报恩寺的琇禅师问："一字不加画，是什么字？"旅庵本月答道："文彩已彰。"即是说：一画能收尽鸿蒙之外。可惜这种一划开天的宇宙数字模式，未能得到彻底的演绎，有时给道德化，更多是被庸俗化了，不能尽展十翼。但艺术家一落笔，能别出阴阳，分出明暗，从一起手到末一笔生出万千风姿，这在发端一线的书法艺术中得到最好的呈示。我们也从这一笔一划开始，学习写字，体会它的神质。

文字是人类最伟大的创造。人之所以为人，全赖语言；人之所以为文明之人，全赖文字。《淮南子》说：昔者仓颉造字，而天雨粟，鬼夜哭。《约翰福音》也说：太初有言，言与神同在，言就是神……言成了肉身，住在我们中间，充充满满的有恩典，有真理。我们见过他的荣光[In the beginning was the Word, and the Word was with God, and the Word was God… The Word became flesh and made his dwelling among us. We have seen his glory… full of grace and truth]。后来，歌德写《浮士德》又引用并作发挥。语言和文字的出现，堪称惊天动地的大事。

在中国，文字的古典形式初见于甲骨，继见于吉金，再见于碑石，不论出现在多么庄严、典雅、静穆的场合，即使记国家盛典、神明崇拜或家庙仪礼，它的美感也永远受到推重。早在周代，书法就是贵族子弟教育的一项主要内容，那时的课程有六种科目，曰：礼、乐、射、御、书、数，号称六艺。其中“书”既指识字，也指书法，到传为卫夫人《笔阵图》的时代，篆隶草真早已相继完善，书法也成为六艺中最奥秘之物，卫夫人说：“夫三端之妙，莫先乎用笔；六艺之奥，莫重乎银钩。”为了强调这个见解，她还讲了两段轶事：秦朝丞相李斯看到周穆王的书法，连着摇头兴叹数日，患其无骨；汉朝的蔡邕在鸿都观赏碑碣，几个月流连不返，沉湎在它卓然不群的优美之中。

自汉以降，良好的书写能力变得日益重要，写出点划雅正的好字成了对读书人的基本要求，而无须先有一个书法家的意念横亘在胸。从唐代到清代一千三百多年的漫长岁月，它也在科举考试中受到认真的估量。唐代贡举分科取士，“明书”一科特重《说文》六帖与《字林》四帖，只有懂训诂、能杂体书法者方能及第。“定名笔”亦应时而生，“笔工每卖一枝，则录姓名，俟其荣捷，则诣门求阿堵。俗称谢笔”（陶穀《清异录》卷下）。宋制书画二学，也俱令习《说文》《尔雅》和《方言》，并《论语》《孟子》，各占一大经书，以篆、隶、草三体隶法，又以虞、褚、欧阳楷体为宗。明代进士、举贡、杂流三途并用，虽有畸重，于书法亦毫无偏废。永乐帝特眷云间沈度、沈粲兄弟的楷字，直至拜学士。浙江瑞安的姜立纲，七岁就以能书命为翰林秀才，天顺七年又授中书舍人。董其昌则又一类典型，他十七岁参加松江府学会试，由于书拙，只好屈居第二，于是奋力学书。龚自珍屡困棘闱，同样是书法不好所累，他在嘉庆二十三年二十七岁中举，道光九年三十八岁才勉强考上三甲第十九名进士，一直做着内阁中书、宗人府主事、礼部主事祠祭司行走的低级文官。所作朝考文《安边绥远疏》，读卷诸公评其识见，览其文采，“皆惊，卒以楷法不中程，不列优等”，不能入翰林。不过，这倒教他对书法做了一番深论：

书家有三等，一为通人之书，文章学问之光，书卷之味，郁郁于胸中，发于纸上，一生不作书则已，某日始作书，某日即当贤于古今书家者也，其上也。一为书家之书，以书名家，法度源流，备于古今，一切言书法者，吾不具论，其次也。一为当世馆阁之书，惟整齐是义，则临帖最妙。夫明窗净几，笔砚精良，专以临帖为事，天下之闲人也。

不管人们如何掂掇这段话的分量，写一手好字却是读书人的通义，它不只单求美观雅赏，还藏露着其他深意。晚清的王清穆（1860—1941）刚中进士没几年就自述体会说：“余写日记已十四个月，字迹类皆潦草，拟自今日始，务必作端楷，誓不间断。古人于作字，亦见居敬之功。余书法从未讲求，若作行草，则愈形其丑，故欲力改此弊，使字样稍就矩范，而手腕亦不至浮滑也。”（《知耻斋日记》甲午四月初六）所谓的“居敬”，典出《论语·雍也篇》“居敬而行简”，程颢（1032—1085）用之于作书：“某写字时，甚敬，非是要字好，只此是学。”居敬也可解为：凡作字虽戏写，亦如欲刻金石。今天，书法已成为遣兴娱乐的大众艺术，欲刻金石者常见，可磨莹学问之光，细品书卷之味者却是清绝殊类了。

在古代，一笔好字也是社会交往的得力工具，许多友谊都是通过书简兰言的精彩字迹建立、巩固起来。实际上，中国书法史的不少名迹都是来鸿去雁。其事率皆吊哀、候病、叙暌离、通讯问，而施于家人友朋间，不过数行而已。著名的《快雪时晴帖》只有四行二十八字，是问候的函条，但得到世世代代的赞赏。明代鉴赏家詹景凤指出，它的笔法圆劲古雅，意态闲逸，是赵孟頫行书取法的重要源泉。

东坡的书迹向为人宝，在乾道四年已有汪应辰（1118—1176）求善工坚石，刻成《西楼苏帖》，大概是第一部以一人之书汇集而成的私刻丛帖，其中不少文字是东坡与亲友的信件，例如，有一款为侄女介绍亲事，又有一款提到他生了一个名叫“似叔”的男孩。有评云：“坡公简牍，萧然下笔，即事成韵，如天末道人，风神隽远。每拈一二，味赏不能自已。”姚麟最以东坡的手翰为珍，遇人持赠，即以羊肉十数斤为报。黄山谷开玩笑说，右军为换鹅帖，今为换羊书矣（赵令畤《侯鲭录》卷一）。宋室南渡后，苏文解禁，书翰更是人们追寻的宝物；文集也别开大板，以供诵习，非如短书小帙，徒备怀挟。

书法史上，“字以人传”的观念一直深入人心。东坡的同代人沈辽（1032—1085）字睿达，不论是诗歌还是书法都气局不凡，奇秀峭丽。沈括是他的从叔，曾记下他的自负之言。但自视太过也会浇淳散朴，并行伪貌，失去博厚忠诚的气象。东坡评道：“沈辽少时本学其家传师者，晚乃讳之，自云学子敬。病其似传师也，故出私意新之，遂不如寻常人。”又说：“邻舍有睿达，寺僧不求其书，而独求予，非惟不敬东家，亦有不敬西家耶？”更是意味深且长矣。沈辽的书法有数件传世，有一通信写于波浪纹笺，名曰《动止帖》，现藏上海博物馆，笺色淡洁微亮，历经千年而匀整净美，洵数第一，堪称笺王（梁颖《说笺》）。观览他的作品，倒是这张笺纸更吸引得我们心摇神动，敌的上米友仁《云山得意图》（台北故宫博物院藏）的那纸微云长幅。

周公谨（1232—1298）《云烟过眼录》记黄山谷书简云：“花四枝，漫送余春，尚可赏否？戴花人安否？”周氏评曰：前辈风流可想也。陈玉田说：“此信十六字，读之芬人齿颊，字字可作诗材。”其笔墨更是摇曳落花，言事轻轻，而风谊洒洒。

蔡君谟一帖云："梅三、马五、蔡大，皇祐壬辰中春寒食前一日，会饮于普照院，仲涂和墨，圣俞按纸，君谟挥翰。"（张世南《游宦纪闻》卷九）梅三即梅尧臣（1002—1060），字圣俞，马五即马遵（1011—1057），字仲涂，蔡大即蔡襄（1012—1067），字君谟，都是北宋的一等名流。三人合作，焕为短札，三十五字，字字风雅。

南北朝时期，品评书法的风气非常盛行，人们普遍认为，一个人的性格和气质都能从字迹上推断出来。《古今书评》是南朝的袁昂（461—540）奉敕评论书法家的报告，其实，我们不论阅读得多么仔细，都无法根据他的评语想见那些作品的面貌，但它们的神情意态却随形落纸，鲜活得风采闪动：

王右军书如谢家子弟，纵复不端正者，爽爽有一种风气。
萧子云书如上林春花，远近瞻望，无处不发。
陶隐居书如吴兴小儿，形容虽未成长，而骨体甚骏快。

用象喻的笔法，袁昂一连气品评约三十位书家，他把中国人的艺术心灵写得如天花飘空，明漪在水，英姿斐斐，采采成文。

那时，书法家似乎率意落笔，即见风云变幻，花草精神。品评的方式也只有到了楷则备极、径路分明之后，才转移了用心。特别是明清两代，评泊的言语日趋具体、直截，我们不必深求"书法三言"《寒山帚谈》《钝吟书要》那样的长笺大幅，只漫引一段恽南田与他的表兄名复始者的围炉闲话，风气就可触可掬了，他们议论起董其昌说：

承公孙子尝与余论董文敏书云："思翁笔力本弱，资制未高，究以学胜。"孙与亲近多年，知之深，好之深矣。其论与余合，非过谬。文敏秀绝，故弱。秀不掩弱，限于资地，故上石辄不得佳。孙子谓其不足，在是；其高超，亦在是。何也？昔人往往以己所不足处求进，服习既久，研炼益贯，必至偏重，所谓矫枉者过其正也。书家习气，皆于此生。习气者，即用力过，不能适补其本分之不足，而转增其气力之有余。而涵养未至，陶铸琢磨之功不足以胜之，是以艺成习亦随之，或至纯任习气而无书者。惟文敏用力之久，如瘠者饮药，令举体充悦光泽而已，不为腾溢。故宁恒见不足，毋使有余。其自许渐老渐熟乃造平淡，此真千古名言，亦一生甘苦之至言，可与知者道也。

恽南田到底是山川襟怀，述精微之事也散散淡淡，且愈淡愈秀，不见敷彩而如江上红叶，又疏落又飘艳。那也是六朝人的本色。

书法自魏晋以来，风格连连丕变，名家际此风会，更踵事增华，借用词论家的话说：风流华美，浑然天成，如美人临妆，却扇一顾，是魏晋人的本色；施朱傅粉，学步习容，如宫女题红，含情幽艳，乃唐人的气象；至于一洗华靡，独标清绮，如佳人倚竹，时簪孤花，则全然宋人的风尚。

布丰［Buffon］（1707—1788）说：*Le style, c'est l'homme*［风格即人］。这种见识，中国书法早有确论。伊墨卿（1754—1815）笔迹流美，得魏晋风神，墨韵所存，“竹叶雨香浓到杯”(《寓楼对酒》)。学者桂未谷（1736—1805）嘉庆元年刊印《缪篆分韵》，特延请他手写一卷，付梓上板，为书增重。他把治学、修身和为政的精严品格，融入书法，人们公认他的隶书创出旷世气魄。嘉庆癸亥岁（1803）九月初七日在鹿门精舍，正值著述意倦，讲论期疏，风日气调，笔砚俱在，他援毫给友人书扇，下笔庄严端悫，连写八如之句：“无私如天地，光明如日月，静重如须弥，深广如大海，无住如虚空，随顺如深水，荣辱如空华，冤亲如梦幻。”字字古趣晶然，如商彝古铁，皆有定位，又像磊落星空，物物俨在。然挹其神采，则孤光徘徊，萧瑟中来，波磔中往往有石纹竹叶。这浩魄雄襟自是三步九迹，玄霜绛雪，熄灭了人生的火气造化出的精洁：

一花开雪后，孤月照宵分；
岁晏玉人至，天高白雁闻。

墨卿先生仕宦历政，不论除恶还是赈灾，绝不流任怠傲；书法的正大、重拙，使一切有情皆志气巍立。纪晓岚（1724—1805）为墨卿题扇曰：“风露夜清，幽花自吐。与淡泊人，结尘外侣。人本无心，花亦不语。月白空庭，寥寥太古。”岩岩气象外，玉蕊千花，极隽、极淡、极韵，又非我们所能知。

“书为心画”，虽是后人附会之解，但却赅含了书法何以在中国会成为最高的艺术。生活在东汉时期的文学家和书法家蔡邕是早期的一位书法理论家，他的《笔论》开章明义，直接提出心境的问题：

书者，散也。欲书先散怀抱，任情恣性，然后书之；若迫于事，虽中山兔毫不能佳也。夫书，先默坐静思，随意所适，言不出口，气不盈息，沉密神彩，如对至尊，则无不善矣。

与心境相关，人们对文房用具也提出高标准的要求，子邑之纸，仲将之墨，伯英之笔都是有来头的绝世名品。养笔以硫磺酒，养纸以芙蓉粉，养砚以文绫盖，养墨以豹皮囊（《云仙杂记》引《文房宝饰》），保护之细俱一丝不苟。《笔阵图》虽为短章，仅五百五十余字，对顺手的好工具却不惜辞费：

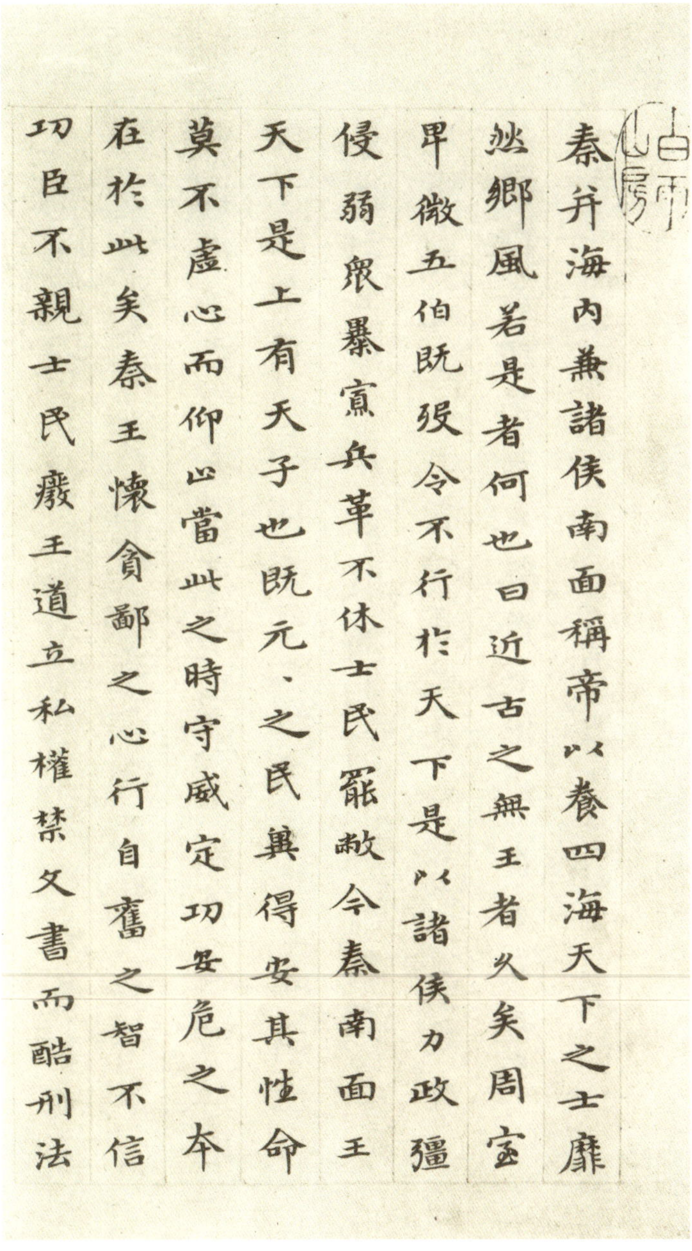

清伊秉绶《节书贾谊过秦论》之一

尺寸不详，年代不详，藏地不详

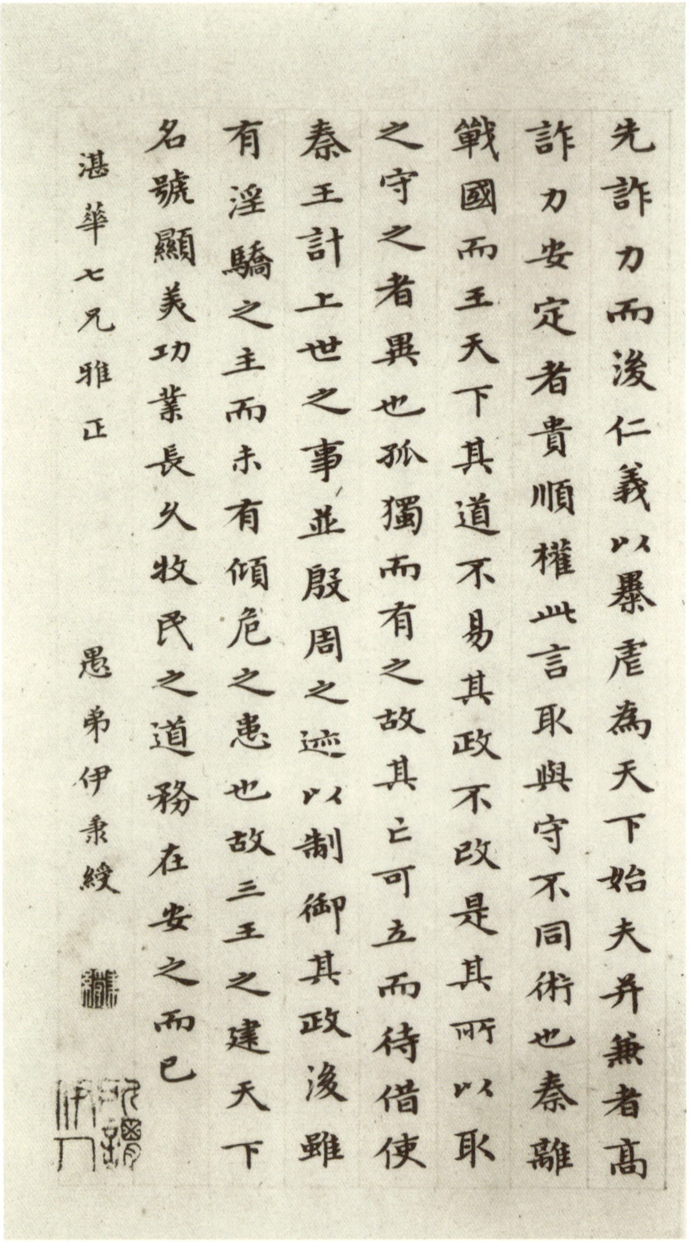

清伊秉绶《节书贾谊过秦论》之二
尺寸不详，年代不详，藏地不详

笔要取崇山绝仞中兔毫，八九月收之，其笔头长一寸，管长五寸，锋齐腰强者。其砚取煎涸新石，润涩相兼，浮津耀墨者。其墨取庐山之松烟，代郡之鹿角胶，十年以上，强如石者为之。纸取东阳鱼卵，虚柔滑净者。

不用说，笔墨的好坏，既能使书画精善，也能叫书画彫疏。柳公权（778—865）为三朝侍书，艺奋神工，时推妙翰，尝求笔于宣州陈氏。陈氏世能作笔，家传有王右军与其祖求笔帖，可见其来头之远。他先与柳氏二管，语其子曰："柳学士如能书，当留此笔。不尔，如退还，即可以常笔与之。"未几，柳氏以为不入用而别求，遂只得常笔。陈氏云："先与者二笔，非右军不能用，柳信与之远矣。"（《文房四谱》卷一）然也有《谢人惠笔书》一帖，传为柳氏手写，他因制笔不佳而略述作笔格论："近蒙寄笔，深慰远情。但出锋太短，伤于劲硬。所要优柔，出锋须长，择毫须细，管不在大，副切须齐。齐则波掣有凭，管小则运动省力，毛细则点画无混，锋长则滋润自由。顷年曾得舒州青练笔，指挥教示，颇有灵性。后有管小锋长者，望惠一一，即为妙矣。"

《旧唐书》卷八十四载，褚遂良非精笔佳墨不书。《朝野佥载》卷三记欧阳通："询之子，善书，瘦怯于父。常自矜能书，必以象牙犀角为笔管，狸毛为心，覆以秋兔毫；松烟为墨，末以麝香；纸必须坚薄白滑者，乃书之。盖自重其书。"陈撰（1678—1758）《玉几山房画外录》亦云："南田先生每以精颖数十管陈几上，稍不中书，趣易之。故其书瘦硬遒逸，别饶风致。"董其昌深于用墨，发议论道："墨之就试也，如吹竽，必一一而吹之；其既用也，如啖蔗，穷委而不厌；其渐尽也，如火销膏而不知；其成功也，如春蚕之作丝而归于乌有。"又说："墨以速朽之材，而当必磨之用，其寿乃有消金玉而铄土石者。"又赞美程君房墨谓："百年之后，无君房而有君房之墨；千年之后，无君房之墨而有君房之名。”他的书法，墨色淡润而能垂华光、现玉精，必得佳墨之助。石涛向称随意，可对材料也是暗暗挑剔，自题画松云：“若翁以香皮广纸索画，知大涤子素喜此纸，人皆不知。”（张锦芳《逃虚阁诗集》卷六）龚贤偶得佳纸，翻来覆去地嘀咕，好不容易打定主意，始敢落笔。他说：

庚申春，余偶得宋库纸一幅。欲制卷，畏其难于收放；欲制册，不能使水远山长。因命工装潢之，用册式而画如卷，前后计十二帧，每幅各具一起止；观毕伸之，合十二帧而具一起止；谓之折卷也可，谓之通册也可。然中间构思位置，要无背于理，必首尾相顾而疏密得宜，觉写宽平易而高深难，非遍游五岳，行万里路者不知，山有本支而水有源委也。是年从二月濡笔，或十日一山，五日一石，闲则拈弄，遇事而辍。风雨晦冥，门无剥啄，渐次增加。盛暑祁寒，又且高阁，谁来逼迫，任改岁时，逮今壬戌长至而始成。命之曰《溪山无尽图》。

此册后归许桓龄，以月给米五石、酒五斛以终其身的代价换得。现藏北京故宫博物院，惜已改装成卷。龚贤费却两年半的心神，可谓呕心至矣。但龚贤还算胆大，而赵孟頫遇到一幅长二丈许、光润细腻、相传四世的古纸，竟迟疑不决，因为：佳纸千辛万苦制来，一笔两笔涂去，字虽不劣，亦怕遽造恶业。只好以短跋毕事。至文徵明，止押字一行（《画禅室随笔》）。盖古纸以其本身之美就是艺术，精好令人不敢漫污。

清代书法家梁同书（1723—1815）《频罗庵遗集》有《笔史》一卷，铭毛颖之功勋，记管城之掌故。沈景修（1835—1899）读而续之，得诗八章，各系小注，刊于《蒙庐诗存》。兹录一过，以觇二百年前制笔之况：

不翁论笔诗篇在，前辈风流逾百年。难得瑯琊传快婿，至今独让贝松泉。松泉归安人，为名手王德昌女夫，尽得其秘。年弱冠，携笔来嘉禾，试之善，名遂噪。乱后开设文元斋笔肆于吴门。所制兔毫，南人无有出其右者。

湘管斓斑古色皆，觐王制法与时乖。五云朵殿亲挥翰，旧物犹传萚石斋。予得曹觐王所制钱萚石侍郎己丑殿试笔，兔毫，管刻侍郎名，古朴粗窳，不类近时人制。初得时尚能作小楷，今不知所在。

曹师（觐王）王弟去侵寻，好事搜罗重艺林。吾乡旧家藏谔廷笔甚多，而觐王绝少。后有洵闻传绝学，一时高价重兼金。予十岁时王洵闻时来吾家，衣冠古处，见人长揖。先师石甫沈先生常购所制，其直昂于他客，而料足工精得未曾有。乱前已不可得。

谔廷肖子真无愧，抉剔毫芒妙入神。被逮似因伤酒德，楚囚梦断霅溪春。王圣祥，谔廷子，所制羊颖用久不敝。予向藏一枝，管色如琥珀，尚能作字，后因被酒到官，瘐死禁中。其子向荣，粗能传其家学，乱后不知所终。

正明其字姚其姓，一种柔毛最擅场。绝忆吴江沈夫子，草芜笔冢吊斜阳。姚树阶字正明，居吴江。先师沈逸楼先生亟称其羊毫之妙，其所用皆姚制。予箧中尚存两枝。

记得苇城某笔工，兔毫枣核笋尖同。阿兄远道一枝寄，助我文坛鏖战功。周韩臣宗师丙辰岁试，月樵家兄为松江府参军，以紫毫一枝见贻，状似枣核，又似笋尖，坚卓圆润，得未曾有，惜管未刻字，不知其姓名。予携此笔入场，得列高等。

玉田声价重京师，剖析真能索细疵。一笑相逢如旧识，琅玕赠我索题诗。李玉田，湖州人，避乱入京师，名大震，每届廷试，必争购其笔。积赀数千金，所蓄书画古玉甚富，论书独具只眼，尝谓慎廷青太史后，惟余可以抗衡，余鲜当意者。以痺疾卒，今三年矣。所制紫毫名圆转如意，真能名称其实。曾手制数枝赠我，乞我作书。

陆（永昌）沈（大昌）当时共有名，东阳继起颇铮铮。可怜贫病面如铁，满腹牢骚死不平。沈汉文，大昌犹子，早岁携笔往来嘉松间，乱后设肆于苏州，所制各种书画笔，迥出时手之上，白眼看人，贫病以死，惜哉。

可近代的纸笔却日渐衰蔽，一些艺术家也越来越觉得选制不当造成的严重后果。吴湖帆写道：

羊毫盛行而书学亡，画则随之，生宣纸盛行而画学亡，书亦随之。试观清乾隆以前书家如宋之苏（轼）米（芾）蔡（襄），元之赵（孟頫）鲜（于枢），明之祝（允明）王（宠）董（其昌），皆用极硬笔。画则唐宋尚绢，元之六大家（高克恭、赵孟頫、黄公望、吴镇、倪瓒、王蒙），明四家（沈周、文徵明、唐寅、仇英），董（其昌）二王（烟客、湘碧），皆用光熟纸，绝无一用羊毫生宣者。笔用羊毫，倡于梁山舟；画用生宣，盛于石涛、八大；自后学者风靡从之，坠入恶道，不可问矣。然石涛、八大，有时亦用极佳侧理，非尽取生涩纸也。

吴湖帆批评的还算客气，黄宾虹就有些疾颜厉色了，他说："石涛未免浮烟瘴墨之弊，开扬州八怪江湖恶习。用笔太快，轻率浮躁之气未能涤净，而学元人又空廓软弱，不能实中虚、虚中实，兼虚中虚、实中实者，皆是笔不能压纸，何况入纸又透过纸背耶？"因用羊毫生宣，不易写出笔触纸如千斤铁柱地的力度。但书道精微却凿凿乎在此，所谓生死毫发间，便是力入纸而气凌虚，以柔毫触起的姿韵风骨。而一幅杰作，正是心境、工具与天地时节相映发的产物。《兰亭序》挥写于风清气和的山水竹木之间，纸用蚕茧，笔用鼠须，遒媚劲健，似有神助。据说，王羲之又写了数十本，而哪一本也不如祓禊时所书。

苏东坡为《蔡君谟书海会寺记》写跋，也是会心于竹林桥看暮山，见人间绝胜处，在驰想中使笔而成的合作。他的《书汪少微砚》说："予家有歙砚，底有款识云：'吴顺义元年，处士汪少微。'铭云：'松操凝烟，楮英铺雪；毫颖如飞，人间五绝。'所颂者三物尔，盖所谓砚与少微为五耶？"而所谓五绝，即心境与工具和谐互美也。

台北故宫博物院藏有一方从星砚，传为东坡故物。砚高 5.6 厘米，长 15.9 厘米，宽 9 厘米，重 1180 克，料为棕黑端石，太史式，池呈一字，正下方有一眼柱，如月，下刻流云。砚背呈抄手样斜面，有六十余眼柱，错落若群星聚语。右侧壁阴行书铭曰：

月之从星时，则风雨汪洋。翰墨将此，是似黑云浮空，漫不见天。风起云移，星月凛然。

笔砚优良，心情佳美，墨光便是月光、星光、云光、雨光，一瞥之下，光芒在纸面上荡漾，转出珠玉般的音响。

然而，虽说书写的工拙关乎工具，但是到了年高手硬、心意闲淡时，再差劲的纸笔也会入微。石涛就打趣说："打鼓用杉木之棰，写字拈羊毫之笔，却也快意一时。千载之下，得失难言。"（《为微五作山水》，四川省博物馆藏）黄山谷崇宁二年（1103）编管宜州，住在上雨旁风都无盖障的破房子，与西邻屠牛之机相直，写字也只能用三钱买极贱的鸡毛笔。可他的大书《范滂传》却给岳珂（1183—1234）形容是："字径数寸，笔势飘动，超出翰墨径庭。"岳珂是岳飞的孙子，述山谷作书的情景自然也在贞劲上用意，信手出笔顿见风棱：

余若著一日携纸求书，山谷问以所欲，拱而对曰："先生今日举动，无愧东都党锢诸贤，愿写范孟博一传。"许之，遂默诵大书，尽卷仅有二三字疑误，二子相顾愕服。山谷顾曰："《汉书》固非能尽记也。如此等传，岂可不熟？”闻者敬叹。

那时山谷五十九岁，心腹臂足早患毛病，可书写却越来越勤，自崇宁四年岁旦，凡风雨寒暑，亲旧往复，以至日用饮食之类，皆系日书之，曰《乙酉家乘》。后百年，《范滂传》为赵忠定所得，宝置巾箧，缙绅题跋如牛腰，嘉定五年（1212）忠定之子崇宪守九江，刻石于郡治四说堂。

元代的高克恭（1248—1310）是与赵孟頫齐名的画家，山水墨竹俱佳，有“无敌”之称。他自题墨竹：“子昂写竹，神而不似；仲宾写竹，似而不神。其神而似者，吾之两此君也。”眼中连赵孟頫和李衎都有轻视意。周草窗出谬纸一幅，请他就破砚、涜僧笔、摩臭胶墨画竹。笔墨纸砚都糟透了。可他以心转境，以酒助兴，竟破例画出一幅杰作。他的跋语说：“赖有红酒一尊，少助浩然之气，故有此君子不可转之妙态。”他似乎太高兴了，恐怕连自己也不敢相信是出于劣纸败笔，赶紧又在跋后添写了目睹现场的证人：“校官仇山村、屠月汀、邓匪石。”

后来，此竹归周草窗的外孙吴子静收藏。顾瑛在编辑著名的《草堂雅集》时收有张翥（1287—1368）的一首七古，咏赞了此事：

高侯画石聊信笔，更著数竹穿云根。
岂知王宰须五日，率尔意到精灵奔。
齐东野人开一尊，想见盘礴须眉掀。
破泓秃颖发光彩，渭川太华相雄吞。
竹如剑拢石虎蹲，浓雨昼�苍烟浑。
淋漓满纸元气湿，尚带当时红酒痕。
只今作者漫纷纷，前辈风流无复存。

君不见寂寞房山云雾里，古苔空卧老龙孙。

有前辈的风雅常留画卷，就是草草岁月，一开匣，一展轴，也是天风吹墨落人间，废笔颓泓香不灭。

心境与工具的因缘相会，构成了创作环境的重要条件。气氛有时佳好，有时坏败，唐代重要的书论著作把它们归为五合五乖：

神怡务闲，一合也；感惠徇知，二合也；时和气润，三合也；纸墨相发，四合也；偶然欲书，五合也。

心遽体留，一乖也；意违势屈，二乖也；风燥日炎，三乖也；纸墨不称，四乖也；情怠手阑，五乖也。

[精神愉快，无事安闲，是一合；答谢惠赠，酬报知己，是二合；时节温和，气候滋润，是三合；纸墨精良，互相映发，是四合；偶来灵感，乘兴挥笔，是五合。

情绪急迫，身体跟不上，是一不合；违心作书，迫于情势，是二不合；风干日燥，天气炎热，是三不合；纸墨不佳，两不称手，是四不合；神情疲倦，手指怠惰，是五不合。]

方薰（1736—1799）《山静居书论》有数则以纸墨相发之合为论，纵说古今纸张的优劣，可作米芾《十纸说》的续篇。唯《书论》不见刻本，传世绝少，因录之以广流传：

《书谱》以纸墨相发为一合，知古人值纸墨不相称亦不能佳，故韦诞用张伯英笔、左子邑纸，卫夫人以东阳鱼子为虚柔滑净，王羲之用蚕茧纸或张永义纸，亦因其流丽便于行笔，后人随纸涂抹而欲为佳书，不亦过乎。

古纸无精粗，非后世纸质可比，不独在年远也。后世造纸着水即腐，粉蜡笺久则如灰。古粉蜡笺历久坚韧，入汤不变色，所恃其质也。

唐世用熟纸，百官志校书郎有熟纸装潢匠八人，秘书监有熟纸匠十人。昌黎与陈给事书曰：送孟东野序一首，生纸写，不加装饰。邵氏后录云：唐人有生纸、熟纸，熟纸妍妙辉光，生纸非有丧不用。

宋时恒用竹纸，近时无有以竹纸为卷轴书者，惟稿书所用，或以价贱，或谓不能久，皆轻忽之。如今所造楮穀岂坚过竹纸乎？至谓学书不可用，以其滑腻易好，久久习惯，遇他纸便不能着笔，不知前人正取其光滑耳。

前人多用熟纸，后人昧其法，如今市肆之纸，捶捣用时，未尝不妙。捶纸法以平砥铺纸五六番于上，用腰鼓槌捶之，上下往来，平匀为度，上层光滑，即换下层，层层转换一色便熟，纵不捶亦须水沁火熨，再三制之，或用小粉清胶淬之。米老说纸大都捶浆为之。

纸张对书画的作用如此，环境就更不可马虎将就了。董其昌常常自警的便是："作书不能不拣择，或闲窗游戏，都有精神处。惟应酬作答，皆率易苟完，此最是病。今后遇笔研，便当起矜庄想。古人无一笔不怕千载后人指摘，故能成名。"

乾嘉女诗人王韵香（1779—1828）精吟咏，善画兰竹，小楷尤别致，人或谓其书工带草，格仿簪花。尝手录柳如是诗稿一册，字极秀美，钱大昕、王昶、麟庆，均为制句，事见《三借庐笔谈》。黄荛圃（1763—1825）嘉庆八年（1803）得《唐女郎鱼玄机诗》宋刻本，遍征题咏，曹墨琴题四绝句打头，王韵香亦题四首，乃有压卷之意。其致金门居士的芳笺数通，最为雅秀，如《灵飞经》之香散兰渚。奚铁生（1746—1803）曾为画《空山听雨图小影》，名流题跋多至百余家。其所撰《清芬精舍小集》卷下为《说竹》四十八则，有潘奕隽（1740—1830）小序，文中关涉事迹者不少，第四十三则云：

小斋与莲座共一天井，窗户洞开，略无蔽障。斋中写字作画，人从窗外观之，颇扰而不静。今年夏命工多插小竹，编篱笆，附以蔷薇月粉，宛如墙垣，而室以静焉。夫室受竹篱藩围而静，竹之有益于室多矣。而人在斋中写竹，或至得意处，久坐谛观，使其如竹之虚，如竹之清，则竹之有益于心更多矣。

她还把《说竹》一则写在鲜明的金笺扇面上，雅雅的小字竟让亮亮的金色翕敛，她写字作画的心境和气氛，自然也是“其静也翕”(《易》系辞上)。陈文述《题韵香楷书真诰》曰：“乌丝细腻琼笺叠，七签书启云珠笈；想见琳窗染翰时，羽衣墨渍灵香湿。”即咏此五合佳境。她的兰金押尾绸缪印、千行密字写珍珠，都是出自与修竹感类徇知、静然欲书的忘言淡宕之中。

前章述及的魏容，与王韵香同时，也是乾嘉间画竹的名家，有《清逸山房竹谱》传世，所作诗文集名《约庵画塍》，有一组专写“笔墨间别有意味，不容勉强”之由，诗未见佳，却是画家写竹五乖的难得文献：

一日写千竿，胸岂有成竹。
涂抹任东西，形神苦拘束。
诚哉杜陵言，能事无迫促。(心遽体留)

偶展红研绫，十指姜芽敛。
心放本难求，隐几又伸欠。

作势欲凌云，如张弩拔剑。（意违势屈）

天与人相成，古来臻绝艺。
如何火坑中，要觅清净意。
安得风日佳，濡毫逞游戏。（风燥日炎）

险麋既已麄，硬黄复不细。
譬彼力田农，钱鎛都失利。
即使苏髯生，亦尠浩然气。（纸墨不称）

尝闻蒙庄云，得心则应手。
暇来对此君，清兴殊无有。
焉能睡梦间，役使蛟龙走。（情怠手阑）

五合五乖之论见于孙过庭的《书谱》，在《续书谱》中归为“情性”。《书谱》可能文有断失，不是完篇，姜夔因有续作，但现存本似非原书。姜夔（1155—1221）字尧章，号白石道人，宋室南渡后的诗家名流，擅吹箫，通音律，词更精妙，以写梅花的自度长调，前人推为咏物的词圣，说他如此大波澜，结句只用“横幅”二字轻轻收归，疏影本意顿化笔墨为烟云。他尤其爱写竹边之梅，与东坡感通：“竹外疏花，香冷入瑶席。”“梅花竹里无人见，一夜吹香过石桥。”都是只合在月明三十六陂、水色渺渺、环佩窸窣中诵读的佳句。他也擅画梅竹，自题笔斗云：“丙辰秋得棕竹笔斗，而刻梅竹于上，以寄文房清兴。”丙辰即庆元二年（1196）。后经文徵明一家三代递藏，辗转入陈莲生手，现藏北京历史博物馆。

白石也是收藏家，所藏《兰亭》拓本极负盛名，桑世昌《兰亭考》记述过四本，骇人心目的《落水兰亭》，落水前即为白石之物，有他写的三通跋语。他自道学书云：“廿余年习《兰亭》，皆无入处，今夕灯下观之，颇有所悟。”书法造诣，殆由此出。廖群玉（？—1275）以陈简斋（1090—1138）、任斯庵、卢柳南及白石四家书为世彩堂小帖，元代鉴赏家陆友《砚北杂志》也称，宋人工于钟法者五人：黄伯思（1079—1118），朱敦儒（1081—1159）、李处权（？—1155）、姜夔与赵孟坚。赵孟坚尤称姜白石精妙过于黄庭坚和米芾。其为时流推重如此。他的传世小楷书《跋王献之保母志帖》（故宫博物院藏），全文计一百零一行，为宋人书中所仅见者。虽洋洋洒洒，却字雕句刻，必以雅正为归，庄静而不促，微妙而耐思；又峻整间微加婉丽，修饰极工而字字有余味，笔致流动着魏晋人神气。陶宗仪（1316—？）《书史会要》说，白石字“迥脱脂粉，一洗尘俗”。列子云：“有色者，有色色者。”殊可移评此帖。

《跋保母帖》动笔于嘉泰癸亥（1203）四月，到了九月方撤简，殆是由于心遽体留，情怠手阑，与作书的气氛不合，才拖拉了几近半年。我们通览那些文字，字字卓立，并点缀映带，不觉其有停锋中断处，直是一脉精神凝结，必是待到神气静定，目光明聚，心暇手稳时写定：大概那是一些天静风细、一帘花影的日子，白石先生墐户闭门，去梯旬日，才落落写出。

白石深研兰亭，撰有《兰亭考》一卷，元时为赵德楙所藏，有号野翁者尝过录。至元二十六年（1289），赵孟頫应野翁之请，特抄写一通，现藏台北故宫博物院。有趣的是，赵孟頫在跋中也专意述说了风埃澒洞中作字不成的心境：

予自少小爱作小字，尔来宦游，无复有意滋事。兼北方多风尘，不宜笔研，而客中又乏佳几，此纸虽出高丽，亦非良品。偶

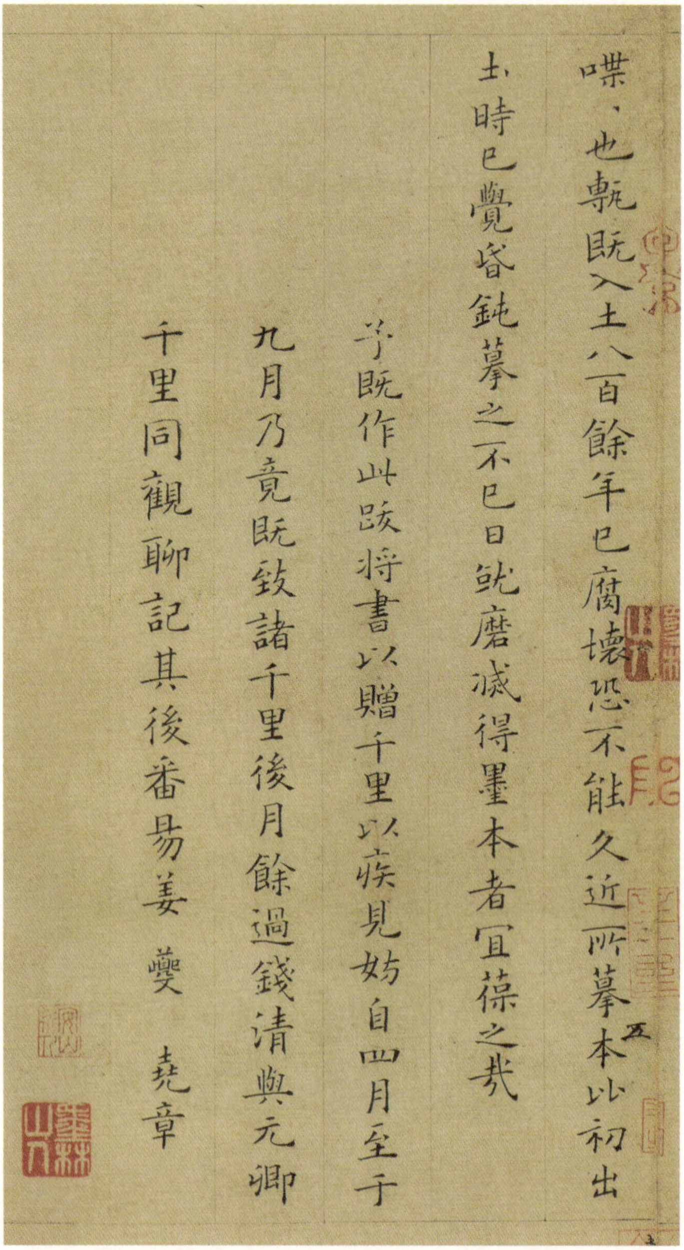

南宋姜夔《跋王献之保母帖》（局部）
31.6cm×708.3cm，年代不详，北京故宫博物院藏

今日雨后，风尘少息，拳曲土炕上，据白木小卓，聊复书此，以应野翁之命，孙过庭所谓乖作者也。

作书时乖违交并，二十年后，他还耿耿于怀："余往时作小楷，规模钟元常、萧子云，尔来自觉稍进，故见者旧以为伪，殊不知年有不同，又乖合异也。"

文人谈乖合，不独书法，例如，戴熙的"作画须得七候"："一、精楮；二、笔与手称；三、色墨净；四、新游山水或新见名迹；五、索画者工赏鉴；六、意兴；七、工夫当不生不熟之际。七候备而后佳构成。"这些条件，最重要的自然是心境。可我们也不必太当真，他们的话有时也仅仅是修辞的游戏。安徽省博物馆收藏的《梧桐竹石图》，上有渐江（1610—1664）的题字："意作高桐幽篠，特纸促不称，二瞻以之覆瓶，甘所愿也，若为存贮，有玷秘笥。"即戏笔。但像渐江这样把套语用得灵化无痕，淡墨短章能挽合作收，也自是翻新。

苏子美（1008—1049）说："明窗净几，笔砚纸墨皆极精良，亦自是人生一乐。"苏东坡也说："遇天色明暖，笔砚和畅，便宜作草书数纸。"如此情境中创作的文人跟作坊[workshop]中制作的艺匠无疑有天壤之别。倘使中国艺术强调"艺之至，未始不与精神通"，那也是与他们创作的条件和环境相协调、相映发的。所谓："写《乐毅》则情多怫郁；书《画赞》则意涉瑰奇；《黄庭经》则怡怿虚无；《太师箴》又纵横争折；暨乎兰亭兴集，思逸神超；私门诫誓，情拘志惨。"（《书谱》）也不是说王羲之非得心神超越才写《兰亭》，情志惨淡才写《告誓》，它们可能都是心境清谧时所书，只是他那样谙熟传统给人的 *similes*[套式]，那样懂得何种媒介适合表现何种情思，以至那些技术知识已化为他的天然手势，这才是他的不可企及之处。如果他醉之以酒，解衣磅礴，也肯定有把

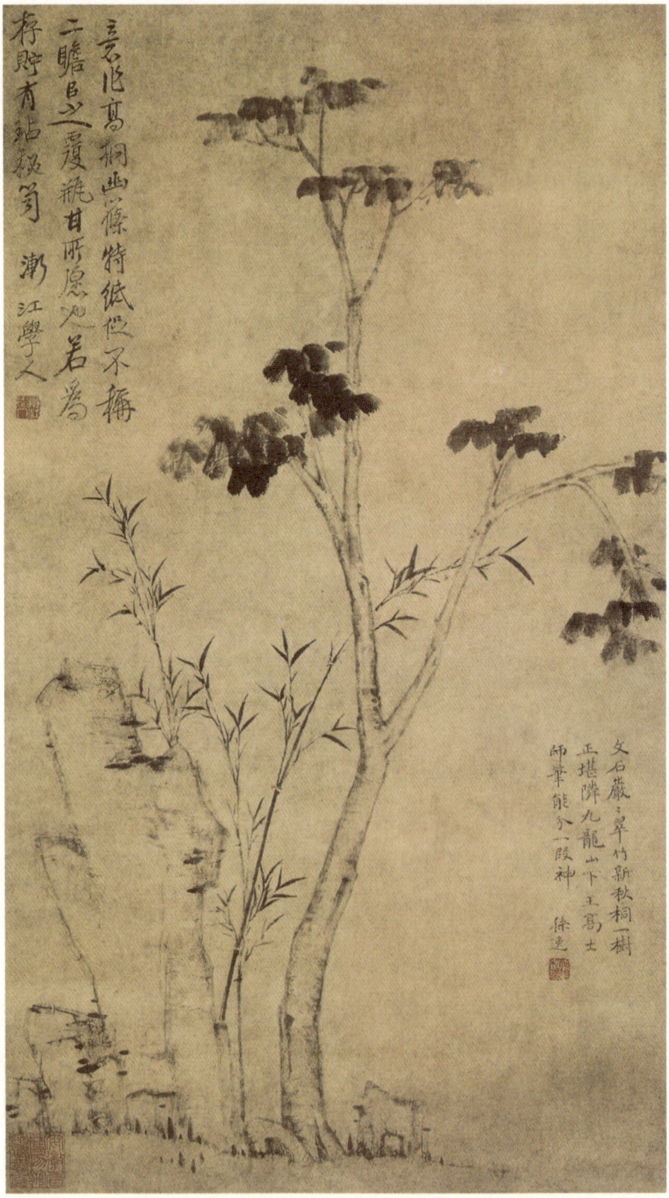

清弘仁《梧桐竹石图轴》，纸本墨笔
56.9cm×32.5cm，年代不详，安徽省博物馆藏

握“猖狂妄行，乃蹈乎大方”［Though this be madness, get there's method in't. *Hamlet*, Act II.Sc.II］：

> Wer Groβes will muβ sich zusammenraffen;
> In der Beschränkung zeigt sich erst der Meister,
> Und das Gesetz nur kann uns Freiheit geben.
> (Goethe, *Natur und Kunst*)
> ［谁想创造伟大，就须精神专一，
> 只有格律方显出巨匠本色，
> 规矩才给人自由生气。］

因此，艺术的精神绝不能简单地理解为艺术家心灵和精神的投射，尽管任何作品都留有艺术家个性的痕迹，却远非艺术的第一义。陈介祺（1813—1884）说：古人之字，有力有法故有神。古人之法，真是力大于身而不丝毫乱用，眼高于顶、明于日而不丝毫乱下，乃作得此等字，所以遒练之至而出精神，疏散之极而更浑沦。又说：浑厚者，真精神至坚至足，至朴至臧；清刚者，真精神至奇至矫至变，不弱不纤。接着又感叹自己，用心用力，聚精会神，不似古人。因此，艺术境界中的精神乃是作品的神采和活力，尤其为获得这些特质而专心如一，摒除杂念的定力和毅力。

这样的艺术精神，古人常常称之为“气”。这是一个难以解释的术语，贡布里希曾建议用 *Tonus* 说明，以其产生于肌肉的一张一弛，既有艺术家肌腱与关节反应的身体运动，又有观者对艺术家心灵状态和注入作品力度的感应。

孙国敉给董其昌写信，赞美他临唐人帖，云：“昔人谓右军书《兰亭》则萧远，书《曹娥》则悲悯，殆寄心于腕也。先生临鲁公，顿欲将鲁公生平秋肃之气，一笔摹出，不独以波磔为工。闻鲁公生前尝遇陶八授刀圭碧霞，遇难后，遂仙去。试问先生走笔时，有蓬勃来笔端者，仙耶人耶？”此短笺八行，波动澜回，激荡颖柱，寓赏得仙气，笔笔皆精彩。文章与书法亦一律也：诗人无山写山，无水赋水，不欢而訔，不戚而哀，心景安丽，下笔乃香甘雪嫩之味，英英生气；书法家也但在点划顾盼间，弥纶其精神，蓬勃出情采，不必悲写碑文，喜写庚帖也。正是为了获得神性的丰采，获得有韵律有活力的线条，书法家才回身在自然中寻求意象，在生命的跃动中捕捉行云流水般的优美和浩然之气。

颜真卿（709—785），唐代的书法大家，他听前辈大师褚遂良（596—659）说，“用笔要像印章印在泥里，要像锥子画在沙上”，起初不能领会。一次行过江边，见沙平地静，偶以利锥画而书之，觉得特别丰峻，特别精神，猛然悟到要如锥画沙般的运笔抒意，才叫出手惊人。

怀素（737—？）曾跟他的表兄弟邬彤学习书法，颜真卿问怀素，他有何秘诀，怀素说：“邬彤的字像弯折的钗股（折钗股）。”颜真卿说：“折钗股哪及屋角雨水漏入的痕迹（屋漏痕）。”怀素听了佩服得五体投地，抱着颜真卿的腿喊道：“奥秘尽给你这老贼说中了。”颜真卿又问：“你有什么秘诀？”怀素道：“我见夏天的云彩变化如奇峰列岫，就学夏云的幻灭无定，得意时又像飞鸟出林。张见墙壁上的裂纹自然，就把‘壁坼’的道理融入书中。”颜真卿也惊叹得呼叫不已。

公元777年（唐大历十二年）怀素书写了《自叙帖》，那是用狂草创造的最惊人的作品，好像灵感倏忽而来，神明接过他的笔，用擘天画地的力量替他写作。他没有事先构思通篇的布局，甚至在搁笔之前，都不知道自己作品的最终风貌：

空山独立始大悟，世间无物非草书。

乾隆八年，方士庶（1692—1751）在《自叙帖》卷后题道："正月十五日大雪如掌，薄暮王遂庵冲寒携此同赏。展卷当窗，光摇银海，正不辨是雪是书，何庸赞叹。"

中国书法家挥笔想创造的就是这种自然的律动，它要靠最敏感的笔意才能表现。如此把书法和自然图像相协调的观念，自从书写进入艺术[writing into art]，就闪耀在古典的书论中：

为书之体，须入其形，若坐若行，若飞若动，若卧若起，若愁若喜，若虫食木叶，若利剑长戈，若强弓硬矢，若水火，若云雾，若日月，纵横有可象者，方得谓之书矣。(蔡邕《笔论》)

类似的比喻在古典书论俯拾皆是，它说明中国古代的一个艺术观念是多么重要和多么普遍，这种观念借自然的丰富韵律锻炼我们的赏鉴眼光，总是把书法和绘画看成一体两面。因此，欣赏一幅书法，我们看到的往往不是它的抽象的"意义"，而是对"图像"的反复谛观，再加上空间的排列，几乎每个字都有视觉化的触目之感。美国诗人威廉斯[William Carlos Williams]（1883—1963）曾利用"空间切断"把一句话析为单字、片语，使每个意象都独立、突兀，具有强烈的视觉性，他如此行事，肯定是厌弃巴洛克时期流行的图形诗[Figure Poet]，借助中国书法的因缘去击词运思的：

Among	在
of	绿色
green	坚挺
stiff	古老
old	明亮

bright	折断的
broken	树枝
branch	中
come	洁白的
white	五月
May	又
Again	回来了

这首题为 *The Locust Tree in Flower* 的小诗不是秀拔之作，然而，它却以异国眼光说明“书画同源”的观念是多么深深植根于中国的文明。靠了它的激励，中国书法家比其他艺术家更深入探索了形式的奥秘，使用的术语富过了任何一国的视觉理论。传为王羲之的书论有这样一段话：

夫临文用笔之法，复有数势，并悉不同。或有藏锋者大，侧笔者乏，押笔者入，结笔者撮，憩笔者俟失，息笔者逼逐，蹙笔者将，战笔者合，厥笔者成机，带笔者尽，翻笔者先，叠笔者时劣，起笔者不下，打笔者广度。

这些术语到底何指，恐已索解乏人。遗憾的是，我们至今仍未认真对待。品味粗糙的时代，尽管艺术家傲然独立，能数行之内总萃大成，只句之间牢笼大雅，却很难体会古人用意的精微。如此再大谈笔墨，想必难合乎古人之心。

古代大师一面俯仰自然的风烟变幻，一面细察形式的纤质幽隐；一面抒以想象性的艺格敷词[*ekphrasis*]，一面述以说明性的直陈[literal statement]；这二者构成中国书法理论的基本内容。《忠雅堂集》卷十四云：“尝谓学书当存松竹之致，极浓密中却极萧疏，纶巾羽扇，是何标韵。”即是说，中国书法只和形象保持着丝缕的联系，但却呈现构图的一切内容，包括偃仰、平直、疏密、大小和欹侧。在文人诗书画一体观念的统摄下，这方方面面又融入中国艺术的一个更高原则。这一原则自六朝以降，特别到宋代，大体上以“韵”的名目综赅贯穿，在《潜溪诗眼》里，范温做过精妙而翔实的论述：

王偁定观好论书画，尝诵山谷之言曰：“书画以韵为主。”余谓之曰：“夫书画文章，盖一理也。然而巧，吾知其为巧，奇，吾知其为奇；布置关阖，皆有法度；高妙古澹，亦可指陈。独韵者，果何形貌耶？”定观曰：“不俗之谓韵。”余曰：“夫俗者，恶之先，韵者，美之极。书画之不俗，譬如人之不为恶。自不为恶至于圣贤，其间等级固多，则不俗之去韵也远矣。”定观曰：“潇洒之谓韵。”余曰：“夫潇洒者，清也，清乃一长，安得为尽美之韵乎？”定观曰：“古人谓气韵生动，若吴生笔势飞动，可以为韵乎？”余曰：“夫生动者，是得其神；曰神则尽之，不必谓之韵也。”定观曰：“如陆探微数笔作狻猊，可以为韵乎？”余曰：“夫数笔作狻猊，是简而穷其理；曰理则尽之，亦不必谓之韵也。”定观请余发其端，乃告之曰：“有余意之谓韵。”定观曰：“余得之矣。盖尝闻之撞钟，大声已去，余音复来，悠扬宛转，声外之音，其是之谓矣。”余曰：“子得其梗概而未得其详，且韵恶从生？”定观又不能答。余曰：“盖生于有余。请为子毕其说。自三代秦汉，非声不言韵；舍声言韵，自晋人始；唐人言韵者，亦不多见，惟论书画者颇及之。至近代先达，始推尊之以为极致；凡事既尽其美，必有其韵，韵苟不胜，亦亡其美。夫立一言于千载之下，考诸载籍而不谬，出于百善而不愧，发明古人郁塞之长，度越世间闻见之陋，其为有包括众妙、经纬万善者矣。且以文章言之，有巧丽，有雄伟，有奇，有巧，有典，有富，有深，有稳，有清，有古。有此一者，则可以立于世而成名矣；然而一不备焉，不足以为韵，众善皆备而露才见长，亦不足以为韵。必也备众善而自韬晦，行于简易闲澹之中，而有深远无穷之味，……测之而益深，究之而益来，其是之谓矣。其次一长有余，亦足以为韵；故巧丽者发之于平澹，奇伟有余者行之于简易，如此之类是也。自《论语》《六经》，可以晓其辞，不可以名其美，皆自然有韵。左丘明、司马迁、班固之书，意多而语简，行于平夷，不自矜炫，故韵自胜。自曹、刘、沈、谢、徐、庾诸人，割据一奇，臻于极致，尽发其美，无复余蕴，皆难以韵与之。惟陶彭泽体兼众妙，不露锋芒，故曰：质而实绮，癯而实腴，初若散缓不收，反复观之，乃得其奇处；夫绮而腴、与其奇处，韵之所从生，行乎质与癯而又若散缓不收者，韵于是乎成。……是以古今诗人，惟渊明最高，所谓出于有余者如此。至于书之韵，二王独尊。唐以来颜（鲁公）杨（少师）为胜。故曰：若论工不论韵，则王著优于季海，不下大令；若论韵胜，则右军大令之门，谁不服膺。……夫惟曲尽法度，妙在法度之外，其韵自远。近时学高韵胜者，惟老坡；诸公尊前辈，故推蔡君谟为本朝第一，其实山谷以为不及坡也。坡之言曰：苏子美兄弟大俊，非有余，乃不足，使果有余，则将收藏于内，必不如是尽发于外也。又曰：美而病韵如某人，劲而病韵如某人。米元章书如李北海，遒丽圆劲，足以名世，然犹未免于作为。故自苏子美以及数子，皆于韵为未优也。至于山谷书，气骨法度皆有可议，惟偏得《兰亭》之韵。或曰‘子前所论韵，皆出于有余，今不足而韵，又有说乎？’盖古人之学，各有所得，如禅宗之悟入也。山谷之悟入在韵，故关辟此妙，成一家之学，宜乎取捷径而径造也。如释氏所谓一超直入如来地者，考其戒、定、神通，容有未至，而知见高妙，自有超然神会，冥然吻合者矣。是以识有余者，无往而不韵也。然所谓有余之韵，岂独文章哉！自圣贤出处古人功业，皆如是矣。……然则所谓韵者，亘古今，殆前贤秘惜不传，而留以遗后之君子欤？”

“美而病韵如某人，劲而病韵如某人。”此以“韵”字论艺，语出东坡题《周子发帖》：“王著临《兰亭序》《乐毅论》，补永禅师、周散骑《千字》皆妙绝同时，极善用笔，使胸中有书数千卷，不随世碌碌，则书不病韵，自胜李西台、林和靖。盖美而病韵者王著，劲而病韵者周越。皆渠侬胸次之罪，非学者不尽功也。”此论当时定为深赏，久行于桑世昌《兰亭考》（1208）卷九，惜不见于《东坡题跋》而杂入乾道麻沙本《类编增广黄先生大全文集》（第四十四卷），后来《珊瑚网》《山谷题跋》诸书因之。或当以范温所言为正。

范温是名臣范祖禹（1041—1098）的次子，秦观（1049—1100）的女婿，又跟黄庭坚学过诗，是苏东坡圈子中的晚辈人。在这一圈子活跃的艺术家，还有苏辙、陈师道（1053—1101）、张耒（1054—1114）、李廌（1059—1109）、米芾、李公麟、晁补之（1053—1110）和晁说之（1059—1129）兄弟，他们也都是邓椿《画继》所瞩目的名流。范温的这些话写于东坡倡导文人画兴起的年代，极力强调诗歌、书法和绘画以韵为统御的原则，映照了那一时代绘画以诗歌为风神、以书法为形质的崭新眼光。竹外有花，神趣自别；竹中见月，画理同参。这种眼光不仅要求韵生于全幅画面，而且要求它贯注于每一次用笔，换言之，词章讲究文字的韵味，而书画讲究笔墨的韵味；它以经济的笔墨唤起未落迹象的景色，使文人绘画与其他绘画具有了根本不同的基础。

不妨说，它重新解释了文史大家萧子显《南齐书·文学传论》（文章者，放言落纸，气韵天成）和中国绘画标准的早期立法者谢赫（约

470—550）《古画品录》所要求的“气韵”，这时，“气”之为艺术创造的推动力，必须要以“韵”的高雅形式表现出来。为了实现这一目标，画家尽量把选材控制在有限的范围内，同一画题甚至可以叠年累代的重复。苏东坡选择数竿修竹、几块巨石，挥笔成画，让人像阅读诗篇一样，不论是月夜初静还是新雨迷蒙，都从竹子想象他的人格，还让人觉得它们就像书法家的墨迹一样，其中的简单韵律也永远值得欣赏。然而，这外观上的寥寥几笔，却要求高度的内心专注以进入无我无为的自然境界，又要求长期挥毫不止以积蓄深厚的功力，在片刻之际体现出艺术家的平生经验——文人画的博大内涵既建基于这种单纯天性的自发流露，又建基于社会阅历的丰富容量，这简直像个悖论。实际上，文人画的历史就是不断调解这一悖论张力的历史。

二

中国画竹的历史，可以追溯到南北朝，现存的早期实例有敦煌的初唐壁画、1971 年陕西发掘的唐章怀太子李贤墓壁画、1972 年新疆吐鲁番阿斯塔那 187 号墓出土的屏风画残片等等。于邵（约 725—806）绘《松竹图》并撰《进画松竹图表并颂》，是为唐德宗寿辰而作，时间约在八世纪后期。到了宋代，《宣和画谱》已列墨竹为独立的门类，但洎乎元代，墨竹才兴盛到顶峰，这也许就是现存的元画中墨竹占据显豁地位的原因。当时的画竹大师李衎在《竹谱详录》讲述了画竹的早期历史：

盖自唐王右丞、萧协律、僧梦休、南唐李颇、宋黄筌父子、崔白兄弟及吴元俞，以竹名家者才数人；右丞妙迹，世罕其传，协律虽传，昏腐莫辨，梦休疏放，流而不反，自属方外。黄氏神而不似，崔吴似而不神，惟李颇形神兼足，法度该备，所谓悬衡众表，龟鉴将来者也。

墨竹亦起于唐，而源流未审。旧说五代李氏描窗影，众始仿之。黄太史疑出于吴道子。迨至宋朝，作者浸盛。文湖州最后出，不异杲日生堂，爝火俱息，黄钟一振，瓦釜失声。豪雄俊伟如苏公，独终身北面。世之人苟欲游心艺圃之妙，可不知所法则乎？画竹师李，墨竹师文，刻鹄类鹜，余知愧矣。

画竹即勾勒设色竹，墨竹即水墨写意竹，它们分别以李颇和文湖州为宗师，这是李衎为后人指示的两种绘竹途径。

李颇为南唐画家，专攻画竹而不习他技，作品在《图画见闻志》和《宣和画谱》中有著录，仅传的《风竹图》不一定是真迹，他的亲笔大概只能通过文字转见。

唐代兴起的雪竹，或可归入画竹一系，米芾《画史》记录僧梦休的雪竹说："余以范宽图易僧梦休雪竹一幅。巨石倒影，下落叶数片，浮水上，旁一枯木亦倒影……今蔡胜道有六幅，长丈余，奇甚，大屋梁方可挂，森森如坐竹下。"读此可知当时雪竹图的气势。"倒影"一词亦需注意，是早期画影子的实例。而传为徐熙的《雪竹图》（上海博物馆藏）似可看作介于画竹与墨竹之间的范本。

李颇一系的画竹，本书从略。但是还有一轴巨幅值得一述。其图为绢本双勾竹，画竹数竿，立地挐云。若看笔墨，似不足道。但以西人 design 的眼光来看，构图得欹侧揖让之矩还只是大略，绝妙处全在细部的描绘，好像作者受了素描法的训练，画出的细枝和出芽，跟在自然中对竹写生得来的一样。这轴大竹出自明代中期一位年轻女子之手更是难遇，画面左下方楷书五律一首，款曰："成化十年（1474）春正月起蛰日祁守端写并句。"祁守端（1445—1476）系文林之妻，文徵明之母，裱边钱载题跋称她："明文温州名林，

明祁守端《春雨修篁图轴》，绢本设色

176cm×86.5cm，1474年，私人收藏

安人祁氏，名守端，工诗善画，沈石田所称今之管夫人也。”

论墨竹，也与一位夫人有缘，据说始于五代李夫人的描摹窗影。因影画竹或为首创，但以为墨竹之始则绝不可信，李衎已有明辨。又传南朝宗测（？—495）“乐闲静，好松竹，尝见日筛竹影上窗，以笔备描之”，更是无从考索。梅圣俞《宛陵集》记许昌卢娘画竹，倒可一见早期墨竹消息：“许有卢娘能画竹，重抹细拖神且速。如将石上萧萧枝，生向笔间天意足。战叶斜尖点映间，透势虚黏断还续。粉节中心岂可知，淡墨分明在君目。”诗约写于庆历五年（1045），或为李夫人之流亚，文湖州之先声。

文湖州即文与可。收藏在台北故宫博物院的《墨竹图》，是他传世的几幅作品中公认的唯一真品，也是我们能见到的最早的墨竹极品。画家截取一段悬崖垂竹，以动人的构图展现它的优美，用浓淡不同的墨色撇出竹叶，逆见错出，不相浸溶，表现出它们正反向背、随枝丛生的姿态。画家落墨准确，使笔自上而下，既不狂烈，也不迟滞，有飞白处也不修饰，保留着笔法的自然韵味。整幅画气势磅礴，印刷插图的视觉效果大为失色：

盖胸中所得，固已吞云梦之八九。而文章翰墨，形容所不逮，故一寄于毫楮，则拂云而高寒，傲雪而玉立，与夫招月吟风之状，虽执热使人亟挟纩也。至于布景致思，不盈尺而万里可论，则又岂俗夫所能到哉。

此论见于《宣和画谱》的墨竹叙，不像出自蔡京父子之类的口吻，倒像是苏门学士站在文与可的墨竹前即兴挥写的心中感受。这幅中国绘画史上里程碑的巨作，不仅代表着墨竹画法的典范，也标志着文人画的兴起。就像东坡《枯木怪石图》的枝干虬屈无端倪如胸中盘郁一样，《墨竹图》也以竹干曲折，末端翻仰而上，屈伏

北宋文同《墨竹图轴》，绢本墨笔，131.6cm×105.4cm
年代不详，台北故宫博物院藏

之中枝掀叶举，似有隐隐幽意，让人想见其屈而不挠的风节。

文与可的墨竹在画竹史上俯视百代，与可也几乎成为墨竹的代称。他的墨竹至少有两项创举在当时就为人所重，一是以铦利之笔写竹叶，用笔圆劲，实按虚起，一抹便过，不使其钝厚；一是以浓淡之墨定向背，“以深墨为面，淡墨为背”（米芾《画史》）。这种画风影响深远，不必尽如赵秉文（1159—1232）所议，只限于写真一派，它也是后世一切墨竹依据的典型。

文与可的艺术造诣，大概还不单单限于竹石，很可能他也拓展了墨竹画的形式，把墨竹带进山水大轴。恽南田说，他曾见与可《修竹远山卷》，宋思陵题曰《晚霭横看》。黄山谷大书于后，说它潇洒尤似摩诘而工夫不减关仝。王叔明作《修竹远山》，称此卷笔力不在郭熙之下。王石谷也说三十年前见过此图，至今犹往来于怀，因用其法画寒林，落笔健举。《珊瑚网》卷二记录更详，汪砢玉（1587—？）说：

壬戌之秋，程季白飞霞舫成，招李君实及珂雪与余集舫中，看新得汉玉图书约三百方，因示文同画卷，曰《晚霭横看》，君实题其后，用东坡思无邪斋章钤记。余共珂雪各印诸玉作谱。娄东朱锦春拨阮，夺落叶响，吾辈无暇听也。归而思此图，树瘦于竹，艇小于叶，遥山远水，层出林端，暮烟凝霭，掩映亭阁，画中人应尔横看无尽，意跃跃焉。东坡尝称与可下笔兼众妙，而不言其善山水。乃山谷于吴君惠处见文湖州《晚霭横看卷》，兼有王摩诘、关仝笔力。世仅以洋州竹一派称之，何足以尽石室？

可惜此图当今不知流落何许，上海魏氏所藏绢本长卷，画法宗李郭，乃明人临仿之作。其实他的传世真迹元代已难得一见，即北宋也有不辨真伪者，米芾《画史》记黄庭坚的姨母南昌县君李夫人云："朝议大夫王之才妻南昌县君，李尚书公择之妹，能临松竹木石画，见本则为之，难卒辨。文与可作横绢丈余着色偃竹以贶子瞻，南昌过黄州借得，以效临之。后数年，会余真州，求诗，非自陈，不能辨也。"难怪百年后大鉴赏家汤垕（约1262—1332）说他看过的三十五件墨竹，竟有三十本是伪作。李衎漫游南宋故都，所见十余幅也几乎都为赝迹。另一位鉴赏大家柯九思虽然寓目更多，"所见不啻数百卷，但真者仅十余耳"。因此，倘若我们不甘愿满足一知半解，想看到更鲜明的历史画面，苏东坡记录的文与可轶事，就决不能错过，他以戋戋小事写风雅动人之情，于怀人伤世之际，还让我们用幽默眼光看待不尽如人意的一切。那些情味，平实说出，却写得振古绝色：

与可画竹，初不自贵重。四方之人持缣素而请者，足相蹑于其门。与可厌之，投诸地而骂曰："吾将以为袜材！"士大夫传之，以为口实。

及与可自洋州还，而予为徐州。与可以书遗予曰："近语士大夫：'吾墨竹一派近在彭城，要往求之。'袜材当萃于子矣。"书尾复写一诗，其略曰："拟将一段鹅溪绢，扫取寒梢万尺长。"予谓与可："竹长万尺，当用绢二百五十匹。知公倦于笔砚，愿得此绢而已。"与可无以答，则曰："吾言妄矣！世岂有万尺竹也哉？"予因而实之，答其诗曰："世间亦有千寻竹，月落庭空影许长。"与可笑曰："苏子辩则辩矣！然二百五十匹，吾将买田而归老焉。"因以所画《筼筜谷偃竹》遗予，曰："此竹数尺耳，而有万尺之势。"

筼筜谷在洋州，与可尝令予作《洋州三十咏》，《筼筜谷》其一也。予诗云："汉州修竹贱如蓬，斤斧何曾赦箨龙。料得清贫馋太守，渭滨千亩在胸中。"与可是日与其妻游谷中，烧笋晚食，发函得诗，失笑喷饭满案。

元丰二年正月二十日，与可没于陈州。是岁七月七日，予在湖州曝书画，见此竹，废卷而哭失声。昔曹孟德《祭桥公文》有“车过”“腹痛”之语，而予亦载与可畴昔戏笑之言者，以见与可于予亲厚无间如此也。

文同卒于赴湖州上任的途中，因此人称文湖州。湖州也称吴兴，三国时吴国黄武五年（226）置吴兴郡，治所即湖州，隋仁寿二年（602）废吴兴郡，置州治，又取名湖州。这里古来就是潇洒之郡，王羲之和王献之都做过吴兴太守。颜真卿也当过湖州刺史，在任上书写的《石柱记》载其山川古迹颇详，惜岁久残断，唯存三县。颜真卿的朋友张志和（约730—810）在吴兴西南的西塞山隐居，一曲《渔歌子》，把云影水色吹满一山花树，也吹响了南方水墨画的序曲。张志和的朋友陆羽（733—804）行迹遍江南，尤爱湖州，他闲居在湖州的妙喜寺，撰成《茶经》。

湖州也是赵孟頫（1254—1322）的家乡，是他艺术活动的主要地方。在那里他与才媛管道昇结为夫妻。管道昇（1262—1319），字仲姬，封魏国夫人，中国文人画史画迹上有名姓传世的女画家她可能最早（上海博物馆藏北宋艳艳女史花卉长卷，吴湖帆定为真迹，或为胡积堂《笔啸轩书画录》所载者；日本藏金代宫素然《昭君出塞图》手卷；但俱非文人画）。收藏在台北故宫博物院的《烟雨丛竹图》（或称《万竿烟霭图》《竹林泉绕图》）虽有争议，但我们特别希望是她的真迹。那幅画美妙绝伦，似乎是有意消减赵葵（1186—1266）《杜甫诗意图卷》的迹象，用楮纸而不用绢素，用皴擦而不用渲染，中锋淡墨，叶皆上趯，使丛竹更迷人，更富于诗意，更得大自然的气息。微茫处尤见神采，直如荒江秋月，纷纷散作出尘之思。她创造的叶长竿细、画竹不分节、以浓淡分远近的竹篁，教最有眼力的鉴赏家为之倾倒：

元管道昇《烟雨丛竹图卷》，纸本墨笔，23.1cm×113.7cm，1308年，台北故宫博物院藏

淡墨细竹，沙渚遥浦，其间烟雾横迷，万玉幽深，茫茫有渭川千亩之势；坡陀皴法，大类松雪，布景一派，平远天真。（安岐《墨缘汇观》）

这样一种崭新的墨竹境界，画出了千里江山寒色远，竹烟深处泊孤舟，笛在明月楼的南国清秋，正契合赵孟頫心意中的清古萧闲。赵孟頫也是一位画竹的大师，与管道昇相比，他的墨竹更有力表现了书法的笔意之美，好友虞集《子昂墨竹》赞云：

吴兴画竹不欲工，腕指所至生秋风。
古来篆籀法已绝，止有木叶雕蚕虫。
黄金错刀交屈铁，太阴作雨山石裂。
蛟龙起陆真宰愁，云暗苍梧泣湘血。
吴兴之竹乃非竹，吴兴昔年面如玉。
波涛浩荡江海空，落日年年照秋屋。

诗中说赵孟頫以萦纡曲折的九叠法和颤掣紧劲的金错刀法写竹（北宋嘉兴画家唐希雅妙于画竹，已开用金错书入画先例），盖以古意创格。赵孟頫也有一首著名的小诗，声明艺术的主张：

石如飞白木如籀，写竹还于八法通。
若也有人能会此，方知书画本来同。

此诗重题于《秀石疏林图》（北京故宫博物院藏），可能也是对他的忘年友柯九思的回应，柯九思说自己的画竹是：

写干用篆法，枝用草书法，写叶用八分法或用鲁公撇笔法，

元赵孟頫《窠木竹石图轴》，绢本墨笔
99.4cm×48.2cm，年代不详，台北故宫博物院藏

元赵孟頫《秀石疏林图卷》，纸本设色，27.5cm×62.8cm，年代不详，北京故宫博物院藏

木石用金钗股、屋漏痕之遗意。

这些言论都不是修辞性的比喻，而是认认真真表达出的画论，是赵孟頫周围文人画家的共同见解（邵宏《赵孟頫题画诗英译辨析》）。他们不但自己付诸实践，而且还回望历史，在景致崇深中向前人致意。

日本京都有邻馆藏有墨竹史上的另一幅里程碑名作《幽竹枯槎图》，是金代艺术家王庭筠传世的唯一画卷。王庭筠（1151—1202），字子端，号黄华山人，河东人，为米芾甥。传载：书法沉顿雄快，与南宋诸老各行南北；古木竹石，则远逼古人，胸次在米芾上。《幽竹枯槎图》为宋纸本，水墨写枯树一枝，络以藤蔓，旁倚幽竹，作者自题曰：

黄华山真隐，一行涉世，便觉俗状可憎；时拈秃笔作幽竹枯槎，以自料理耳。

题记作九行行书，笔法洒落，一种风流气骨奕奕而发。后幅有鲜于枢（1246—1302）、赵孟頫、袁桷（1266—1327）、汤垕、龚璛（1266—1331）、康里巎巎（1295—1345）诸家跋语。鲜于枢题曰：

右黄华先生幽竹枯槎图并自题真迹。窃尝谓古之善书者必善画；盖书画同一关捩，未有能此而不能彼者也。然鲜能并行于世者，为其所长掩之耳。如晋之二王，唐之薛稷，及近代苏氏父子辈，是以书掩其画者也；郑虔、郭忠恕、李公麟、文同辈，是以画掩其书者也；惟米元章书画皆精，故并传于世；元章之后，黄华先生一人而已。详观此卷，画中有书，书中有画，天真烂漫，元气淋漓，对之嗒然不复知有笔矣。二百年无此作也！古人名画非少，至能荡涤人骨髓，作新人心目，拔之污浊

金王庭筠《幽竹枯槎图卷》，纸本墨笔，38cm×69.7cm，年代不详，日本京都藤井有邻馆藏

之中，置之风尘之表，使之飘然欲仙者，岂可与之同日而语哉！大德四年上巳后三日，晚进渔阳鲜于枢谨跋。

题语写于大德四年（1300），翌年，倪瓒出生，钱选辞世。其时，文人画已成宰摄画坛之举。此前，李衎正总结文苏的墨竹遗产，撰写《竹谱详录》，赵孟頫则据米芾《画史》“高古”的寄托，提出“古意”的理论，这些都是元代绘画史的赫赫触目之事。他们在旧时的月色中看到秋河洩天，俨若可采之处，鲜于枢的跋语也闪耀着勘磨画史的晶光，让我们回到黄山谷生活的岁月。

山谷论南唐后主李煜（937—978）画勾勒竹曰：“世传江南李主作竹，自根至梢极小者一一勾勒，谓之铁钩锁。自云：惟柳公权有此笔法。”《次韵谢黄斌老送墨竹十二韵》又云：“古今作生竹，能者未十辈。吴生勒枝叶，筌寀远不逮。江南铁钩锁，最许诚悬会。燕公洒墨成，落落与时奋。规模转银钩，幽赏非俗爱。”论东坡的枯槎丛竹也说：游戏管城子楮先生之间，如印印泥，霜枝风叶先成于胸次，乃草书三昧之草裔者，运斤成风之手者（《东坡居士墨戏赋》）。南宋赵希鹄《洞天清禄集》“古画辨”也发挥说：

画无笔迹，非谓其墨淡模糊而无分晓也，正如善书者藏笔锋，如锥画沙，印印泥耳。书之藏锋在乎执笔沉着痛快，人能知善书执笔之法，则知名画无笔迹之说。故古人如孙太古，今人如米元章，善书必能画，善画必能书，书画其实一事尔。

这些文人要求画法与书法统一，要求笔墨的描写作用[descriptive function]与表现作用[expressive function]和谐为一体，以心手相应达乎粲然成象，绘事亦遂成写意。姜特立（1125—1192）有几句小诗，写此挥洒之趣：

写竹如草书，患俗不患清。
画梅如相马，以骨不以形。

汤垕豁然得其立言之旨，他说：“画梅谓之写梅，画竹谓之写竹，画兰谓之写兰，何哉？盖花之至清者，当以意写之，不在形似耳，陈去非云：意足不求颜色似，前身相马九方皋。其斯之谓欤？”

我们看赵孟頫的《秀石疏林图》，他以草书的笔法写秀石，以篆书的笔法写秋树，以真行的笔法写幼竹，一如王行（1331—1395）的跋语所说“每向诗中见画，今于画里见书”。

与《秀石疏林图》的行笔苍健不同，柯九思《清閟阁墨竹图》（北京故宫博物院藏）从另一路展示书法的意趣，他以浓墨提醒的重节法画竹节，以浓淡交互的燕尾法画竹叶，以干笔中锋画竹干，落笔文雅，含毫渊如，清气袭人处，墨薄如纱，若不用力而力在其中，无一点矜能虚矫之气，以柔嫩写出刚劲。他的画法更接近文同，更着意枝干的圆婉篆意和撇叶的鲁公楷隶。赵孟頫和柯九思都是集书法家、画家和鉴赏家于一身的艺术大师，由于他们身体力行，刻意以书法写墨竹的情趣很快形成，一些元人论画的诗句反映了那种眼光：

绝爱监书柯博士，能将八法写疏篁。（杜本评柯九思）
虎头孙子顾参军，八法纵横写墨君。（程钜夫评顾安）
以笔写竹如写字，何独钟王擅能事。（方回评李衎）

书法入画的趣味最终在整个绘画中传开，成了一切文人画的普遍原则。这是墨竹在中国绘画史上的最紧要之处，它以“写”为画的观念极力发挥书法的力量，创造出一个崭新的绘画世界：

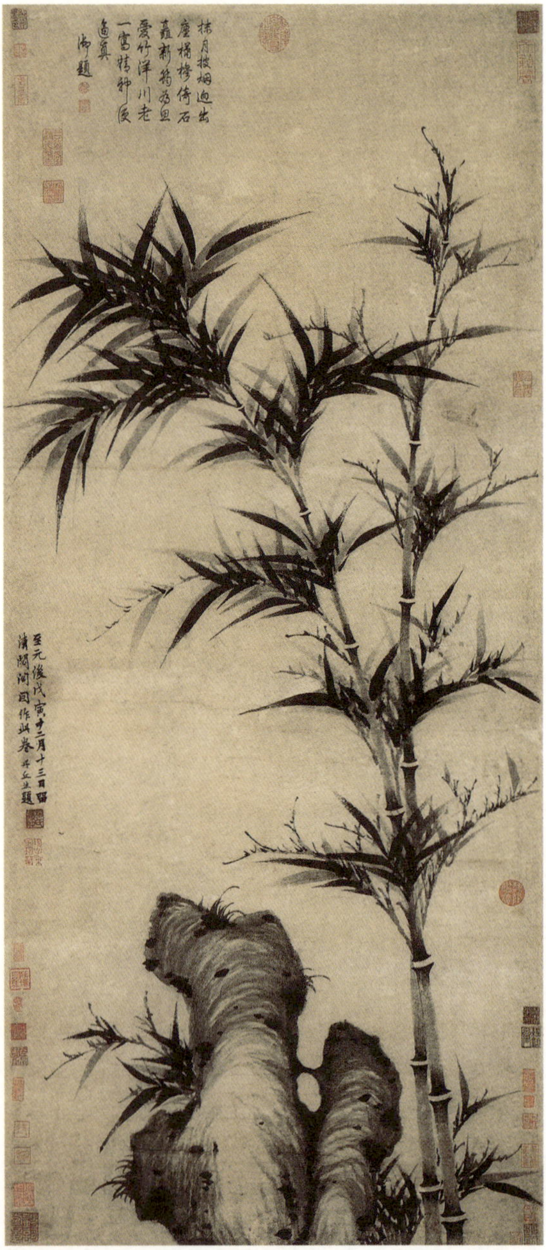

元柯九思《清閟阁墨竹图轴》，纸本墨笔
131.8cm×58.5cm，1338年，北京故宫博物院藏

There is a dark
Inscrutable workmanship that reconciles
Discordant elements, Makes them cling together
In one society…
[有一种暗黑的
不可思议的技艺在调解
不协和的成分，使它们紧聚于
一个社会……]

以至清代王椒畦（1754—1832）极力强调说："六法只一写字尽之。"并引王石谷语："有人问如何是士大夫画？曰：只一写字尽之。此语最为中肯。字要写，不要描，画亦如之，一入描画，便为俗工。"（《山南论画》）但是，要写出心中意，得其真放精微，少说也得二十年静力，方能厚聚深培。

平时，文人们摆弄文字摆弄的妙语连珠，可真要看出字中的景致，看出画中的笔致，着实不易，做起来就更难了。连吴镇画《竹石图》（台北故宫博物院藏），时年已经六十七岁，题款中劈头还是："梅花道人学竹半生。"白石翁也自道甘苦言："十年种树成林易，画树成林一辈难；直到发亡瞳欲瞎，赏心谁看晓晴山。"（《乙丑春二月十又二日为筱庄先生画并题》）此种工夫，乃大精神，绝非神短气浮者所能办。

绘画到了这等境域，墨法也随时而代。沈曾植观察此点最细，持论亦入微，其曰："墨法古今之异，北宋浓墨实用；南宋浓墨活用；元人墨薄于宋，在浓淡间；香光始开淡墨一派；本朝名家又有用干墨者。大略如是。与画法有相通处。自宋以前，画家取笔法于书。元世以来，书家取墨法于画。"（《菌阁琐谈》）

在这书画融通的风气中，柯九思为了金针度人，也画了一部竹谱。就像宋伯仁的《梅花喜神谱》（宋景定二年金华双桂堂刻本，上海博物馆藏），他也从各种角度描绘竹的形态，包括全竿、嫩根、弁鞭、新枝、枯枝、风枝、雨叶、老叶、茂叶等等，每幅都以寥寥几笔画出图式，简明扼要，颇便初学。不过，作者的用意却落实在书法入画的基本练习，例如他在晴叶破墨法的图旁题曰：“此法极难，非积学之久不能到。”又说：“凡踢枝当用行书法，古人能书者惟文苏二公。”

后代的画家中，钱葎石（1708—1793）深得柯九思真意。尝见枫江书屋所藏钱氏《秀石丛竹图》，款题“己酉初夏秀水八十二老人钱载写于百福巷之宝泽堂”，幅作立轴，但以水墨写细篁风神，疏风淡日中有种几欲画出色彩的感觉，令人恍对满溪浅碧，半空残红。宋庠（996—1066）《致政张郎中惠亲画墨竹二帧，以诗为报》云，“俗眼莫惊无藻丽，岁寒颜色抵琼瑰”，可移为此幅题咏。而这也是柯九思的用笔幽洁处。

与柯九思《画竹谱》一脉相承，吴镇（1280—1354）的《竹谱》是画家七十一岁高龄给晚侄的画谱，每幅画使笔不多，但仍保留了“每于杂乱中见严密，疾忙中见飘扬”的墨竹特色，每一笔都果断而又自然，每一笔都具有生动感，墨竹在累累草书题跋的辉映下，显出画家把生气注入画笔全都来自平日的书法训练。不论是逆风之竹还是雨霁之竹，都那么适应书写的笔法处理，矩度齐备而又气韵洒然，直接写出中国画的神髓。陈继儒《太平清话》说：“《竹谱》二十幅，在项又新家，其中草书跋语皆得画竹篠法，而画竹又带草书法。”洵透解之论。即使画雪竹，他也一改传统的淡墨烘托法，竿用飞白，叶上积雪用淡墨勾点，以笔意写出雪意，所谓“纷纷苍雪落碧筱”也。若是画雨竹，则必如龚贤所云：“千载之下，独见苍翠欲滴。此在润不在湿，润墨鲜，湿墨死。”

明末的一位大鉴赏家总结宋元画竹的成就，最后写到吴镇即梅花和尚，亦是同样观感：“平生尝见江贯道竹枝沙岸于张翼庵先

元吴镇《墨竹谱册》之十五，纸本墨笔
53cm×68.5cm，年代不详，台北故宫博物院藏

清钱载《秀石丛竹图轴》，纸本墨笔
87cm×35cm，1789年，枫江书屋收藏

生所，用意微茫惨淡，欲有欲无，荒寒历落之趣，如在空江之滨，难以一日留者。又见文湖州一篠，出枯松之根，浓渖如漆，劲利可畏。又于同年王怀我家，得展管仲姬一卷，千梢万叶，逗雨舞风，穷极态度。最后见冯具区先生所藏梅花和尚一叶竹，止作枯丛乱茁，以片玉缀之，更饶清韵。乃知古人笔墨之妙，出入变化于浓淡多寡间，惟占胜场，初无定矩也。”（《紫桃轩杂缀》卷四）

吴镇的墨竹，孙作《沧螺集》赞之极高，明以后，影响更巨，二十世纪的大画家潘天寿（1897—1971）遥接风神，他绘于1954年的《之江远眺图》，画从杭州玉皇山顶西南遥望钱塘江一线，所谓“作近景山水，杂以山花野卉，乱草丛篁，使山水画之布置，有异于古人旧样”，乃探索山水新景之作，然着力处却全在写竹。近景密竹如漆，点拂凝重有力，墨叶后又略施淡墨浅青，水气氤氲，大气磅礴中写出深致的细腻。中景画江水如练，两岸间杂几叶小舟，宛转有致。远景高峰矗起，与近景遥相接应，衬托得数竿墨竹顿有魄力坼地、天为之昂的气势。这一切全以书法的笔力出之，造境奇拔而生气震动。1959年作墨君小幅，虽是画竹，却是写水，题曰：“湘江曲，湘江之水色醽醁。素约瘦多小腰束，眼尾翠添新粉绿，仙之人兮鸣佩玉。”他的学生舒传曦更是充分发挥书写的自由，所作《墨竹册》，画一枝枝�竹，以抽象的笔意造型，融入现代艺术的趣味，写出“非烟非雾一林碧，似雨似晴三径凉”的诗魂。与他的《墨梅册》配在一起，教人艳羡不已：烟耶雨耶，雪耶月耶，但若求索辨，则要以静寂悟参。吴镇画竹长卷尝自题云：“意足不求颜色似，前身相马九方皋。简斋之诗，吾近得之矣。”此陈与义（1090—1138）墨梅诗，而吴镇自评其竹，可知画笔灵妙，梅竹相通。舒传曦的竹梅双逸，深深得此画髓禅意。

吴镇孤高旷简，在穷贱中过着宁静的生活，他以题墨竹的小诗为自己草成一幅肖像速写：“倚云傍石太纵横，霜节浑无用世情。

潘天寿《之江远眺图》
纸本设色，135.2cm×33.6cm
1954年，潘天寿纪念馆藏

舒传曦《风竹图》之一、之二，纸本墨笔

40.5cm×60cm，1994—1997年

若有时人问谁笔，橡林一个老书生。”橡林指他家屋旁的一棵橡树，他的居室“橡林精舍”和他的画竹“橡林法”，都本于此。有一年，他在精舍为倪云林画的《耕云东轩读易图》题诗，一挥笔写下三首绝句，其二曰：

高人相对东轩下，竟日曾无朝市言。
几卷图书几竿竹，天香冉冉泛芳尊。

有意思的是，黄公望也为此图题过字，他们都对倪云林这位晚辈推扬赞叹，存心极仁厚。倪云林（1301—1374）名瓒，字元镇，常州府无锡人，小吴镇二十一岁，小黄公望三十二岁，也是一位画竹的大师，董其昌特别欣赏他的古淡天真。台北故宫博物院收藏有一册《倪瓒画谱》，乃为其甥华子文而作，共九段，画树石竹谱，各系以自识。第三段画新枝、枯干、雨竹，竹叶下垂，乃雨后之景，识云：“写竹切不可求精，精则便有工气。余尝写竹枝，而观者问余为何树。余为一笑。并图于后，不可法也。”乾隆帝在旁批了四字：“此正是竹。”沈颢（1586—？）《画麈》亦引顾谨中题倪云林画曰：“一日灯下作竹树，傲然自得，晓起展视，全不似竹。迂笑曰：全不似处，不容易到耳。”他在1368年给朋友画的《疏竹图》上干脆写道：

余之竹，聊以写胸中逸气耳。岂复较其似与非，叶之繁与疏，枝之斜与直哉！或涂抹久之，他人视以为麻为芦，仆亦不能强辨为竹，真没奈览者何！

这是一段影响中国绘画五百多年的名言，它发展了李公麟看待自己艺术的方式：“吾为画如骚人赋诗，吟咏情性而已。”这也是苏

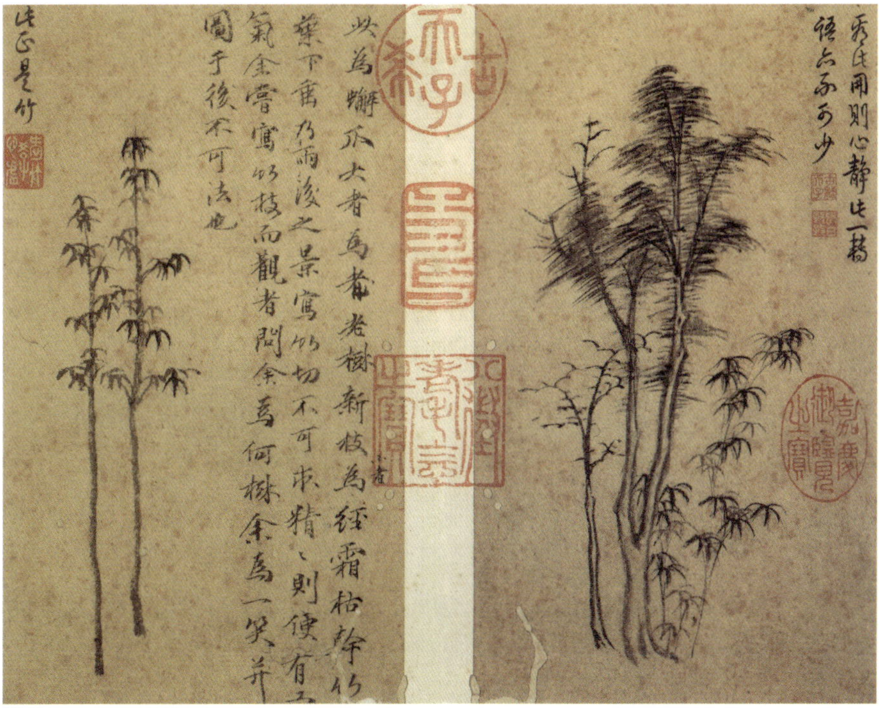

元倪瓒《画谱册》，十开之二，纸本墨笔

23.6cm×14.2cm，1350年，台北故宫博物院藏

东坡之后文人画的又一次宣言，它再次针对形似的准则。云林之前，张彦远、荆浩和苏东坡都批评过纯以形似论画的观念，并逐渐以写意取代。那种写意，董其昌用形象的话述为：“摊烛作画，如隔帘看月，隔水看花，意在远近之间。”恽南田写的更具体：“甚似则近俗，不似则离；惟能通笔外之意，随笔点染，生动有韵，斯免二障。”近人齐白石解释说：画妙在似与不似之间，太似则媚俗，不似则欺世。换言之，画家接受外部视觉世界的引导，但却绝不受它的支配。可倪瓒的观念也许更接近艺术的真髓，它简直让绘画成为一个独立于自然之外的自给自足的世界，一个人们就像沉浸于自然美景中那样也能沉浸于其中的艺术世界。在宗炳（375—443）、王微（415—443）时代，绘画还是自然的替代品，而现在，它仅凭自身的美甚至能比肩于自然。

西方也有人抨击过形似准则，柏拉图早就提醒人们：艺术家模仿的仅仅是形相，是变幻不定的现象世界，是真理的影子之影；而真理的世界，常式永恒，它庄严、凝重、冷静，自有固定的轮廓和不变的法则。因此，柏拉图赞美埃及艺术，它虽不写实，但形式、法规却始终如一。清朝的叶燮（1627—1702）有篇短文，批评垒山为假山之假，似乎也可挂置此处讨论，他说：

余家横山之阳，面九龙诸山，去山趾仅里许，山多石，石磊磊然，异于世所称太湖石者，盖质中有文，藓蚀斑驳可喜也，余于暇日命山中人舁至家中，石大小高下不等，于草堂后独立苍茫室前，盖十余年积垒之而为。山趾可亩有半，高逾三寻，大峰五六，小峰三倍之，有径有坡，有台有岩，有壑有磐。俯有溪，余旦暮晞发濯足其间，足乐也。有客过而诮余曰：甚矣先生之为此山，徒任其意而为，无师之智，不能无讥于大匠也。今夫垒石为山者，必有其道矣；其称能手之最者，曰某某，次者曰某某；其为山也，必曰若者仿倪云林，若者仿黄子久，若者仿黄鹤山樵，若者仿梅花道人，然后为有原本，为有法则，非是则失之矣。今先生之为此山也，率其胸臆，于古人无所仿，于今人无所师，无乃为方家所笑乎？余笑而应之曰：嘻，甚矣，子言之不察也。今夫山者，天地之山也。天地之为是山也。天地之前，吾不知其何所仿。自有天地即有此山，为天地自然之真山而已。乃画家欲图之而为画，窃天地之貌而形之于笔，斯亦妄矣。然亦各能肖天地之山之一体。盖自有画而后之人，遂忘其有天地之山，止知有画家之山，为倪、为王，为黄、为吴，门户各立，流派纷然。夫画既已假而肖乎真美之者，必曰逼真，逼真者正所以为假也。乃今之垒石为山者，不求之天地之真，而求之画家之假，固已惑矣，而又不能自然以脗合乎画之假也。于是斧之凿之，胶之甃之，圬之墁之，极其人力而止。盖其人目不见天地，胸不知文章，不过守其成法，如梓匠轮舆一工人之技而已矣。而可以为师法乎？且吾之为山也，非能学天地之山也，学夫天地之山之自然之理也。自然之理不论工拙，随在而有。不斧不凿，不胶不甃，不圬不墁，如是而起，如是而止，皆有不得不然者。即或不工，亦如天地之不能尽大地之山皆为名山。其不名者非天地之咎。则余为山之不工，亦非余之咎也。然则画者以笔假天地之山，垒石者以斧凿胶甃圬墁假画中之山。彼一假而失其真，此再假而并失其假矣。不益惑乎？今有人于此欲行仁义，当师法尧舜性之之仁义。昔者宋襄公尝行仁义矣，今欲行仁义，舍尧舜不师，而师宋襄之假，可乎？又如周昉之画美人，画美人者必仿昉为极则，固也；使有一西子在前，而学画美人者舍在前声音笑貌之西子不仿，而必仿昉纸上之美人，不又惑之甚者乎？彼垒石者何以异于是。然则今之称为垒石能手而能摹画中之若倪若黄者，且未必肖，尚不得为假画中之山，又焉能假天地之山乎？此则予之所窃笑而不敢师之者也。客乃逡巡而起曰，鄙人囿于象之内，而先生游于象之外者也，乃晓然知所益矣。予乃书其说以予之。(《己畦集》卷三《假山说》)

柏拉图听了这些话，可能会欢呼鼓掌，只是他要明确一句：天地之山摹仿的自然之理乃是理念或常式。不过，中国艺术实际不关心这种哲学，它另有别致的辩证，还往往超越我们日常的议论语言。《容斋随笔》的作者挟古今胜语，放其精思，率先造意说："江山登临之美，泉石赏玩之胜，世间佳境也，观者必曰如画。故有'江山如画''天开图画即江山''身在画图中'之语。至于丹青之妙、好事君子嗟叹之不足者，则又以逼真目之。如老杜'人间又见真乘黄'……以真为假，以假为真，均之为妄境耳。"杨慎（1488—1559）《升庵合集》卷二百零六又重论此意，曰：

慎少时，先师与瑞虹、龙崖二叔父看画，因问二叔父曰："景之美者，人曰似画，画之佳者，人曰似真，孰为正？"慎对曰："元微之有诗云：颠倒世人心，纷纷乏公是。真赏画不成，画赏真相似。丹青各所尚，工拙何足恃。求此妄中情，哀哉子华子。"(《杨子华画》三首其三)龙崖曰："诗亦未见佳。慎，尔可试作之。"遂呈稿曰："会心山水真如画，巧手丹青画似真；梦觉难分列御寇，影形相赠晋诗人。"

没过多少年，李贽（1527—1602）在《焚书》卷五中就接绪而谈：

东坡先生曰："论画以形似，见与儿童邻。作诗必此诗，定知非诗人。"升庵曰："此言画贵神，诗贵韵也。然其言偏，未是至者。"晁以道和之云："画写物外形，要物形不改。诗传画外意，贵有画中态。"其论始定。卓吾子谓：改形不成画，得意非画外。

因复和之曰："画不徒写形，正要形神在；诗不在画外，正写画中态。"杜子美云："花远重重树，云轻处处山。"此诗中画也，可以作画本矣。唐人画《桃园图》，舒元舆为之记云："烟岚草木，如带香气。熟视详玩，自觉骨戛青玉，身入境中。"此画中诗也。绝艺入神矣。吴道子始见张僧繇画，曰："浪得名耳。"已而坐卧其下，三日不能去。庾翼初不服逸少，有家鸡野鹜之论，后乃以为伯英再生。然则入眼便称好者，绝非好也，决非物色之人也，况未必是吴之与庾，而何可以易识？

这些回答不是实证，也绝非故弄玄虚，熟悉中国诗歌传统的人都能从中领悟点儿什么。实际上，半个世纪后董其昌就以类似的方式区分了宋元绘画，他说：东坡有诗曰："论画以形似，见与儿童邻。作诗必此诗，定知非诗人。"余曰："此元画也。"晁以道诗云："画写物外形，要物形不改。诗传画外意，贵有画中态。"余曰："此宋画也。"（见《画旨》，亦见《眉公杂著》）

董其昌嗜古极深，秋水雪船，到处访画。他也不时总结宋元山水画的成就，写成札记，发为高见。他的书法，圆转秀润，平淡处不让古人。入清，康熙皇帝竟亲自下令，规定他的字为科举应试的范本。直到晚清，文廷式（1856—1904）才不客气的说："董思伯书软媚，正如古人所谓散花空中流徽自得者耳；不知何以主持本朝一代风气。""董书通颜赵之邮，惟失之太华美耳。卷折之风不变，固无有能出其上者。"董其昌骨子里是赵孟頫，晚年才略得颜真卿风致，但他以数十年苦心悬想，写书家妙诀，确为艰辛有得之言，对东坡论书诗也尤为会意：

作书之诀，在能放纵，又能攒捉。每一字中失此两窍，便如昼夜独行，全是魔道矣。作书最忌者，位置等匀，且如一字中须有收有放，有精神相挽处。王大令之书，从无左右并头者。右军如凤翥鸾翔，似奇反正。米元章谓大年《千文》，观其有偏侧之势，出二王外。此皆言布置不当平匀，当长短错综、疏密相间也。此是纲宗矣。

书道只在巧妙二字，拙则直率而无化境矣。有墨须使有润，不可使其枯燥，尤忌浓肥，浓肥则大恶道矣。作书须提得笔起，不可信笔，盖信笔则其波画皆无力。提得笔起，则一转一束皆有主宰。转束二字，书家妙诀也。今人只是笔作主，未尝运笔。

作书最要泯没棱痕，不使笔笔在纸素成板刻样。东坡诗论书法云“天真烂漫是吾师”，此一句丹髓也。晋唐人结字，须一一录出，时常参取，此最关要。

董其昌于古人书皆得盘旋玩味，悟入高，抱负亦高，然也谦虚。老友朱国桢问他：“兄书法妙天下，于国朝当入何品？”答曰：“未易言也。”再问曰：“兄自负当出祝枝山上，且薄文徵明不居耶？”董正色答曰：“是何言！吾辈浪得名耳。枝山尚矣，文亦何可轻比？”因举笔写十余文字曰：“着意写此，曾得徵仲一笔一画否？”朱国桢评说：“看来此句是真心话。”

可他内心确有不服意。画山水，更是踌躇满志，深思积想，推敲笔墨的结构，以“论笔”代替吴门的“论理”，创出松江派的独特面貌。他的经验是：“画家以古人为师，已是上乘。进此当以天地为师。每每朝看云气变幻，绝近画中山。山行时见奇树……看得熟自然传神。”

董其昌是画家，是书家，是收藏家，是美术史家，也是山水画的分类学家，一个果断、随意，也许还趁机攘美的分类学家。他着迷南北宗的分类法，即使地域错谬也满不在乎。这一切教他成为中国绘画史上的一位转折性人物。他的确把握住了中国绘画的真义，他的名言："以蹊径之怪奇论，则画不如山水；以笔墨之精妙论，则山水不如画。"是我们理解山水画的指针，只是还须稍稍引申：山光水色，到处绚烂，却不为笔墨而飞；要须笔墨浩浩落落，方偶缘山水而后神。

中国山水画早在九世纪已为独立的画种，到了十世纪，它把中国文人的理想世界，把他们在自然景色中旅行、参与自然的行迹画得深沉高远。因此，欣赏自然，不但不像西方中古时期那样受到道德的排斥，反之，它一开始就是进入高雅生活的表征。白居易在一首《过天门街》的诗中，把眺望山色和环游世俗做了尖锐的对照：

雪尽终南又欲春，遥怜翠色对红尘。
千车万马九衢上，回首看山无一人。

另一首等待朋友游山不至的绝句《期李二十文略、王十八质夫不至，独宿仙游寺》，也直言了人们系恋尘华、陷身毁誉利衰之场而进入高雅生活的不易：

文略也从牵吏役，质夫何故恋嚣尘？
始知解爱山中宿，千万人中无一人。

白居易的山水之好，从幼迨老，未离须臾，以至攒青叠碧于住宅间，他在《草堂记》自述说："若白屋，若朱门，凡所止，虽一日二日，辄覆篑土为台，聚拳石为山，环斗水为池，其喜山水病癖如此。"又题草堂东壁云："喜入山林初息影，厌趋朝市久劳生。"连拜访朋友也不忘风景竹树："闻道移居村坞间，竹林多处独开关。故来不是求他事，暂借南亭一望山。"（《过郑处士》）这拔迹尘嚣、接近自然的深醒意识，教山水画在十一世纪彻底超越了人物画，成为中国绘画的主体。

汤垕认为，在五代宋初兴起的几位大师把山水画推向高峰，其中，董源、李成、范宽最英拔。“董源得山之神气，李成得山之体貌，范宽得山之骨法，故三家照耀古今，为百代师法。”宋代画家韩拙讲过一个故事，一次他到驸马都尉王诜家去赏画，东西两墙早已挂好李成和范宽的山水，主人看着李成的画说：“李氏画法，墨润而笔精，烟岚轻动，如对面千里，秀气可掬。”又转对范宽的作品道：“如面真山峰峦，浑壮雄逸，笔力老健。此二画乃一文一武耶。”北方山水，给这两位大师穷尽了。

一入元代，南方画派开始独秀众侪，由于早经米芾的倡导，董源的地位高视前彦。可惜他的画作极少流传，真伪也有争议，面貌已在云烟渺迷之中。米芾说他的画风：“峰峦出没，云雾显晦，不装巧趣，皆得天真。岚色郁苍，枝干劲挺，咸有生意。溪桥渔浦，洲渚掩映，一片江南也。”（米芾《画史》）这成了南方画派的理想。

元代四位山水大师黄公望、王蒙、吴镇、倪瓒，《画禅室随笔》称元四家，都程度不同受董源山水的影响，他们以高雅的趣味和天赋画出寂静的理想山水，但又分途奔放，各极所长。黄公望得董之骨，山川浑厚，草木华滋；王蒙得董之体，千岩万壑，高深回环；吴镇得董之势，苍茫沉郁，墨气古重；倪瓒得董之韵，天真幽淡，萧条寂寞。《南田画跋》云：“元人幽秀之笔，如燕舞飞花，揣摸不得。又如美人横波微盼，光彩四射，观者神惊意丧，不知其所以然。”这是元人迥不可及之处。

这些宋元绘画的大师，把视觉的山水表达到如此微妙，就像西方古典音乐之于听觉那样，达到了感官品味的极致，以至观赏山水画，不得其美者，但觉千篇一律，目光滞暗；领其精华者，虽一树一花，也味之无尽，且愈味愈雅，愈雅愈高，渐入神性的

北宋范宽《溪山行旅图轴》，绢本墨笔
206.3cm×103.4cm，年代不详，台北故宫博物院藏

五代董源《潇湘图卷》，绢本设色，42.7cm×177.2cm，年代不详，北京故宫博物院藏

国度。我们猜想，天国的艺术就是这样。她的品味是永恒的至乐，不像俗世品味那样，只管感官的暂时享乐。

倪云林的画更是千篇一律的典型，但也是人们赞之有加的典范，谓其“足成一代逸品”，《雨窗漫笔》言：“云林纤尘不染，平易中有矜贵，简略中有精彩，又在章法笔法之外，为四家第一品。”他堪称中国画史逸品的首席代表。

关于逸品，恽向给周亮工绘册页并论之曰：“逸品之画，笔似近而远愈甚，笔似无而有愈甚，嫩处如金，秀处如铁，所以可贵。未易为俗人言也。”（《尺牍新钞》卷七）写这话时，脑子里转悠的就是倪云林的画。

倪云林也是风雅生活中的一位清姿玉立之士，谈辩绝人，亹亹不倦，神情朗朗，如秋月之莹。尤以洁癖闻名，所居“清閟阁”，高三层，似方塔，藏有秘籍，铺有青毡，来了客人还要换上特置的紵履才能进入。他不仅自己一盥頮数次易水，就是屋前的桐树也要常常洗拭。为了确保庭院里一片碧绿可爱的苔藓，每逢春秋时节，花叶堕下，即以长竿粘黐取之，更不许人的足迹侵污。陈方《孤篷倦客集》写清閟阁：“竹摇棐几常开帙，花落藜床独抱琴。”

云林的洁癖，现代的学者忍不住要对他作心理学的分析。可古人却自有道理，董其昌说：“虚室生白，吉祥止止。予最爱斯语。凡人居处洁净无尘溷，则神明来宅；扫地焚香，萧然清远，即妄心亦自消磨。古人于散乱时，且整顿书几，故自有意。”（《画禅室随笔》）此论最是云林的知音。

至元后戊寅（1338）十二月十三日，柯九思留宿清閟阁，为云林画了一轴《清閟阁墨竹图》，安岐说：作墨竹，用墨轻重有法，虽宗文湖州，又自成一家，甚为浓古。石则气韵浑厚，得北苑遗意。行书得欧法。

这样风雅的池馆，云林绝不准俗士造庐，客去，必洗涤其处。

尝坐万竹书楼，足不履城市者，凡十载。他的各种轶事，有一件竟是断然拒绝豪强的索画，传载：“伪吴张士诚招之不往，其弟士信致币及绢百匹，冀得一画，先生裂其绢而立返其币。一日，士信偕诸文士湖游，闻异香缕缕，出自菰芦中，搜得先生，箠之几死，终不开口。人问曰：何以无一言。曰：开口便俗。”不俗，也是云林清贵动人的艺术格调。

他作画不写南方江天渺远、云树苍郁的秀润之景，而是平坡茅亭，远山数叠，前画杂树，中留空白，静邃无尘，一片灵明；引得江南人家纷纷追捧，竟以有无云林的书画论清浊。他还把山水清空的静洁之气用于墨竹，创出特色。北京故宫博物院藏有一卷《竹枝图》，也是安岐的旧物，《墨缘汇观》说它“淡黄纸本，高一尺，长二尺二寸。水墨晴竹一枝，笔墨简淡，清劲绝俗”。它全以书法的笔意写出，中锋写枝干，侧锋撇叶，枝梢简略；由于不勾写竹节，运笔快而着力轻，画出的线条悠长而又细劲，时夹飞白，令人想起管道昇的创格；全幅似乎率意而成，实则用意甚微，它以疏弱取势，以雅弱取姿，笔力行于人所不见之地，振荡得处处灵动，似有无限琳琅逸响；山水画三十味，得之者殊多。云林《人月圆》云：“怅然孤啸，青山故国，乔木苍苔。当时明月，依依素影，何处飞来。”读来竟与此竿小竹的意味相贯。

倪云林像这样的竹枝图传世不多。我们常见的大都是一丛竹、几片石的构图，其一点一拂影响后世的，也是丛竹幽石。后来的继起者，能洞贯其秘、爽然心开的画家，当以恽南田静悟最深。南田尝述其学云林曰：“余所见云林十余本，最爱唐氏《高柯修竹图》为有劲气。此作竹石略似之。”又说：“吾友有云林乔柯修竹大帧，余家藏高士小山竹树小景，两图皆云林妙本。冬夜在鸣老梅花楼，戏用两图笔意为此，似有一种天趣飞翔，恨不令迂老见我也。”学云林而能妙出匪夷的快意之色，映神了梅花映神了修竹。

元倪瓒《竹枝图卷》，纸本墨笔，34cm×76.4cm，年代不详，北京故宫博物院藏

南田之竹，世称恽竹，戴鹿床曰：“时史画竹，俱云效南田，称之曰恽竹。余所睹恽小竹以十数，而莫有同者焉，不知恽竹当作何体。窃谓心无定形，任笔所之，位置都宜者，乃恽体也。执一定法以求之隘矣。”《芥子园画传》分析云林画竹法是：“云林于石根树底，辄作幽篁柔篆，夕阳晼晚于茅屋花箔间，直簌簌有声，望而知为幽人行径，要具梳风扫月清逸之致。画有三种，宜视树石之体，而粗细配用之。” 盖元人画竹，大竹画形，小竹画意，得意之作，丛竹杂树，随笔布置，专取其灵变。南田于云林处挹此风露之气，裒然于襟袖。

南田又与石谷子各临倪云林《清閟阁图》，并跋曰：“云林《清閟阁图》，香光居士题云：倪迂画若散缓，而神趣油然，见之不觉绕屋狂叫。余模此意，犹唐人兰亭，不审似右军否也。”此图南田极爱，斟酌摹写还不止一次，另一通跋云：“以云西笔法，写云林清閟阁意。不为高岩大壑，而风梧烟筱，如揽翠微，如闻清籁，横琴坐忘，殊有傲睨万物之容。”

倪云林的笔法、诗意、境界，南田俱有独契，因也深得元人画竹柔雅清劲的神髓。他喜画新篁，竹叶上扬，殊有意态。题月下竹则曰：“可怜劲节无人赏，只有秋空明月知。”他常以石绿石青和墨写竹，落笔娟娟幽寂，与清人大量的粗头乱服之作相比，独有一种通明的光彩。论画曾云：“美人之光，可以养目，于画亦然。”他的画，鉴赏家每开卷每不释手，大概就是这种魅力使然。

强调书法笔意和心灵诗意，这是苏东坡以来的传统，早在云林之前，郑所南（1241—1318）在浮浪江湖中就用它培养出一种情趣。他把前人折枝梅花的小景（陆游《题剡溪莹上人梅花小轴》：孤舟清晓下溪滩，为访梅花不怕寒；忽有一枝横竹外，醉中推起短篷看）扩展成江山万里式的长卷，号为推篷诗意图。钱良右（1278—1344）《题所南老子推篷竹》说：“南翁高卧似渊明，不种黄花种竹君。挂起北窗长

清恽寿平《写生花卉竹石图册》，十开之七
纸本设色，23.5cm×30.8cm，年代不详，南京博物院藏

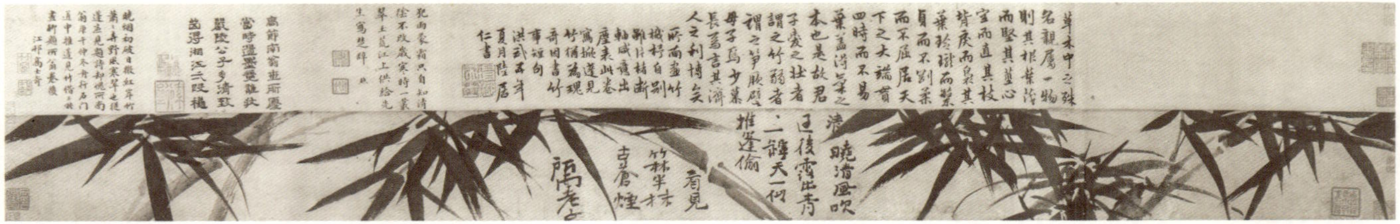

南宋郑思肖《推篷竹图卷》，纸本墨笔，17.5cm×107.8cm，日本高岛菊次郎槐安居旧藏

见此，苍烟一抹带斜曛。”这卷旧藏日本槐安居的墨竹图，刷新我们眼光的就是它那独特的形式。在细仄的横幅上，画家用特写般的镜头画出从狭长的晴窗看出的千竿万玉；以淡墨作竿，深墨画叶，烟枝风态，转侧低昂，犹如云气在竹，竹影在窗：

清晓清风吹过后，露出青青一罅天。
一似推篷偷看见，竹林半抹古苍烟。

所南的推篷诗意给了王绂（1362—1416）强烈的印象。王绂字孟端，号友石生，常州府无锡人，一位高介绝俗之士，姜绍书（1597—1679）形容他画竹的意态：“伸纸攘袂，挥笔洒洒，奇怪跌宕，不可名状。画已，徐吟五字诗，萧然有风人之致。然不可意者，虽豪贵不肯与。士流以此高之。”王绂以墨竹名天下，得橡林遗法，为明朝第一；尝曰：画竹之法，干如篆，枝如草，叶如真，节如隶。（《七修类稿》）俱以书法入论。他闻笛画竹的轶事，特别为人称道。昔苏东坡守杭州，游于两峰三竺间，风雨暮归，令朝云执烛，乘兴写风雨竹，并题诗云：“更将掀舞意，秉烛画风筱。美人为解颜，恰似腰肢袅。”王绂的步韵：“前贤情韵在，逸兴寄�筱。何处暗飞声，仿佛琅玕袅。”据说就是秋夜闻笛画竹而作。一以美人身姿拟竹，一以乐音旋律摹竹，灵趣飞动，洗发清妙。

从现存文献看，王绂大概是较早传扬郑所南推篷竹的画家，同代人杨谕德藏有他的《潇湘万竹图》，永乐甲申以进士第一及第的曾棨（1372—1432）题诗曰：

王郎画竹何神奇，落笔便觉清风吹。
蛟龙怒尔雷雨泣，沧溟倒卷云淋漓。
有时气酣索纸笔，兔起鹘落谁能测。

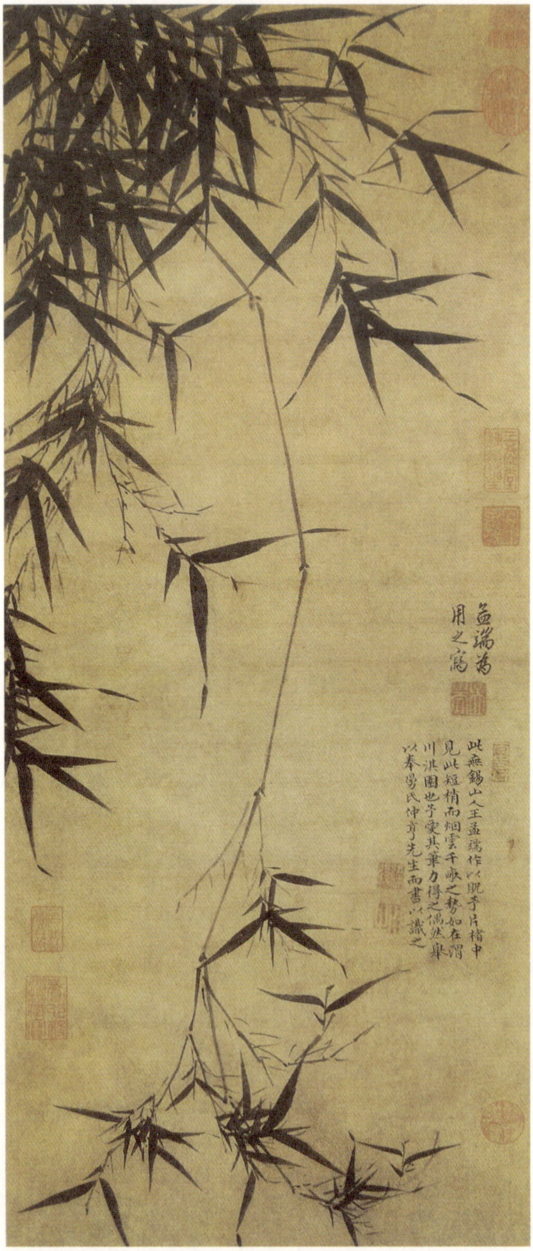

明王绂《淇渭图轴》，纸本墨笔

78.2cm×34.5cm，年代不详，台北故宫博物院藏

纵横满眼金错刀，四座阴森冰雪色。
九疑峰高青入天，洞庭水与三江连。
霓旌翠羽半明灭，至今遥拂苍梧烟。
玉堂之居迥萧爽，谁与此君同一赏。
关西美人襟抱清，对此萧然绝尘想。
我亦平生爱竹流，乘兴欲作潇湘游。
何时泛舟弄明月，推篷却听江南秋。

推篷听秋的画意也深深吸引了夏昶（1388—1470），他是王绂的学生，有机会把这种形式发展到采泽照眼的地步，他的传世作品至少有五轴长卷引人注目：第一件《湘江风雨图》，作于正统十四年（1449），藏于北京故宫博物院；第二件《淇奥图》，无名款，钤“朱昶”印，当画于永宣之间，也藏于北京故宫；第三件《湘江春雨图》，作于景泰六年（1455），藏于 Museum für Ostasiatische Kunst，Berlin；第四件《潇湘过雨图》，作于天顺七年（1464），藏于 Freer Gallery of Art，Washington DC；第五件《淇奥清风图》，作于天顺二年（1458），藏于天津市博物馆。第一件作品的题跋说，正统己巳秋九月，少司寇杨仆持佳纸过访，请夏昶写竹。他见到平素倾慕的老友，欣然命笔，万玉千篁，不觉盈卷，一幅长达 1206 厘米的《湘江风雨图》赫然展现目前。好似向郑所南墨竹图的致意，他也以推篷式的构图，使竹情、竹意、竹声、竹态、竹风、竹品、竹色一一奔现笔底。他给另一位同事太常少卿李宗周画的《湘江春雨图》（现藏柏林者），也是同一机杼，画以六纸接成，长二丈五尺有余（45.5 厘米×900 厘米），作修篁万个，流水一溪，真如放棹湘江之上，推篷历览：“一枝风仙子，佩玉五云东；一枝晴绿罗，初蘸春溪明；一枝雨美人，新沐娇无语；一枝露泪珠，滴滴娥皇哭。”（程顼《牧羊山人诗集·竹轩墨妙歌》）。他的朋友们开卷静观，不觉

明夏昶《淇澳图卷》（局部），纸本墨笔
30cm×1126.5cm，年代不详，北京故宫博物院藏

目眩心驰，如入旃檀香林。倪谦（1415—1479）更是按捺不住激情，以络络长序赞之曰：

古之善写竹者，唐称萧悦，宋称文与可，元称赵子昂，诸人皆能以艺名世。以予所见，不过独幅数竿而已。未有相连十数幅，相丛千万竿，若是卷之多者也。至若湘江乃多竹之地，从而图之，延之以洲渚，加之以风雨。其山回水绕之势，淋漓潺湲之态，亦未有若是卷之曲尽其妙者也。……直若推吟篷而弄水云，度三湘而望九疑，神爽飞越而尘氛荡涤也。则是卷留于天地间，尚何让于古人哉！

夏昶是明代的画竹大师，主要活动在永乐至天顺间，字仲昭，号自在居士，苏州府昆山人，由于官至二品太常寺卿，人称夏太常。由于写竹时推第一，名驰绝域，人争以兼金购求，故有“夏卿一个竹，西凉十锭金”之谚。他称自己的写竹是“游戏翰墨”，以锋画劲正的欧、虞笔意去写修竹的潇洒清润之趣，李东阳称赞他“太常作画如作书，银钩铁画变扶疏”。

夏昶跟王绂学习画竹，也临摹过李衎的《丛竹卷》，晚年还为柯九思的《画竹谱》补残拾缺，因此深得古法，规矩森然，绝无后来画家使笔的劣习。

明代后期以降，各种教授墨竹的画谱踵续而出，墨竹的画法得以普及，初学者易寻路径，无形中扩大了墨竹的作者，增强了绘画的应酬交往功能，但也促进了庸劣的习气，使它越来越像唐末以来的诗歌，弄不好就仅仅是羔雁之具。到了清代，名迹渐归内府，墨竹的高格敻乎轶迹，殊令人无从学步，宋元以来的古典成就，顿有倾倒荡佚的趋势。周百安与胡元润论画，感慨说：

一水一石，借以辅理性情。今人画，但贡人喜，导人以躁妄耳，与性情何与？

作画在昔尚且为难，于今就更甚了。俞蛟（1751—？）尝记一画竹名家，虽年代稍晚，读其事亦可见一斑，《梦厂杂著》卷七“尤贡夫”条云：“尤荫字贡夫，真州人。以墨竹名于时。用笔似本乎仲圭，而发干不劲，佈叶繁杂，可以见功诣矣。欲自出机杼，纯用焦墨，遂多窒滞。尝以粉笺写毕熟揉，使墨与粉俱堕，作碎裂纹，似亦可观，可谓善于藏拙。若施于缣素，则绝无生趣矣。”吴仲圭在《竹谱》批评的“一例涂去如染皂绢然也”的俗笔，其时正变为常式。

那时，有位画家和理论家叫唐志契（1579—1651），他在泰州旁观艺坛，于《绘事微言》评论吴门的“理”与松江的“笔”说道：

理之所在，如高下大小适宜，向背安放不失，此法家准绳也。笔之所在，如风神秀逸，韵致清婉，此士大夫气味也。任理之过，易板挛，易叠架，易涉套，易拘痴无生意，其弊也流而为传写之图障。任笔之过，易放纵，易失款，易寂寞，易树石偏薄无三面，其弊也流而为儿童之描涂。嗟夫！门户一分，点刷各异，自尔标榜，各不相入矣。岂知理与笔兼长，则六法兼备，谓之神品。理与笔各尽其长，亦各谓之妙品。若夫理不成其理，笔不成其笔，品斯下矣，安得互相讥刺耶！

可在董其昌之后，墨竹也像山水一样，只管笔而不大论理了。

处在那样风气中，郑板桥写了一段跋文，以徐文长跟今人对比的方式标举议论：

> 徐文长先生画雪竹，纯以瘦笔、破笔、燥笔、断笔为之，绝不类竹，然后以淡墨水钩染而出，枝间叶上，罔非雪积，竹之全体，在隐跃间矣。今人画浓枝大叶，略无破阙处，再加渲染，则雪与竹两不相入，成何画法？此亦小小匠心，尚不肯刻苦，安望其穷微索渺乎！问其故，则曰：吾辈写意，原不拘拘于此。殊不知写意二字，误多少事。欺人瞒自己，再不求进，皆坐此病。必极工而后能写意，非不工而遂能写意也。

郑板桥的写意墨竹力图与他批评的陋病拉开距离，他也频频回顾十六世纪以来文学领域在模仿典范和戛然创新上的激烈争论，以便获得灵感，发展出个人的风格。就像他的前辈吴镇那样，他把米芾《珊瑚帖》中的不经意之举做了充分发挥，称之为“以字作石，补其缺耳”，不断在画上写出洋洋洒洒的题跋，以求得“于竹边疾书数十字，栩栩并竹而活”的触目效果，有时写得忘形，不只强侵画位，就是灵光通气处也给塞满。绘画与文学的这种密切联手，直接透出晚明以降的艺术风气：文字与图像在绘画中平坐平起。乾隆五十五年（1790）黄小松（1744—1802）跋高西园（1683—1749）画册，连带写道：

> 板桥幅幅题识，互相映带，精采双妙。

这几句可以概括板桥对墨竹画的贡献。板桥写过无数画跋，为人讨论最多的一通，针对苏东坡的“胸有成竹”而发，那是东坡先生留给我们的最有名最启迪心智的画竹理论，但东坡却极为谦虚把它归在文与可的名下，他说：

> 竹之始生，一寸之萌耳，而节叶具焉。自蜩腹蛇蚹，以至于

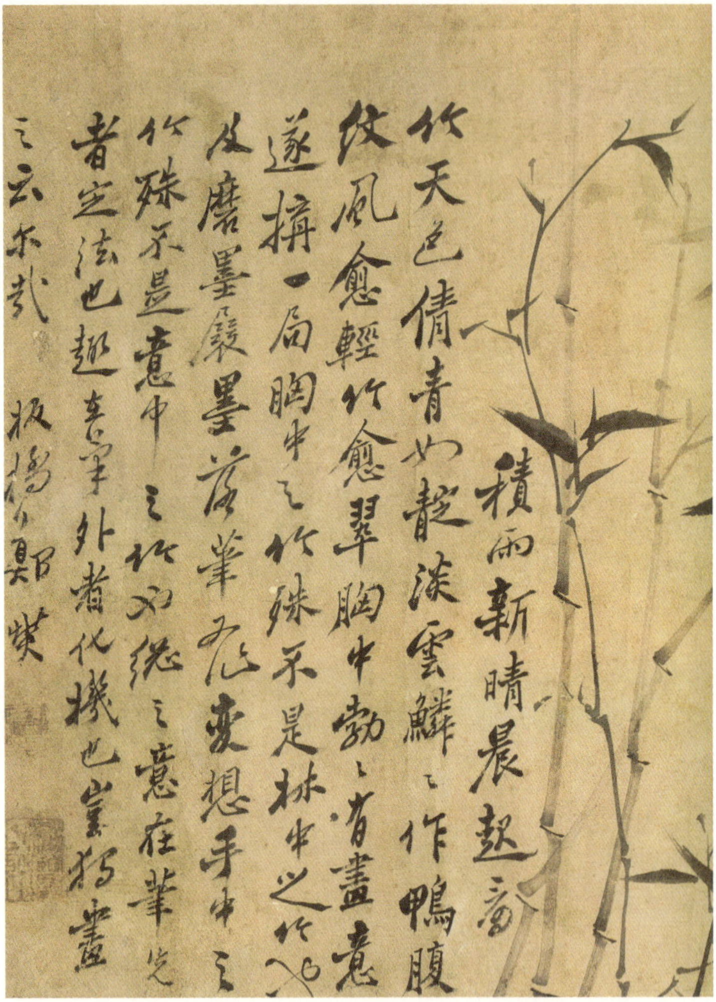

清郑燮《墨竹轴》，纸本墨笔，54cm×79.5cm
年代不详，清华大学美术学院藏

剑拔十寻者，生而有之也。今画者乃节节而为之，叶叶而累之，岂复有竹乎？故画竹必先得成竹于胸中，执笔熟视，乃见其所欲画者，急起从之，振笔直遂，以追其所见，如兔起鹘落，少纵则逝矣。与可之教予如此。予不能然也，而心识其所以然。夫既心识其所以然而不能然者，内外不一，心手不相应，不学之过也。故凡有见于中而操之不熟者，平居自视了然而临事忽焉丧之，岂独竹乎？子由为《墨竹赋》以遗与可曰："庖丁，解牛者也，而养生者取之；轮扁，斫轮者也，而读书者与之。今夫夫子之托于斯竹也，而予以为有道者，则非耶？"子由未尝画也，故得其意而已。若予者，岂独得其意，并得其法。

东坡先生似随手写出，触处天机，字字挟飞鸣之势，盖是心手相得之语，张伯行说它"甚有妙理，可以旁通"。从宋人罗大经《鹤林玉露》到明人俞弁《逸老堂诗话》、清人沈德潜《说诗晬语》，都推崇为确然之论。王圣俞评曰："入手数语得画家之深旨，是后疏疏莽莽，真以不作文字，号而读之，曰文字者。"

这段文字不仅是写作的典范，更重要的是画竹理论的中心。吴镇深受感染，曾多次书写发挥。倪云林的似苇似麻之论，也从其波澜处挹得烟云。乃至山水画论的"胸有丘壑"，也是循此文心。

早在十三世纪初，远在天边的高丽文人李奎报[Yi Kyubo]（1168—1241）即开始婵嫣学步："弃庵居士，于竹通仙。一扫其真，暗契自然。手为心使，常以心传。心指手应，物何逃焉。"

面对如此神奇的语言，郑板桥写出他最漂亮的文字：

江馆清秋，晨起看竹，烟光、日影、露气，皆浮动于疏枝密叶之间。胸中勃勃，遂有画意。其实胸中之竹，不是眼中之竹也。因而磨墨展纸，落笔倏作变相，手中之竹，又不是胸中之竹也。

总之，意在笔先者，定则也；趣在法外者，化机也。独画云乎哉？

这样的题跋与其说是陈述艺术创作的观点，是艺术哲学，不如说是抒写诗意的小品，是修辞的情念。实际上，把诗书画融为新的综合，从而创造新的艺术风格，十七世纪后半叶以来，已成风气。忠于明室的遗民，利用这种形式作为哀乐之器，写其歌哭，即使发为脂粉铅黛之辞，亡国之痛，亦往往在焉。

1644 年明朝灭亡的翌年，弋阳王的一位子孙逃到南昌城外的洪崖山中，几年后，他削发为僧，抛弃朱耷的原名，取法号为传綮，又别署雪个、驴屋等等。1677 年应临川县令胡亦堂的邀请，离开寺院，成为胡氏雅集的常客，但在 1680 年冬天，他突然发狂，撕裂僧袍，赤足走回南昌，哭笑无常。在南昌重新定居后又弃僧还俗，开始艺术家的生涯。1684 年，他在作品上署名八大山人，字迹两两联缀，很像哭之笑之。

美国私人收藏有一部八大《花卉草虫杂画册》，大概作于他发狂后的第二年。册中一幅兰竹图上有首七绝：

写竹写兰吴仲圭，兰何佩短竹叶齐。
还家宋远思童子，卫适狂歌听马蹄。

诗的词意隐晦，若不懂其中典故，根本就不知所云，因此需要援引美术史家对它的解释：兰竹生于空谷山野，象征着隐居的文人，第一句说由于画兰竹而想起元代隐逸画家吴仲圭。第二句的“兰”和“佩”来自《楚辞》名句“纫秋兰以为佩”，八大为隐者，正可能佩兰叶而保持清高。第三句“宋远”典出《诗经》“谁谓宋远，跂予望之”。八大回到家乡南昌后，看不到自己真正的家，忽然忆起《诗经》“卫风”中的另一句：“芄兰之支，童子佩觿。”根据

清朱耷《杂画册》十一开之六、之七、之十、之十一
纸本墨笔，30.2cm×30.2cm，年代不详，美国私人收藏

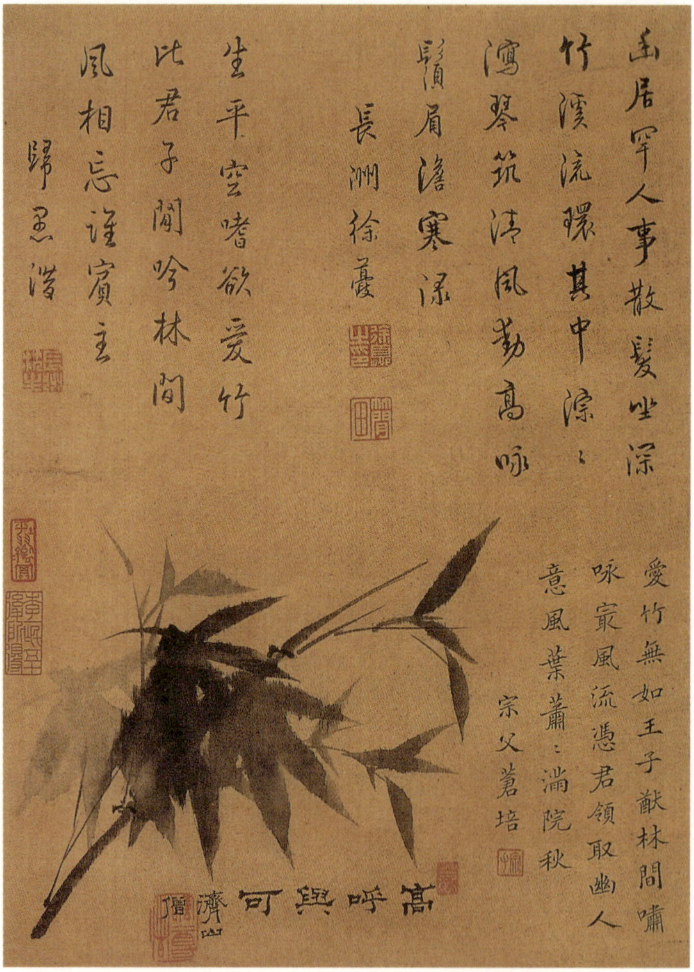

清石涛《墨竹图轴》，绢本墨笔

34.5cm×25.7cm，年代不详，北京故宫博物院藏

《说文》的解释，“觿”乃象牙做成的钩子，为解结的工具，是“成人之佩”。而现在，童子却带着成人的佩饰，如此颠倒，让人觉得明朝的剩残力量已不能恢复自己真正的家。这样，他在最后一句又想起周游列国的孔子，当孔子在卫国无所作为时，不得不调转车头，悲歌而去。诗中的“狂歌”暗示作者发狂时的哭笑，而画中兰竹的颤动的书法用笔，正回应了诗中的狂歌声和马蹄声。

读了这样的解释，一定会使我们大吃一惊，谁能想到简简单单的几撇竹子和几笔兰草，会有如此深邃的含义。而中国文人笔下的画题往往就是这样，由于诗歌和书法是作品不可分割的一部分，它们的象征意义也就变化莫测，潜能[potential effect]也就无限强大。这种特点，元代许有壬（1287—1364）的一联诗说得再清楚不过：“两笔瘦竹一片石，中有古今无尽诗。”

北京故宫博物院收藏有一帧小画，是八大的远亲，另一位明朝王孙、和尚和画家石涛的作品，除了左下角所画的一枝墨竹之外，三面都是名人的题跋，石涛本人的题语仅有四个字：“高呼与可。”词意看来不能再简单了，绝不像八大山人的诗那样晦昧凝涩。然而，细想之下，这几个字到底意在何为：是画家画得兴奋时的欢呼，还是表达自己也像与可一样的胸襟，抑或只是一句修辞套语的运用？也许，什么都不是，它仅仅是一种经营位置的需要？但从墨竹发展史来看，不管我们觉得真意何在，它都表达了对墨竹的开拓者文与可的深深的敬意。

三

在西方，《艺术的故事》[*The Story of Art*]是传授人们欣赏艺术品的最负盛名之书，作者贡布里希[E.H. Gombrich]（1909—2001）以问题史的形式展示西方艺术家不断创新的动人篇章，把艺术的立意、构图与色彩的种种演变讲述得既平易又高妙，西方人举为艺术史的圣经，选入二十世纪影响人类思想的百部杰作（中文报道见《中华读书报》2000 年 1 月 26 日第 13 版面）。它有三十几种语言的译本，仅法文译本（René Julliard 版，Flammarion 版，Gallimard 版）从 1963 年到 1998 年就刷印 15 次之多，以至巴黎卢浮宫博物馆的馆长罗森堡[Pierre Rosenberg]说它寓教于乐，几乎像蒙娜丽莎一样著名[Almost as well known as the *Mona Lisa*, Sir Ernst Gombrich's *The Story of Art* unites learning and pleasure]。

贡布里希的艺术史图式大可用来描述中国艺术从汉代到宋代的发展历程。图式与修正[schema and correction]的理论也可在后来的艺术演变中一试锋芒（黄专、严善錞《文人画的趣味、图式与价值》）。然而，要欣赏中国的文人画，却不能从中企求光线的变化与现实场景的生动再现，中西绘画在此大异其趣。贡布里希说：

欧洲从乔托时代以来，一直在努力追求创新。艺术家似乎急不可待，要超越他们的前辈和师长。他们还经常运用科学知识，例如透视法，去改善模仿自然的技术。于是西文的艺术故事就是无休无止的实验的故事，就是追求前所未见的新颖和独创效果的故事。

中国的情境跟西方大不相同。伟大的艺术家创立的传统，即使经常给更动或改进，也还是受人尊崇。中国的艺术有更多的时间去追求雅致和微妙。因为观众并不急于要求看到出人意表的新奇之作。然而，东西方两种传统在各自的道路上，无疑都创造了我们不能不为之永怀谢意的价值。（《艺术的故事》中译本前言）

西文追求新奇，故重风格，中国崇尚雅致，故讲品味。不过，要把这些视觉与观念上的显见不同写为文字，却洵非易事。研究中西绘画差异的论著，每年都有新作说来说去，然苦乏名篇，殊多中国画线条，西方画块面，中国画散点，西方画焦点，中国画表现，西方画再现，中国画天人合一，西方画模仿自然的自我作古之论。推深凿空，余子纷纷，慨无作者。不禁涌起文章有待、去陈出新、或在来哲的悬想。近来，幸有方闻先生受了《艺术与错觉》[*Art and Illusion*]（杨成凯、李本正等译）中“希腊奇迹”的感召，以大手笔写“汉唐奇迹”，高屋建瓴，让人一闻空谷之音。而本文则仅就观赏文人画的碎识微见，尤以己所犹惑者试为议论。虽然，心中不放松的观念仍是张星曜（1633—1715后）《天学明辨》引述的那句名言：“东海西海，心同理同。”

当然，西方也有文人画家，伟大的歌德、拉斯金都是榜样，大名鼎鼎的理论家德皮勒[Roger de Piles]（1635—1709）、收藏家凯吕斯伯爵[Comte de Caylus]（1692—1765）也是佳例，更不要说英国的一批业余水彩画家了，可他们没有提出中国文人画家那样的特殊理论，像英法文人斯达尔夫人[Madame de Staël]（1766—1817）《论德意志》[*De l'Allemagne*]（1813）、库赞[Victor Cousin]（1792—1867）《论真美善》[*Du vrai, du beau et du bien*]（1816—1818讲稿，1836出版）、戈蒂耶[Théophile Gautier]（1811—1872）《莫邦小姐》[*Mademoiselle de Maupin*]（1835）所倡导的*L'Art pour l'art*，紧接着，史文朋[A. Ch. Swinburne]（1837—1909）《威廉·布莱克》[*William Blake*]（1868）、佩特[Walter Pater]（1839—1894）《文艺复兴研究》[*Studies in the History of the Renaissance*]（1873）所附和的Art for Art's Sake，虽能与文人画论一比，可那已是十九世纪的事了。

不过，我们还是从一位西方的文人开始，他就出现在贡布里希《文艺复兴的艺术理论和风景画的兴起》[*The Renaissance Theory of Art and the Rise of Landscape*]，名叫莱姆生[Dominicus

Lampsonius]（1532—1599），他给风景画家阿姆斯特尔[Jan van Amstel]的画像题诗，趁机把北方画家跟南方画家做了对比：

> Propria Belgarum laus est bene pingere rura;
> Ausoniorum, homines pingere, sive deos
> Nec mirum, In capite Ausonius, sed Belga cerebrum
> Non temere in gnava fertur habere manu
> Maluit ergo manus Jani bene pingere rura
> Quam caput, aut homines aut male scire deos….
> [比利时人的固有光荣是画风景
> 意大利人的专长是画人物和神明。
> 不必惊奇，意大利人的头脑发达
> 比利时人的双手机灵
> 因此双面神宁愿用手画风景
> 不愿用脑画人物和神明。]

北方人的风景画胜过南方人，因为智慧在手里；南方人的人物画胜过北方人，因为智慧在头上。这是西方风景画刚出现不久的时流所见。若撇开智慧与手工不议，以中国画的优胜在山水，西方画的优胜在人物，则不言而喻，无须琐琐稽考。其实，欧洲绘画，也的确是北方更接近中国画家的趣味。不过，贝伦森[Bernard Berenson]第一个提出，中国艺术可能在十五世纪早期就对锡耶纳画派[Sienese School]产生影响，这是一个大鉴定家的意见，不应轻置。

西方风景画不只出现晚，即使在盛行时期也无法跟人物画抗衡。十八世纪《大百科全书》[*Grand Encyclopedia*]（1765）“风景画”条目的作者曾为英国拥有名重艺坛的风景画洋洋自得，可好景还没多长，如画风格[Picturesque]最重要的画家威尔逊[Richard Wilson]（1714—1782）就在声华闇漠中辞世，盖恩斯巴勒[Thomas Gainsborough]（1727—1788）也以风景画市场萧条而改画肖像。

所谓的肖像，是大约公元前四世纪末希腊艺术家继人体雕像达到完美后又开创的一种图像类型，越过中世纪，由十四世纪的疏朴发展到密致，在十五世纪臻于兴盛。它以逼真去传神，在东方人看来，也许会诧为奇事，因为：在他们的画中，嘴唇已不再是平板脸上的缝隙，而是通向内心情感的表现节点。眼睛也不单是脸上的两个圆孔，而是与我们自己的眼睛一样，会像镜子那样反射光线，会像深井那样吸收光芒。即使在富于装饰感的画上，例如，1876 年英国皇家学院画廊展出的《无言之歌》[*Song without Words*]，斯特拉德威克[John Strudwick]（1849—1937）笔下的淑女那双忧郁的大眼，也是像银海浮碧，深不可测，令人不得不屏气凝神，拜倒在她的目光之下。一位生活在伊斯坦布尔[Istanbul]的著名作家帕慕克[Orhan Pamuk]（1952—）评论他的近邻威尼斯的肖像画说：

威尼斯巨匠笔下的贵族肖像，让你一眼就看出他是谁。即使你从没见过他，如果有人让你从几千人中找出他来，凭着肖像，你也能挑对人。威尼斯画师们发现了这种绘画技巧，使人能分辨具体的人：不靠穿着和勋章，只看独特的脸型即可。这就是“肖像”的要义[The Venetian virtuoso had made the nobleman's picture in such a way that you would immediately know which particular nobleman it was. If you'd never seen that man, if they told you to pick him out of a crowd of a thousand others, you'd be able to select the correct man with the help of that portrait. The Venetian masters had discovered painting techniques with which they could distinguish any one man from another – without relying on his outfit or medals, just by the distinctive shape of his face. This was the essence of 'picture']。

全威尼斯有钱有势的人都想有自己的肖像，既让它成为生活的纪念，也让它成为财富、力量和权威的象征，以此还表示他们一直活在那儿，站在我们的面前，宣告他们的存在，甚至展示他们的个性和荣耀[In all of Venice, rich and influential men wanted their portraits painted as a symbol, a memento of their lives and a sign of their riches, power and influence – so they might always be there, standing before us, announcing their existence, nay, their individuality and distinction]。

话虽如此，但偶尔，画家们也会冒出别的想法，提香[Titian]（1490—1576）就把六十岁的老妇伊莎贝拉·德埃斯特画成年轻女郎，米开朗琪罗干脆瞧不起肖像，有人挑剔他雕的美迪奇公爵不像本人，他反驳说：千年之后，谁还会关心公爵的样子，但人们都会记得雕刻家的名字。这给马蒂斯[Henri Matisse]树立了榜样。一位妇人参观他的画室说："这女人的手臂肯定太长了。"马蒂斯文雅地答道："夫人，您弄错了。这不是女人，这是一幅画。"

后来的艺术家总想千方百计踢开自然的标准，但在观者看来，肖像就是这么一种画，它能战胜事物存在的短暂性，为子孙后代留下祖先的容貌。文艺复兴的艺术家也确实耗尽心力追求逼肖自然的目标，它的成就不只伊斯兰人引为奇观，中国人看了也惊讶非凡。据说，曾鲸很快就吸收了西洋画法，他每图一像，必烘染数十层，匠心而后止。因此他的画广受欢迎，连赫赫有名的鉴赏家也请他写真。汪砢玉崇祯庚午秋八月十三日泛书画船到杭州游览，十九日邂逅曾鲸，立刻就与他选定下浣吉日，请其写照（《西子湖拾翠余谈》）。至今我们还能看到董其昌的肖像（上海博物馆藏）、王时敏的肖像（天津博物馆藏），全靠他的妙笔。史书说他："磅礴写照，如镜取影，妙得神情，傅色淹润，点睛生动，虽在楮素，盼盼嚬笑，咄咄逼真，虽周昉之貌赵郎，不是过也。"（姜绍书《无声诗史》）不过，中国人的形似即使妍媸惟肖，却也总会超越现实，所谓"铸辞置象，象逐云化"（黄云跋徐禹功《雪中梅竹图》），乃得三味。而且往往别具他意，诗人这样说：

毫端水墨影，纸上松竹神。
写物要有似，开卷知其人。

句中的其人，首先是作画者其人，而不是被画者其人，这恐怕是西方画家所难以梦见的。而一个人的相貌倘若用意大利的方式画出来，那就没有人会忘得了他，以其肖似也。这种意大利的肖像画随着新知识的传播，日以广衍，众家纷起，然而它在西方人物画中却绝非首要，因为圣经中的神和圣徒、历史上的重大角色，其地位更高。把那些人物组织起来，构成恢宏的场面，从文艺复兴起就一直是 *disegno*［赋形］致力的目标。凡是站在安布罗西亚那博物馆［Musaeum Bibliothecae Ambrosianae］展室中静心观看拉飞尔［Raphael］（1483—1520）素描大样《雅典学院》［*Cartoon for the School of Athens*］的人，不用费力就能体会 *disegno* 的精绝本色，那真是一泓圣水，让人陡然心胸澄高。若是再遇上窗外疏雨细细，木叶萧萧，古院寂寂，游人渺渺，简直就跟回到西湖六桥上眺望绿篷白屋、浮眉横黛一样销魂，天色再灰再冷也是一片银空下的秋水，飘逸起的清雅，留在人心留到老，够人半辈子受用不尽。大概这就是西人所谓的 *Classic*！

而这古典也是西方文明最神圣的火种。它在古希腊艺术最激动人心的时刻诞生，连现代艺术家例如柯布西埃［Le Corbusier］

（1887—1965）面对那一时刻耸起的杰作，都感动得不能自已，觉得它以精确比例在阳光下精炼出的纯洁形体，表明了人类艺术所能达到的高度。即使在暗淡的中世纪，这古典艺术之光也未寂灭，斯特拉斯堡主教堂［Straβbuger Münster］的工匠就以春云秋涛供养的凿刀，把它的光与影的优美造型恒定在高高的石壁上。我们仰望南侧翼廊大门上方的圣母安息组像，那构图依然保留着中世纪早期的对称性，可漂流的衣饰绝不是空虚的外壳和简单的装饰涡卷，它运用的是古希腊的艺术手法。它把人体结构展现在衣饰褶襞之下，庄重的线条在微光中洒下一条条明确的阴影，让沉重的石头有了轻柔的气息。难怪倾慕古希腊的佛罗伦萨人会一厢情愿，只把 *disegno* 看成典型的图画，以为线条才超越了知觉，诉诸智慧而合成物像的知识，让绘画得以成立。相比之下，*colorire*［敷彩］不过是表面的装饰，愉悦感官而已。这种观念架起了文艺复兴艺术美学的最重要支柱，以至几百年后一位了不起的学者库提乌斯［Ernst Robert Curtius］（1886—1956）还念念在心：

Line is less material and more permanent than colour. It remains when colour fades. Colour is earthbound. Line reigns even in solar systems. Line can say more than colour. It fixes the contingent truths of contour and the eternal truths of mathematics. It can link everything with everything…the metaphysics of line are an aspect of poetic beauty.［线条不大凭借物质，却比色彩更恒久。当色彩褪去，线条仍在。色彩世俗，而线条连上苍星辰都主宰。线条比色彩表达得更丰溢。它既维系图形的偶然真理，又维系数学的永恒真理。它把一切都联系起来……线条的哲理乃是一种诗意的美。］

那些认为中国画线条、西方画块面的人，读了这些话大概会有点儿茫然。而文艺复兴时的一些风云人物，像瓦萨里和巴尔迪努奇[Filippo Baldinucci]（约 1624—1696）更是添油加醋，他们说 *disegno* 决不限于手工运作，它还暗示了艺术创作与神[Deity]或柏拉图的造物主[Demiurgos]根据理念[Idea]或原型[Prototypes]创造世界的方式类似。

西方艺术的重要技艺包括比例、解剖、光影、透视法，能够发展起来，全是听命于人物画的需取，它紧紧绕着人物画打转，就连原本点缀场景的静物也由此得以发展。结果，透视法意外地催生了射影几何，解剖的实践也让莱奥纳尔多成为胚胎学的先驱，艺术之翼鼓动了科学之翼。中国画则精研皴法、苔法、树法、石法、点景法，把它们锤炼为基本图式，安置在山水世界，梅兰竹菊倒像是就中折取出的小景。水法、云法更给那些无法把握的形状分类定型，伟大的形态学家歌德有知，定会把这些成果欢呼为人类心灵“赋予不确定事物以确定形式”[*Bestimmt das Unbestimmte*]的深心特笔。

中国画论虽对画的题材心存偏袒，但却从未明确排定其高低。就画史来看，不妨比作并排的三联画：中间是写意的山水，由于文人的投入，达到顶峰；左边是写生的花鸟，经过皇家的提倡，形似得甚至超过西画；右边是写神的人物，这主要由职业画家从事，特别在宗教画中得到发展。

题材如此，笔法和用色则因材料的不同，各趋所极。简而言之，西方画色彩丰富，中国画笔墨精微，这虽是基本常识，却含有深意。不妨再引一段西方诗歌为据，它是《英伦牧歌》[*Britannia's Pastorals*]的作者布朗[William Browne]（约 1591—约 1645）对时人沉迷色彩的侔状揣称，傅汉思[Hans Frankel]（1916—2003）论巴洛克时代五官联觉[*synaesthesia*]时曾有所采择：

As in the Rainbowes many coloured hew,
Here see we watchet deepened with a blew:
There a darke tawnie with a purple mixt,
Yealow and flame, with streakes of greene betwixt,
A bloudy streame into a blushing run,
And ends still with the coloured which begun;
Drawing the deeper to a lighter staine,
With such rare Art each mingleth with his fellow,
The blew with watchet, greene and red with yealow;
Like to changes which we daily see
About the Doues necke with varietie,
Where none can say（though he it strict attends）
Here one begins, and there the other ends:
So did the Maidens with their various flowers
Decke vp their windowes, and make neat their bowres:
Vsing such cunning as they did dispose
The ruddy Riny with the lighter Rose,
The Moncks-hood with the Buglosse, and intwine
The white, the blew, the flesh-like Columbine
With Pinckes, Sweet Williams: that farre off the eye
Could not the manner of their mixtures spye.
[似彩虹般的色彩斑斓，
这边浅蓝染上蓝色变得深湛，
那里暗茶色和紫色彼此相融，
黄色与火红色之间穿插绿色的纹脉，
猩红的颜色像红流奔涌。
色彩周而复始，

把深浓慢慢敷演成浅淡。
多么非凡的技艺，将不同的色彩巧加融通！
蓝，邀约浅蓝，绿和红，与黄缱绻，
仿佛女子颈上佩戴的花环，
每天都在变幻，
任你留意观看，也无法诉诸语言，
此处以一种颜色开始，彼处又以另一种中断。
如是这般，凭着蕙质兰心，
少女们用缤纷的鲜花，
把绮窗香闺巧饰装点：
红色瑞尼花衬着浅色玫瑰，
乌头搭配牛舌草，
将白的、蓝的还有肉色的耧斗草
缠绕粉色的石竹花：
远远望去不禁心迷目乱，
色彩的组合，竟是这般的美艳！］
（李晓愚译）

诗句以藻绘呈辉，有教人闻花之音、见声之光［heard flowers that sounded and saw notes that shone］的意味。巴洛克诗人要表达视觉的强度，往往集中五色粲然的要素，然后再不遗余力幻化出无限的光彩。他们的绘画即如此着力。人们常常感到西方绘画的视觉冲击力，而比起来，中国绘画倒是灰色的。可在中西绘画沉浸长久的人也许会有另一种感受：在一瞥之下的影像残褪之后，西方绘画在触觉感［tactile, haptisch］上强烈起来，而中国绘画则总是牵动人们的细微深渺的感受，以至分不清是视觉还是触觉，巴洛克诗人所追求的联觉，反倒在中国绘画中悠扬起来。简言之，中国绘画延伸、丰富、细致化了人们的感官。虽然，中国诗人也多写丹辉炳映，光泽烁起，李太白“剑花秋莲光出匣”，李长吉“凄凄古血生桐花”，陆放翁“乌丝书罢烛花红”，皆就光彩色泽言之。他们以物之有光焰、有姿态、有文理者谓之花，亦具此意。恽南田画虞美人，也说：“此花有光、有态、有韵。”然而“色、光、态、韵在形似之外”。因之，中国绘画的用色，看重的是别趣，陆游的两句小诗说：

红炉过尽灰如雪，独守青灯坐画诗。

陆次云评曰：“冷焰寒灰，都能为之写照，此笔无所不可。”视觉的基本因素，句中皆备，但把读者引入高潮的一笔，却不是“隔岸奇花色欲燃”，而是无声的水墨之诗。米芾与友人步月湖上，分韵赋诗，“芾独赋无声之诗”。无声之诗即水墨之画，黄庭坚写李公麟的诗，用的也是一色笔墨：

李侯有句不肯吐，淡墨写出无声诗。

句中可堪玩味者，至少有三。首先是淡墨，它不仅传达色彩的淡洁，也直接九世纪张彦远的寄意：“草木敷荣，不待丹碌之采；云雪飘飏，不待铅粉而白。山不待空青而翠，凤不待五色而綷。是故运墨而五色具，谓之得意；意在五色，则物象乖矣。”那是第一次论墨与五色，虽被强解为墨分五色，但后来水墨画确实绝胜彩色画。甚且连无色处的空白，也是画，因为最好的颜色就是本色。清初，周百安给胡元润一柬说：

古人设色见素，今人设色见彩。惟元润能悉其故，幸以语我。

美国 The Art Museum, Princeton University 藏有胡元润的册页，其中一开题云“何曾着一笔，依旧是涛笺”。 画上五彩并施，可竟画的虚无缥缈，淡远了又淡远，淡远到了以至于无色，就像后来的诗人俞明震（1860—1918）写北地的光照之景：“残日在寒沙，婉娈得月态。群羊去如水，远色倏明昧。”（《觚庵诗存》卷三《宿凉州》）都是“感物造端，摄兴象空灵杳霭之域”，都是“设色见素”，下笔有绝色。他们以其作品解说了“设色见素”。西方也有个别时期限制使用多色，偏爱朴素的色彩，阿尔贝蒂甚至讨厌金色，迷上了素墙白色，然而却从未梦想过以单色去独步天下。钱锺书尝引西人的观点，说中国诗是灰色的，最接近法国的魏尔兰［Paul Verlaine］（1844—1896），因魏尔兰的《诗法》［*Art poétique*］宣称：最好是灰黯的诗歌，不着彩色，只分深淡［Rien de plus cher que la chanson grise. Pas de couleur, rein que la nuance］。钱锺书紧接着概括一笔：那简直就是南宗画风了。换言之，文人画也是灰黯的。此说不误，尽管只是领略大同、忽视小异。而墨竹的兴起，恰恰符合魏尔兰关于好诗的旨意。《圣朝名画评》记太宗朝参政苏易简得黄筌所画墨竹图，“李公宗谔见之，赏其神异，作黄筌墨竹赞。其序曰：工丹青状花竹者，虽一蕊一叶，必须五色具焉，而后见画之为用也。蜀人黄筌则不如是，以墨染竹，独得意于寂寞间，顾彩绘皆外物，鄙而不施。其清姿瘦节，秋色野兴，具于纨素，洒然为真。故不知墨之为圣乎？竹之为神乎？”文人画如此推重墨色，也许把鲜明的色彩都让给瓷器了。李如筠（1765—1796）《蛾术斋诗集》卷十有《咏古瓷八绝句》，几乎首首都闪耀着光色：

中散遗杯沆瀣消，粗黄颜色数柴窑。可怜明镜青天样，五代烟煤劫火烧。中散遗杯，见陆鲁望诗。《夷门广牍》：“柴窑出北地，世传柴世宗时所烧者，谓之柴窑。天青色，滋润细媚，有细纹，足多粗土，近世少见。”又《博物要览》云：“昔人论柴窑，青如天，明如镜，薄如纸，声如磬。”

绣花精致印花奇，红玉中间刷竹丝。内府不供南北定，丹泉零落旧尊彝。《博物要览》：“定器有画花、绣花、印花三种。”《留青日札》：“定州今真定府，似象窑，色有竹丝刷纹者，曰北定窑。南定窑有花者，出南渡后。东坡诗云：定州花瓷琢红玉。”《老学庵笔记》云：“故都时定器不入禁中，惟用汝器，以定器有芒也。”《博物要览》：“新仿定器，如文王鼎炉、兽面戟耳彝炉，不减定人制法，可用乱真。若周丹泉初烧为佳，继周而烧者，不入清赏。”

芝麻花点玉脂杯，棕眼分明蟹爪皑。紫定泪痕茅篾甚，新传秘色汝州来。《博物要览》：汝州窑色印卵白，汁水莹，厚如堆脂，然汁中棕眼隐若蟹爪，底有芝麻花细小挣钉。定瓷有紫定、黑定之分，有泪痕者真。凡窑器有茅篾骨出者，盖损曰茅，路曰篾，无油水曰骨，乃骨董市语也，见《格古要论》。

冰裂梅纹蟮血莹，乌泥不及粉青精。凤凰山下曾开局，珍重当时铁足名。官窑色取粉青为上，纹取冰裂蟮血为上，梅纹片墨纹次之，见《博古要览》。又《格古要论》：“官窑器宋修内司烧者，有紫口铁足。有黑土者，名乌泥窑。官窑在杭凤凰山下，其土紫，故足色若铁。”

破碎痕中百圾完，断纹纵插又横攒。龙泉抹倒章生二，见说琉田竟爽难。《稗史类篇》：“哥窑与龙泉窑皆出处州龙泉县。南宋时有章生一、生二弟兄，各主一窑。生一所陶者为哥窑，以兄故也。生二所陶者为龙泉，以地名也。”又云：“哥窑多断纹，号百圾碎。”《春风堂随笔》：“宋时有章氏兄弟，皆处州人，主龙泉之琉田窑。”

玉琖庐陵旧有名，螺山苍翠套峥嵘。昆冈一炬文山殉，窑变当年兆已成。吉州窑出今吉安府庐陵县永和镇，其色与紫定器相类。宋时有五窑书公烧者最佳。相传云，宋文丞相过此，窑变成玉，遂不烧。今其窑旧迹尚在。永乐中或掘得玉杯琖之类，理或然也。陆鲁望诗：“九秋风露越窑开，夺得千峰翠色来。”

象窑髻垦董窑枯，比似均窑火焰殊。只有磁州名实在，市间陶旒划花粗。象窑色如象牙，又次彭窑。《留青日札》云：“《格古要论》：董窑淡青色，细纹多，有紫口铁足。比官窑无红色，质粗而不细润。磁州器有划花绣花者，均州窑器有兔纹丝火焰青者。”《考工记》凡陶旊之事，髻垦薜暴不入市。髻，薄也，垦，伤也。

大小熌熿炼色铜，苏泥勃尽更无功。陂塘石子青如许，设色何如白地工。《江西大志》：“景德镇有御厂一所，官窑二十座，窑之名有六，曰风火，曰色，曰大小熌熿，曰大龙缸，曰匣，曰青。青花白地者成窑，不及宣窑五彩。宣窑之青乃苏泥勃青，后俱用尽，至成化时，皆平等青矣。平等青者，陂塘青、石子青之类是也。”《江西志》：“回青为外国所贡，陂塘青出乐平，石子青产瑞州，大抵饶器以白地者为上。白杯中疵类多者，往往涂饰五彩，其稍净者施青花，至纯白无花洁如晶玉者，其值在诸有花者之上。”

文人画靠水净化颜色，陶瓷靠火炼出颜色。像日本那样，把格调最高、价值最贵的陶瓷归之古伊贺花瓶（约15—16世纪），也端端在此。川端康成说：“伊贺陶瓷是用高温烧成的，燃料为稻草，稻草灰和烟灰降在花瓶体上，或漂流过去，随着火候下降，它就变成像釉彩一般的东西。这种工艺不是陶匠人工做成，而是在窑内自然变化烧成的，也可以称它为窑变，生产出各式各样的色调花纹。伊贺陶瓷那种雅素、粗犷、坚固的表面，一点上水，就会发出鲜艳的光泽。就像刚苏醒似的，放出美丽的光彩”（《我在美丽的日本》，唐月梅译）。陶瓷一旦不管实用，色彩之美就跃居第一，若重形状，则失其意。

再次是“写”字，由于毛笔是中国文人最重要的抒情言志工具，这就透露出书法和绘画在中国何以成为艺术，而建筑和雕塑只能归为手艺。最后也是最重要的即诗，单单书法和绘画的技术练习还不足称诗，所谓识浅、见狭、学不足，三者终不能尽妙，广泛阅读的文化教养才是诗事。苏东坡说：

退笔如山未足珍，读书万卷始通神。

这种观念把诗举在首位，最好的画必有诗意，或者说得韵、有品。文人画之前，是“古来画师非俗士，摹写物象略与诗人同”（《欧阳少师令赋所蓄石屏》），是“已离画士之度数，而得诗人之清丽”（《跋蒲传正燕公山水》）；文人画兴起则“此间有句无人识，送与襄阳孟浩然”（《郭熙秋山平远二首》），“诗鸣草圣余，兼入竹三昧”（《题文与可墨竹》）；到了后来又演为：“昔人评摩诘《辋川图》云：诗中有画，画中有诗。盖言画中神韵也。后人遂以诗为画题，而苑体即用为格律，画中笔墨，往往为诗所拘矣”（王原祁自题《仿古山水册》）。简言之，诗者，画中韵也，品也；对山水的诗意化之眼也，对花竹的诗意化笔墨也。而以诗题滞笔墨，则画工也。诗画相通，虽然在于山水花草，可文人之迷恋于歌诗，竟会在肖像画里也感通于诗画的邮驿，清初诗人方拱乾（1596—1667）就冒出过这样的念头：

生平未写照，今年遇钱塘戴葭湄，称当今写照第一手，必欲为老夫写。写竟，葭湄曰肖，诸人同曰肖，老夫揽镜亦曰肖。因其盘礴凝注，挥洒疾徐，而悠然觉此道之通于诗文也。葭湄之言曰：于静处得什三，于动处得什五，于有意属笔时得什七，于偶一触目焉而具相貌于胸中者得什九。此言易解也。又言曰：貌本圆而以方写之，貌本长而以短写之；写者方短，而肖者圆长。此言难解也。老夫曰：是所谓神也，诗文诀也。千古善写照之文人，莫司马迁若。试读其世家列传，开口一二语，便令其人终身了然。及逐节逐句，境绝峰生处，转令人茫然而终归于了然。是神在笔先，在文字外也。若夫诗之为道，则犹之自写照矣。自写照而假他人须眉乎？他人须眉即佳，自肯受乎？昔有论《史记》者云，每于人疵处缺略处，极力描写。要知疵外缺略处，人之余也。余者神所寄也，所谓笔先笔内外也，所谓以动写静，以方短写圆长之说也。然则作诗文者，独举余乎？余只可以出全，不可以摄全也。全之神注，借余以出之。譬如写照之必不能舍须眉颧颊以为神，而但曰须眉颧颊，不足以为神也。文之有词藻，诗之有格律，须眉颧颊也。曰如何为汉，如何为唐宋诸大家，如何为六朝汉魏，如何为初盛中晚唐，须眉颧颊之妍媸老少也。不能貌者当学貌，而肖不肖置勿问，不几令诗文诎丹青下耶。（方拱乾与田雪龛书）

罗孚尹也是一位清初的画家，他在诗上下的工夫，丝毫不减于绘画："吾辈作时艺，如业屦然。屦无十日之寿，而业之者亦只计其售尔，不问之十日以外也。作诗作古文词，若铸宣铜。虽售只一时，而作者之心，则无有不欲其久远者。"另一位大画家龚贤，于诗用力更猛，有一次竟自嘲说：

天之妒才甚矣。吟诗应有罪，信不诬也。因思我辈之穷，已定于拈弄五七字之始。天以有限造化，被前人夺尽，是以久而愈惜。我辈即从今日不识一字，不吟一句，已不可挽回天之盛怒矣。顷在枕上，勘破苍公之处分如此。因寓书于足下，各勉力作得一句两句好诗，亦不枉为天之罪人也。（与周雪客）

无数岁月、无数文人把他们毕生的精力都奉献给了诗，用杜茶村的话说，是"犹女子之能纺织针线，只是本等事，无容矜异"。并以为，"此乃至平之论，无丝毫之矫激"。前述的太史公《史记》，文章公论天下第一，它以其叙事的精光，永永流传于天地。可在关捩处，还是要依赖诗歌去洩造化之秘。道盛（1592—1659）论其传项羽一段说：

昔人谓高帝《大风歌》，与霸王《垓下歌》，各自写出帝王兴衰气象，盖谓其语足并也。余谓垓下是何等时，虞姬死而子弟散，匹马逃亡，身迷大泽。此际亦何暇更作歌词。即有作，亦谁闻之而谁记之欤？吾谓此数语者，无论事之有无，应是太史公笔补造化，代为传神。首二句轰轰烈烈，感愤千状，是造物之逼杀英雄，直使风云失色而天地无光，后二句怨极悲极。到此处，饶他盖世好汉，至于无可奈何，只有一悲愤以作结局耳。此与下文天之亡我，非战之罪也一语，正相映带。然后将英雄丧身失命时，一段气概，谱出全神，而文章之事，亦可以不朽于天地之间矣。

诗歌成就了中国文明对世界文明的最大贡献。而他们决计要把造化的奥秘夺尽，这就难免像西方人造巴别塔[Babel]触怒了上帝一样，也惹恼了天公。只是西方人用石块造型，中国文人用字词立象而已。可这做法，却极大调制了中国绘画的鉴赏取向。一位西方艺术史家观看竹石图，大概会说：The picture is a delicate composition, showing the moon, with layers of mist, and graceful bamboos in the rocks. 而我们也许只云“竹劲石润”。完全是笔墨感受的直陈，不带叙事的成分。高居翰[James Cahill]评述王蒙作于1375年的《具区林屋图》说：

The entire space of the picture is crowded with active, oppressive forms that overpower the ostensible subject: a traveler sitting by the stream in the foreground waiting for the ferry, which approaches from the left; the man to whom the picture is dedicated, seated in his house on the opposite bank; his wife, perhaps, in another building higher on the mountainside; a constricted view of the distant lake in the upper right.(*The Compelling Image*)[画面空间填满了活跃而又重压的造

型，统摄着作品所要表达的主题：近景，一旅人待渡溪边，坐于岸上，左方一叶小舟驶来；对岸林屋中端坐的正是此画的画主；而其妻则在高处山坡的另一屋内；画面右上方露出的是远处湖水的局促一角。]（申屠妍妍译）

仿佛这些语句都是为 *istoria*[故事]而设，借用沃尔夫林的术语，是线形[Linear]的描述，是让分立的语言在时空中连续化、历时化。在西方艺评，就连古老的使听者变为观者的艺格敷词手段，也是用语词模拟要辨识的行为而不是模拟要辨识的物像，换言之，它不是要复制一幅画，而是要以动态与绘画竞争，当普鲁塔克[Plutarch]（约 46—约 119 年）《道德论集》[*Moralia*]引用西蒙尼德斯[Simonides of Ceos]（前 556—前 468）的名言“诗是有声画，画是无声诗”时，他不过是说：修昔底德的历史写作可以像绘画那样把读者带入往昔的事件，其中既寓有空间，更含有时间。

而将近四百年前董其昌寓目《具区林屋图》，记其观感，用意取象则迥别，他说：“尝见其《溪桥玩月图》，又名《具区林屋图》，皆摹王右丞，石穴嵌空，树枝刻画，为未变唐法也。”这不多的词汇好像只为感觉而生，是涂绘[Malerisch]，是尽力保持语言的分立本性，是共时互动、闪烁意象。尤须注意的是，高居翰的描述一般读者都会明白，而董其昌的少少之言，却只有专家才能理解。严善錞先生敏感的意识到，中国批评的套语，大都是写给行家看的。的确，即使同样的一句“气韵淡远”，换了上下文，改了画境，赏鉴家心中呈现的图像也幡然转变。文人画不易为一般人寄赏，语言的障碍正是其一。神韵派力主金鳷擘海、羚羊挂角、香象绝流，也是把语词的图像特征宠为榜元。

而在中国，即使人人都懂的极端叙事描述也大都是图像式的，例如《过云楼书画记》卷九著录的《明贤合写药草山房图》：“席门半开，斜临石桥，其中古树绕篱，修篁夹径。入门揖让间，已有人并立竹所，一小奚捧书从。复前行，为草堂，壁琴炉香，方席地坐谈。其西窗下，则燃烛引觞，三人据案哦诗。屋后苍松翠条，与阶前奇礓古石、坡陀列树相掩映。又于寒丛间见芳畦数棱，杂艺灵苗异卉，莫可名状。”词语总是跃跃然，不安现状，想跳脱本位，去显示图像的本色。这就是中国古典语言的特性。

更重要者，文词历历唤起图像的功能，还被文人们所反用，他们能从图像读出古旧的词章。1681 年赵执信（1662—1744）为王鉴《仿巨然溪山无尽图》作跋，引潘耒（1646—1708）的言论，从现实的名山名水敷扬立说：

潘稼堂先生尝自云：历游名山，差得其概，大率蜀山瑰奇，楚山浑厚，瓯越诸山清以邃，沅湘之间山灵且幽，皆俪以古辞。人谓自峡以西，嵚崟巍峨，其曹孟德、刘大尉之伦，与君山间楚粤矗层波中，苍翠朴秀，颜谢之诗也。四明天台孤绝处，似阮步兵，璚丽则似陈思。庐山为渊明桑梓，天晴日淡，望香炉云气，意得境会。惟沅湘之间，缥缈幽郁，朝舒夕卷，不可端倪，楚骚之补图也。余尝服膺是说。今观廉州《临巨然溪山无尽》长卷，入手便自灵异，岩谷回复，山木苍然，得沅湘间山川之神。一展读之，便觉稼堂所言，触境即是。作家能事固不在点染一鹃一竹也。此惟知者知之。

现实的山水可以看为语词的图像，此亦诗画相通之变相，焕明古典语言特性之佳范。描述山水画如此，描述人物画，也是准此乃为当行。宋人赵千里有幅《宫娥图》，沈虹屏以韩愈《画记》的笔法写道：

凄凉夜色，落月在树，朱栏碧棂与芙蓉相映带，在约略有无之间。为宫娥十六人：其一倚槛独坐，皓腕着几，纤掌掩半面，眼朦胧作欲睡态。二人相携，玩池中蟾影，风吹罗带，仿佛闻环佩细响。一人抚琴不弹，头微轩，若目送飞鸿而不得者。一人燃烛摊书，朱樱微哆，如闻咿唔；适一鬟送茗至，息心捧立，若不敢惊触意。一人界尺纸，握管吟诗；傍一人窃观含哂；帘外又一人若褰帘欲入，窃观者引手招之，曲身而罗袖轻扬；而吟诗者似微觉回顾，含毫邈然；各尽态度。又二人对弈，貍奴卧其旁，架上鹦哥缩颈睡。又草花数丛，莎鸡栖鸣；一人若厌闻其声，俯躬持团扇欲扑；一人若喜闻其声，牵衣止之。二人倚肩行游；一人趺坐片石；一人独倚修竹；皆有悽怆怨慕萧寂无聊望幸之色。

而西方艺术史家不管多么强调感觉，强调耳目之官，眼为第一门户[Lo occhio si dice che e la prima porta]，或者像贝伦森[Bernard Berenson]（1865—1959）捕捉“触觉值”[tactile values]，李格尔[Alois Riegl]（1858—1905）提取“触觉-视觉两极性”[haptic-optic polarity]，最终也还是要把画面简约为“色彩、线条、体积和空间”，作形式和运动的观念化分析。至于文艺复兴艺术书籍中大为流行的维特鲁维[Vitruvius]的圆中之人[*Homo ad circulum*]和帕乔里[Luca Pacioli]的神圣比例[*Divina proportione*]，虽然起始诉诸视觉，可说到底还是一些公式化的线形图表。中国画是目击道存，西方画则目击而数存焉。

我们希望这两种描述都正确有益，但它们从无数的印象中选出的成分却彼此相异。人们强加于经验风景上的语言之网产生出不同的图式，这也许是中西最堪对比的特征。

西方绘画的主旨，贡布里希曾称引《意大利名画家伦伯提·伦巴迪传》[*Lamberti Lombardi apud Eburones pictoris celeberimi vita*]

（1565），说它以一种令人赞美的清晰表明了绘画所致力的目标：

Nam de solo corpore humano merito in hoc quidem argumento loquor, propterea quod ut universae philosophiae est perfecta hominis cognitio, quia in eo tanquam parvo quodam mundo tota rerum universitas continetur: ita graphices et sculpturae finis est hominem ponere, quia hominis externa species omnes omnium rerum adspectabilium vel in lineis vel in coloribus formositates complectitur. [在这次讨论，我有理由只讲人体，因为一切哲学的任务就是寻求对人的完美理解，宇宙的一切都以缩小的形式涵蕴于人：所以，绘画和雕刻的目标就是突出人，让我们对之沉思：人的外表形式包容一切可见之美，不管是线条美还是色彩美。]（徐一维译）

若说中国山水画天人合一，则西方人物画宇宙与人合一矣。因知此说最无益、最浅薄、最妨碍我们欣赏作品，它只诱惑人在学术上偷懒、在精神上傲慢。

十七世纪的法兰西学院接过前贤的人体观念时，费利比安[André Félibien]（1619—1695）却不旁骛，他只是以神的名义给画家排定座次：静物画家最低，风景画家高些，动物画家又稍高，肖像画家更高，最高的 *grand peintre*[大画家]，是历史画家，他模仿上帝的最完美作品即人。历史画要求画家像诗人，把伟大人物的美与崇高的奥秘隐藏在历史与传说的外表下，以表现人类活动的庄严和宏伟。阿尔贝蒂也早就提醒人们，古希腊的斐第亚乃是从荷马史诗学会了把雕像表现得具有神的尊严。强调画家像诗人，自然有助于提高画家的地位，就像中国以“诗画一律”突出了文人画的地位一样。

这样，古罗马作家贺拉斯[Horace]（前 65—前 8）所谓的 *ut*

pictura poesis［诗如画］，人文主义者欣然把它解读为：诗的最高领域是人类活动，画也是这样，画就像诗，是对自然的模仿，但首先是对人的自然的模仿，是对比通常更美、更有意义的人的模仿；画家是自然的模仿者即 *scimmia della natura*，也可以简述为画家是上帝心灵中的人的理念的模仿者，因为人才是自然美的完美典型［*il perfetto della bellezza naturale*］；于是，贺拉斯当年的随兴之论，十七世纪的作家弗雷努瓦［Du Fresnoy］（1611—1665）干脆把它写为“虽曰诗如画，画亦如诗”［*ut pictura poesis erit, similisque poesi sit pictura*］。说的极端些，西方学院派是：唱得人间意外声，画出荷马诗中神。中国文人是：名画要如诗句读，古琴兼作水声听。这乃是当年给奉为西方绘画标准的 *ut pictura poesis*［诗如画］与中国“诗画一律”截然不同的地方，惜前贤未论。且西方的诗例如维吉尔［Virgil］（前 70—前 19）的《牧歌集》［*Bucolica*］，虽让人想到阿卡迪亚［Arcadia］的悠然静色，想到后来乔尔乔内［Giorgione］（约 1477—1510）的田园风光（《田园演奏会》［*The Pastoral Concert*］），但西方诗画一律的时代却主要是叙事诗，通常对应着人物画，这一点不能粗心轻论。而顺此思路以时空景象能否画出为准去硬求中国文人画的诗意，则皮相之见。元代画家吴太素自述画梅的体验说：“写梅作诗，其趣一也，故古人云：画为无声诗，诗乃有声画。是以画之得意，犹诗之得句。有喜怒忧愁而得之者，有感慨愤怒而得之者，此皆一时之兴耳……所以，喜乐而得之者，枝清而閯，花闲而媚；忧愁而得之者，则枝疏而槁，花惨而寒。有感慨而得之者，枝曲而劲，花逸而迈；愤怒而得之者，枝古而怪，花狂而壮。”（《松斋梅谱》）概言之，中国诗具有的功能，特别是抒情功能和应酬功能，文人画大体皆备，唯叙事画基本在文人之外。

十八世纪中叶莱辛［Gotthold Lessing］（1729—1781）反对历

史叙事画所示范的 *ut pictura poesis*，但他准备撰写《拉奥孔》[*Laokoon*]（1766），翻阅载籍，笔诸赫蹄，录为札记时，还是按费利比安的方式给画家定等级，把最高地位让给那些一切都遵循 *körperliche Schönheit*[人体美]的画家。

这种人体美，以希腊古典雕像为理想规范，与建筑的尺度婵嫣互体。一位大艺术家站在神庙前，看着米洛的维纳斯雕像[Venus of Milo]，觉得她的神奇的美从几何的秩序上得到灵感，放出光芒，心中自然涌现出他们生活的环境和气氛：

I see the young Greeks, their brown hair crowned with violets and the maidens with floating tunics as they pass to offer sacrifice to the gods in those temples whose lines were pure and majestic, whose marble had the warm transparency of flesh. I imagine the philosophers walking in the outskirts of the town, conversing upon beauty, close to some old altar which recalls to them the earthly adventure of some god. The birds sing amidst the ivy, in the great plane-trees, in the bushes of laurel and of myrtle, and the brooks shine beneath the serene blue sky, which domes this sensuous and peaceful land.

Place it, in your mind, upon a golden shore, whence, beneath the olive branches, you may see the blue and shining sea cradling its white islands!（*Rodin on Art*）[我看见希腊的青年，褐发的头上戴着紫罗兰花冠，和穿着飘动的衣裳的少女，同在庙内祭神。神庙的线条纯净壮丽；白石像肌肤，温暖明澈。我想象哲学家们到郊外散步，在古老的神坛边谈论“美”的问题；而这座神坛使他们不禁想起某一个神明在人间的艳遇。这时，鸟儿在青藤下，枫树上，月桂丛中歌唱，小河在天空下闪烁——这种自然境界，富有官感而又明朗宁静。

请你在想象中把女神像移置到美丽的金黄色的海岸上——海边种着橄榄树，波光闪闪，一望无际，浮着点点白色的小岛！］（沈宝基译）

行笔至此，我们顺便一瞥中国文人当初乍见西洋画时的反映，一定有益。他们显然是最早的中西艺术的比较者，可以帮助我们更深明自己的传统。

万历七年（1579）意大利传教士罗明坚［Michaele Ruggieri］（1543—1607）携圣像图诸物来华，开启明代洋画的传播。二十年后，利玛窦将一批圣物献给明神宗，其中有一幅天主像和两幅圣母像。姜绍书《无声诗史》评曰："利玛窦携来西域天主像，乃女人抱一婴儿，眉目衣纹，如明镜涵影，踽踽欲动，其端严娟秀，中国画工无由措手。"那时，中国画工已失去了往昔"蝇染屏间，孙郎举手，水鸣床上，唐帝惊心"的成就。据说，万历皇帝和慈圣太后见了图像，望之若生，竟忘其为绘素，不敢正视。明暗法造成的真实感，猛然让人心头一惊。利玛窦向中国人解释说：

中国画但画阳不画阴，故看之人，面躯正平，无凹凸相。吾国画兼阴与阳写之，故面有高下，而手臂皆轮圆耳。凡人之面正迎阳，则皆明而白；若侧立，则向明一边者白，其不向明一边者眼耳鼻口凹处，皆有暗相。吾国之写像者解此法用之，故能使画像与生人亡异也。

这是就一幅铜板画《天母像》而发，顾起元（1565—1628）说它"以铜板为帧，而涂五彩于上，其貌如生，身与臂俨然隐起帧上，脸之凹凸处，正视与生人不殊"。大概就是这样一种震动中国观者的画像，成为程君房（1514—1610 后）《程氏墨苑》（1604）

中最受中西研究者关注的插图。据说它的底本来自日本1597年仿制威利克斯[Hieronymus Wierix]（1553—1619）的铜板画，而威利克斯又依据了塞维利亚主教堂[Seville Cathedral]的湿壁画*Virgen de la Antigua*[古老的圣母]。《墨苑》中还有三幅西洋画，也刊刻得极为精美：一、“信而步海，疑而即沉”，底本由弗斯[Maarten de Vos]（1532—1603）绘画，威利克斯[Antonie Wierix]（1555/1559—1604）镌刻；二、“二徒闻实，即舍空虚”，绘者、刻者同前；三、“婬色秽气，自速天火”，由帕斯[Crispijn van de Passe I]（约1565—1637）一人绘制。三幅画并附有利玛窦以罗马注音与汉字对照的说明，此举乃前人所无，后来金尼阁[Nicolas Trigault]（1577—1628）《西儒耳目资》师其法。西洋画而见采于中国载籍，亦实为首见。程君房的雄心是以墨谱的形式构造宇宙的百科知识全书，他不失时机纳入这些域外图像和文字，开人眼界不浅。《墨苑》由第一流刻工镂梓，人物屋宇，细若丝发，拉丁洋字，写为旁行，它们绝不输西方的同期木刻。

与此前后脚，坦普尔[Sir William Temple]（1628—1699）赞美的一个东方术语*sharawadgi*[洒落为之]，也通过《伊壁鸠鲁之园》[*Upon the Gardens of Epicurus*]（1685）向欧洲传播，它挟着中国山光塔影的气象，隐进英国的规整园林[formal garden]，在形成*Picturesque*[如画]观念、漫卷*Chinoiserie*[中国风]中屡试身手，也激扬了浪漫主义的风云。

利玛窦到中国也带来一些书，这叫他做出一项重要的贡献，1607年，他帮助徐光启（1562—1633）继瞿太素（1549—1612）之后翻译欧几里得《几何原本》[*Euclidis Elementorum Libri XV*]，在引言中，特别提到透视的原理。透视法在宋代或许有人属意，但没有数学垫底，只靠目视，仍属常识，是*doxa*[见解]，满脑子诗意奔涌的文人很快把它摒弃。而西人的Perspective则想高飞

epistēmē[真知]的领域，因此，它在文艺复兴褎然为举首。这使居于其间的伊斯兰人看看西方绘画，再看看中国绘画，会发出这样议论：对一幅西方绘画，结果是我们走出画面或画框之外；对一幅坚守阿拉伯大师风范的绘画，终究我们会抵达安拉俯瞰我们的位置；而对一幅中国绘画，我们将被困住，永远也走不出去，因为它可以无边无际，漫延拓展。不论是西方绘画还是中国绘画，伊斯兰世界都难以接受。但在明末清初，中国文人见识过一些西洋透视画法后，留下的零星诗文，则不乏嘉美之词。魏禧（1624—1680）说他承友人之赐，得泰西宫室图，整日悬于庭中，见其洞开重门，空明曲折，常若欲入而居者。傅仲辰（1674—？）有幸买得几幅姑苏所摹西洋画，高兴得赋诗志喜，词句虽有硬语，摹画却够得上淋漓：

西洋绘事好结撰，欣赏须当具只眼。
独开生面析毫芒，要以尺寸深筹算。
峥嵘台榭望玲珑，木石参差分界限。
高下方圆总不淆，阴阳向背亦善变。
睥睨何异剥蕉心，层层入胜逾宽展。
衣衫蕴藉器精良，位置都宜非苟简。
岂惟万态穷自然，还俾虚影随形显。
从众且分买棹钱，长绡短幅颇拣选。
归悬素壁生光辉，仿佛此身游宛转。
无劳运甓数花须，侧目凝神求汗漫。

这些写于康熙间的文字，今日看来，弥足珍贵。它们早于年希尧（？—1738）根据波佐[Andrea dal Pozzo]（1642—1709）《绘画与建筑之透视》[*Perspectiva Pictorum et Architectorum*]（1692

— 1702）等书编著的《视学精蕴》(1729)，是文人接受西洋透视画法的早期文献。这种态度，随着《几何原本》的传播，也感染了朝鲜文士，李瀷[Yi Ik](1681—1763)开始尝试使用一种新的看画方式："市西洋画挂在堂上，始闭一眼……而殿角宫垣皆突起如真形……今观利玛窦所撰《几何原本》，序云其术有目视……以远近正邪高下之差，照物状可画立圆立方之度数于平板之上。"这是一时的感受，却最终改变了朝鲜"真山水"的观念。

康熙二十一年（1682），吴历（1632—1718）在澳门入耶稣会，洗名西满沙勿略[Simon Xaverius]，取葡氏名雅古讷[a Cunha]。他大概看了不少西洋画，也留下观画的感言。他先是辨析中国文字与西洋文字之别说："我之字以点画辏集而成，然后有音。彼先有音而后有字，以勾画排散，横视而成行。"然后又比较中西绘画：

我之画不取形似，不落窠臼，谓之神逸。彼全以阴阳向背、形似窠臼上用功夫。即款识我之题上，彼之识下，用笔亦不相同。往往如是，未能殚述。（《墨井诗钞》外卷）

可惜他写得太短。但这是一位大画家的意见，不能忽略。

到了乾嘉年间，帅家相（1709—？）、江昱（1706—1775）、陶元藻（1717—1801）、蒋士铨（1725—1785）、翁方纲（1733—1818）诸人都对西洋画有赏鉴，并写长诗题咏。阮元称江昱"最工咏物，刻貌镂形，牢笼万态"（《淮海英灵集》），他的《题西洋画》虽未在此着力，但也注意到视学：

圣王有道宾四夷，飞苞驿篚来丹墀。
西洋人巧画更绝，尺幅琐琐精豪厘。
围场大合竞角逐，如闻格杀声纷驰。

瑰形怪状不可辨，情态略以悬臆知。
人物在纸不著纸，凹凸势分面背移。
画法要与中国别，界线密密纤莫追。
吾闻洋人有视学，一线既定千里随。
目根功德乃异禀，用之绘事尤称奇。
天朝揆奋基丕丕，海外疆域从略遗。
尔洋具兹入微手，描摹猎戏徒尔为。
何不各画尔岛族，山川风俗森列眉。
图成上备史官笔，外国列传同昭垂。

（《松泉诗集》卷一）

诗中的赞美之句，在左图右史的正统观念左右下转然减弱，不像蒋士铨写出“小李楼阁莫与衡，若对明镜看飞甍”，以为超过了唐代李昭道的丹青楼台。而都御史金德瑛（1701—1762）的孙子金孝柟（1768—1808）的长句《欧罗巴画障歌》，记述典切，更是倾赏不置：

浑天图二地图五，奇压瑯函七千部。曲屏扇扇当风开，满幅云烟绘穹宇。谁其传者李与徐，利诺千番出新谱。丹青驰誉二百年，欧罗巴法轶前古。高斋晏坐清无埃，惊燕扑掠影落盃。灿然醉我锦池侧，海气溢目光皑皑。彩衣斑斓紧贴胁，螺髻礧砢高成堆。仿佛身被锁哈刺，瞻礼弥撒于于来。层楼陡作雁塔耸，洞户密似蜂房开。其内或有珊瑚琅玕列屏障，铅瓦覆顶花石琢柱材。迤逦一带葱旧树，应是密林铁木沿流栽。纷然触目皆异境，形制俶诡频疑猜。晴光烂漫霞散绮，远山青青波弥弥。人物虽异景色同，宛在中华化日里。此邦自古绝梯航，今隶灵台效驱使。鹅羢熊褥争充庭，琐里玛尼悉同轨。嗟此画本何处得，无乃贡琛来舶市。主人别画精画诀，示我画中尺算技（西洋画图用尺算）。皴染次第分角边，线面横斜认弦矢。始知吹云泼黑未足奇，画法本自通周髀。我闻泰西不独绘事工，有城砌火桥架水。玉座金殿形瑰奇，倚塔人梁高岌巇。试观筵上玻璃光（玻璃亦欧罗巴所制），对影亦堪成两美。张灯读画酒气豪，诗思盘空九万里。（《寿宁堂遗稿》卷一《十一月廿八日集沈柳坪宜茶别画轩分赋二题》之一）

诗人惊奇于西洋画中的算学，写出“始知吹云泼黑未足奇，画法本自通周髀”的大胆之词。起句即气势过人，举显西方天文地学的高意。金孝柟大概也是最早赞美西方地圆说的诗人之一（《十二月十二日集蝶圃分赋二题》之《题职方外纪后》）。不过，中国文人在传统的旧学中沉浸久了，接受起洋物确实不易，因那需要革面洗心，江昱写《西洋显微镜小景歌》也是这样：

石脂琢桃如指顶，中虚生白天地宽。
玻璃小牖瞪鱼眼，幻境恃此生波澜。
谛视竟学湘东眇，不禁叫绝惊旷观。
楼亭树石靡不具，尤奇天水迷茫间。
我闻西洋人最巧，碧眼精莹穷杳渺。
镂粟作佛琱核船，兹独别天藏细小。
外不加大里不缩，有若鹅笼难测晓。
引人入胜不忍释，翻恨传观客纷扰。
洋人心巧真不同，棘猴楮叶徒为功。
盍取名胜替闲景，五岳岱华衡恒嵩。
极诸海上三神岛，无不可纳之壶中。
卧游顷刻周寓内，舟车底事劳西东。
（《松泉诗集》，卷三）

显微镜在文人之间传观，一定引起不少震动，更炫人心目的是，沈虹屏已使用显微镜细察仇英的《汉宫秋晓图卷》，那在鉴藏史上应大书一笔。她看到：

宫殿千万间，树石数十重，宫娥数百人，仍有隙地画藉田耕牛及鹤鹿，鸡犬飞走，无所不备。尤异在左角下傍，一宫娥不及一寸，启门出，捧箕倾尘垢，仰眝残月。其尘垢密点阶砌间，以显微镜照之，皆荔枝龙眼榛榧菱芡等壳也，其精如此。

这位才华横溢的女子用显微镜赏鉴绘画，是在乾隆五十七年（1792）秋天。就在此时，1792 年 9 月 26 日，马戛尔尼率领英国政府代表团从朴次茅斯港出发，穿过英吉利海峡，往西朝中国方面航行，对中华帝国进行访问。翌年 7 月到达天津。他们所带的礼物，《英使谒见乾隆纪实》有详述，谢启昆（1737—1802）《英咭唎贡使歌》小序有略记。奉献的十九种贡品不但有天文仪器，有望远镜，还有城市、教堂、公园、古迹、战争、风俗诸画，以及大人物的肖像，包括英王全家的御像。而那时，西洋透视画也在中国多有藏弆，北京既有宫廷的洋画师奉敕挥毫，又有从聂云龙[Giovanni Gherardini]（1655—1723）自 1701 至 1703 年用波佐圣依纳爵天顶画技法装饰北堂以来的壁画新传统。岭南则独以玻璃画称胜，散见在诗文中的镜屏画，估计都是广州一带的产物。江南是文人画的天下，但也流行着桃花坞摹仿的洋画，《红楼梦》第四十一回写刘姥姥醉入怡红院：

顺着石子甬路走去。转了两个弯子，只见有一房门，于是进了房门。只见一个女孩儿满脸含笑迎将出来，刘姥姥忙笑道：“姑娘们把我丢下了，要我碰头碰到这里来。”说了半日，不见那女孩儿答应，刘姥姥便赶上来拉他的手。咕咚一声，便撞到板壁上，把头磞的生疼。细瞧瞧，原来是幅画儿。刘姥姥自忖道："原来画儿有这样活凸出来的？"一面用手去摸，却又是一色平的，因点头叹了两声。

这里写的大概就是桃花坞产的西洋画。其时，不论宫廷还是民间，都有西洋画的倩影，为人洽赏。尽管他们看到的不是巨匠的杰作[masterpiece]，也非全然来自天方绝域，但艺术的神奇却向人们启示：在艺术的深处，必定有种销魂入迷[ecstasy]的魅力让西方和东方息息相通，教人悠然神往，远胜于它们的相异之处。如果我们偏执于一端，大概就会步入歧途，错失了美神的眷顾。

中国文人有眼福看到西方美神并作诗领略其美的，不是钱单士厘（1856—1943）就是康有为，成了第一人。康有为看拉飞尔的画看得激动，事后犹怀想不已，连作八诗赏叹，此处择录三篇：

画师吾爱拉飞尔，创写阴阳妙逼真。
色外生香绕隐秀，意中飞动更如神。

拉飞尔画非人力，秀韵神光属化工。
太白诗词右军字，天然清水出芙蓉。

罗马画工兼石刻，精微逼肖地球无。
最传秀气拉飞尔，曾见红闺合乐图。

康有为说："吾每入画院，辄于拉飞尔画为流连焉，以其生香秀韵，有独绝者。此如右军之字，太白之诗，东坡之词，清水照芙蓉，乃天授，非人力也。"显然，领略的正是其神韵。他观感之余，还因拉飞尔发了两通议论，一通比较了中外绘画：“拉生于西历一千五百八年也(案：生于1483年)。基多利腻(即 Guido Reni, 1575—1642)、拉飞尔与明之文徵明、董其昌同时，皆为变画大家。但基、拉则变为油画，加以精深华妙。文、董则变为意笔，以清微淡远胜，而宋元写真之画反失。彼则求真，我求不真；以此相反，而我遂退化。若以宋元名家之画，比之欧人拉飞尔未出之前画家，则我中国之画，有过之无不及也。印度、波斯千数百年之画，有过之无不及也。印度、波斯千数百年之画，吾在加拉吉打（加尔各答）画院见之，板极，远不如我。阿拉伯、土耳其之画，稍过波斯、印度，亦不能比我宋元名家。故以画论，在四五百年前，吾中国几占第一位矣，惜后不长进耳。又入一室，皆墨水画（即素描），数百幅，此则与中国全同。盖淡远之品，固中国所能也。”又一通是在邦堆翁古庙（即 Pantheon，万神庙）所发的感慨，他看到：“其左壁奉意前王之棺，右壁奉画师拉飞尔之棺，并有盖饰。以一画师与一名王并列，意人之尊艺术亦至矣，宜其画学之冠大地也，中土惭之矣。”于是又口占一绝：

邦堆翁庙二千年，画著名王棺并肩。
叹甚意人尊艺术，此风中土甚惭焉。

到西方游历观艺，不可能避开裸体雕画不看。他 1904 年 5 月在罗马博物院参观古希腊、罗马的雕刻，也很感动：“希腊、罗马，古以雕刻名大地，今观之，信不虚传也。其像纯为赤体，盖非此则筋脉不见，而精巧不出。”几年后钱单士厘记述在梵蒂冈见劳贡（即拉奥孔）人体群像，已不限于筋脉的精妙，她还谈到西方艺术叙事的要义：“凡所雕刻，筋肉脉络，无纤毫不肖，而主客之位，运动之方，配合调和，允称杰作。尤可佩者，一像一题之中，含三种瞬时：老者正被噬，长子将被噬，次子既被噬。此三瞬时者，感觉举动，迥不相同，辨别既难，表显尤匪易。此像于各人眉目间分别綦细，俾观者一瞥而区异毕见，而全像呼应，仍不少乖，神乎技矣。名曰集像，亦为具三人三瞬时于一像也。”康有为只发粗略的大议论，钱单士厘则细腻得多，如此深刻的评泊西方艺术，她也肯定是第一人。她谈到艺术家为修补劳贡像所发的辩驳争论时说：“遂为美学美术品评学之发端。”并由此引出莱辛《拉奥孔：造型美术与诗文的区别》[*Laokoon, Oder über die Grenzen der Malerei und Poesie*]（1766）：

夫诗与文，所以纵写时间，而为叙述之美术；雕与画，所以横描瞬秒，而为造形之美术。诗与文直而长，雕与画广而促；二者目的虽同，而方向各异，不必相符合也。倘于雕像之中，张大其口，令如唤叫，则终成一滑稽状耳，何美之有？或以为劳贡不呼，乃见其勇。评者又谓适宜之呼，无损于勇，惟引人嫌恶之状，徒薄观者悯情，为美术所宜避耳。又劳贡赴祭，必被长袍，今像且裸体，不合于事实，是又何说？曰：劳贡之强，诗中以语述之，不必有形。今雕像必借形以显，则舍筋骨莫著。果衣服翩跹，则不独不能示强，且转示弱，乌乎可！予昔年初出国境，见裸体雕画，心窃怪之，既观劳贡之像，读辩论劳贡之书，于是知学者著作，非可妄非也。顾移此像于中国，则不博赞美矣。

当康有为品评西方人体艺术时，王国维正在介绍康德美之快乐不关利害之论[Disinterested Pleasure]，援引歌德诗“凡人生中足以使人悲者，于美术中则吾人乐而观之”，写作《红楼梦评论》。不过五年多的光景，钱单士厘就写出第一篇西方美术史论文《章华庭四室》（章华庭，译义，意大利文 Cortile del Belvedere），还向国人介绍了有名的美学著作《拉奥孔》。这些都是二十世纪初十年内振聋发聩的声音。但钱单士厘对于国人能否欣赏人体艺术的担心还是其来有自的。早在1670年耶稣会传教士鲁日满[Franciscus de Rougemont]（1624—1676）就警告同伴，不要胡乱使用西方最看重的人体艺术。他在一封信中叮嘱道：切勿送给中国人女性人体画，连有半裸海妖的画也不要送，因为它只会让受礼者尴尬难堪。这种情况即使在光绪年间，出国的游者看多了人体已不觉新鲜，可真的接受起来，还大都半遮半掩。张祖翼（1849—1917）咏伦敦的几首竹枝词写到人体，连名都不敢署，光绪戊子（1888）春月观自得斋上板刷印时，只好以"局中门外汉戏草"应事，可那已算是姿态最大方的诗作了。其一云：

> 石像阴阳裸体陈，画工静对细摹神。
> 怪他学画皆娇女，画到腰间倍认真。

作者自注道："大博物院中有石雕人兽各像。人无论男女皆裸露，形体毕具，凹凸隐现，真如生者。谓使学画人物者得以摹拟而神肖也。画工皆女子，携画具入院，静对而摹之，日以百计，毫无羞涩之状。盖亦司空见惯而不怪耳。"不过，中国人最终欣赏人体艺术的时代骎骎欲度眉睫前。康有为已首开先例，到了鲁迅《记苏联版画展览会》，趣味完全倒转，轮到写意画倒霉，遭受批判："我们的绘画，从宋以来就盛行写意，两点是眼，不知是方是圆；一画是鸟，不知是鹰是燕，竞尚高简，变成空虚。"《花边文学》又云："半枝紫藤，一株松树，一个老虎，几匹麻雀，有些确乎不象真的，但那是因为画不像的缘故，何尝象征着别的什么？"此时我们反倒要温故知新，看看邹一桂《小山画谱》中那段为文人画家推赏的文字有几分深论，有几分悠谬：

西洋人善勾股法，故其绘画于阴阳远近，不差锱黍。所画人物屋树，皆有日影。其所用颜色与笔，与中华绝异。布影由阔而狭，以三角量之。画宫室于墙壁，令人几欲走进。学者能参用一二，亦具醒法。但笔法全无，虽工亦匠，故不入画品。

邹一桂（1686—1772）是乾隆年间著名的画家，尝作《百花卷》各系一诗进呈，蒙御题亦绝句百首。避暑山庄还有件他的花卉小册，共八开，每开不到 0.4 平尺，乾隆皇帝竟题诗九首，它描绘中国画品的极则，可作上段话的补充。

总之，中西比较已过多陈词滥调，此处重弹，殆亦如此。还是各方拔取一则教训为喻，或比力吐隽语，博衍幽隐，更有益于心目。

先看书圣王羲之作品的命运。他的《兰亭序》是书史上无可比肩的名迹，可现在不要说它的真貌，就连王书的其他原迹也见不到一毛片羽了。早在五世纪初，王羲之的墨迹就被驱上毁灭之路："桓玄爱重二王不能释手，乃选缣素及纸书正行之尤美者，各为一帙，常置左右。及南奔，虽甚狼狈，犹以自随，将败，并投于江。"（《二王等书录》）这是人为的毁艺之厄。以后的聚歼痛史我们不妨也略略算一笔粗账，以示不忘老子的遗训："甚爱必大费，多藏必厚亡。故知足不辱，知止不殆，可以长久。"

据虞龢《论书表》，宋明帝（466—471）内府收庋的王羲之作品，旧藏加新购，共约十一二帙，以一帙十卷计，合一千余纸。这些书迹，在宋、齐易代间，既经丧乱，多所遗失。

梁武帝（502—548）听政最永，右文甚至，特沉迷书法，搜访天下，大有所获，二王书迹凡七十八帙七百六十七卷，约一万五千纸，其中王羲之的作品，少说也有一半。过了半个世纪，承圣三年（554），西魏军队围攻江陵，城陷，梁元帝（552—555）

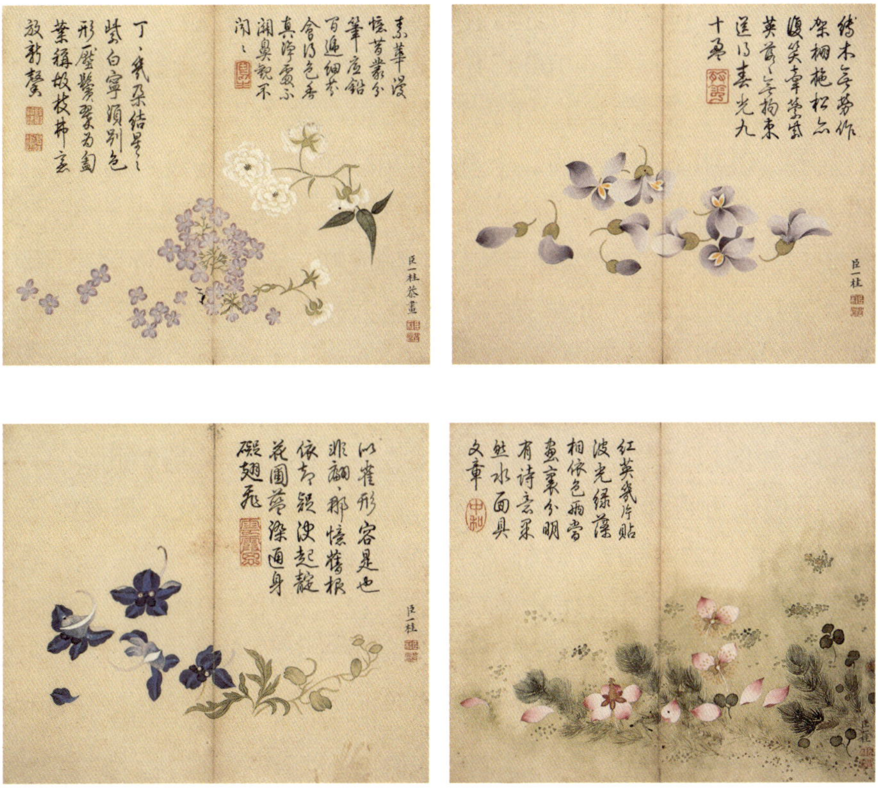

清邹一桂《花卉图册》八开之五、六、七、八
纸本设色，18cm×22cm，年代不详，私人收藏

将降，其夜乃聚古今图书十四万卷，并大小二王遗迹，遣后阁舍人高善宝一把火烧之。吴越宝剑并将斫柱，历代秘宝亦为煨烬。于谨（493—568）收拾遗佚，只剩了图籍四千卷。

唐肃宗乾元三年（760）五月，张怀瓘写成《二王等书录》，记内府收藏王羲之书法二千二百九十纸，装为十三帙，共一百二十八卷。其中真书五十纸，一帙八卷，随本长短为度；行书二百四十纸，四帙四十卷，四尺为度；草书二千纸，八帙八十卷，以一丈二尺为度。并金缕杂宝装轴，织成帙。其书骑缝皆用小印印之，文曰："贞观。"这些数字比起梁武帝所藏，已相差远甚。尔时，《兰亭序》已沉埋于玄宫。

王羲之一心想与匈奴交战，欣然接受"右将军"的称号，结果却意外的以《兰亭》名世，可《兰亭》的命运又是如此。

又过了五百年，唐朝内府的王羲之墨宝几经战乱，基本绝迹。北宋太宗（977—997）敕刻《淳化阁》真伪混杂的一百六十余帖，在南宋高宗（1127—1162）《翰墨志》已是："余自渡江，无复钟、王真迹；间有一二，以重赏得之。"到了现在，我们见到的二王书法，已是二王影子的影子，离真实隔了两层。但愿这些影子不致于荡为灰飞。

明人谢肇淛《文海披沙》卷六叙收藏之厄云："大凡尤物，聚极必散。毋论货财，即书画器具，裒集甚难，而其究也，或厄于水火，或遘于兵燹，或败坏于不肖子孙，或攘夺于有力势豪。如隋嘉则之书籍，宋宣和之玩好，李卫公平泉之木石，赵明诚校雠之书刻，以四海之物力，毕世之精神，而一旦澌灭，无复孑遗。岂成败自有数耶，抑亦造物之所忌也？千载之下，犹且扼腕，何况当时？"但此处所举数事，无一能比公元554年12月2日夜梁元帝的那把大火烧得惨烈，嘉则殿所焚虽巨，却是效尤了梁元帝开的先例。有人问他何故纵火，答曰："读书万卷，尚有今日！是以焚之。”

现在，不知多少人还为此话感到痛心惊悸。伟大艺术的生命在天灾人祸间求生，常常悬此千钧一发之际。

1944 年 9 月，第二次世界大战接近尾声，盟军直逼意大利的托斯卡纳东部，圣墓镇[Sansepolcro in Tuscany]的宝物、市政府大厅的湿壁画《基督复活》[*Risurrezione*]一下子就面对着寒光闪闪的重炮轰击。

《基督复活》是圣墓镇的标志，乃文艺复兴大师皮耶罗·德拉·弗朗切斯卡[Piero della Francesca]（1410—1492）五十岁时所绘，皮耶罗是当地画家，他受命后独自作画，干了三年才完工。画出的景象是：夜寒将去，曙色方新，四个士兵酣睡正香，浑然不察背后发生的奇迹：耶稣基督复活了。皮耶罗以独到的手法把基督画的端肃宁静，大寂无声。然而它却比跃然生动的画更深刻，更动人，我们仿佛听见了画家的低语：“不要心存怀疑，这是千真万确的事。我要用这幅画说服你，你看到的乃是你想象中的最真实的事件。”

然而，大炮已经开始呼啸，炸弹轰鸣，响声震耳欲聋。可骤然间，又唰啦一下，天地仿佛凝定了，安静得连风吹影动都的的可闻。

这是安东尼·克拉克[Anthony Clarke]（？—1981）抗命下令，停止炮击，他猛的想起，对面就矗立着世界上最伟大的画作。“It stands there before us in entire and actual splendour, the greatest picture in the world,”二十年前，赫胥黎[Aldous Huxley]（1894—1963）到此游览，在游记中如此措辞（*Along the Road: Notes and Essays of a Tourist*）。在那生死存亡的关头，它竟唤起了人们对文明和艺术的悠悠怀想。

耶稣复活本身就是奇迹，它又沉寂战争的炮声，拯救了众多市民的生命，更是奇迹中的奇迹。艺评家谈到历史上这个美丽的时刻，追想容辉，写出的语句，也都汩汩振奋：

美的确能够救世。一名英国兵为了《基督复活》的艺术杰作，拒绝发动战争，这个非凡的例子足以警示人心：美的力量强过战争的定律、仇恨和怨毒[Beauty does save the world. If a British soldier refused to unleash the war because he knew that a great work of art depicted the resurrection of christ, then we would have a superb and extraodinary example of the beauty being more powerful than the terrible laws of war and of rancour, of hatred]。

以艺术抵抗蛮力，在西方那场要毁灭一切文明价值的大灾难暴发的头几个月，克勒[Wolfgang Köhler]（1877—1967）正是如此奋身而为的。当时，纳粹刚刚上台就伸出魔爪，野蛮清洗大学，克勒正在柏林任职，他拍案而起，毅然在报上发表文章，愤声抗议。在文章刊出的那个夜晚，那个长长的夜晚，他和朋友们一直演奏着室内乐，等待命运的敲门声。

这就是艺术在现实世界中的伟大价值。我们能够相信这种奇迹，能够观赏莱奥纳尔多或拉飞尔的绘画，能够聆听莫扎特[W.A. Mozart]（1756—1791）或普契尼[G. Puccini]（1858—1924）的音乐，能够欣赏卓别林[Charles Chaplin]（1889—1977）或赫本[Audrey Hepburn]（1929—1993）的演艺，应该心怀感恩，并虔敬的同情那些不能这样做的人。

不论东方还是西方，艺术的伟大价值是共同的。在比较东西艺术时，切切不要忘记：正是东西方的差异，让我们互相吸引；而人类想要得救，就必须牢记我们的共通之处，常常诵念老歌德的告诫：我们原来都是人[Was hast du denn dabei gelernt? Sind eben alles Menschen gewesen]。踏踏实实践行他的箴言：

Wer sich selbst und andre kennt
Wird auch hier erkennen:
Orient und Okzident
Sind nicht mehr zu trennen.
(*West-Östlicher Divan*)
[自知而能知人者
在此就可知悉:
东方和西方
将再也不会分离。]

四

中西绘画，譬诸绛树青琴，殊姿共艳，又如春秋日月，异道并行。一位努力理解中国艺术的西方学者完全不同意相对主义者的文化互不相通的观念，他明确指出，中国画家活动的文化限度乃是他们理解的基础，这包括笔墨、书法造诣，对于深藏着知识和道德法则的自然的沉思，出诸文人之手的艺术单为文人欣赏等等[Chinese painting must be observed with these conventions in mind. The painter must operate within the limits of his culture's possibilities — brush, ink, calligraphic practice, contemplation of nature, nature as emboding moral and intellectual law, art as produced by and for an intellectual elite, ect]。他是对的。

文人为文人作画，再加上文人为文人作跋，这就是中国文人画为什么会长久沿袭书籍的卷轴制度，要徐徐展阅，或以册页的形式一开一开翻看的原因。不是在庙堂，也不是在展厅，而是小楼花明，草堂人寂，积日澄怀静适，横坐竹云天际，翻读遗编。或扁舟载林烟夕照，泛于新荻高柳旁，展卷观览。尔时，上下古今，静定于斯，印章、题跋与图像交织的古意，丝带与画轴掩映的历史，触兴感荡，厘然而出，艳彻宇宙，令人想望不置。

更重要的是，文人画总有浓郁的超现实意味和理想的深意，他们带着诗意化的眼光漫游山水，画长长的秋日，白昼静静的人家，山间小竹，几树梨花，都像郁浮在六合之表，荣落于四时之外；宗炳（375—443）所谓的“畅神”“卧游”，一往迹求，皆得仿佛：

烟光山腰如带，幽竹古槎相间，溪流激波又澹荡之。所谓伊人，从此盘游，渺若云汉，虽欲不思，乌得而不思。（恽格《南田画跋》）

仿佛出诸灵想的独辟，而非人间所有；他们研经治史的心得也留给知音者在画卷的山水修竹把悟。洪武十二年（1379 年）秋九月，华幼武（1307—约 1386）在春草轩展阅赵苍云《刘晨、阮肇入天台山图》，见高人逸士行于清宕之境，一问山灵无恙、悠然怀古的意绪，兴然楮上：

苍云山人，本赵宋宗室。高奇嗜酒，绘事入神。山水横放，大都仿没骨图，而生动过之。人物工致，别有姿韵，世不多见。所作刘阮天台图，意境萧散，神趣闲逸，曹衣吴带，设色妍妙，有诸家所不能及者。窃意刘阮未必非乌有子虚，唐人云：“先姝宜属魅界。”但得此墨妙，觉灵山俨然，西园犹在，展卷不知身在桃云柳浪、清风红日间也。苍云早岁，名在子昂、子固之上，不婚不宦，每隐于山林湖舫，虽亲串无从踪迹，世人得其片帧，几如拱璧，此其匠心运意，备极惨淡，当不能有二也。洪武十二年秋九月，华幼武书于春草轩。

华幼武沉博嗜古，所藏碑版甚多，常与友人在湖上流连赏鉴。这段跋文写他的观感，殊多寄慨，“苍云早岁，名在子昂、子固上，不婚不宦”，仅此数语，已足见伤心王孙之寂寥。子昂即赵孟頫，子固乃其堂兄赵孟坚（1199—1264）。

孟坚，号彝斋，宋亡，隐居广陈镇。考其行迹，则山水之外，别无兴趣；诗酒之外，别无讬寄；田父野老之外，别无交契。更此之外，即醉心笔墨，下笔尽是故国芳草，让岁月倒流的情思，缕缕托之云烟；所绘白描水仙、梅、兰、山矾、竹石，笔迹紧劲有力，是第一等风格清高的画作。周公谨尤重其水仙，曾刺舟严陵滩下，见新月出水，大笑以为水仙出现。彝斋以旧王孙负晋宋间标韵，酒边花下，率以笔砚自随；又东游西适，一舟横陈雅玩，意到吟弄，至忘寝食，遇者望而知为子固书画船：

周公谨庚申岁客辇下，会菖蒲节，邀赵子固各携所藏书画，放舟湖上，相与评赏。饮酣，子固脱帽，以酒晞发，箕踞歌《离骚》，旁若无人。薄暮，入西泠，掠孤山，舣舟茂树间，指林麓最幽处，瞪目绝叫曰：此真洪谷子、董北苑得意笔也。邻舟惊叹，以为真谪仙人。其鉴赏如此！

萧千岩之侄滚，得白石旧藏五字不损本《兰亭》，后归之俞寿翁。子固后从寿翁善价得之，喜甚，乘舟夜泛而归，至霅之弁山，风作舟覆，幸值支港，行李淹溺无余。子固方被湿衣立浅水间，手持禊帖向人曰：“《兰亭》在此，余不足介意也。”因题八言于卷首云：“性命可轻，至宝是保。”

子固子昂同为赵宋宗室，名播青史，赵苍云则天际冥鸿，传状无存。若非华幼武的题跋，我们几乎不知宋元之际还有这样一位屹屹惊人的画家。

华幼武也生逢乱世，长期隐居不仕，奉养老母极孝。他的考槃之志也在题跋中隐隐带出。以艺事而论，跋语本是观者赏画的兴感，却使我们后来的观者，把它和绘画看作一卷，画卷好像从未息止：“经营初就，其光淡沱似春；皴染渐足，其气沉酣似夏；装池得宜，其容清明似秋；岁久微黯，其象肃穆似冬。”它在烟回云互中，生成、延展，且不限于一时一地，静静指向无尽的岁月，有它的历史，有它的气息，有它的命运，即使虫蚀剥落处，也足以助其古郁，抚之有余思。郑板桥题高西园《寒林鸦阵图》（青岛文管会藏）说：“西园为晚峰先生画，余不及见晚峰，而西园见之；后人不及见西园，而予得友之。由此上推，何古人之不可见？由此下推，何后人之不可传？即一画有千秋遐想焉。”流逝的年华只能教它更古雅，更情深，更庄严。前贤每览书画，总是那么肃然，那么屏心静气，小心翼翼，呵护它的芬芳和命脉，这就是因缘。

苏东坡平生爱蓄墨，一位朋友到他家观赏，写诗赋感。他的步韵诗则以墨示意艺术恒久、人生短暂：“此墨足支三十年，但恐风霜侵发齿。非人磨墨墨磨人，瓶应未罄罍先耻。”（《次韵答舒教授观余所藏墨》）《笤溪渔隐丛话》又记东坡云：“石昌言蓄李廷珪墨不许人磨。或戏之云：子不磨墨，墨将磨子。今昌言墓木拱矣，而墨故无恙。”所谓墨将磨人，手先砚坏，后人称为东坡的醒世真言。然其中也隐含着转语：“磨人自是同磨墨，正笔应知在正心。”（伊秉绶《端砚》）书画之磨洗人，也正在于正心。

《式古堂书画汇考》绘画部之二十六载有王绂所作墨竹卷，长二丈四尺，由十纸接成，引首陆深（1477—1544）题“万竹秋深”四字，王绂自谓：别有林野散逸之气出自家意思者，似亦可取。

可知乃得意的推蓬之作。拖尾有长诗题咏数首，最后宋献跋曰：

此卷为予同年夏驾部、云间陆渭阳携长安时出观予者，因予甚赏爱，遂辍以赠。闻渭阳用善价得之陈子有太仆，一旦捐所嗜赠知好，较诸昔贤以仇池石易韩幹马，往来商复，多有吝色，则渭阳之为谊远矣。由戊辰迄今，忽忽二十余稔，愧未有以报称，敬识岁月，以俟把手笑乐再观云。戊寅三月禊日，如园宋献题于赐貂楼。

收藏善护之者，为余内友纤玉楼主人。余十年来出入患难死生之际屡矣，今得展玩，并为书其宝惜之勤云。是日如园又识。

古人所谓物有可赏之奇，必遇鉴赏之人而后其名益美，爽所遇也。陆渭阳不有其有，持赠如园。而如园澹澹雅韵，依稀晋宋间人，又出入患难死生之际犹宝护如头目，庶也其奇遇而萃诸鉴赏，观此画对此君，感念存殁，一种清真气蹑空腾影，居人间而出人间矣。

万历二十二年（1594），冯梦桢（1548—1605）从金陵胡汝嘉处得王维《江山雪霁图》，半年后董其昌致函求观，信写的十分恳切："朱雪焦来，为言门下新得王右丞雪山图一卷，大佳……今欲亟得门下卷一观。仆精心此道，若一见古迹，必能顿长，是门下寔成之。倘遂得左相诗，亦千载佳话也。必不敢污损名迹。俟门下一念之即应声奉纳。千里悬悬，不胜恳切。别具在雪焦柬中，专取进止。本不当游戏小道干冒尊者，亦恃门下超然旷远，不以常调相看后学，故而破格请之耳。"冯氏很快回信道："王右丞雪霁卷，久在斋阁，想足下已得其神情，益助出蓝之色。乞借重一跋见返，何如？"

万历二十三年十月，董其昌清斋三日，于十五日夜写下著名的长跋，那是南北宗画论的重要支柱。但冯氏的跋更动人，他是怀着感情，写其胜缘的：

吴昆麓夫人与予外族有葭莩之亲，偶携此卷见示，述其先得之管后载门小火者。火者家有一铁枥门闩，或云漆布竹筒，摇之似有声。一日为物所触，遂破，堕三卷，此其一也。予未深信，翻阅再三，不觉神往。因闭户焚香，屏绝他事，便觉神峰吐溜，春圃生烟，真若蚕之吐丝，虫之蚀木。至如粉缕曲折，毫腻浅深，皆有意致。信摩诘精神与水墨相和，蒸成至宝。得此数月以来，每一念及，辄狂走入室，饱阅无声，出户见俗中纷纭，殊令人捉鼻也。(《快雪堂集》卷三十)

作者于此名画中坐消岁月，倏忽咫尺间，觉诗思平凌纸上，霁色一新，操觚便有《白雪》，似浣尽十年意气衣尘。翁同龢辛卯（1891）十月读恽南田《东园墨戏册》，亦耸然一段精洁，动出尘之思：

新作书堂，秋夜篝灯观此画，因以苦茗一杯酹之；明日纷纷，吾亦俗客矣，未足与观此画也。

他们在寒夜孤褰中，尽舍故怀，契迹古人，但见爽爽之辉，荡漾笔墨间，而一入朝市，也就断缘绝观了。

若是逢春秋佳日，必也精鉴研考，盥耳静心，或薰玉蕤香，以蔷薇露濯手，再展阅数番；以至包举艺文，遍该缃素，熟识详订，了了无复疑，乃始评断。风尘未定，则绝不开卷，甚而规定：

霾天秽地，灯下酒边，不可看画；拙工之印，凡手之题，坚为规避；不映摹、不改装以失旧观，更不乱订真伪，令人气短。

观画未精，遽定真伪，古人把它看作赏艺的头等禁忌。詹景凤（1532—1602）《东图玄览》写他乙酉春与沈纯甫往长安灯市，见唐伯虎一细绢山水，学王摩诘，笔墨精雅，不着色，上有文徵仲题诗，伯虎复自题。又有吴仲圭一小幅墨菜，旁有倪云林题七言绝句诗，又有黄子久题百余字，皆真：

余助纯甫购得之。其年秋，莫廷韩入京，纯甫以示廷韩，廷韩谓为伪作，纯甫即以赠其故人。余昔闻云间莫廷韩、顾汝和、汝修三人赏识并具大法眼，而廷韩于二画则如此。

汝和于丁丑年灯市自买二巨幅刘松年，大喜，夸示友人，以为奇货。余闻，急从借观，不但赝而且浊俗，汝和问何谓赝，余具道所以，乃大服。余因语汝和："以伯兄之精赏而买赝物，何也？"汝和笑曰："岂惟弟也，如文太史非吾乡所谓法眼者耶？太史曾买沈启南一山水幅，悬中堂，余适至，称真。太史曰：'岂啻真而已，得意笔也！顷以八百文购得，岂不便宜？'时余念欲从太史乞去，太史不忍割。既辞出，至专诸巷，则有人持一幅来鬻，如太史所买者，予以钱七百购得之，及问鬻与太史，亦此人也！间以语太史，太史好胜，卒不服；太史且然，何少弟之失二画哉？"

《鸥陂渔话》卷一录有另一位大法眼董其昌的两则轶事，漫引于此，用资为训。一则云："新安一贾人欲得董文敏书而惧其赝也，谋诸文敏之客。客令具厚币，介入谒，备宾主礼，命童磨墨，墨浓，文敏乃起，挥毫授贾，贾大喜拜谢，持归悬堂中。过客见之，无不叹绝。明年，贾复至松江，偶过府署前，见肩与而入者，人曰董宗伯也。贾望其容，绝不类去年为己书者，俟其出，审视之，相异真远甚，不禁大声呼屈。文敏停舆问故，贾涕泣述始末。

文敏笑曰：君为人所绐矣。怜君之诚，今可同往为汝书。贾大喜再拜，始得真笔，归以夸人，而识者往往谓前书较工也。”（萧张翀《淞南识小录》）一则云：“董思翁尝为座师某公作书，历年积聚甚多。一日，试请董甲乙之。乃择其结构绵密者曰：此平生得意作，近日所作，不能有此腕力矣。某公不禁抚掌曰：此门下所摹者也。乃相视太息。”（方薰《书论》）

叶廷琯（1792—1869）叹曰：前事言名家随意酬应之笔，常有反出赝本下者，可遽定真伪于工拙间乎？后事又可与前事相印证：董其昌自赏且如此，人安能以鉴别无讹自信乎？

董氏绝非不知鼒董者，看自己的作品还难免不失手，其他二五眼，则不能提矣。大凡观画浅末，多难为物，此上下通病，汤垕《画鉴》曰：

余少年见神妙之物，稍不合所见，便目为伪；今则不然，多闻阙疑，古人之所以传世者也必有其实。古云：下士闻道则大笑，不笑不足以为道。即此意也。

这是老练鉴赏家的闻道之言。当然，说不准会有人斥之为弄笔者的盲谈。我们还是应该听听画家的卓见。1688年，龚贤是年届七十高龄的老人，他人的是非毁誉，已决不能回惑而摇夺其心。他在风下霜明为所画山水题跋道：

作画难而识画尤难。天下之作画者多矣，而识画者几人哉！使作画者皆能识画，则画必是圣手，恐圣手不如是之多也。吾见今之画者，皆不必识画，即识画者即不能画，庸何伤？古之画者，皆帝王卿相，才士文人，聪慧绝伦而游心艺学。今之画者，不过与蒙师庸医，借以为糊口之计，亦曾繙阅宣和之库，览清秘于倪家，探玉山于顾氏乎？多所见则多所识。高门世胄，日与宾客相诋诘，判其真赝，今者不识而明日识之。即能识复能画，则画必有理。理者造化之原。能通造化之原，是人而天，谈何容易也！

中国书画的精微，丝丝气动，别其毫芒于楮叶，戛戛其难。而要见得真，看得细，欲窥其造化之原，尤需心稳得定。像纪昌学射那样视小如大，视微如著，又点点在眼，活活在心，做到确实不易。罗孚尹说他——

偶见子昂着色一幅，峭壁立千仞，下有栈道盘入，才数折，即不可得见。有一人勒马于数里外，仰面注视，如入云里。仆谓此蜀道图也，变李将军之法而为之。初看疑其赝，细看竟成底纸。呜呼！古人心血喷唾，经历日月，始成一画。亡一画如亡一身。安得有千万亿身，为庸夫俗子所磔剥也。

阿巴斯[Abbas Kiarostami]大概就是被此情此境折磨得不能安睡，竟喊出石破天惊之论：Mieux vaut une bonne copie que l'original[一件完美的仿品胜过原作]（*Copie conforme*）。语殊激烈，可细想想，确也有道理几分：重要的不在事物本身，而是人看它的方式。翁同龢要平静得多，他致何庚生一信，草抹出这位大收藏家眼中的赏鉴世界：

庚生仁兄大人：展诵手书并印拓，至为感荷。承惠示医理，精确至佩，当遵行，容续告。

金石书画山水诸友，今古良缘，不容勉强得失，本不足系怀，寓物适志可耳。

董玄宰画代笔极多，如陈眉公、珂雪、项孔彰、赵文度、沈子居辈所作，一望可知，外有姬妾之笔五六人，极佳，与真迹真不易辨。文沈平生一画竣工，一二日中朋辈临摹，一满一月，即数百张出现。后来虽老虎邱，皆不易得。

余藏有邹虎臣一册，有笪重光题云：原有十二页，中只四页是真迹，余为门客所作。惟此为金山高僧所藏，系查声山后人留北平者，前十年皆流入厂肆，购得之。

恽道生有扇页两个，极精美。前年为张宜之以张恂画卷易去，今尚存数件颇精者。

宋元明名家真迹，平时最宜多见，能收藏更佳。或临摹既多，心得有说不出之妙，在心领神会之中，深者见深，浅者见浅。即后人临古之作，亦当收藏，明其优劣。金石文字有关作画用笔处尤多，故画必当研究金石文字。自老作古，诚堪悲悼。东坡言，写意于物而不留意于物，可耳。即候近祺。翁同龢顿首，十八日午夜。

信中提到董其昌的代笔，那是鉴藏家心目特有的兴趣。陈继儒给沈士充的信说："子居老兄，送去白纸一幅，润笔三星，烦画山水大堂。明日即要，不必落款，要董思老出名也。"后来赝董流行，人们真能于纷纷中拾得沈子居、赵文度之作，已是幸运了。况且连作者本人不能析辨己作的情况，都时有发生，更何谈他人。李流芳为邹方回题画说："此册前四纸作于庚申，迹细而拘，后六纸作于甲子，迹放而野；似出两手，余亦不复识认。方回云，甲子春偕往皋亭，携此册属余竟之，醉后篝火泼墨，半杂梦寐。余且见而笑之，况他人乎？"德国最重要的印象主义画家利伯曼[Max Liebermann]（1847—1935）言之更甚，竟声称：把我所画的糟糕之作清除出我的名下，将是未来艺术史家的事[It will be the job of future art historians to deny that I ever painted my bad paintings]。此言或是开心逗玩，但却给我们另一面的启发。

鉴别之事，常常是：落落之玉，或乱乎石；碌碌之石，时似乎玉。此中景况，古今同慨。可要是伪品果然佳美，展卷足以悦心，临池足为师表，赝作即当顶代真品，而斤斤以真赝为事，反害情性：衡书画者，但论书画；书画不佳，即冒笼鹅之遗楮，袭题扇之残毫，识者终归无取。鉴定，要在限制主义和扩张主义间求公正，不是易事。万历四十二年（1614）十月十六日，李日华记他当日遇到的赝品，写道：

杭人严华亭挟卷轴寓屠氏废园，同方樵逸过访之。时白云映空，黄叶覆地，茶灶熏炉，烟霭相杂。居停主人为歙吴太学宇旸，其妹婿王生，余总角故交也。三四闲人各出鼎彝珣璣，指点摩弄于虚堂之上。不觉耳目清快，神情散朗，疑不在尘世间。憾所阅法书名画，赝者过半，为嗛然耳。

董北苑《烟峦深树》，王摩诘小楷《黄庭内景经》，郑虔《秋树》（有史官谢徽题署），赵子昂《饮中八仙图》（白描），夏禹玉《雪巘》，此数种物皆名盛而实不副者。余戏题右丞卷后云："此异代异迹，诚为异宝。然须俟异识归异人，措大不能有也。竹影破窗，金片琐碎，恨不能呵幻即真，各饱馋意耳。"

此可作宽容主义的范例。当今我们能接受《潇湘图》（北京故宫博物院藏）为董北苑的杰作，正应感谢董其昌的呵幻即真。而好的赝品，帮着古贤者传名，其作者牺牲也大矣。翁雒（1790—1849）说："王石谷同族有王荦者，善赝石谷山水，石谷深恨之。余里程某数十年来托名为拙画花草，充塞四方，鬻贾者络绎购求。所润特微，其余利半入他人囊橐，而程贫如故。余颇伤之，又何暇为石谷之恨耶！"（《小蓬海遗诗》）那些急于戳穿真相的人所谓："前人笔墨伪者居多，古今赏鉴家受人欺者过半。然必多方掩饰，自矜目力胜人，彼以为假，我独识其真，自愚即可愚人。此千古收藏家之秘诀也。”倒有些像赫伊津哈《游戏的人》[*Homo Ludens*]中的角色——扫兴之人[Spoilsport]。东坡《辨法帖》云：“辨书之难，正如听响切脉，知其美恶则可，自谓必能正名之者，皆过也。”说的也是实言，但心存厚道。至于米襄阳作伪，则另是一番寓兴：“襄阳公在当代，爱积晋唐法书。种种必自临拓，务求逼真。时以真迹溷出，眩惑人目；或被人指摘，相与发笑。然亦自试其艺之精，抑试人之知。”（沈周跋《蜀素帖》）鉴赏就是这样，一旦逢伪作而能品其何为高下，遇赝品而能断其何处近真，看画的好眼力流辉炯炯，艺术世界的香光妙谛也云华烂漫：

竹嬾遇书画赝迹，未尝不番覆谛观，亦有连声称赏者，客不解，竹嬾曰：汝知鹅王择乳乎？百乳一水，不难取乳去水；百水一乳，即洞视者以为无乳矣。而鹅王独能取之，此其贵也。（《祖庭事苑》卷五：水乳同置一器，鹅王仅饮乳汁而留其水）赝迹虽浮浅可笑，然未尝不依傍古人精神而运。画即失气韵，而布置自存；书即乏风神，而骨骸或在。以我寸灵，默游其间，未尝不遇古人之百一也。况生末法中，诸像设种种，皆灵山光焰，安得悉起紫金真相而事之乎？（《紫桃轩又缀》卷二）

临本伪书画，亦有不可尽弃者，大都气运神采，虽远不逮古人，而布置脉理，自有可寻者，在善学者融会而领之耳。吾闻锻者炉迸金流，则撮合沙土。不听失去龠合，冀因此淘炼，或可复睹完金也。今书绘二事，出古人手者，劫火销铄，仅存千百之什一，可不为迸炉惜此沙土哉！（李日华与鲁孔孙信）

正是通过赝品，我们学会了不把真工实能之迹，推入溟涬漫漶之中，我们更熟识了某家的风格，更深刻地理解了艺术的历史。温克尔曼[Johann Joachim Winckelmann]（1717—1768）凭赝品开创了现代美术史学和考古学，我们也从赝品体会了顾恺之和王羲之的风神。往昔的大师就生活在赝品中，赝品唤起了他们的神魄。此时再回看文徵明，我们会觉得对赝品多了一层见识：

衡山精于书画，尤长于鉴别，凡吴中收藏书画之家，有以书画求先生鉴定者，虽赝物，先生必曰："此真迹也"。人问其故，先生曰："凡买书画者，必有余之家。此人贫而卖物，或待此以举火。若因我一言而不成，必举家受困矣。我欲取一时之名，而使人举家受困，我何忍焉？"（何良俊《四友斋丛说》）

有伪为公书画以博利者，或告之公。公曰："彼其才艺本出吾上，惜乎世不能知，而老夫徒以先饭占虚名也。"其后，伪者不复惮公，反操以求公题款。公随手与之，略无难色。（冯时可《冯元成选集》）

艺术的精义有卓卓超越于真赝之上者。而地道的鉴藏家大概也不会轻轻略过威尔斯[Orson Welles]（1915—1985）在 *F for Fake* 的最后一幕借艾米尔[Elmyr de Hory]之口向毕加索讲的那番赝品哲学，尤其是银幕上出现沙特尔大教堂[Chartres Cathedral]时主人公说的那番话，一片不忍暴殄之心，直与天地生机相接：

Now, this has been standing here for centuries. The premiere work of man, perhaps, in the whole western world. And it's without a signature. A celebration to God's glory and to the dignity of man… Ours, the scientists keep telling us…is a universe which is disposable. You know, it might be just this one anonymous glory of all things—this rich stone forest… this epic chant, this gaiety…this grand choiring shout of affirmation …which we choose… when all our cities are dust…to stand intact… to mark where we have been…to testify to what we had it in us…

Our works in stone, in paint, in print are spared—some of them for a few decades, or a millennium or two—but everything must finally fall in war…or wear away into the ultimate and universal ash. The triumphs and the frauds… the treasures and the fakes. A fact of life. We're going to die. "Be of good heart"… cry the dead artists out of the living past.

[它在这里已经矗立了几个世纪。在整个西方也是人类的最高作品，而它是没有署名的。它是对上帝光荣和人类尊严的赞颂。……科学家们一直告诉我们，我们的宇宙只有一次生命，你知道，这也许是万物中唯一的无名赞颂。我们选择的这座深沉的石头森林，这首史诗般的圣歌，这种欢庆的气象，这篇宏伟的赞美诗，当我们所有的城市都回归尘土，它还屹立不倒，标志着我们曾经走过的路，见证着我们内心的深意……

我们用石头、颜料、印刷制成的作品，也许数十年或一两千年还依然不坏，但是还会毁于战争，或最终化为宇宙尘埃。无论成败真伪，无论珍宝赝品，都逃不过这一命运。我们都会灭亡。因此，要怀着善心，把死去的艺术家从过去唤醒。]

所谓天地间之宝物，当为天地间惜之，切虑久而泯没，珍而弆之，以与天地间乐育者共之；这是一种特殊的爱：原本从占有的欲望出发，现在又回到了爱的本身。这是神赐予我们的至爱的真意，也是真正鉴赏家的心意。开元零落十三纸，皇祐丛残百数行，全靠他们的爱，识拔于荒丛之中。歌德说：*Sammler sind glückliche Menschen*[鉴藏家是幸福的]。亦正为此而发。

鉴藏家确实幸福，他们在鉴藏的生涯中获得欢乐：平居则一夕清欢，事唯博古，六时静坐，意在勘书；外出则船唇驴背，孤履危行，获其片楮，宝逾鸣珂，溉其寸膏，郁胜沉麝；他们一心唤起世人的护古之情，又决不佾张欺世，以洗练心胸。《本阿弥行状记》载：

光悦（1558—1637）醉心于宗是的濑户肩冲茶罐，又付不起三十枚金币的昂值，终日恋恋怅怅，心绪茫茫。宗是见他着迷得形同失恋，精神空荡，感动得宁愿敲低价格。光悦听说，却坚拒了。他先用庄园换上金币十枚，又筹借二十枚，分文不少，如数交付，毅然捧归。

此事很快传到前田爵爷的耳里，他想，要让他拿过来看看，到底何物，值得如此豪举。没想到，看后竟心惊神动，悍然把价码调高，强付银币三百枚索要。

臣僚把手谕带给光悦。光悦闻言，掉头就走，心想：食爵爷的俸禄是一回事，可今日明言是给爵爷看的，不是转让。

傍晚，光悦到家，把白天的事一五一十讲与母亲妙秀。妙秀大急："你拿了银币没有？"光悦忙说否。妙秀这才松了口气："答得好。拿了银币，再好的珍品也成俗物。这辈子你也甭想领略茶道的奥义了。"

读到此，真令人击节。可故事还未算完。自幼在光悦身边长大的灰屋绍益（1610—1691）又续讲了光悦日后的气派：

用此肩冲茶罐亲手点茶，虽平生所娱，然人人欲得之绝品，必为其毁弃盗取而日夜忧心，此凡人所以画地为牢也。遂扫数付与他人。

光悦至死不谙尘俗生活，一生不聘理财之人，不备量金之器。

至于金银，除加贺前田爵爷亲赐外，手未曾沾此黄白之物。

这样妙绝的掌故给中野孝次用在《清贫论》的篇首，为他的书增色不少，连他的议论也写得干净明澈。所谓物有所值，就是如此；真正的绝品，不能降格以求；而一旦乘机论价渔利，宝物又成俗物，雅士立为商贾。故而又在金钱之外。鉴藏要求的是内心的真趣：也许士人胸次，止贮虚空，不留别物；不得已才书味，画味，诗味，听其一氤氲而已。

法国十七世纪一位有趣的作家，叫拉布吕耶尔[La Bruyère]（1645—1696），他描绘过一系列典型，其中有个激情四放的版画鉴藏家想一件藏品想得郁闷，就说：真是太腻味人了，看来我不得不在余生戒绝藏画。我收藏的雅克·卡洛[Jacques Callot]（1592—1635）版画，全套只差一张，而这一张还不怎么样，但缺它又不完整。二十年来，苦心专意寻找，至今着落莫名，叫人烦乱。

博德里亚对这位鉴藏家深感兴趣，在系列游戏[a serial game]的名下分析说，此例显出一条定律，物由于缺席而获得例外的价值；要是终极项出现，主体就会灭亡；因此我们要向那位鉴藏家道贺，幸好他无缘找到最后一张卡洛，否则他就不会如此生气勃勃，满怀希望[La Bruyère's example allows us to draw out another law, which is that an object only acquires its exceptional value by dint of being absent…Whereas the acquisition of the final item would in effect denote the death of the subject… We should therefore congratulate La Bruyère's collector for not having tracked down his last Callot, since he would otherwise have ceased to be the living and passionate individual he still was!]

为了深化这一高见，博德里亚还另换角度，引证兰斯[Maurice Rheims]讲述的轶事：一位专藏孤本的收藏家获知，纽约将出售一本和他手上的版本一模一样的书，他立即动身购买，还约请法院见证人，立下文书。书到手后，毅然焚毁，兴奋的把见证文件放在重新成为孤本的书中。事情做完，心无挂碍，酣然大睡。

这似乎是对系列游戏的否定，但据博德里亚的洞察，不过表面而已，事实上，在独一无二的孤本上贯注了所有潜在版本的价值，收藏家毁掉复本，仅仅是给受到危及的象征正名，以恢复它的完美性。复本可以被否定，被遗忘，被毁灭，然而潜在的系列总是存在［Does this act represent the annulment of a series? Only apparently: in fact, the unique volume owes its value to all virtual volumes, and the bibliophile, in destroying the second copy, merely re-establishes the perfection of a symbol that had been compromised. Whether denied, forgotten, destroyed or virtual, the series always remains operative.］

这两位鉴藏家，一位求全责备，一位孤芳自赏，都有种锐不可当的气势，冲口信手的心意发露，竟给博德里亚的理论抹上了一道道的光彩。求诸中国鉴藏家，或亦有其人，但是一位无名鉴藏家却这样陈述聚藏的识见：

余尝叹古籍日少，古芬日稀，幸留一二本于兵虫水火之余，真存佚介乎一最危之时也。此本乃罕遇难求之品，虽为缺卷残帙，亦宝若球璧，恐稍有不慎，便成断种。此意拳拳，望得者切记。

藏弆不避残断，此意少为人知。“因一物，如有一物之精神贯乎其中，此书之精神，昔年藏书家之精神，贯于此者，不知凡几矣，安能烟消灰灭乎。道理如是书，可以概论其余。”因此，黄荛圃的老眼所注，大体是兼蓄重出之本，即破烂不全者，亦复蓄之；重出者，取雠勘之具；不全者，或待残缺之补。跋残钞本《阳春白雪》述其藏书旨趣说：“平生喜购书，于片纸只字皆为之收藏，非好奇也，盖惜字耳。往谓古人慧命全在文字，如遇不全本而弃之，从此完无日矣。故于残缺者尤加意焉。戏自号曰：抱守老人。”又跋《砚笺》云：“余于古书，每见必收，故一书竟有重复至三四本者。旁人笑之，谓书足以备观览而已，何夸多斗靡若是。余曰，取其书之尽美又尽善也。”全本，孤本，或许尽美，却未必尽善。顺治十八年（1661），钱谦益于绛云余烬中将一残书振拔而出，即属人缮写，更与参订。跋曰：“乱帙中简出《道德指归》，专人驰去，此夕将此残书商榷，良可一胡卢也。”荛圃评云：“古人爱书如命，故获一异本，虽残帙亦必转相告，语其情事，今犹古也。然书本子，一本有一本之面目，非得其本，即尽美矣，安得谓之尽善乎。”因服钱谦益“是真能知书者”。

《北江诗话》曾为鉴藏家分类，洞察鞭辟，入木三分，但像郑振铎（1898—1958）那样的孤往情深者，又似非其所能知，郑氏有自述说：“予素志恬淡，于人世间名利，视之蔑如。独于书，则每具患得患失之心。得之，往往大喜数日，如大将之克名城。失之，则每形之梦寐，耿耿不忘者数月数年。如此书癖难除，积习不销，思之每自笑，亦复时时觉自苦也。沧海横流，人间何世，赖有此君相慰，乃得稍见生意耳。则区区辛苦营求之劳，诚不足道也。”天下滔滔，胸中茫茫，意中惘惘，乃境界如此。周叔弢（1891—1984）也反复说：“支硎山人（明人杨循吉之号）云：钱物可得，书不可得，虽费当弗校。此言可谓先获我心。噫！书痴恐终不可医矣。”董桥尝引威廉森[R.M. Williamson]《老书肆拾芥》[*Bits from an Old Bookshop*]论集藏旧书四阶段的癖好因果：

书痴先是只买要读的书，继而搜买想读的书，再则立心读遍存书，最后捧回家的全是装帧美丽的老书，就算读不懂书中的绝种文字也硬要买来玩赏："…but by-and-by he takes home books in beautiful bindings and of early date, but printed in extinct languages he cannot read."（《今朝风日好》）

布兰特[Sebastian Brandt]（1458—1521）《愚人船》[*Das Narrenschyff*]（1494）亦写此等藏书人物，他们最后迷的全是书的漂亮模样、书的贴心气息和书的苍茫阅历，他们与书一气融结，把无穷的心事、不尽的物运迁回和情数万化，含蓄其中。

向这样的鉴藏家请益，不必走进他们的收藏，只读读那些书尾简端的识语，就恍然如在秋风水波、春山云烟之间。世态多么炎凉，也会顿起《看不见的收藏》[*Die unsichtbare Sammlung*]主角的那种感受：在这阴郁没有欢乐的岁月，又一次活生生体验到纯真的热情，一种照透灵魂、全心倾注艺术的热情，而这热情，人间早就没了。

鉴藏，按照兰斯的说法，是激情的游戏[The taste for collecting is like a game played with utter passion]。而中国文人把它看成一种深情，一种真气。晚明以来，论鉴赏的文献日渐增多，《韵石斋笔谈》有一篇讲述定窑鼎的传奇，古致历落，直可当一篇"鉴藏须知"来读，不论借收藏以传名、以保值、以象征、以逃税、以炫耀，还是以欣赏，以适心，都不妨一阅，它的文字间沁有深醒的智慧：

定窑鼎乃宋器之最精者，成弘间，藏于吾邑河庄孙氏曲水山房，有李西涯篆铭，镌于炉座。曲水七峰昆仲，乃朱阳赏鉴家，与杨文襄、文太史、祝京兆、唐解元称莫逆，西涯亦其友也。孙氏嘉靖间，值倭变，产日益落，所蓄珍玩，俱已转徙。兹鼎为京口靳尚宝伯龄所得。昆陵唐太常凝菴，负博雅名，从靳购之，遂归于唐。唐虽奇窑充牣，此鼎一至，诸品避席。自是海内评窑器者，必首推唐氏之白定窑鼎云。

吴门周丹泉巧思过人，交于太常。每诣江西之景德镇，仿古式制器，以眩耳食者，纹款色泽，咄咄逼真，非精于鉴别，鲜不为鱼目所混。一日从金阊买舟往江右，道经毘陵，晋谒太常，借阅此鼎，以手度其分寸，仍将片楮摹鼎纹袖之。旁观者未识其故。解维以往，半载而旋，袖出一炉云："君家白定炉，我又得其一矣。"唐大骇，以所藏较之，无纤毫疑义。盛以旧炉底盖，宛如辑瑞之合也。询何所自来，周云："余畴昔借观，以手度者再，盖审其大小轻重耳。实仿为之，不相欺也。"太常叹服，售以四十金，蓄为副本，并藏于家。

万历末年，淮安杜九如，贾而多资，以钓奇为名高，出累千金，购求奇玩。董玄宰之汉玉章，刘海日之商金鼎，咸归之。浮慕唐氏定炉，形于寤寐。太常之孙君俞，豪华好客。杜赍千金为寿，必求兹鼎一观，以慰生平。君俞出赝鼎戏之，杜谓得未曾有，如见帝青天宝，强纳千金，以二百金酬居间者，携鼎以去。君俞虽尚侠气，而居心颇厚，良不忍欺。遣门下士告之曰："吾子所取者，赝鼎也。真者尚在，遵太常公戒，不轻以示人。子既捐千金，而保赝品，若虽不知，余宁不愧于心乎？"杜反护前，以为悔盟，持之愈坚。客曰："子如不信，请列二鼎并观可乎？"杜犹疑信者半。唐出真鼎示之，若虬髯之遇文皇，虽各具龙虎之表，而神彩焕发，自与常异也。由此知九如不过叶公之好，原非真赏。君俞襟度，过人远矣。

这位仿制定窑鼎的周丹泉，名时臣，字秉忠，赋性巧慧，精于仿古，凡敦彝琴筑，一经其手，则毁者复完，俗者转雅。又善治古木竹藤，李日华《紫桃轩又缀》记其得一老竹，弯曲转折，细茎缠络，宛若蝦形，制为拂柄，归吴伯度所藏，李氏亲铭其匣曰：“竹颏棕髯，奋张亹亹，删落枝叶，把握根柢，是以妙入清言之理。”又记另一位高手昊十九，说他做卵幕杯，壁薄如蛋壳，莹白可爱，重仅半铢。后来，汪苍孚赞美说：“斟酌浑忘杯有无，但见空悬掌中酒。”今之脱胎磁，盖其遗制。昊十九曾受雇为李日华烧制五彩流霞不定之色的杯盏，李日华去官，亦坚不毁约。“凭君点出流霞盏，去泛兰亭九曲泉”（《紫桃轩杂缀》卷一），令李日华感念不已。平日与如此身怀绝艺、一诺千金的大匠挂轓交衽，磨砺的就不仅仅是赏鉴的眼光，甚至贵贱真伪亦无谓，赏鉴要赏出真意真品，那就要脱落穷通，贵在自得，所重知足，以生自尊，要赏出第一等的胸襟。

万历四十年二月廿一日，李日华见黄公望《松溪草亭》长幅，他在日记写道：

笔法学巨然，山头隐隐碎礬，渐下渐虚，极有气韵。晕点子作树，稀密浓淡任意，天趣洒然。必是元时高手，以为真公望则不能断疑。盖公望入骨处有一种精魄，能动我胜意根者，不可以告语人也。以是终日嗟赏，终日疑不断。

终日嗟赏，必从容注睛，凝神其内，若身与昔人接，心与昔人洽。古代的鉴赏家以此为观赏的首事，人生的一期一会，亦更文明、更典雅、更感动起来，宛如明月映秋水，水月浑合光相映，那是天地之正，与生命相始终的：

黄大痴《天池石壁图》，予先友罗王常延年物也。延年赏鉴冠绝一时，饱爱特至，中更家难，流离播迁，未尝不携以自随。比避地海上，家徒四壁矣，客有请以重价居之者，延年默不应，随而目摄之，其人逡巡谢去。予每过延年所，必悬而纵观之，未尝不啧啧叹赏，盖予心欲之而不敢言，延年心亦许之而未即予。前年病且革，榻前劳苦，延年伏枕顿首曰：羁旅之臣，幸庇宇下，拜君提掖之惠，二十年往矣，旦夕且填沟壑，不知所以报，请以一峰道人《天池石壁图》为别。此予夙心，许君已久。然君谊不苟取，不容不取值，以伤君廉，愿以二十金付儿子具窀穸，予既不忘，平生物亦归得其所，惟君图之。予敬诺如数以金与其子携之以归。嗟乎，延陵季子不忍以生前所心许负已亡者而必酬之地下，延年先生不忍以生前所心许负后死者而必酬之地上，千古高谊，宁能三屈指哉。予因重加装潢，书之上方，以纪其事。念延年去人间世已及再稔矣，每一批阅，不胜人琴之感。万历戊申秋七月，具茨山人陈所蕴子有识。

延陵季子乃吴王寿梦之子季札，他出使晋国，途经徐国，知徐君喜其佩剑，心许之，但以身负使命，未能献。及还，徐君已故，只好挂剑其墓，怅然而去。事见《史记·吴太伯世家》。《天池石壁图》则是黄公望传世真迹的无上神品，此图系巨幅，绘虞山名胜天池石壁，奇峰横空，烟水环映，落笔则皴点多而不费墨，设色重而不失笔，点缀曲折而不碎神，游移变化，随管出没，而不伤力。据说，董其昌访吴中，策竹杖于石壁下，快心洞目，不断高叫狂呼黄公望的名字，就为追忆此图而发。这幅杰作，画固勿论，陈子有（1543—1626）的跋语凄凄哀人，催动心目；烟草低迷，黄昏影后，人去不来，只此一画牵带着些许因缘，内有精魂为画增重。

《天池石壁图》为黄公望七十九岁（1347）所作，同一年，他自云间归富阳，入富春山，开始为无用师作《富春山居图》。为杨维祯画《九珠峰翠图》大概也在此年。三幅画都幸传于今，《富春山居图》的流转始末，更是曲折迷离，有如说部传奇。古代的鉴赏家普遍认为，一幅杰作自有其神光离合，若隐若现，乃至求

元黄公望《富春山居图卷》（局部），纸本墨笔，34.1cm×1088.5cm，1347–1350年，台北故宫博物院藏

一寓目而不可得者，只是偶尔，光芒倏然一闪，便寄身荒谷，光沉响绝了。最高最深的美就是这样，是可遇而不可求的神赐，教人于汗青漫漶，丹粉凋残之后，仍然有恍惚幽玄，不记何代之感。上海博物馆收藏的恽南田杂书册，除了诗歌散语外，还有记《秋山图》始末一篇，写书画变相，微意毫间，极迷人。原稿亦刊于《宝恽室帖》，墨迹有影印流传。现据芥川龙之介（1892—1927）的铺演，改述如下：

一个秋夜，王石谷走访瓯香馆，与主人恽南田一边品茗，一边谈起黄大痴。

“您看过他那幅《秋山图》吗？”石谷问道。

“哦，没看过。您看过吗？”

“唉，我好像看过，又好像没看过，到底看没看，自己也弄不清了。”

“此话何讲，您到底看过没有？”南田惊异，看着石谷。

“难道看的是摹本？”

“不，不，不是摹本。画倒确是真迹。而且看到的还不止我一人。奉常先生（王时敏）和圆照先生（王鉴）也都与这幅《秋山图》有过一段因缘。要是不嫌啰嗦，我就讲给您听听？”

“请，请！”

南田将灯檠的火头挑亮，催促着客人。

那是玄宰先生（董其昌）还在世的时候。大约天启五年（1625）的一个秋日，先生同奉常翁论画，忽然问及，见过黄大痴《秋山图》没有。您知道，奉常翁在绘事上是师从大痴的，凡是流传于世的大痴之作，不妨说，他全都见过。

“没有，非但没见过，连听都没听说过。”

奉常翁这样回答着，不知怎么，觉得挺不好意思。

“如有机会，一定要看看，与《夏山图》和《浮岚图》相比，那幅画更出色。大概要算大痴老人画中的极品了。”

“竟有这样的画？那可一定要看看。这画在谁手里？”

“在润州张修羽觐宸之处。去金山寺的时候，可登门求见。我给您写封荐书。”

奉常翁得了玄宰先生的手简，当即动身去润州。

可是到了润州，跑到一心向往的张家一看，屋院虽大，却是一片荒凉。花树微茫，人影萧寂，鸡鸭乱走，好奇的看着来客。也难怪奉常翁侧足趑趄，心中诧异：这难道是藏大痴名画的人家？但既然来了，总不能过门不入。于是，向出来应客的小僮说明来意。

不一会儿，奉常翁给请进厅堂。厅里空荡荡的，红木桌椅倒也精雅，却蒙着一层淡淡的灰尘，青砖地上，飘起一股荒落的气味。幸好出来接待的主人，却不伧俗。苍白的脸色，纤巧的手势，时露一种高贵的气质。奉常翁同主人寒暄过后，随即提出求观大痴的名画。

主人很爽快，当即答应。原来那幅画就挂在这厅堂的正墙。

“这就是您要看的《秋山图》。”

奉常翁抬眼看去，不由得一声惊叹。

画面乃用青绿设色，写丛林红叶，翕艳如火，研朱点之，甚奇丽。上起正峰，纯是翠黛，用房山横点积成，白云笼其下，云以粉汁澹之，彩翠灿然。村墟篱落，平沙丛杂，小桥映带，丘壑灵奇，美得简直无法形容。这画看似华丽多彩，却布局宏伟，笔墨浑厚：绚烂的色彩中，自然洋溢着空灵淡荡的古意。

奉常翁看得出神，越看越觉得神奇。

“怎么样，还可以吗？”

主人望着翁的侧脸，含笑问道。

“神品，神品！玄宰先生的称赏果非虚言。以前见过的许多杰作，比起此画，皆在下风。”

奉常翁即使说话的功夫，眼睛也没离开《秋山图》。

“是吗？果真如此卓绝？”

奉常翁听了这话，不觉把诧异的眼光投向主人。

“怎么？您觉得我看得不对？”

“不，没什么不对，其实……”

主人像少女似的脸红起来，随后淡淡一笑，怯生生望着墙上的画，接着说道：

“其实，每次看这画，都觉得像白日做梦一样。的确，《秋山图》是美的。但这美，是不是只有我才觉得？在别人眼里，会不会只是一幅平常之作？不知为什么，这疑团一直缠着我。是我疑心太重，还是这画实在太美？其中必有一个原因。我不知道，反正是这么一种感觉。所以，听了您的称赞，叮问一句。”

奉常翁对主人的辩解，也没特别放在心上。他看画看得入了迷，认为主人完全不懂鉴赏，故作内行，随便说说而已。

过了一些时辰，他告别这座荒宅一般的张家。

但那令人眼目一亮的《秋山图》，却怎么也不能忘怀。在家藏的墨宝中，李营丘的巨作《山阴泛雪图》，虽说花了二十镒黄金才求得，但比起《秋山图》的神趣来，就有些相形见绌。奉常翁身为大画家、大藏家，既见此图，观乐忘声，当食忘味，神色无主，不免有志在必得之意。

为此，奉常翁在润州逗留期间，几次托人去同张氏协商，想得到那幅《秋山图》。但主人只是说：“既然先生这么喜欢，可以相借，但要出让，却碍难从命。”这让心高气傲的奉常翁多少有些不快。他想，现在不卖，总有一天可以搞到手。终于没去借，离开了润州。

过了一年，奉常翁又到润州，重访张氏家。墙上的藤蔓和院里的荒草，依然如故。可是，应客的小僮却说主人不在家。翁说，不见主人也行，只求再看一眼《秋山图》。提了几次，小僮总推托主人不在，不让他进，最后竟关上大门，连理都不理了。翁也无可奈何，心里只管想着藏在这荒宅中的名画，怅然而回。

后来又见到玄宰先生，先生对翁说，"上次忘了告诉您，张氏不仅有大痴的《秋山图》，而且还有沈石田的《雨夜止宿图》和《自寿图》，这两幅同《秋山图》一样，可称为画苑的奇观。我再写封荐书，您务必去看一看。"

奉常翁当即派人赶到张家。使者除了玄宰先生的手札，还带有求购名画的钱款。可张氏家仍同前次一样，别的画都可以，唯独这幅黄大痴的，说什么也不肯脱手。至此，翁对《秋山图》也只好断念了。

说到此处，石谷停了停，又说：

"上面这些，是我听奉常先生说的。"

"那么，只有奉常先生见过《秋山图》了？"

南田捋捋长髯，瞅着石谷问道。

"先生说他见过，可到底是不是真见过，就说不上来了。"

"不是您刚才还说……"

"还是听我往下讲，等我讲完，您也许会同我一样想了。"

石谷连茶都没再呷一口，又细说下去。

奉常翁同我讲起这事，距他第一次见《秋山图》，已相隔近五十年的星霜了。其时，玄宰先生早已去世，张氏家也不知不觉到了第三代。但奉常翁讲起那幅《秋山图》，还是如鉴洞形，毫厘不爽，就像图画悬于目前一样：

"这黄大痴的《秋山图》，好比公孙大娘的剑，有笔墨而不见笔墨。你却感到有一股难以名状的神韵，直逼你的心头，宛如神龙驾雾，既不见剑，也不见人……只是不知此图现在的存亡如何？”

大约一个月后，春风乍起，我告诉奉常翁，将去扬州一游。翁说：

“这是好机会，务请打听一下《秋山图》。倘能再度出世，实乃画苑大幸。”

我自然也这么希望，当下请翁修书一封。上路之后，预定要到的地方不少，一时还不容易访问润州张氏。

就在这期间，偶然听说，那幅《秋山图》已落入吴三桂婿王长安手里。大概我在旅途把翁的荐书示人，其中也有认识王氏的人，王氏得知《秋山图》在张家，顿起了收藏的念头。据说，张氏后人一见来使，立即把大痴《秋山图》连同传家的彝鼎和书法，一齐献上。王氏大喜，奉张氏后人为上宾，设盛宴款待，唤出歌姬，张乐助兴，赠千金为礼。

甭说，王长安并不是一个真正有品位的人，可处在横流放决的当头，苍天若不忍让圣人之道、文化之原断绝于中国，那就只好去耸乱人心的所好，借强有力者去保护它。王氏识字不多，但有的是钱，正是鬼神诱使去当典守的好人选。

王氏得图后，喜出望外，即往苏州的拙政园，还遣使招娄东奉常与圆照二公来会。我也当下火速赶到金阊，以先睹《秋山图》为快。

现在仍清楚记得，那是初夏的午后，牡丹花正在玉栏边盛开。我见到王氏，不等作完揖，就笑着说：

“《秋山图》今已归府上所有。奉常先生曾为此画大费苦心，现在可以安心了。”

王氏满脸得意说：“今天，奉常先生、圆照先生都约好要来。不过，先到的请先看吧。”

王氏马上命人取《秋山图》。画一展卷，我心里怦怦直跳。

这云烟丘壑，毫无疑问，的确是黄大痴的手笔，这样多的皴点，墨色却又这样灵活，这样重叠的色彩，却又看不出笔痕，除了痴翁，谁又能及。可是……可是这幅《秋山图》同奉常翁往日在张家一度见过的那幅……

王氏和一座食客，都以为我当惊绝狂叫。我却恍若有所未快，眼神飘得很远。王氏不免有些惴惴，问道：

“您看如何？”

我连忙回答：

“神品，果然是神品。难怪奉常先生大为倾倒。”

王氏的脸色略有缓和。可是眉宇间，好像对我的赞赏还嫌不足。

这时，奉常先生恰巧来到。翁与王氏寒暄着，露出高兴的笑容。

“五十年前，看这幅《秋山图》是在张家的荒园，今天，与此画重逢，却在华贵的尊府，真是意外的缘分。”

奉常翁说着，展卷看画。我也和王氏一样，深深注意着奉常翁看画的表情。果然，他脸上渐渐笼上一道阴影。

沉默有顷，王氏越发不安，怯生生问翁：

“您看如何？方才石谷先生大加赞赏……”

正当先生迟迟疑疑不知如何措辞的时候，幸好圆照先生赶来，一下子给座中增添了生气。

“这就是那幅令人悬想的《秋山图》吗？”看着看着，又瞥了一眼众人的脸色，就披指灵妙，纚纚赞美起来：

“当是痴翁的第一名作。请看，这云烟的浓淡，用笔多么精彩！林木的设色，真可谓天然浑成。瞧见了吧，远处的一座山峰，叫整个布局显得多么灵动啊！”

圆照翁向王氏一一指出画中妙处，同时赞叹不已。不消说，王氏听了这些话，神情渐渐开朗起来。

这工夫，我悄悄向奉常翁使了个眼色，轻声问道：

“先生，这就是那幅《秋山图》？”

奉常翁摇摇头，带着奇妙的神色说：

“一切恍如梦中。”

“《秋山图》的故事，就是这些。”

石谷说完，慢慢饮了一杯茶。

“这故事果然离奇。”

南田凝视着灯檠上的火焰。

“后来，王氏还迫不及待问了许多话。总之，所谓大痴《秋山图》，除此之外，连张氏的后人也不知道了。过去奉常先生见到的那幅，要不是隐灭不见，就是先生记错了。究竟怎么回事，我也不明白。但是，总不至于先生到张家看《秋山图》，压根儿就是一场梦吧……”

“可是，那幅奇妙的《秋山图》，不是明明留在奉常先生的心里吗？而且，你心里也……”

“青绿的山石，艳丽的红叶，即使现在，也历历如在眼前。”

“那么，即使没有《秋山图》，又有何憾呢？”

恽王两大家谈到这儿，不禁拊掌一笑。

《秋山图》在清初六大家的心目中是黄公望的巅峰绝艺，不只有此齐东野语，以文字烟波，寄托沧桑，它也引得他们纷纷仿作。王奉常有数通跋语述及此事。一通云：“往在京口张修羽家见大痴设色《秋山图》，赏玩弥日，徘徊不能去。自此往来于怀。每过其地，必访主人索观，而修羽坚为竹中之避。不可复覯。辛未三月以赴补北行，舟中无事，喜弄笔墨。偶携得佳绢，乘兴戏拟其意，凡三日而成。用笔稚弱，缔观辄复自愧，遂置之箧中，不复展视。乙亥再入长安，适叔度年翁往年数征拙画，大方玄鉴，所愿就正，而缁尘碌碌，苦无兴会，久未有以应之。偶检行箧，此画尚在，遂为补苴数笔，奉供几席。聊以酬宿诺耳，不计工拙也。”又一通写于赏观《秋山图》的三十多年之后，其惊荡之意，犹未释然：“子久设色《秋山图》，往从京口张修羽太学家见之，娟秀淡冶，有超然出尘之致。迄今三十余年，时时往来于怀，未尝少置。今秋偶为山行，丹黄满目，景物与此图不异。闲窗追忆，聊仿大意，未能仿佛万一。适治文表侄购畯中四先生集见赠，遂以遗之。然投珠报砾，于木瓜之诗得无太相反乎。一笑。”奉常翁仿《秋山图》，一定不只几遍，他七十以后病目，还意犹耿耿，不能去怀，命王石谷代作《仿子久秋山图》，自题曰：“子久画平淡天真，从巨然风韵中来。余往见《秋山图》与《富春山》卷，皆曲尽其致，心摹手追者有年，愧未能仿佛毫发。比更衰髦，笔砚久荒，于此道益复河汉。近辱省翁学士贻书揆儿来索拙画，是犹诮疲暮尚堪贾勇，不知其精已消亡也。适遇秋晴气爽，勉拭昏眸，涤尘砚作此图奉寄。思涸指僵，俗癞满纸，未识可博大方一粲否？泚笔之余，不胜颜赧。康熙辛亥中秋，王时敏识，时年八十。”其时王石谷正四十当年。

恽南田说：“大痴《浮峦暖翠》则太繁，《沙碛图》则太简。脱繁简之迹，出畦径之外，尽神明之运，发造化之秘，极淋漓缥缈而不可知之势者，其惟京口张氏所藏《秋山图》，阳羡吴光禄《富春卷》乎？”又说：“余尝以痴翁为胜国诸贤之冠，后惟启南翁得其苍浑，董云间攻其秀润，余子碌碌，摇笔辄引痴翁，大谛皆画虎刻鹄之类，而痴翁墨精汩于尘滓者久矣，愿借《秋山图》一是正之。”南田虽未得见此图，但忍不住技痒，也抽暇日在阳羡与石谷共商《秋山图》法，他的心得是：觉含毫渲点之间似有苍深浑古之色，绚烂之极乃归自然。

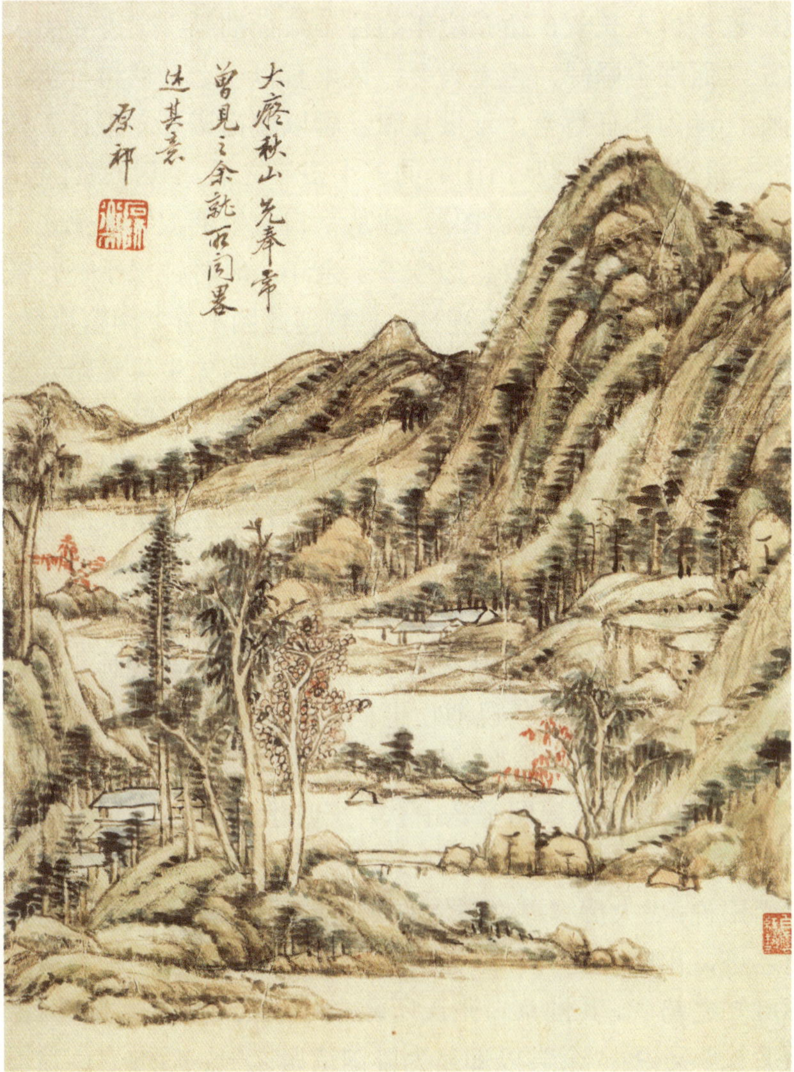

清王原祁《仿古山水图册》，十二开之八
纸本设色，35cm×26cm，年代不详，上海博物馆藏

王麓台（1642—1715）由于祖父多次盛赞《秋山图》为宇内奇丽巨观，自己却未之见，多次惋慨，也多次挥笔，构想仿佛，宛然空花水月，必欲其一点精神在微茫些子间隐跃而出。《仿大痴设色秋山与向若》跋曰："大痴《秋山》，向藏京口张修羽家，先奉常曾见之，云：气韵生动，墨飞色化，平淡天真，包含奇趣，为大痴生平合作，目所仅见。兴朝以来，杳不可即，如阿閦佛光，一见不复再见。几十年间追忆祖训，回环梦寐。兹就见过大痴各图，参以管窥之见，点染成文。愚者千虑，或有一得，不至与痴翁大相径庭耳。"

麓台仿大痴秋山，传世颇多，台北故宫博物院有四轴精品，作于六十到七十的十年间，俱有跋语。联篇而读，可知其画笔途径，它有时结聚，有时淡荡，峰回路转，云合水分，活泼泼地见于其中。1702 年《题秋山图》曰："康熙壬午长夏，仿黄子久秋山于京师邸舍。娄东王原祁。"1707 年《仿大痴秋山与吴来仪》曰："余曾闻之先奉常云：在京江张子羽家，见大痴秋山，笔墨设色之妙，虽大痴生平亦不易得；以未获再见为恨，时移世易，此图不知何往矣。余学画以来，常形梦寐，每当盘礴，于此悬揣，冀其暗合，如水月镜花，何从把捉，只竭其薄技而已。来仪吴兄酷嗜余画，庚辰至今，与之深谈弈理，匪朝伊夕，每为点染，未成旋失。今秋余坚留信宿，辍笔方行。即写此意以赠，以见余用心之苦践约之难也。康熙丁亥初秋，王原祁画。"1709 年《题秋山图》曰："余丁亥即作此图，于经营位置粗成，偶思大痴《秋山》之妙，兴与趣无相合处，庋阁累年。近于起伏转折处，忽会以眼光迎机之用。因出此图，随手点染从前之促处、重处，由淡入浓，因地删改，而秋山意自出。所谓气以导机，机以达意，不专以能事为工也。己丑子月，长至后三日，写于京邸双藤书屋。"1713 年《题仿大痴设色秋山为邹拱宸作》曰："大痴《秋山》，余从未之见，曾闻之先大父云：于京江张子羽家曾一寓目，为子久生平第一。数十年来，时移物换，此画不可复睹。艺苑论画，亦不传其名也。癸巳九秋，风高木落，气候萧森。拱宸兄将南归，余正值思秋之际，有动于中，因名之曰《仿大痴秋山》。不知当年真虎笔墨如何，神韵如何。但以余之笔写余之意，中间不无悠然以远，悄然以思，即此为秋水伊人之句可也。娄东王原祁画并题，年七十有二。”江兆申（1925—1996）先生评之曰“此帧已入暮年，眼花笔颤，一种老辣荒寒意趣，油然自出，此暮年作品之所以可贵也。皴笔不求其当，重叠中断者颇多；点云不求其似，骈头排比者甚多。设色则青增而赭减，布局则取大势而不专小谨，非老于斲轮者不能至此境。”

麓台在另一幅《仿设色大痴秋山》的题中告诫学大痴的画家说：“六法一道，非惟习之为难，知之为最难，非惟知之为难，行之为尤难也。余于此中磨炼有年，方知古人成就一幅，必简练以为揣摩，于清刚浩气中具有一种流丽斐亹之致，非可以一蹴而至，学大痴者宜深思之。”

麓台撰有《雨窗漫笔》一卷，又有《麓台题画稿》一卷，凡五十三篇，所题均是仿宋元古典之作，计有仿荆、关一幅，仿董、巨一幅，仿董源一幅，仿范宽一幅，仿小米三幅，仿赵大年一幅，仿赵松雪、赵大年一幅，仿高房山一幅，仿梅道人五幅，仿王叔明四幅，仿倪云林二幅，仿宋元诸大家笔一幅，仿元季四家笔一幅，仿倪、黄笔意三幅，而单仿黄大痴竟达二十七幅。王原祁一意仿古，续命绝学，大概朦胧地意识到：他实际已站在了古典艺术发展的最后阶段。从此，绘画渐渐向大众艺术过渡，宋元的古典成就只在收藏家的宝库中，让人一瞥惊艳。

五

北京故宫博物院收藏有《赵氏一门三竹图》合卷，是赵孟頫、管道昇夫妇与次子赵雍（1289—1361）所画的墨竹，也是安岐《墨缘汇观》中的宝物。《墨缘汇观》是古代书画收藏的重要著作，记载安岐藏弆或寓目的书画名迹，展示了美术史上最后一次显赫无比的私人收藏，巨迹之多，今日的收藏家只会觉得是天方夜谭。评者以为，自明中叶迄今五百年间，鉴藏称最者，首推项墨林，次则梁棠村，安氏后出，追踪二家，足相匹亚。安岐（1683—1746）字仪周，号麓村，朝鲜人，寄籍天津，也是一位颇具传奇色彩的人物，据说，起家的资产来自地下的藏金，唯人多不信，斥之为荒诞无足辨。然而文献却证实并非小说家语，乃是实况。安岐虽是商人，往来南北，但收藏奇美，情系风雅，还学书作画，《小清秘阁帖》刊有他临右军四月廿三日、大道二帖，周焯（？—1747）《卜砚山房诗钞》有题安岐画竹一绝。他的名作《墨缘汇观》写于六十岁左右，吸纳前人经验，建立起一种至今仍为书画著录遵行的标准，是鉴赏家的必读之书。《名画卷》记载《赵氏一门三竹图》曰：

第一幅　赵孟頫墨竹

白纸本，高尺余，长三尺一寸有奇。作墨竹一枝，雨叶离披，枝节圆劲。前书“秀出丛林”四字，后书“至治元年八月十二日，松雪翁为中上人作”。字大寸许，法李北海，后押“赵氏子昂”朱文印及朱文“天水郡图书”印。

第二幅　管道昇墨竹

白纸本，长一尺六寸余。作水墨竹枝，密叶劲节，不似闺秀

元赵孟頫、管道昇、赵雍《赵氏一门三竹图卷》，纸本墨笔
34cm×108cm，约1321年前后，北京故宫博物院藏

纤弱之笔。前款“仲姬画与淑琼”，下押“管氏仲姬”白文印。余见唐伯虎墨竹一幅，虽用群鸦入林之法，竹叶排如蟹爪，自题诗内有“夜潮初落蟹爬沙”之句，因名其图为蟹爬沙，观此则知伯虎写竹来历。

第三幅　赵雍墨竹

白纸本，长一尺七寸六分。作浓墨竹枝，欹斜有致，竹叶萧疏。后款“仲穆”二字，大寸许。下押“仲穆”朱文印。此卷共三纸，每纸接缝有“白石”二字朱文印、“明安国玩”白文腰圆小印，曾经明锡山安氏家藏。后有都穆、周天球二跋，王穉登七题。

这些文字为我们记下画幅的材料、尺度的广狭、画面的内容、题跋的先后和印记的多寡，成为收藏史的重要文献，也不时流露鉴赏家本人赏画的观感，按切情事，平正可依，有裨美术史匪浅。大雅不群，庶几当之。

此卷三妙联芳，为画品中的佳话。赵松雪一门风致，当时人们就称羡不已，后人更是悬之梦寐。王穉登（1535—1612）赏览之下，竟连写七通题跋，一边把语言的结构控制为节拍秀整的句式，一边用最美好的词语赞美：

文敏公画竹如仙坛一帚，闲扫落花；管夫人如翠袖天寒，亭亭独倚；待制如珊瑚宝玦，落魄王孙。

民国甲子（1924）七月三日，画竹名家徐宗浩（1880—1957）在亮生�馆获观此卷，也不禁题诗两首，但他已不单单评价面对的杰作，而是由企慕赵氏一家来借题发挥，诗曰：

千里湖山供画本，一门词翰擅风流。

王侯蝼蚁须臾事，此卷悠悠五百秋。

密叶疏梢并绝工，千秋福慧许谁同。
人生知己深难得，况在红窗翠幕中。

两诗题一门图卷，却直言倾诉千百年来中国文人的心理深意。那些红窗翠幕中的知己，仿佛在传奇，在词曲，在画卷里步动香移：南都石黛，北地燕脂，皆宛似梦中芳草。她们或在乱香深里，看新荷跳雨；或在竹烟起处，听寒山着花；或试丹青，拂旧笺，画清芬洒然、作湘兰小幅；或取莲房，涤玉砚，磨隃麋，写琬琰之篇，临洛神之章，花气正深词女静、碧笺小字十三行也；或逢七月巧日，薄病初起，菱芡既登，秋海棠盈盈索笑，御砑绫单衣，阅花事诗数十首；或遇明朝厨中无米，理书向晚，有心遽意违，情怠手阑之困，小倦于竹床藤枕，云鬓乱洒，萧然无梦，即梦亦不离花坞竹坪，庶不负清宵梧桐月色。这也许就是中国文人最憧憬的知己形象。虽是韶光易老，梦中图像，也恨不能饰以丽锦花笺，当以夏璜赵璧，什袭永藏。

1792年，沈虹屏在奇晋斋进茗添香之次，与飘君、陆梅谷日展法书名画欣赏，真迹精美者，咸识其梗概，著之于册，书中记卷轴图页凡一百六十七种，有录有评，题曰：《春雨楼书画目》。大概是世界上第一部女性撰写的书画著作。

虹屏《春雨楼集》卷一后有单行小字记岁月：“乾隆辛丑又五月廿一日书于荷香竹色亭。”《书画目》则编订于乾隆壬子，相隔十一年，虹屏约四十岁。她自云喜好兰竹，也时见于这部无声诗史。虹屏天资明秀，谈书画，论音律，评妇人诗，说字洗句，摇笔散珠，就像信手点染山水小册，不是花时溪上，其水如云，就是雪后竹头，其叶比玉，进退都有兰畹竹汀的气息，跋燕文贵《秋

明陈洪绶《斜倚熏笼图轴》（局部），绫本设色
129.6cm×47.3cm，年代不详，上海博物馆藏

山萧寺图》曰：

乾隆丁酉九月廿三日，时花南水北亭新加涂塈，木叶凄然欲落。海上青山，微着霜色，如眉新扫。亭外一带，芙蓉如画。亭边老瓦，列佳种菊英二十余品。亭中对设长几，一置周施章父敦，秘色柴窑，供佛手柑花木瓜各数个，灵璧石峭峰一座；一陈法书名画，共主君及夫人展观。及此卷，适丫鬟送新橙蒸梨至，乃相与徘徊叹赏，几疑身不在人世。

她写俗客不来，天香入园，静中雅得清艳，神思为之湛然，真可咏雾中花似绰约女、风里竹如磊落人之句；人生因缘，竟如雪竹冰丝，非人间凡响，启人今夕何夕、见此粲者之感，不觉自己的品位，连同道德文章也不期而然地改变。嘉道年间钱塘诗人陈文述（1771—1823）有寄采鸾书一通，述此意真切：

十年以前，慕君之色；十年以后，爱君之才；经岁以来，感君之情；一夕之谈，重君之德。湖山之友，闺房之侣，向惟鸥波，今则停云。

采鸾色才情德四美兼备，像歌德说的 *im Ganzen, Guten, Wahren, resolut zu Leben* [纯然生活在真、善、美之中]。陈文述有此知己，自堪比拟的正是赵孟頫、鸥波或指管湘玉，但也是赵孟頫的称号。

1847 年秋天，陈文述的学生程庭鹭（1796—1858）连绘柳如是小像两幅，三个月后又为陈本中、袁瑛夫妇作《寄庐双影图》，画他们在竹影花香间的茅庐静修静读，览者拟诸伯鸾之赁皋庑，卿子之隐寒山。陈本中用精雅的隶书小字题曰：

如沤依水，如云丽空。如花在镜，如絮因风。茫茫天壤，泛泛萍蓬。一朝会合，茧忽同功。灯皴月染，竹护花烘。不离不即，亦倚亦从。拈来微笑，意惬环中。离之双美，景看分踪。交柯比目，藕丝犀通，抟泥塑像，一你一侬。再捏再塑，形异质同。其间至理，问松雪翁。

袁瑛字文瑞，芳名鲜为人知，她的小楷工雅，辑录的《我闻室賸稿》有抄本传世，与柳如是也有一重翰墨缘。她与陈本中鹣鹣比翼，谱出双声。陈本中吟成锦字，也自况赵松雪翁。

最难知己在闺中，赵明诚和李清照的故事，更是情愈萧史之流音，美过蜀女之飘梧。赵明诚（1081—1129）字德甫，北宋著名的金石学家，妻子李清照（1084—约 1151）号易安居士，卓绝千古的词人，亦是画竹的好手（《太平清话》：莫廷韩云："向曾置李易安墨竹一幅。"）他们同好图书，广求古器彝铭，碑版石刻，仿《集古录》例，撰成《金石录》三十卷，于新旧《唐书》多所订正。绍兴中，李清照表上于朝，题写《后序》，成为文学史的经典篇章。序言写得深情动人，散碎处随在生感，闲闲见情，几令人不觉其为文字，直是一篇情话，"归来堂"中的细细琐琐，读来只教人迷，她说：

赵、李两家原本寒族，一向清贫俭朴。每逢初一、十五，明诚即告假赴集，他先到当铺里典押衣物，取出五百铜钱，再到大相国寺买书购物。回到家中，我们相对而坐，一边展观碑文，一边细嚼果实，觉得很像远古有德帝王葛天氏的臣民那样自由快乐。过了两年，明诚出仕做官，条件好转起来，他立下志愿，即使吃青菜，穿布衣，也要游遍遐方绝域，把天下的古文奇字搜集完备。这样日积月累，收藏渐多。丞相（明诚之父）在中书省工作，亲戚故旧也有人在馆阁供职，常常碰到《诗经》以外的佚诗、久已失传的史书和鲁国孔子旧壁、汲郡魏安厘王墓发掘出来的经传和竹简之外的文字，于是尽力抄写，愈做愈觉得趣味无穷，以至欲罢不能。后来偶尔看到古今名人的书画和夏、商、周三代的奇器，也解衣典卖，换钱购入。记得崇宁年间，有人拿来一幅南唐徐熙画的《牡丹图》，索价二十万才肯卖。当时就是贵家子弟，要筹备这些钱，又谈何容易！我们把它留观两夜，终于无法凑足钱款而归还原主。为此相对叹惋，惆怅了好几天。

后来我们回到青州故乡，闲居十年。仰有所取，俯有所拾，衣食有了富裕。明诚又接连做莱州和淄州的太守，他就拿出全部薪俸，用以校理书籍。每获一本，我们一起勘订，整理，题上书名。得到书法绘画和彝鼎之器，也摩挲把玩，静观欣赏，评论瑕疵。每天晚上都这样度过，以烧完一支蜡烛为准。收藏的古籍，部部纸札精致，字画完整，为藏书家之冠。我天性博闻强记，每次吃完饭，就和明诚坐在“归来堂”上烹茶，指着堆积的书史，比赛某一典故出自某书某卷几页几行，以猜中与否决定胜负，当作饮茶的先后。有时猜中举杯大笑，以至仰倒把茶洒在怀中，起来时反而喝不到一口。我们真甘心在这种环境过上一辈子！所以虽处忧患贫穷，而志向却从未降低屈服过。

书籍收得差不多了，就在“归来堂”建起书库，把大橱排定次第，按编号放置书籍。如需讲读，就启钥开橱，上簿登记，然后查出所要的书。我有时把书损坏或弄脏了一点，明诚必定批评，责令揩去污迹，使其完好，或涂以铅粉，掩去损污。这时，他也不像平时那样平易和蔼了。收藏本为寻求适意，如今反而弄得心情紧张。我性子着急，为求得更好的藏品，就只吃一种肉，只穿不绣文采的衣裳，头上没有明珠翡翠的首饰，室内没有镀金刺绣的用具。遇到诸子百家的书籍，只要字不刓缺，本不讹谬，马上买下，储存起来，作为副本。家里向来传有《周易》和《左传》，所以这一类的注疏书籍最为齐备。我们把它们罗列在几案上，堆积在枕席间，意会心谋，目往神授，乐趣在声色犬马之上。

这些风雅的轶事，把艺术和生活融为一体，蓼茸蒿笋，反更觉人间有味，竹篱茅舍也朗然琉璃世界，成了我们从人间看到的最美丽景象。就连明代末年冠绝大江南北的绛云楼收藏，也要借助柳如是的魅力，她的夺世风采远胜珠栊绮窗、紫枢黄阁的光彩。传载：柳归虞山，钱谦益目为绛云仙姥下降。仙好楼居，乃枕峰依堞，于“半野堂”后构楼五楹，穷丹碧之丽，扁曰“绛云”：

房栊窈窕，绮疏青琐。旁龛金石文字，宋刻书数万卷。列三代秦汉尊彝环璧之属，晋唐宋元以来法书名画，官哥定州宣成之瓷，端溪灵璧大理之石，宣德之铜，果园厂之髹器，充牣其中。君于是乎俭梳靓妆，湘簾斐几，煮沉水，斗旗枪，写青山，临墨妙，考异订讹，间以调谑，略如李易安在赵德甫家故事。（顾苓《河东君小传》）

柳如是大概是李清照以后最负盛名的才女，这位衰风末世中的六朝人，文章风雅得令人惊绝，是读之不忍再读，唯恐读尽后无以自遣的天物：几回试展不忍去、落尽庭前无数花也。难怪人们都把她看成李清照的现身。钮琇《觚賸》也说：

大江以南，藏书之家无富于钱。至是益购善本，加以“汲古”雕镌，舆致其上。牙签宝轴，参差充牣。其下黼帏琼寝，与柳日夕晤对。所云“争先石鼎搜联句，薄怒银灯算劫棋”，盖纪实也。宗伯（钱谦益）吟披之好，晚龄益笃。图史校雠，惟柳是问。每于画眉余暇，临文有所讨论，柳辄上楼翻阅。虽缥缃浮栋，而某书某卷，拈示尖纤，百不失一。或用事微有舛讹，随亦辨正。宗伯悦其慧解，益加怜重。

钱谦益和柳如是在崇祯辛巳（1641）六月结婚，五年后的丙戌，钱氏编选《列朝诗》，柳氏为勘定“闺秀”一集。同年六月婚庆五周年之际，钱氏在燕山桂邸行馆赏览管道昇的墨竹，也情不自禁借题诗抒发自己的心意：

仲姬写竹如作书，八分篆籀相扶疏。金刀屈铁应手出，头白萧郎争得如。仲姬作书如写竹，雨叶风枝乱简牍。况复追趋松雪公，兔起鹘落谁能逐。白莲花庄风日暘，鸥波亭中翰墨香。仲姬放笔自敛衽，文敏展玩为彷徨。天上人间此佳耦，齐牢共命兼师友。只应赞叹复顶礼，岂向容华论妍丑。多生愿力然灯时，世人艳妒徒尔为。却笑吹箫吾瞎子，谐谑空传倒好嬉。（《观管夫人画竹并书松雪公修竹赋敬题短歌》）

而这红窗知己的理想，虽源于文明造就的风雅，实也深深植根于人类的本性。胡应麟（1551—1602）《跋陈道复水墨牡丹真迹》，把此意写得明白无欺：

昔赵明诚得徐熙《牡丹图》，贾人索价二十万，不能致卷，还之，夫妇惋恨弥日。余山房积书四万卷，不减明诚，独赵氏所藏金石、法书、名画，余无一焉。仅此卷，又故人贶行，不假寸钱而得，视明诚所遇，何啻天壤？然明诚有才妇朝夕晤语，扬搉校雠，即顷刻之间，足以乐死。而余际敬通之厄，戚戚无欢，是明诚所遇，视余又不啻天壤矣！

六

顺治五年（1648），著名才女顾媚（1619—1664）模仿赵孟頫的笔致，以竹兰为题画了一幅长达5.5米的手卷（兰千山馆藏），苹南女史蒋季锡用小篆题引首曰《竹石幽兰》，画心上有四首名媛才女的题诗，第一位是黄媛介，紧接着是姜桂（？—1762）、蔡润石和蒋季锡。画心后又是三米半的拖尾，写满了题跋，第一通写于顾媚作此画后的六十年：

蔡润石字玉卿，黄石斋先生夫人，能诗，书法学石斋，造次不能辨，尤精绘事，常作《瑶池图》，奉其母夫人云。

黄媛介字皆令，秀水人，工诗赋，善山水，得吴仲圭法。太仓张西铭溥闻其名，往求之，时皆令已许杨氏。久客不归，父兄劝之改字，誓不可，卒归于杨。乙酉，城破家失，乃转徙吴越间，饔飧于诗画焉。尝为新城王阮亭写山水小幅，自题诗曰："懒登高阁望青山，愧我年来学闭关。淡墨遥传千载意，孤峰只在有无间。"诗见《池北偶谈》，词旨亦隽永。竹垞《明诗综》不录皆令一字，所录闺秀诗悉送别皆令之作，盖不以皆令为前明人也。

姜桂字芳垂，号古砚道人，孝廉本渭季女，行人垓曾孙女也。父为许张氏子，聘未婚，张卒。桂时年十九，闻计欲自经，父母许其守节，乃不死。未几，翁姑相继殁，无可归，矢志于室，贞女也。通经书，善画山水，干笔疏秀。尝见其小幅，自题云："暖风晴日值良辰，窗外梅花数点新。更想林泉清淑致，山光树色写初春。"又记云："仿元人惜墨法。惟旧纸得墨，始有气韵。佳纸难觅，大幅更罕。兹帧细洁，又平拓者再，而纸性犷难融化，浅深浓淡，颇费经营，而笔不达意，欲貌似古人，而不可得，多愧。"

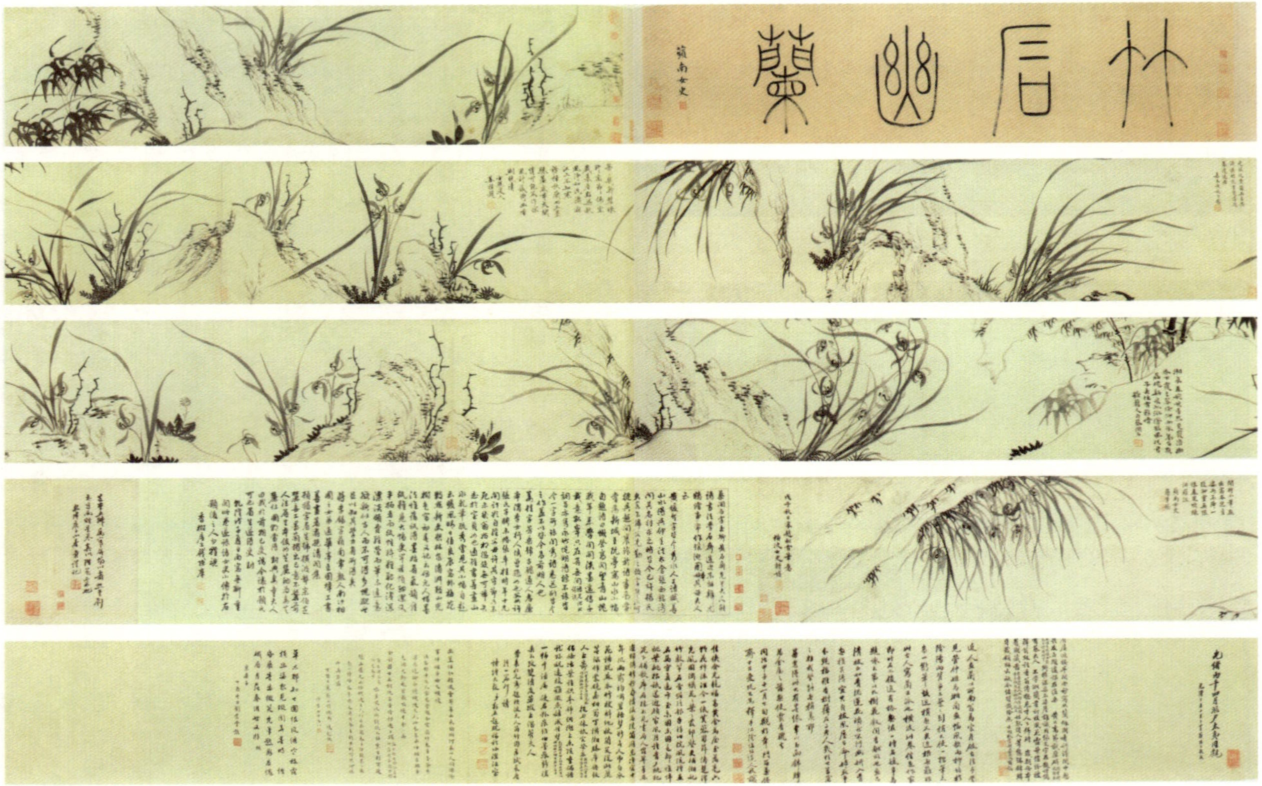

清顾媚《竹石幽兰图卷》，纸本墨笔，22.5cm×551.8cm，1648年，兰千山馆藏

观此足以知其学力有所得矣。

蒋季锡，字苹南，常熟人，南沙相国之女弟，适华亭王图炜，工书善画，著有《挹清阁集》。

顾媚，字眉生，号横波，龚宗伯芝麓妾。工墨兰，独出己意，不袭前人法。眉生本伎女，芝麓纳为妾，芝麓仕国朝，当得封典，妻童夫人曰："我于前朝已受诰，今让于顾氏可也。"眉生遂得受封。

乾隆戊子夏日，雨窗无聊，重阅此卷，遂录诸女史小传于右，愿后之人勿轻视。香树居士钱陈群。

钱陈群（1686—1774），字主敬，号香树。母陈书（1660—1736），字南楼，号上元弟子，工诗，有《复庵吟稿》，山水、人物俱佳，其子钱界，从孙钱元昌，从曾孙钱载及族孙钱维城，皆从受画法。香树幼承母家学，间亦作画，行书尤有风致。康熙六十年（1721）他考中进士，做到刑部右侍郎，与沈德潜（1673—1769）并称江南二老。所撰《香树斋集》应制之作多达千篇，而此专为女史录传，又写于八十二岁的衰年，其对女性的尊美，自有深意在焉：

盖女性萃天地之英静清气，以月露风云花草为其性情，虽在天地间俄顷灭没，而诗人能结之不散，千载之下，倒见侧出，恍惚于语言竹帛之间。

顺治八年，董小宛（1624—1651）去世，冒辟疆（1611—1693）伤痛之余，撰写了《影梅庵忆语》，顾媚之夫龚芝麓（1615—1673）读罢，动了情感，立即给冒辟疆写信：

《忆语》大刻，钟情特至，展之不禁雪涕。沉香亲刻管夫人，不是过也。诔词二十余言，宛转凄迷，玉笛九回，伭猿三下矣。

欲附数言于芳华之末，为沅澧招魂。劈笺探韵，絮语神伤，而蟋蟀哀音，转多幽咽。属思未竟，惆怅无端，徐之必有以祝桂旗而酹翠羽，未敢忘也。

《忆语》文体崭新，未之前见，现代学者有的视为小说，有的名为琐忆散文，有的赞为无韵长诗。有清一代效仿者纷起，陈裴之（1794—1826）《香畹楼忆语》、蒋坦（约1818—1863）《秋灯琐忆》、余其锵（？—约1922）《寄心琐语》、王蕴章（1884—1942）《菊影楼话堕》、王德钟（1897—1927）《兕红忆语》、陈元凯《春雨楼影事》都是所谓忆语体的悼亡篇章，落笔如哀弦绕白雪，一往情深，于伉俪尤缠绵。而篇中散见的女性品味更让人心仪目瞩，它们时隐时现，像春夜天明，玉兰摇落片片，香在其中，透彻书页。《影梅庵忆语》记小宛烹茶曰：

小宛和我一样，喜欢喝茶，又都喜欢喝岕茶，每年半塘的顾子兼都挑最精好的寄给我们，那种岕茶就像片甲蝉翼一样精绝。此时，文火细烟，小鼎长泉，小宛必亲自吹火烹制。我每次吟诵左思《娇女诗》的“吹嘘对鼎鬲”，小宛都很开心。至于烹茶看蟹目鱼鳞，选瓷捡月魂云魄，小宛更是精细无比。每当花前月下，静对品尝，杯中碧沉香泛，真像木兰沾了露水，仙草临着水波，卢仝、陆羽所描绘的极致，全有了。

又记小宛品香，更是朵朵清芬，飘扬在文字深处，低吟数行，便有寒香沁入肺腑：

小宛常和我静静坐在香阁，细细品味名香。宫香诸品淫，沉水香俗。俗人用沉香放在火上，烟扑油腻，顷刻而灭，不但香的味道没有出来，就是揣在袖里怀中，也仍有焦腥味。沉香有四种，质地坚致而有横纹者，叫横隔沉，其香特妙。又一种沉水结而未成，如小笠大菌，名蓬莱香，薰时用慢火隔砂，使不见烟。这样，室内充满异香，有风过伽楠、露沃蔷薇、热磨琥珀、酒倾犀斝的香气。用它长期熏蒸枕头床被，和肌肤的香味融在一起，甜艳非常，连梦中都感到舒适。此外，还有从皇宫得到的真西洋香料，和市场上卖的绝不相同。

丙戌年住在泰州时，小宛和我亲手制成百粒香丸，真是闺阁中的异品。熏时也以不见烟为佳，如果不是小宛细心秀致，我是领略不到如此好香的。番邦出产的黄熟香，真腊产的最好，皮坚者叫黄熟桶，香气佳妙而通畅；黑色的叫隔篌黄熟。靠近南粤东莞茶园村的土人种的黄熟，就像江南人种的茶，树低矮而枝叶繁，香味都在根上。自从吴门行家把黄熟的根剔出切断使之露白后，香的松朽处就没了，油尖铁面处都露出来。我和小宛住半塘时，知道金平叔最精通此道，就屡次用重价向他购买。黄熟香成块者净润，长曲者如枝如虬，都是从根部有结的地方随纹缕长出，纹路像黄云紫绣，半杂鹧鸪斑，可以抚拭，可以把玩。在寒夜小室，玉帏四垂，毾㲪重叠，点起二尺许的绛蜡二三枝，陈设参差，堂几错列，摆上几个大小不一的宣德炉，整夜让火常燃，香的颜色就像液金粟玉。把烧尽的炭灰细心拨去一寸，在灰上隔砂，选香料薰蒸，经过半夜的时间，一香凝然，既不枯焦也不完尽，香气浮动，纯是糖结。熟香间像有梅花半开，带着鹅梨蜜脾的芳香，静静沁入鼻内。想起我俩共恋此味此境，常常到晨钟响起还未就枕，又与小宛想到闺中怨妇斜倚薰篮拨尽寒灰之苦，我俩真像是在蕊珠众香花里。

冒辟疆怀着深情细写小宛，每以一二纤事见其华洁，写品茗写得幽艳，写品香写得柔艳，等到写品月，仿佛明月的气息绕花千转，玉艳得像数百枝梅英，一捻暗香，千里碧云叠，那也正是小宛的本色。

小宛最爱品月，总是随着月亮的升沉或走或停。夏天她在小园乘凉，教小孩儿吟诵唐人咏月和流萤纨扇诗，半榻小几总是移动着，观赏夜空中不同方向的明月。午夜归阁，还要推开窗户让月光洒在枕席间，月亮落了仍要卷起帘子倚窗远望。她曾对我说："我书写谢希逸的《月赋》，古人厌晨欢，乐宵宴，大概是夜晚在一天中最闲逸吧。月色是最静谧的光色，天空像碧海，月光霜露洁白，冰雪明净，比起赤日红尘，真好像仙境与人间的区别。人生攘攘，至夜不休，有的人则在月亮未出即已鼾睡，月亮的桂华露影，根本无福享受。我和你共同度过一年四季的月夜，从月亮的娟秀浣洁中领略幽香，顿悟仙路禅关的奥妙，都是在月之静中得到的。"李长吉诗云："月漉漉，波烟玉。"小宛每每吟诵这几字，总是反复回环，好像日月的精神气韵光景，都让这几字说尽。人走进波烟玉的世界，眼神如水波一样荡漾，精神像云烟一样飘洒，身体如白玉一样明净，人好像月，月又好像人，是人是月，哪里还分得清呢。只觉得贾长江"倚影为三"的话太多余。

小宛与明月，几分影梦难飘断。小宛又喜爱梅花，家中园亭，凡有隙地，皆植梅。每腊枝头纷郁，万点香雪斜透。"凡四时草花竹叶，无不经营绝慧，领略殊清，使冷韵幽香，恒霏微于曲房斗室。至秾艳肥红，则非小宛所赏。"（《影梅庵忆语》）崇祯庚辰（1640）中秋日，小宛工楷录《秋闺词》十一首，有两首写竹影远近，月净烟平，极清渺，然每秋风起，木落草衰，读此一水孤心之词，又殊觉凄然。诗曰：

修竹青青乱草枯，留恋西日影相扶。
短墙微露高城色，远树疏烟入画图。

无事无情亦未闲，孤心常寄水云边。
今宵有月无人处，高讽南华秋水篇。

烟里修竹，水上明月，小宛这样高的品味，让杜茶村连声叫绝， 他提笔赞道：“绝域名香，重霄皓魂，奇花异茗，倚态争芬。自非真仙琼媛，莫可得而领略。兼之天才丽质，把玩晨昏，玉臂云鬟，馥郁于琉璃世界中矣。”

《红楼梦》第二回尝借宝玉口说：“女儿是水作的骨肉，男人是泥作的骨肉。我见个女儿，便清爽；见了男人，便觉浊臭逼人。”这种基调奠定《红楼梦》为中国最伟大的小说。“女儿是水作的”，也是黛玉出场的引线，第三回写宝玉细看黛玉容貌，说她与众各别，如名花照水，弱柳拂风。有学者评点曰：写黛玉总不离水，与八十回后结局有关，最须留意。又有学者认为，小宛即黛玉的原型。此说虽无据，却也几分合情。小宛格调高雅，灵灵水水，自然流露，正如秋水芙蓉，江花玉面两相映；又如净水清珠，即使汩汩乎浊流，亦光耀炯然玉三尺，明白照不可掩。她的清纯，冒辟疆比来，只觉得自己粗糙、污俗，让他神来目明之际，生活也悄然改易，连梦里都是花木烂漫。他们相依相恋九年，冒辟疆说：“余一生清福，九年占尽，九年折尽。”最难消受美人恩，感慨深矣。歌德《浮士德》的煞尾以无常的感觉世界与恒常的理念世界对比，最后在神圣的合唱声中，以永恒的女性压卷，有以也——

Alles Vergängliche
Ist nur ein Gleichnis;
Das Unzulängliche,
Hier wird's Ereignis;
Das Unbeschreibliche,
Hier ist's getan;
Das Ewig-Weibliche
Zieht uns hinan.
[一切无常者，不过是虚影；
不可企及者，在此处完成；
不可名状者，在此处得证；
永恒的女性，领我们飞升。]

黄宗羲《南雷文约》卷四云："夫吴歈越唱，怨女逐臣，触景感物，言乎其所不得不言，此一时之性情也。孔子删之以合乎兴观群怨思无邪之旨，此万古之性情也。""思无邪"是孔子借《鲁颂》语总论诗经的话，他说："诗三百，一言以蔽之，曰思无邪。"昔人以此论情性，固循循不越古典礼俗之道，即以此论赏艺观画，或亦比康德的无功利[Interesselosigkeit]之论更胜一筹。思，郑玄笺，朱熹训，均指心中之思，非谓语气辞。中国艺术的欣赏，正是以思想的纯正，定位视听兴观的感觉：

Below the surface-stream, shallow and light,
Of what we say we feel—below the stream
As light, of what we think we feel—there flows
With noiseless current strong, obscure and deep,
The central stream of what we feel indeed…

（Matthew Arnold, *St. Paul and Protestantism*）

[流水的表面又浅又清澈，
我们说这就是我们的感觉。
下面的流水同样的清澈，
我们想这就是我们的感觉。
在更深的地方静悄悄
流动着强大而模糊的主流，
这才是我们真正的感觉。]
（庄绎传译）

必静心才能无邪，即诗人所说的真正的感觉，那是歌德所谓从 *Wilden* 跃入 *Milden* 的境界，也是古人所言本乎性，发乎情，止乎礼，成风雅之义的深透自觉。距钱陈群为《竹石幽兰图》作跋约一百年，何栻（1816—1872）在家人尽没于太平军之乱后，重整心绪，竹下独坐，适曼农以顾媚此幅见示，他顿起怀抱，爰识数语于尾端：

近人画兰，以所南翁为宗，尽破古法。予尝见管仲姬、马湘兰画幅，风欹雨抑，均于阴阳向背争工。叶叶到梢，不使一折笔，不参一断笔。故近梢无乂尖，近根无篱眼，此古人写兰正派也。横波此卷信是作家，即竹石亦俊逸有格。无怪一时名媛争为题咏，不第以九树花钗闻香献颂也。画品清拔，正如青泥莲花，皭然不污，幽妍入骨，无损其清，宜其自拔风尘与命妇花平分艳福。虽香树、萚石二老人，几欲下菖蒲之拜，我辈能无称羡耶。曼农得此大有墨缘，幸以玉函锦赙为金屋之藏，无使灵香飞去。

七

赏艺足以悟诗，足以增识，足以知史，足以长风雅情志。这创造了一种新的生活，一种使生活更美好、更值得度过的生活。荒江老屋，能体味“斜阳不是不多情，移过竹窗三十二”，大抵靠的是艺术的静治。

然而若问：这件作品好不好？究竟好在哪里？为什么它是杰作？看似简单的问题，恐怕连长年埋首在博物馆的专家也会头痛，绝不像布洛赫[Marc Bloch]（1886—1944）回答小孩问历史有什么用那么容易。《附庸风雅和艺术欣赏》一书曾就此分析过它的难点，比如，前人对画之美恶所再三致意者有谓：学画须辨似是而非者，如甜赖之于恬静，尖巧之于冷隽，刻画之于精细，枯窘之于苍秀，滞钝之于质朴，怪诞之于神奇，臃肿之于滂沛，薄弱之于简淡，失之毫厘，谬以千里（李修易《小蓬莱阁画鉴》）。要辨析这些不同，要心力目力与画笔画心针芥相投，就只能诉诸感觉，诉诸我们对这些品味的社会性反映。若要用言语区分它们的差别，就会处处捉襟见肘：作文者[word-men]的言语绝不会丝丝入扣跟作像者[image-men]（贡布里希的术语）的画面匹配。

1852年，方玉裁向戴醇士出示陈淳（1483—1544）《墨华册》。醇士一见惊嗟，他以画家的体验，约言申义，谈能言与能为之所难兼：“未画之先，满园花草皆我笔墨；及伸纸作画，则或劲或和，忽白忽黑，又各随花草之性情以付之，而我不与焉。此所谓造化在手，醇士能言之而不能为；道翁既为之矣，乃无一言，故曰：善《易》者不言《易》。”

艺术的精妙，就像微茫至极的细线（不妨称为艺术的几何之线），要用我们的语言工具触及它们，实在太难，就是真正触及，不是自己仍不知觉，就是把线覆盖，压弯了周围的地方，把我们的目光也引到别的方向。更何况我们的语言是分立性的，处处都有空白，远远表达不出那些连续性的经验。《法华经》云：是法，非思量分别之所能解。艺术品质的难题，连佛也无法用语言说解。这个道理，20 世纪的一位哲学家乔德[C.E.M. Joad]（1891—1953）《锦心集》［*Pieces of Mind*］谈论美感，把它写得明明白白：

A young man sees a sunset and, unable to understand or to express the emotion that it rouses in him, concludes that it must be the gateway to a world that lies beyond. It is difficult for any of us in moments of intense aesthetic experience to resist the suggestion that we are catching a glimpse of a light that shines down to us from a different realm of existence, different and, because the experience is intensely moving, in some way higher. And, though the gleams blind and dazzle, yet do they convey a hint of beauty and serenity greater than we have known or imagined. Greater too than we can describe; for language, which was invented to convey the meanings of this world, cannot readily be fitted to the uses of another.

That all great art has this power of suggesting a world beyond is undeniable. In some moods, Nature shares it. There is no sky in June so blue that it does not point forward to a bluer, no sunset so beautiful that it does not waken the vision of a greater beauty, a vision which passes before it is fully glimpsed, and in passing leaves an indefinable longing and regret. But, if this world is not merely a bad joke, life a vulgar flare amid the cool radiance of the stars, and existence an empty laugh braying across the mysteries; if these intimations of a something behind and beyond are not evil humour born of indigestion, or whimsies sent by the devil to mock and madden us, if, in a word, beauty means something, yet we must not seek to interpret the meaning. If we glimpse the unutterable, it is unwise to try to utter it, nor should we seek to invest with significance that which we cannot grasp. Beauty in terms of our human meanings is meaningless. [一个年轻人看日落，不能理喻和表达由此引起的触兴感怀，于是认定，日落处想必是通往另一世界的大门。任何人感受到强烈美的时刻，都会不由得产生遐想，似乎瞥见从另一世界射向我们的一线光芒；那是个不同的世界，而且由于美的强烈感染，它在某些方面高于我们这个世界。虽然那光芒令人目眩神迷，但它确实启示出一种我们不曾体验和无法想象的美和宁静。那种美和宁静根本无法描述，因为我们发明的语言只能传达我们这个世界的意义，不能随意用来描述另一个世界。

无可否认，一切伟大艺术都有这种魅力，它让人遥想进入天外的世界。在某些情况下，大自然也有同样的魅力。六月的蓝天不管多蓝，总会让人遥想一个更加蔚蓝的天空。美丽的落日不管多美，总会唤起一种更加绚丽的景象。这景象我们尚未看清即一闪而去，并在消逝中给人留下莫名的渴望与惋叹。但是，假如这个世界不仅仅是一场恶作剧，假如生命不仅仅是群星寒光中的平凡一闪，假如存在不仅仅是穿过神秘事物的一声空笑，假如对玄妙之物的种种感怀并非消化不良引起的难受情绪，也不是魔鬼为了作弄我们，使我们发狂而送来的怪念，一句话，假如美有某种意义，我们千万不要去阐明它的意义。如果我们窥见到不可言喻之物而定要言说，那是不明智的。我们无法理解的东西，切不可试图赋予它意义。以我们人类所谓的意义而言，美确实是没有意义的。]（杨思梁译）

美无法言说，艺术的品格更无法言说。古典音乐教人体会声音的微妙，文人画教人体会形象的微妙，诗词教人体会语言的微妙，这都不是言说的领域，但却给感官留下施为的余地。我们能感受那微茫至极的细线，靠拢它、逼近它，沉潜日久，竟会猛然发现，我们的感官发展了、进步了，一种神奇的力量给了它第二次赋形，我们称它为大耳闻、好眼力或直觉。可是，我们对艺术的反应，对艺术品的感受，除了这神奇的直觉外，它也深深植根于我们的整个文明，而我们的文明主要是语言造就的文明，就连我们欣赏艺术，也摆脱不开语言的指示。语言就像理解之眼［l'occhio dell'intelletto］，是引领我们熟悉、领会和热爱艺术的向导。前人评画，向有六法（《古画品录》）、五等（《历代名画记》）、逸神妙能四格（《益州名画录》），神妙能三品（《圣朝名画评》）诸名目，它们都是一些重要的词语路标。小孩子最初跟着大人趋赴雅集或走进博物馆看热闹，到后来能多少理解艺术、欣赏艺术，这些名目词语是不可或缺的。尽管它们简单，粗略，远不敷用，意义也闪铄，但艺术之妙，非言不津，津言之妙则全赖笔笔三过。艺术史的至深魅力与至难问题，即艺术史的精髓，也恰恰在于：如何创造性地运用语言，描述我们对艺术品本来就难以言喻的精雅感受。而语言之所以伟大，也正是由于它既让我们更大程度的给其贯注精义，同时又为我们立意主脑。

嘉道年间的画竹名家涂炳（1770—1824）尝仿诗品之例，著《竹谱二十四品》，述古作法，约为韵语。倘若此书犹在天壤，一定会丰富、擦亮我们裁鉴墨竹的眼光。中国艺术特尚品格，最重雅俗，所谓意远迹高，不知画者，难可与论也（《历代名画记》卷六）。我们虽很难用语言称述其美，但知其品第而至相与忘言，无疑是欣赏艺术的最重要一步。

俞兆晟《渔洋诗话序》记王士禛晚年居长安，位益尊，诗益老，每勤勤恳恳以教后学，时于酒酣烛炧，兴至神王，从容述说下边的话：

吾老矣，还念平生，论诗凡屡变；而交游中，亦如日之随影，忽不知其转移也。少年初筮仕时，惟务博综该洽，以求兼长。文章江左，烟月扬州，人海花场，比肩接迹。入吾室者，俱操唐音；韵胜于才，推为祭酒。然而空存昔梦，何堪涉想？

中岁越三唐而事两宋，良由物情厌故，笔意喜生，耳目为之顿新，心思于焉避熟。明知长庆以后已有滥觞，而淳熙以前俱奉为正的。当其燕市逢人，征途揖客，争相提倡，远近翕然宗之。

既而清利流为空疏，新灵寖以佶屈，顾瞻世道，惄然心忧。于是以大音希声，药淫哇锢习，《唐贤三昧》之选，所谓乃造平淡时也。然而境亦从兹老矣。

渔洋老人谈他学诗的过程，专言品味的发展。我们欣赏绘画大概也会历经类似的阶段。古人说：诗品通于画品。又说：观画如对佳人，风神骨相有在肌体之外者。因略举三诗，以形象美拟之，试释画品三调，以附戴鹿床所论：以天地间有形之物与无形之物，以转而貌画，绝非画也，而画之幻境，画之幻情，庶几于其品传之。

第一首乃西方最早文人史诗《埃涅阿斯纪》［*Aeneid*］（I.402）中的咏美神之歌：

Dixit et avertens rosea cervice refulsit,
Ambrosiaeque comae divinum vertice odorem
Spiravere; pedes vestis defluxit ad imos,
Et vera incessu patuit dea.

[她说完回身，粉红的美颈光艳照人，
秀发雾鬓散发出天国的芬芳；
衣裙闪闪，飘拂到脚边，
步生玉尘，确是真神下凡。]

句句工笔设色，辞彩丰蔚，露鬟碧重，星压红轻，宛如以芙蓉写春花在树，望之有千朵回思。虽介乎迹象，然典丽动人目睛，画中之能品。若以元人墨竹比论，王蒙《竹石图》(苏州博物馆藏)或降尊合之。《竹石图》疏竹洒落，坡石苍劲，意态优美。款题至正甲辰（1364）九月五日，并书近作四绝："太湖秋霁画图开，天尽烟帆片片来；见说西施归去后，捧心还上越王台。西施绝代不堪招，独倚危栏吹洞箫；七十二峰烟浪里，不知何处是夫椒。夫椒山与洞庭连，半没苍波半入烟；堪信鸥夷载西子，馆娃宫在五湖边。云拥空山万木秋，故宫何在水东流；高台不称西施意，却向烟波弄钓舟。"以《灵岩怀古诗》咏西施事题竹，似有言外意。

第二首见于拜伦[G. Byron]（1788—1824）《希伯来歌集》[*Hebrew Melodies*]（1815）：

She walks in beauty, like the night
Of cloudless climes and starry skies;
And all that's best of dark and bright
Meet in her aspect and her eyes:
Thus mellow'd to that tender light
Which heaven to gaudy day denies.
[她走在美的光影里，好像
无云的夜空，繁星熠熠；
明与暗交织的美妙神采

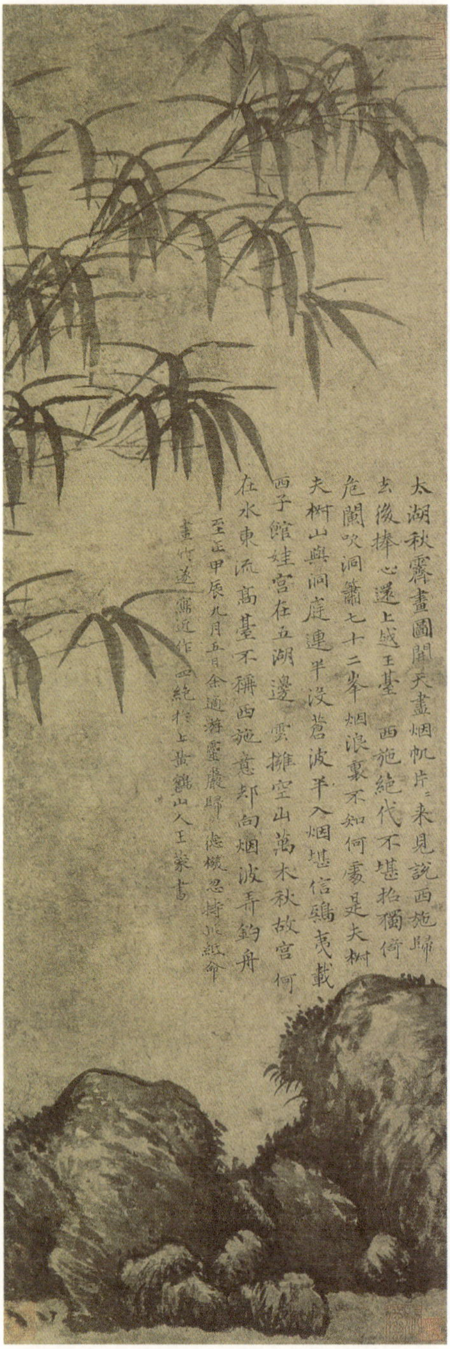

元王蒙《竹石图轴》
纸本墨笔，77.2cm×27cm
1364年，苏州博物馆藏

在她的身上和眼中相会，
融成一片柔雅的光
远胜过白天的艳丽。]

谋篇动思，以水墨造境；绡裳不华，幽况外颁，有天倪所动之意。一似明月楼台，枇杷花下，虽朝堂犹暗，亦灿灿如朝霞举，迷人心扉，堪入画中神品。朱彝尊《曝书亭集》卷五十四赞顾安（约1295—约1370）墨竹："对之若新雨乍洗，娟娟媚人。"北京故宫博物院藏其《风雨竹图卷》可当此品。图绘萧萧两竿，雨叶满枝，落墨润而不湿，又下笔有情，时摇空绿。同时人郑东尝题其墨竹曰："眼中得见珊瑚树，无乃佳人碧玉钗；酒醒同谁步清影，不胜白露满秋阶。"似为此写。画尾有顾安自跋："至正甲辰四月三日，连日雨初霁，天朗气清，从兄携杖登山望远，偶见一儒者油然而来，问之则曰刘性初也，自霅川持此卷远访，俾余写竹。已作风雨枝以赠。迫暑，余方醉眠，忽童子扣门，复求余作，适兴写之，颇有石室遗意，识者当发一笑也。"石室即文与可，时人称石室先生。

第三首为叶芝[W. B. Yeats]（1865—1939）的名篇，写迟暮之景，《当你老矣》[*When You Are Old*]（1892）：

When you are old and gray and full of sleep,
And nodding by the fire, take down this book,
And slowly read, and dream of the soft look
Your eyes had once, and of their shadows deep;

How many loved your moments of glad grace,
And loved your beauty with love false or true,

元顾安《风雨竹图卷》，纸本墨笔，25.1cm×183.3cm，1364年，北京故宫博物院藏

But one man loved the pilgrim soul in you,
And loved the sorrows of your changing face;

And bending down beside the glowing bars,
Murmur, a little sadly, how Love fled
And paced upon the mountains overhead
And hid his face amid a crowd of stars.
[当你老矣，头发已白，睡意迷蒙，
在炉前打盹，请取下这本书，
细细阅读，回想你当年的明眸，
那柔美的眼波与深邃的晕影。

多少人真心或假意地爱过你，
爱慕你优雅而迷人的青春；
但只有一人爱你的圣洁之心，
爱你脸上露出的苍凉衰痕。

在灼热的炉栅旁，你俯下身子，
喃喃自语，带着一丝哀伤，
爱已逃离，步上山顶，
在群星里深藏起面庞。]

诗以萧疏出尘之字，目送心艳，情寄幽微，洗练之明，纯是秋水神理，不容掇入春水，又终不可求之于秋色气象之间，可谓沉着至极，化为缥缈，如画中逸品，最为高韵。张雨《贞居先生诗集补遗》卷上题云林画“落花烟草苍茫外，只有青山识此心”，可以通邮类象。前述的那卷《竹枝图》，其右端虽题“老懒无悰，笔老手倦，画止乎此，倘不合意，千万勿罪”，却实为云林晚年合作。初见之，未觉其妙，再三研玩，方见其最神极彩在太素浑涵中，横空一竿，而有日往菲薇，月来扶疏之意。东坡所谓：气势峥嵘，文采绚烂，渐老渐熟，乃造平淡，实非平淡，绚烂之极也。盖事物之圣者往往如此。上海博物馆亦藏一卷《竹枝图》，构图相类，唯题语别写，文曰：“解后海虞姚冬吉，停云轩里语移时。眼看春雨春风霁，写遗湘江玉一枝。辛亥闰三月廿五日，写竹梢赠老吉征君，并发子贤高士一笑。”可两卷并观，高下自不待诠订。

艺术之美固不可言说，此专就画品立象取譬，极取其勾魂摄魄之意，但伟大的艺术品在人激动过后，总予人一种静气，它逼人静心而观，这种互契，些小迟然，却是最重大的关键。此时的言语，即使像华榱之丹臒，静姝之绮縠，也不过是虚设，是筌蹄。董其昌《书品》谈论历代书法：“晋人书取韵，唐人书取法，宋人书取意。”梁巘《评书帖》：“晋尚韵，唐尚法，宋尚意，元明尚态。”发挥一辞。其实，意即韵也，均是不可言传的静钟浮野水。若缘木求鱼必纰漏百端，若得鱼忘筌，则可越贯。只是，一种新创的表达方式，一旦从晦暗中脱颖而出，也会意外提醒我们迥异的认识，犹如南田画《灵岩山图卷》（故宫博物院藏），自落红亭以上，剪取芙蓉城一片，使全形毕具；又像须弥山七宝所成，上下四旁各见一种色，色色不同，而所见皆须弥。

不过，绘画也在观看我们。绘画不只是艺术家创造的一个静态世界，它也是文明的一种积极的力量，既塑造我们感官，又塑造我们心灵。故书画气韵之钟秀于人，正在它助人见实相，助人思无邪。换言之，它一方面助成视觉的精微，就像音乐推动听觉的精微化一样；另一方面，感官一旦焕然雅变，它就不只延伸、丰美我们的观看和谛听，它还识受相发，不期然而然，心灵划然跃入思无邪的境界，如老歌德所说，从狂放[wilden]跃入温雅

[milden]的境界。

元代的赏鉴家尝说：河水之精，上为天汉，昭回万物，禽云兴而英露集也。知缣缃之积，宝气旁达，候占者必于是乎得！庄子讲列子学习相面的故事，大概最能道出赏艺观画的真谛。

话说郑国有一个相面很灵验的人名叫季咸，能够占出人的生死、祸福，预言某年、某月、某日的吉凶，准确如神。郑国人看见他，都怕他指说不详，躲得远远的。列子见了却沉迷不舍，回来告诉壶子说："以前我以为先生的道行最为高深，现在才发现还有更高深的。"

壶子说："我教给你的只是名相，还未触及内在，你就以为得道了？雌鸟如果没有雄鸟，又怎么会生卵？你以道的外表去和世人周旋，让人家相信，结果叫人家窥测到你的心思。你把他带来，给我相一相。"

第二天，列子带季咸来给壶子看相。季咸看罢，出来对列子说："哎呀！你的老师快死了，活不过十天了！他形色怪异，面如死灰。"

列子进去，哭得泪落满襟，把季咸的话告诉壶子。壶子说："我刚才显示给他看的是'地文'，气息萌发，不动又不定，他看到的是我的闭塞生机之功。你再请他来看看。"

第二天，列子又带季咸来看壶子，季咸出来，对列子说："你的老师幸亏遇上了我！有救了，完全可以活过来！我看到他闭塞的生机开始活动了。"

列子进去，告诉壶子。壶子说："刚才我把'天壤'给他看，名实都不进入，一线生机从脚后跟升起。他看到的是我的启开生机之功。你再请他来看看。"

第二天，列子又带季咸来看壶子。季咸对列子说："你的老师精神恍惚，我无从给他看相。等他心神安宁的时候，我再给他看看。”

列子进去，告诉壶子。壶子说：“我刚才显示给他看的是没有征兆可见的太虚境界。他看到我的是气度持平之功。你知道吗，深渊有九种，有鲵鱼盘旋的深渊，有止水不动的深渊，有流水汩汩的深渊……我不过给他看了三种。你再请他来看看。”

第二天，列子又带了季咸来看壶子。季咸还没站定，就惊慌失色，赶紧逃窜。壶子说：“追上他！”

列子追赶不上。回来告诉壶子：“看不见他，跑掉了，我追不上。”

壶子说：“刚才我给他看的是万象俱空的境界，还未显示出我的根本大道。我和他相对，心如虚静，随顺应变，他捉摸不定，就像草遇风披靡，水随波逐流，所以他就逃走了。”

列子这才知道自己没有学到什么，返回家中，三年不出门，替他妻子烧饭，乖乖地喂猪，对事物保持着无偏私、弃浮华、归真朴的心境，在纷纭的世界中守虚静，思无邪，度过一生。

伟大的艺术也让人深不可测，难怪戴鹿床那样深邃的画家也以画为“最幻”。大艺术家的感觉总是这样，董其昌夜泊高邮，望隔堤大湖，月色微晦，以为地，至诘旦，才知为水。因自问：竺典化城，无乃是耶？

台北故宫博物院收藏的倪云林《修竹图》有题云：“以墨画竹，以言作赞；竹如泡影，赞如梦幻。”戊子夏六月初五小暑日双草庵主人援笔续曰：匪竹匪石，伊梅伊兰；赖此幻影，风雅时见；触之峥嵘，忆之缠绵；真幻交错，作如是观。

第五章　竹屋

急雨如注，檐窗震荡，枯坐小室，细改说竹，第就光电中磨洗剩言嫩句，每动一字，便有是恶当惊之感。自知羞愧心未泯，反意念闲静，忘却风云晦暗，只觉此际光阴可爱，如净玉明珠，晶艳生辉，光华圆润。

一

拉斯金[John Ruskin]（1819—1900）说："伟大民族以三部书合成其自传：记行之书、载言之书和造艺之书［Great nations write their autobiographies in three manuscripts, the book of their deeds, the book of their words and the book of their art］。"竹子的文化自传也以三种形式合成：造艺的墨竹之画、记行的环竹之屋和载言的咏竹之篇。按照阿诺德[Matthew Arnold]（1822—1888）的见解：文化是世上所知和所言的精华之物，是人类精神的历史[Culture, the acquainting ourselves with the best that been known and said in the world, and thus with the history of the human spirit]。这是一个优雅的定义。竹子的文化史也是中华的竹精神，是人类的精华之物。在合成竹子的传记上，苏东坡频频做出贡献，尤其受他的诗句"不可居无竹""无竹令人俗"的激荡，竹林成了君子之林，竹屋成了精神之家：山之巅，水之滨，竹之精神，转旋其中，虹贯其上。

根据文献，文人的竹林之屋早在苏东坡之前已然出现，它有时是简单的竹舍，有时与园林融成一片，唐人李群玉诗"长爱沙洲水竹居"，杜子美诗"懒性从来水竹居"，皆写其为人亲近之意。到了元代，它在江南一带蔚然成风，倪云林为曹谨绘《水竹居图卷》，作两树夹坡，平屋二间，远方低峦，近处细竹，笔意萧散，跋曰："题燕适之所曰水竹居，吴人多用之，类皆凿池种竹，以夸

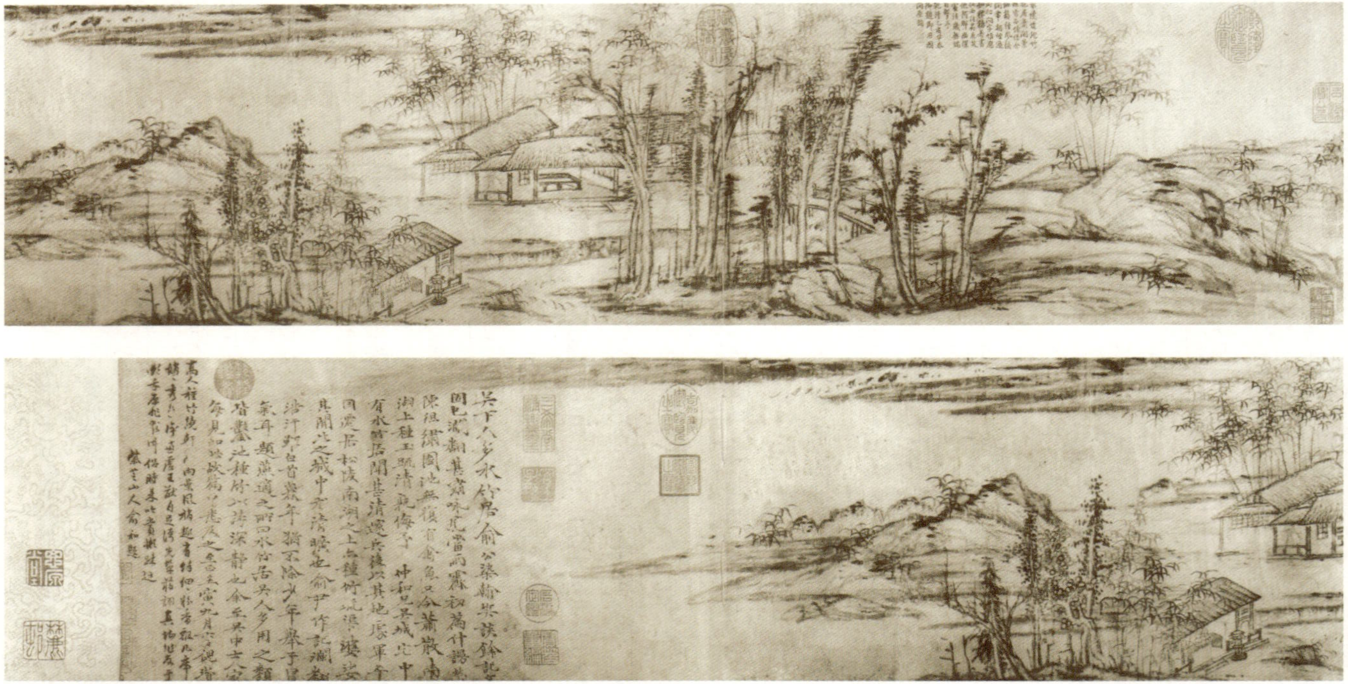

元倪瓒《水竹居图卷》，纸本水墨，23.3cm×141cm，1362年，台北故宫博物院藏

深静爽朗也。”但是，由于苏东坡倡导的竹间风雅，由于他以江湖流览之情寄托忧谗畏讥之思的风人之意，无形中为竹林之屋增益了静思的哲理。而《庄子》更为静思提供原典，尽管它们讲得有些玄渺、模糊，又充满譬喻，要靠我们不断思索不断研磨才能领会。在《天运篇》，庄子谈到蘧庐，他说：

仁义，先王之蘧庐也，止可以一宿而不可久处，觏而多责。古之至人，假道于仁，托宿于义，以游逍遥之墟，食于苟简之田，立于不贷之圃。逍遥，无为也；苟简，易养也；不贷，无出也。古者谓是采真之游。

[仁义是先王的旅舍，只可以停留一宿而不可以久居，形迹昭彰便多责难。古时的至人，假道于仁，托足于义，以悠游于逍遥之境，生活在简略的田地，立身于不施与的园圃。这样才能逍遥无为；简略，就容易满足；不施与，就不耗费。从前称这为“采真之游”。]

探求内心真纯的采真之游，成了一些文人高士的理想之游，也给风尘的旅人一种超然的庄严。遵循庄子的指点，他们把房屋看作蘧庐，即旅舍，是身体躲避风雨的暂住之所，而不是恒定永久的广厦美屋。《姑苏名贤小记》卷上记录长洲、吴县的一些卓绝人物，也稍带写到他们的居室：

邢蠢斋先生量，字用理。居葑城之东，陋室三间，青苔满壁，折铛败席，淡如也。平生不娶。长日或不举火，闭户读书；惟啖饼饵一二而已。佥宪陈公直道（陈祚，字永锡）致政归，严峻不交一客，惟挟册就先生质疑，清谈竟日，不设汤茗。吴文定公（吴宽，字原博）归自少宰，过访叩其门。先生曰：“吾方执爨，未有五尺应公，奈何？”吴公乃假邻家胡床，坐门外良久，俟其终食，乃进。先生清瘦如削，自经史释老方技，无不兼通。诗甚秀逸，郡守或请其诗。公曰：“古有采诗，无献诗，吾岂以为羔雉哉？”因削其草。门人朱存理仅收其遗数篇。

邢参字丽文，或云用理先生之族孙也。为人沉静有酝藉，固而不陋。嘉遁城市，贫无恒业，惟教授乡里，以著述自娱，无所干请。尝遇大雪，诸君往视之，则屋三角已垫，方携书坐其一角不渗者。相见，但诵所得佳句，绝无惨凛色也。

文震孟（1574—1636）写下这些文字后，深深感慨道：“如邢先生清贞介特，流风穆如，彼其人岂以交陈佥事、吴少宰诸公为重耶？夫佥事、少宰得交邢先生乃重也。‘空谷’‘考槃’，此为称矣。”邢氏的清贫不只引起昔日达官贵人的尊敬，我们这些世俗的现代人也不禁叩词赞美。将近三百年后，虚云（1842—1959）述及他的寄身之屋时写道：

十月，上终南山结茅，觅得嘉五台后狮子岩，地幽僻，为杜外扰计，改号“虚云”自此始。山乏水，饮积雪，充饥恃自种野菜。

冬至……上山至新茅篷，下石壁悬崖间，堕雪窟中，大号。近棚一全上人来，救予出；衣内外皆湿，且将入夜，念明日雪当封山没径，乘夜拨雪归。诣青师处，见予狼狈，嗤为不济事。笑颔之，乃返棚，度岁。

岁行尽矣，万山积雪，严寒彻骨，予独居茅篷中，身心清净。一日，煮芋釜中，跏趺待熟，不觉定去。

去岁暮，入定不知时日。山中邻棚复成师等，讶予久不至，来茅篷贺年，见篷外虎迹遍满，无人足迹。入视，见予在定中，乃以磬开静。问曰：“已食否？”曰：“未，芋在釜，度已熟矣！”

发视之，已霉高寸许，坚冰如石。复成讶曰：“你一定，已半月矣。”

这是1900年前后的事，初读一过，但觉神动魄摇，如电击身，哑然良久。很难想象这是二十世纪初的人欣然选择的居所。在中国古代文明，赞赏清贫而不是财富，恐怕不能一概以矫情镇物，故意强调自己的清介而论。孙奇逢（1585—1675）答友人说：“来教以贫为苦，古来圣贤一流人，皆从此一字磨炼而出。”我们读虚云的事迹，常常不由自主为他的清贫格调吸引，这其中定有深意。要领略其中的一二，也许不能不再回到庄子的教导。庄子讲过一段故事，塑造一位居于蘧庐的高士形象：

原宪在鲁国住的是方丈小室，茅草盖顶，编蓬为门，残破不堪，用桑条做门枢，用破瓮做窗户，门隔二室，用粗布衣塞着窗子；屋顶漏雨，地下潮湿，但他却端坐弹琴唱歌。

子贡乘着大马车去看原宪，轩盖白素，内里紫红。大车进不了小巷，只好步行。原宪戴着华树皮帽，穿着无跟草鞋，拄着藜杖迎了出来。

子贡说：“唉！先生有什么病困吗？”

原宪答道：“我听说，无钱叫作贫穷，有学问而不能实践叫作病困。我现在是贫穷，不是病困。”子贡进退不安，面有愧色。

原宪笑着说：“要是羡慕世俗而行，结党为友，所学为了炫耀于人，所教为了显露自己，心怀仁义的邪恶，注重车马的华饰，这是我所不愿去做的。”

原宪的形象为虚云这些大师树立了榜样，回答了他们何以选择蘧庐的原因，也许他们并非甘于贫困，而是精神的要求太深，太奢华，太高贵，才如此而为。

曾居高位的董其昌，有畴亩错列，堂宇华楚，他的《画禅室随笔》议论风生，可也不得不记：东坡守汝阴，作择胜亭，以帷幕为之，为世所未见。又记：

东坡在海外，所至不容。僦僧寮以居，而与子过自缚屋三间，仅庇眠食。尝行吟草田间，有老妪向之曰：内翰一场富贵，却都消也。东坡然其言。海外归，至阳羡买宅，又以还券不果，盖终其世无一椽。视今之士大夫，何如邪？《乐志论》固隐沦语，然开口便云良田广宅，去东坡远矣。

像原宪那样的陋室，后人称为哲人之室，大概最接近原初的天地风光：环堵之庐，茨以生草，以竹为柱，以瓮为牖，纯然一个野生之物捆扎搭成的茅屋，好像随时都会松开绑缚回到本来的荒原之中；这就是竹林之屋的早期原型。后来的文人不论怎样改进，怎样更新，都绝不铺设美器，布施文采，华饰容貌来谄媚人世。竹屋见证了人们对装饰的弃绝，它唤起人们对建筑的崭新感觉，一种动人性灵的装饰如天心华月，散彩于白墙、竹椽和秋灯春雪的荒屋：

城之南墅，吾庐居焉，径寂而宜禅也。百堞萦左，群木萝户，暎以环溪，错以修竹；广畴迷望，云物旷然，累累古丘，平出若髻。

于是编竹为椽，诛茆当瓦，一龛依于松柏，灯火挂于蓬萝，虽震风凌雨，未受夏屋之帡幪，而夕秀朝云，已占萧斋之景色。

古之至人，以三光为户牖，故不碍桑枢，四时为庭除，故不卑茨艸，但取造化之有，生成自然。若罄人工之能，补苴特甚，所以虚能生白，无有室用。（张鼐《盖茅处记》）

各地的竹屋，就是杭州竹阁、扬州个园、上海古漪园竹枝山、苏州狮子林修竹阁，当日的风情，也是极力表现空寂的形象，让大自然把它们的美映现出来。涂垩刷白，正为其生机劳作。罗孚尹粉饰白墙，即告人如此："庭壁加垩，非饰观也，以妥此君（即修竹）之影也。"唐人张鷟《朝野佥载》卷三记载的宗楚客新宅，"文柏为梁，沉香和红粉以泥壁，开门则香气蓬勃，磨文石为阶砌及地"，但却少了一檐晴日，三径竹风，十瓢西泠水，纵有宫悬九奏，还不如半室虚闲。

司马光熙宁四年（1071）居家洛阳，六年买田为独乐园，造读书堂，聚书五千卷。堂北有沼，中央有岛：

岛上植竹，圆若玉玦，围三丈，揽结其杪，如渔人之庐，命之曰"钓鱼庵"。沼北横屋六楹，厚其牖茨，以御烈日。开户东出，南北列轩牖，以延凉飔。前后多植美竹，为消暑之所，会之曰"种竹斋"。沼东治地为百有二十畦，杂莳草药，辨其名物而揭之。畦北植竹，方若棋局，径一丈，曲其杪，交相掩以为屋。植竹于其前，夹道如步廊，皆以蔓药覆之。

他平日多处堂中读书，志倦则坐竹屋中，逍遥相羊，数竿之间，唯意所适。虽若夫鷦鹩巢林，不过一枝，鼹鼠饮河，不过满腹，却不知天壤间复有何乐可代。此皆竹意之作美也。

苏东坡尝写《司马君实独乐园》五言诗寄题。《王直方诗话》评曰："只从头四句，便已都说尽，云：'青山在屋上，流水在屋下。中有五亩园，花竹秀而野。'此便可以图画。"四句写出独乐园的落然成文彩，自然钟野姿。明人颇爱重《独乐园记》，文徵明用行草书之，唐伯虎亦作《独乐园》大轴画，仇英的四大幅名作，一画《西园雅集》，一画《清夜游西园》，一画《金谷园》，一画《独

明仇珠《独乐园图卷》（局部），绢本设色，27.5cm×442cm，年代不详，私人收藏

乐园》。《妮古录》说，《独乐园》恢张李龙眠之稿，一丈有余，人物位置古伟。其名声也最巨。惜与《金谷园》同列，风尚杂城郭，未能尽改野素（费密《姑苏洞庭山》）。后来的康熙《读苏子瞻题司马君实独乐园诗即用原韵》，也失其“野兴林间竹，乡心楚上薇”（何景明《秋夕同萧执夫舍侄士饮》）。

苏舜钦（1008—1048）构建沧浪亭，前竹后水，水之阳又竹，无穷极，澄川翠竿，光影会合于轩户之间，尤与风月相宜；竹轩则对之如酌绿酒，听之如鸣丝桐，挥写诗篇有韵相和；极取其野艳轻明，非用傅粉，秋光清浅，不凭他材，与竹摩荡之趣。

杨循吉（1458—1546）《苏谈》记中峰明本（1263—1323）筑屋，冯海粟炼泥，赵孟頫搬运，中峰涂壁。小屋粗陋不堪，却是墙上竹影、墙外白云的银亮世界，又非凡、又超绝，是建筑的无上逸品。而极尽雕镂，花团锦簇，只成了无品位人的兴趣。歌德说：

> 舒适美观的陈设，空乏我的心灵。屋宇绮丽，器具华美，只合给那些没有思想或不想运思的人享用。[Ausgenommen, daß man von Jugend auf daran gewöhnt sei.]（*Goethes Gespräche mit Eckermann*, Freitag, den 25. März 1831）

在西方，就是华丽壮观的佛罗伦萨，动人心魂的也是圣劳伦佐教堂[San Lorenzo]和它周边费耶索莱修道院[Badia Fiesolana]的高贵而又质朴的粗糙土泥立面。说来奇怪，有鉴赏力的人偏偏这样品评，过度的装饰还不如凝尘满案，四壁寂然，让风雨剥蚀出的潇潇野趣更动人心。《徒然草》记述过一座草荒屋低的住所，那里寄居着一位高贵的女子：

傍晚，朦胧月出之际，有位贵族男子来访，犬见来客叫了起来。侍女走出问道："何方尊客？"寒暄之后，静静引入庭内。客人看到四周一片荒败，不禁想到，这样的地方如何度日，心中忽感凄然。

在粗陋的地板上，客人站了一会儿，才传来一声娴静稚气的动人之音："请入。"于是，从推拉费力的引门进了室内。

室内的景象迥然不同，气氛优雅，情趣悠长：深处的灯火微明，四周的物件闪闪有光，摆设得有味得体。熏香显然不是匆匆特意点燃，气息十分怡人。

…………

客人乃为女主人倾心叙述近日诸事，不知不觉夜色已残，白光从门缝滑进，才不得不结束谈话，与女主人告别。走到屋外，树梢庭草上荡漾着清新爽人的曙光，初夏破晓景色，美而有趣。夜间之事，车中思之，甚堪留念，行行渐远，犹回望不止。

他从那一位置看到的荒屋，几乎就是一首诗："遥知静者望声色，满屋清风未觉贫。"（倪云林）这就是女主人的格调。即使孤零零的一座竹间小屋，那些具有诗歌天赋的人也会把它表达为艺术，发展出令人意外的美，让小屋在空廓中洋溢神韵。那也是庄子推崇的美，是虚渺、静寞、无为之心映照的美：

夫虚静恬淡寂漠无为者，天地之平而道德之至，故帝王圣人休焉。［虚静、恬淡、寂寞、无为，是天地的准绳和道德的极致。所以帝王圣人都休止在平静的境地。］

在现世中，要得此境地，竹林提供了绝好绝妙的气氛。宋人叶梦得（1077—1148）《避暑录话》说："山林园圃，但多种竹，不问其他景物，望之使人意潇然。”难怪古人要借竹林去散怀启悟。钟惺（1574—1624）与谭元春（1586—1637）在一次唱和中，把他们思考庄子哲学的虚静心灵，与竹影月光的风神空明，交织一起，发为高咏。钟惺说：“凉月白夏夜，意本贵孤疏。何为竹影之，反益其灵虚。”谭元春一连气和了三首答道：

子有山间竹，明月来影之。
我竹在河上，清影亦如斯。
高深同一致，不同者参差。

谓月高于竹，竹不在月外。
谓竹密于月，月已入竹内。
月不自疏密，竹不自明昧。

幽魄衔秀姿，纷纭白其所。
竹既善为取，月亦善为与。
取与无间然，寒光相尔汝。

诗中写明月之光和心灵之光的辉映，写月与竹的取与无间，写月色清影，如斯长在，霎然一种神秘之感，忽撩心头：

La luna densa
ogni densa e grave
come sta la luna
[月光华密，
华密之物沉厚，
则月色何由？]

这样，竹林小屋就不只是静美，它还有静思，像拉斯金说的那样，它还影响人们的思想[All architecture proposes an effect on the human mind]。生活林间的高士，以一畴竹绿，涤荡心胸，在静思中让想象奔驰，让它们飞翔在高处，从四面八方谛视人生，去寻求真义："庄生作意轻死生，反以死生为大事"（张岱《偶题竹林七贤图》），超尘的庄子引发这静思，而静思又像一首首幽深的诗：

A poem should be wordless
As the flight of birds.

Leaving, as the moon releases
Twig by twig the night-entangled trees
（A. Macleish, *Ars poetica*）

[不着一字，
像鸟飞出。

像月亮一枝枝解开
缠绕着夜色的树。]

刘大櫆（1698—1779）一生以授徒为业，尝谓志乎古而不宜于时，"凡世所谓巧取而捷得者，余皆不知其经术，以故与缙绅之士相背而趋"。因名其室曰"无斋"：

仆有先人之旧庐，编茅为户，屈竹为篱，门俯长河，与岷江通流。轻舟独往，揭竿而渔，得鱼沽酒，时与牧童樵叟连行共醉。山南水北，薄田数亩，深耕熟耨，足以备饔饩。藏书三千卷，朝吟夕讽，声中宫商，发为文章，传之千万世而不可澌灭。名，虚器也，吾取其身后；利，秽浊也，吾不以置于灵台。何贵何贱？安居而游衍；何多何少？饱食而委蛇；孰短孰长？吾不知天地之大、一室之小，而披褐以歌咏乎先王。生于是乎遨，死于是乎葬，其生不愧，其死不亡。(《答周君书》)

陆心源（1834—1894）在高廉道署的任上，匾以“松竹堂”颜其居，并撰小记，以道心事：“予宦学多年，危机屡蹈，尝恐易其节，丧其直，负愧于松与竹，而无以自进于君子之林。”这就是他们不断思索、想象、自警或自忏的一些内容。但即使是高深的哲人，静思中也带有纤细的哀愁：“清清兮岁寒之心，温温兮琅琳之音；君子居之兮，实获我心；正俟命兮，履薄临深；君子处兮，慨古伤今。”（方孝孺《友筠轩赋》）

二

康熙八年（1669），朱彝尊（1629—1709）倦游而返，独坐竹林。心绪缕缕，情不可已，乃点检箧笥：检之得者，莞蒻犹在；检之不得者，文瓦已空；痛到深处，则如竹泪之堕，浪浪不可制止。因赋《风怀诗二百韵》，不尽风微人往之感。

朱彝尊，字锡鬯，号竹垞，又号小长芦钓鱼师、金风亭长，浙江秀水人，一位清初极负时誉的文豪、浙西词派的开创者，祖上几代都很显贵，曾祖朱国祚为明朝重臣，祖父朱大竞是明朝官宦，大伯父朱茂晖系复社领袖，父亲朱茂曙虽未仕，也有“安度先生”的敬称，并有《春草堂遗稿》。这样亮烈家庭的人，自然铮铮有声，这给朱彝尊早期的诗歌注入深度和魄力。他写郡城嘉兴兵燹后的惨况：“我欲悲歌，谁当和者；四顾无人，茕茕旷野。”情词哀乱，意调苍凉。一些怀古凭吊之诗，写桃叶渡口，迷水归鸦，胭脂井畔，斜阳半挂，处处是地阔天长、不知归路的悲怀。康熙五年，他过太原东郊拜访顾炎武，顾氏立刻引为同调，赠诗曰：

词赋雕镌老，河山骋望频。
末流弥宇宙，大雅接斯人。
世业推王谢，儒言纂孟荀。
书能搜五季，字必准先秦。
揽辔长城下，回车晋水滨。
秋风吹雁鹜，夜月卧麒麟。
玉碗人间有，珠襦地上新。
吞声同太息，吮笔一酸辛。
与尔皆椎结，于今且钓缗。
羁心萦故迹，殊域送良辰。
草没青骢晚，霜浮白堕春。
自来贤达士，往往在风尘。

朱彝尊剑饮驴游，关河转徙，五十岁参加清廷博学鸿词试之前，长期瓢囊天涯，结隐挫名。在西风北雪的流宕中，竹子成了他精神生活的一部分：

予性癖好竹，甲申后，避兵田舍，凡十余徙，必择有竹之地以居。其后客游大同，边障苦寒，乃艺苇以代竹。既而留山东，见冶源修竹数百万，独喜不忍去。

康熙八年，他回到家乡，即把住所安置在丛竹，号曰“竹垞”，又填《百字令》一阕，索曹次岳画图，请孙退谷（1592—1676）

题额，汪舟次（1626—1689）书楹帖。曹次岳名岳号秋崖，画学董源和董其昌，山水清绝，有雁破一水秋烟的格致，王士禛也屡屡称美。所画《竹垞图》乃精心之作，想极力营造出朱彝尊所神往的境界：

竹静观书，林幽听水，兰修映日，室曲当风。

乾隆间，杨谦木山阁刊行《曝书亭集诗注》，于《风怀诗》考证尤详，几欲显其姓氏，既而复自裁节。其对《竹垞图》亦极为留意，述其品质曰：萧疏冷远，颇有幽致。并说：“今藏余兄汉筹水北楼。”后来，阮元（1764—1849）督学浙中，赏观此图，亟嘱周瓒（？—1825）、方薰重摹装卷，并追和《百字令》二首纪之，别系以诗，一时赓和者三十余人。可惜这些画图不知流落何许。道光间冯登隽有摹本，亦不知所踪。还有蓝谢青遵朱彝尊嘱所绘的那卷立轴，据《云自在龛随笔》云，光绪甲辰，与秋崖所绘的长卷同归华阳王秉恩（1845—1928），距今仅百年，也相见无由。好在还有大量题咏传世，带给我们一些人语竹垞里的消息。

族弟朱緗（1670—1707）专为“竹垞”赋诗云：“诗人善经营，生涯万竿竹。青篛遮为墙，绣皮苫作屋。”郭征也咏道：“宅西南北竹纵横，露却东偏放月生；就里樊篱分雅俗，半霄净绿拓诗城。”嘉庆三年（1798）七录书阁刊印的五卷本《竹垞小志》，详尽记载了那些斯人竹下的风概。

朱彝尊的好友魏禧（1624—1680），字叔子，与他情志相合，也是一位寄情于竹的高士，明亡后随父隐居宁都县西北的翠微峰，作了遗民。他在居室“易堂”周围种满碧竹。戴苍为朱彝尊画好《烟雨归耕图》后也为他画了《看竹图》。朱彝尊记易堂曰：叔子过予，言金精之峰十有二，其一曰翠微，易堂在其上。梧桐、桃李、橘柚皆植，独竹不生。种之，自叔子始。近乃连冈上下，无非竹者：

盖予两人嗜好适同也。珍木之产，由两叶至寻尺，岁久而林始成。又或萎于霜，或厄于闰。若夫竹，苟护其本，则末乃直上，匪特有君子之守而已。其勃然兴起，突怒无畏，类夫豪杰之士，拔泥涂而立加万夫之上。

这些文字写于康熙十年，其时明朝亡国已二十七年，清景当中，仍见天地秋色。

当朱彝尊在秀水营造竹垞，洞庭东山也耸起一座竹楼，人称之湘云小阁。湘云阁，傍山临水，借景辽阔。从阁中凭窗而望，连峰崔崔，湖光微微；山川云物之奇，林木花竹之密，聚落烟火之盛，一览而尽入胸襟。但阁主人却取李太白乐府辞意："帝子泣兮绿云间，随风波兮去无还，恸哭兮远望，见苍梧之深山。"因以湘竹营造。湘竹，多产于湖南和广西，因竹身有斑，又叫斑竹，另有一名，尤艳称，张华（232—300）《博物志》有记：虞舜南巡，至苍梧而崩，二妃留湘江之浦，思慕悲哀，洒泪着竹，竹为之斑，妃死为湘水之神，故曰湘妃竹。诗人多咏之，刘禹锡（772—842）《潇湘神》一阕："斑竹枝，斑竹枝。泪痕点点寄相思。楚客欲听瑶瑟怨，潇湘深夜月明时。"

归庄（1613—1673）应邀为湘云阁作记，自然想起那些故事，落笔裔裔，满纸烟云，情景提按间，转出感慨。他说：阁主人身居吴会，去苍梧八千里，岩峦满目，今古含情，事虽迁于岁月，而理不昧于坚贞；九嶷云气，虽瞻眺不得见，思慕之心却萦萦不去，故取湘竹以寄遐思。遣词有些冥迷，然细读之下，仍觉秋声渐起之音，遥遥接续着李商隐《潭州》诗的音律：

明文徵明《湘君湘夫人图轴》（局部），纸本设色
100.8cm×35.6cm，1517年，北京故宫博物院藏

潭州官舍暮楼空，今古无端入望中。
湘泪浅深滋竹色，楚歌重叠怨兰丛。

李商隐薄暮登楼，吊古伤时，申怀感遇，借湘竹以悼念故君唐武宗；湘云阁主人则以湘竹写隐避之言，述婉曲之志，寓旧宫铜驼禾黍之思。

古代诗文咏湘竹，常以香凝意黯的色调传述古典涵义，元人程钜夫（1249—1318）说："若湘江公安之竹，则又出于思君去国，贞节相符，劲心同感者。"且不仅湘竹，就连潇湘一词也常有如此情味。由此，湘云阁主人的寄托也融合了《潇湘水云》的主题。《潇湘水云》是南宋末年郭楚望（约1190—约1260）的一阕琴曲，像《平沙落雁》一样，在中国古代音乐中最流美也最动情，它哀而不怨，仿佛一片秋烟，洒向湘弦，萧寂徜恍间，忽来水云捶琴，皋羽碎竹之音，远处又水天连为净净一色。

十一世纪末叶，北宋的户部官员宋迪（约1015—1080）大概受了黄筌或李成的启发，画了一组山水画，沈括推挹击节，把它记入《梦溪笔谈》：

度支员外郎宋迪工画，尤善为平远山水，其得意者有：
平沙雁落　远浦帆归
山市晴岚　江天暮雪
洞庭秋月　潇湘夜雨
烟寺晚钟　渔村落照
谓之八景，好事者多传之。

这就是最早的《潇湘八景》，它的蓼风一来、淡入远天的画意，只听听名称，即让人着迷，南宋诸人如王洪、阎次于、马远、牧谿皆有继作。牧谿的作品于南宋末年流入日本，到了室町时代，第三代将军足利义满（1358—1408）更是倾心呵护，不离左右，出家后还收藏在别墅北山山庄（后名鹿苑寺）。那时，担任幕府艺术监督的阿弥众们，有叫能阿弥（1397—1471）与相阿弥（？—1525）的祖孙二人，他们编写宋元绘画的品评目录《御饰记》（即《君台观左右帐记》），在牧谿名下，特别标明“上上”二字。《潇湘八景》也成为室町时代天下首屈一指的宝物。

牧谿的《潇湘八景》分为大小两套，大轴原为长卷，被足利义满分装后，传到二十世纪已失三段，1945 年“江天暮雪”又毁，现只剩一半，分别是：“远浦归帆”（京都国立博物馆藏）、“渔村夕照”（东京根津美术馆藏）、“平沙落雁”（东京出光美术馆藏）和“烟寺晚钟”（东京富士纪念馆藏）。小轴所存更少，只有三幅：“烟寺晚钟”“洞庭秋月”和“潇湘夜雨”。幸亏江户时代第八代将军德川吉宗（1684—1751）的统划，狩野荣川（1730—1790）根据原作和其他摹本临摹了一套，我们还能一窥它的整体风貌。

牧谿的画卷以水墨一色，画潇湘一带的湿润之气和虚明之光，又带有枯淡山野的情味，它穿过历史，深深震撼了崇尚“幽玄”与“物之哀”的日本人心：茶道创始者村田珠光（1423—1502）《致古市播磨法师一纸》倡导的冷枯之味与其合拍；能乐大师世阿弥（1363—1443）“花论”的名言“隐藏着的才是真正的花”，与其云烟含蓄的品格一致；著名的滋贺县近江八景（比良暮雪、唐崎夜雨、栗津青岚、矢桥归帆、三井晚钟、坚田落雁、濑田夕照、石山秋月）和彦根城的玄宫园，其立意与设计也直接从中取象求则；它影响了日本狩野派、浮世绘等一批名家，更是常论。它引导了日本的美。

然而现代学者也有人强调说，宋迪《潇湘八景》在当时能得到士大夫的盛赞，是由于它是无声诗，发扬了诗可以怨的传统。牧谿是否秉有此意，不得而知。但我们不妨大胆猜想：山水画还有种特殊功能，即使楚臣去境、汉女辞宫、散发海隅、解佩西京，也可以借清寂飘忽的山水，寓意抒怨，令穷贱易安，幽居靡闷；山水画的旨趣，不必单纯是河边新柳，山下春烟。后来，潇湘八景虽陈为套语，却依然闪动着湘竹湘云的流影，它也化育了琴曲《潇湘水云》。

清初女诗人倪仁吉（1607—1685）尝手植丛竹，暇时尽日盘游其中。《山居杂咏自序》说："于时残雪凝峦，梅馨初逗，竹声戛玉，涧溜鸣琴，野况撩人，清思可掬，余亦作天际真人想。"又有《宫意图诗》写听琴云："调入苍梧斑竹枝，潇湘渺渺水云思；听来记得华清夜，疏雨银缸独坐时。"融合了苍梧斑竹和潇湘水云的意象，曾为王士禛等人拔赏，或有深意。

三

借竹子寄兴缘情，连同《楚辞》以香草美人寓高亢修美，构成古典艺术的隐喻双璧。自从屈原写出"扈江离与辟芷兮，纫秋兰以为佩"的优美形象，兰花香草从来都是情志的象征，它成为中国文学的一种传统，也为音乐和绘画所用。

兰花，生于幽谷，长于危岩，静秀绰约，玉明冰洁，高贵到了"着意闻时不肯香，香在无心处"（曹组《卜算子》）的境界，因称国香，宋末词人张炎（1248—1320）写道："兰曰国香，为哲人出，不以色香自眩，乃得天之清者也。"兰也称君子，与竹同名，古人说："兰，君子也，韵而幽，纤而淡。"赵子固摹兰花之神，其娟娟烟痕，晶晶旭影，于光风乍转中显出姿致：

彤彤绮陌花照尘，王者香传第一枝。

王梦楼（1730—1802）写兰花之美：“风边折叶自妖娆，露下一花犹静穆。” 凌纸光艳，脱笔香动。

古人赏兰，其来久远，《易》传如兰，《风》赋秉兰芄兰，《春秋》之君梦兰而生，《孔子家语》称与善人居如入芝兰之室；其他如楚灵均有滋兰之词，韩公子著浴兰之事，皆先秦而上。但到了宋代，才臻于高峰。循着孔子多识鸟兽草木之名的教导，考证著作纷纷出现。生活在那种气氛中，博物学者赵时庚（活动于嘉定间）和王贵学（活动于淳祐间）先后撰写了《金漳兰谱》（1233）和《王氏兰谱》（1247），前者品第容质，风华掩映，直是写生妙手，后者述列奇品，花片澄澈，尤为可贵。张淏《云谷杂记》专论兰蕙异同，研综究绪，清芬可诵。吴仁杰著《离骚草木疏》（1197），朱熹著《楚辞辩证》（1199），也作古兰（即佩兰，菊科，学名 *Eupatorium fortunei Turcz.*）今兰（即墨兰，兰科，学名 *Cymbidium ensifolium Sw.*）之辨，指事切情，释兰殊精。它们都成了李时珍（1518—1593）《本草纲目》的有益前导。这些著述中，黄山谷《书幽芳亭记》是最令人称美、屡屡援引的篇章。冒辟疆《兰言小录》写道：

黄山谷云：一干一花而香有余者兰，一干数花而香不足者蕙。又以一干一花，开正月者为兰，香清而雅。一干五七花，三四月开者为蕙，香浓而浊。又有叶阔如建兰者，一干六七花发于秋间，故知建兰亦蕙也。山谷以兰似君子，蕙似士大夫。又山谷居保安僧舍，开西牖以养蕙，东牖以养兰。《建兰谱》称建品之奇者曰白鱼魫，或名玉干，或名玉魫，是花也妙香殊胜，一可当百。他种皆叶罩花，而此独花架叶，如山谷所云，香浓而浊之蕙，岂得与之品齐？又闻建兰之种，未易名状，纫探之愿，当结来生。

明项圣谟《楚泽流芳图卷》（局部），纸本墨笔，46.2 cm×1232cm，1627年，北京故宫博物院藏

冒氏生性爱兰，《小录》中叙兰事如数家珍。连他的悼亡之作也述及艺兰，虽片言只字，亦娓娓令人追睎不已：

闺中蓄春兰九节及建兰，自春徂秋，皆有三湘七泽之韵，沐浴小宛手，尤增芳香。《艺兰十二月歌》皆以碧笺手录粘壁。

某年春日，冒氏手写兰言数则送与好友戴洵，戴氏在书后跋云：

家中莳兰数盆，每花放时错列几案间，芳香沁骨。余尝谓对兰花如见绝代佳人，映帘模晋唐小楷，或诵唐人花间小词，但觉可敬可爱，不复生狎昵想。

苏东坡也说，兰如美人，对之如灵均，冠佩不敢亵也。这些都是深爱兰者的心声。咏兰的诗句，除了《楚辞》，最感人之思的是《乐府诗集》卷五十八的《猗兰操》琴曲，它的小序说：孔子自卫返鲁，隐谷之中，见香兰独茂，喟然叹曰："兰当为王者香，今乃独茂，与众草为伍。"乃止车援琴鼓之，自伤不逢时，寄言于兰。由于《猗兰操》托为孔子所作，引得后人纷纷填词缘曲。唐代诗人韩愈（768—824）的和作，下笔以叠字开篇："兰之猗猗，扬扬其香。不采而佩，于兰何伤。"用"猗猗"写兰的姿态之美，与张衡（78—139）《怨诗》的起句相类，与古人写竹的遣词相同，"猗兰"即猗猗香兰。后来又用于莲荷（皇甫湜《吉州刺史厅壁记》："瑞莲猗猗"），用于美人（石崇《楚妃叹》："猗猗樊姬"）。

《至正直记》载种兰古语云："有竹方陪兰。"盖古人艺兰常置疏竹林中，以顺其喜晴不欲经烈日，喜阴不欲多灌水的特性。韩愈的诗"树兰盈九畹，栽竹逾万个"，把《离骚》"既滋兰之九

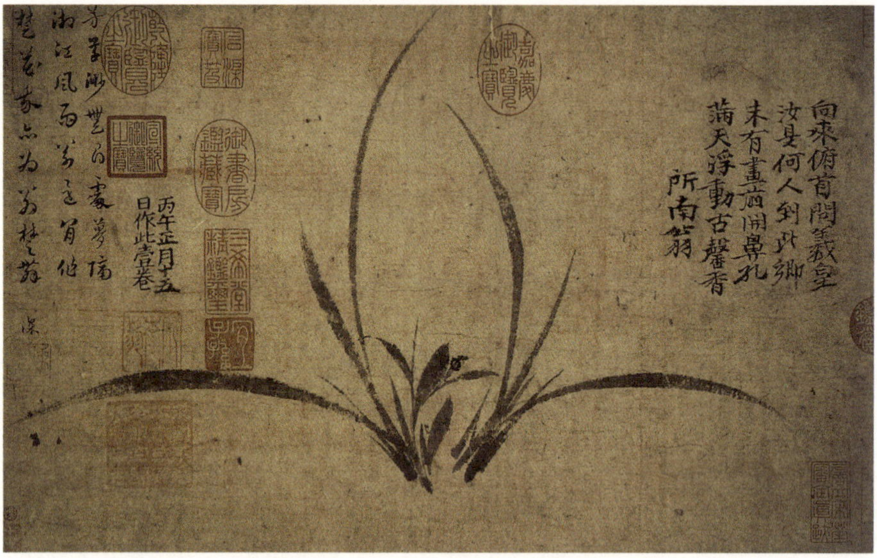

南宋郑思肖《墨兰图卷》，纸本墨笔

25.7cm×42.4cm，1306年，日本大阪市立美术馆藏畹兮，又树蕙之百亩”写为兰竹连咏，也含有艺兰植竹，同一归属之意。大历十才子之一郎士元写竹子风致：“幽意含烟月，清阴庇蕙兰。”前句虚景，后句乃实指。以七律闻名的牟融，有一首诗题为《山寺律僧画兰竹图》，据此，兰竹合画早在唐代已经出现。到了宋元，兰竹并咏已为文人常用题材，元诗四大家的杨载（1271—1323）就用五言短句歌颂了兰竹寄寓的《论语》“德不孤”：

蘅兰倚修竹，寂寞生幽谷。
比德如夷齐，于此受命独。
侧石状奇峭，横竹枝扶疏。
猗兰复参立，信哉德不孤。

宋代遗民郑所南是一位画兰的大师，也以爱竹著称，他说：“见竹林修翠，恋恋终日，实不能去，始知痼癖不可除。”歌之曰：“此君气节极伟特。”家国虚厉后，他的飘零短梦，亦寓于竹。宋无（1260—1340）有题所南墨竹卷诗：“要写秋光写不成，愁凝古竹澹烟横。叶间尚有湘妃泪，滴作江南夜雨声。”

传为郑所南画的墨兰，吴湖帆（1894—1968）家藏一卷，纸仅尺余，不作坡石，写花叶只十八笔，所谓十八笔兰卷，作者自题：“一国之香，一国之殇，怀彼怀王，于楚有光。”遭于崩离，伤于哀患，但满卷静静的气息，掩映几筵，依然文明可掬。吴郁生（1855—1940）在数百年后看了还感动不已：“湖帆出此见示，展卷叹息，时壬申九月九日，北风凄厉，关塞萧条，纫佩衔愁，美人不见。倚装记此，万感横集。”所南有一件轶事更脍炙人口，传说，他画兰不画坡，人问其故，则曰：“地被人夺，君不知耶？”倪云林感慨道：“秋风兰蕙化为茅，南国凄凉气已消。只有所南心不改，泪泉和墨写离骚。”

这种身历山河变色的悲切，在明末志士的诗文中也浓烈得满纸黯绝：斜月皎幽，绿烟红叶，都令人睹之怆然！读抗清烈士林子野（1606—1647）的题跋，“所南之兰无土，耻斋之竹无根；想见千百年后，荧荧纸上血痕”，不觉泪下。归庄野服终身，往来湖山，也像所南，岁时伏腊，望南而哭，再拜而反，笔下的墨竹如易水风寒，萧萧动哀：

画竹不作坡，非吾土也；荆棘在旁，终非其伍也。亭亭高节，落落贞柯，严霜烈风，将奈我何！

几竿墨竹，几撇兰叶，在残烽败垒、荆棘冷风的动魄关头，竟能成为中国文人对抗残暴、对抗杀戮、对抗专制的工具，不挥落日之戈，不发回风之箭，却比任何兵器都有威力，都有生命力，当戟折沉沙，镞断瘗土，它却长存不朽，是世上的光，是文明不灭的火种，这是中国艺术的一个神奇，我们很难在其他国度相遇。《圣经》说：“要爱你们的仇敌，为诅咒你们的人祈祷，为仇恨你们的人谋福利”［Love your enemies, bless those who curse you, do good to those who hate you］(Matthew 5:44)。中国似乎没有这种训令，但它有一种文雅的殉道艺术，它能穿越战火，消弭仇恨，即使烧成灰烬，也能生出和自己同样神奇的后裔。

四

崇祯十一年，岁戊寅冬十一月八日，姑苏承天寺狼山房浚智井，得一铁函，陈宗之记曰：“启之，则宋郑所南先生所藏《心史》也。外书大宋铁函经五字，内书大宋孤臣郑思肖百拜封十字。自胜国癸未迄今戊寅，阅岁三百五十六载，楮墨犹新，古香触手，当有神护。”一年后，张国维（1595—1646）刊板于吴门，归庄为作《读心史七十韵》，有句曰：“神物久不灭，下逮岁戊寅。出之重泉下，铁函色如银。苦节古罕俦，良史世所珍。”三四年后，明朝灭亡。及浙东之陷，张国维赴水殉。归庄僧服亡命，只影行游，亦终穷饿以死。他留下的另一通墨竹跋语写于烽烟逼户、山月皆苦中，与朱彝尊同一寄托：

雨中苍翠，月下檀栾；贞筠劲节，颇耐岁寒。或以为淇澳之猗猗，或目为湘水之斑斑。余曰：非也。盖在渭川之上，太公得之，以作钓竿。

太公即吕尚，曾心怀大志钓于渭水上的磻磎，《水经注》说那里石壁深高，幽竹邃密，林泽秀阻，人迹罕及。后来，遇文王而终成伟业。归庄援此旧典，但曲宕一笔，不假直寻，只待江山之助。

所谓“渔夫生涯竹一竿”，求之诗画，盖情随事改，意以境变：或江村夕阳，渔舟投浦，返照入林，沙明如雪，花下晒网罟，老翁挈鱼提甕出柴门。或宿雨初收，晓烟未泮，手持钓竿，放舟缘溪行，忘路之远近，忽逢桃花之林：

青山叠叠倚晴霞，路转涧穷有隐家。
渔父不知仙迹近，停桡谷口看飞花。

《南史》卷七十五载：孙缅为寻阳太守，落日逍遥渚际，见一渔父，神韵萧然，垂纶长啸。孙缅异之，问曰：“窃观先生有道者也。终朝鼓枻，良亦劳止。方今王道文明，胡不匡赞缉熙之美，何晦用若是？”渔父曰：“仆山海狂士，不达世务，何论荣贵。”乃歌曰：

明陆治《山水人物图册》，八开之六，渔父图，绢本设色，29.3cm×51.4cm，年代不详，北京故宫博物院藏

竹竿籊籊，河水浟浟。
相忘为乐，贪饵吞钩。
非夷非惠，聊以忘忧。

边歌边悠然鼓棹而去。鼓棹者，叩船舷也，《文选》卷三十三《渔父篇》有此注。

而归庄吐属兴怀于荒江垝岸，以渔夫的竹竿担负的家国命运为关锁，孤舟蓑笠，独钓寒雪，托心浩淼间，未尝荒泄日月。海明威[Ernest Hemingway]（1898—1961）《老人与海》[*The Old Man and the Sea*]写一位渔夫说，A man can be destroyed but not defeated[人可以被毁灭，但不能被击败]，于造化炉锤中，立一真有骨性人被世界磨成，真无骨性人被世界磨灭之境，与中土渔夫合耦。文人们绘一幅山水悠长的《渔夫图》，也总是既有独善的修己，又有兼济的安人，并涵 *Die Tat ist alles, nichts der Ruhm*（*Faust*, pt.ii. Hochgebirg）[事业是一切，名声不足道]之意。文徵明《山水册》（故宫博物院藏）第八开陆师道题曰："渭川千亩竹，渔舟去欲迷；借问筼筜谷，何似桃花溪。"千百年来，文人歌咏续续不断，殆乎于此。

又，渔父有数种称名，据张尚瑗跋《枫江渔父图》（上海枫江书屋藏）："自庄周、屈原所称，伍员所遇之外，其讬以自名，或见称于诗文者，曰水仙，曰海上钓鳌客，曰鱼蛮子，曰白头波上翁；而著迹于吴淞间者，亦有所谓烟波钓徒、江湖散人；皆渔父之以名自见者也。"

石涛画过渔夫，也画过一幅竹屋，画的半边满布题字，内容取自王禹偁（954—1001）的名篇《黄冈竹楼记》。王禹偁字元之，济州钜野人，生活于十世纪的宋朝，在官以刚毅敢言著称。他极谈世事，直书史事，故屡被贬斥。咸平元年又遭降黜，出守黄州，他自我安慰说：位不能行道，文可以饰身。于是，在荒江上筑起两间竹楼，以读书遣日。

平时，他登楼向远处眺望，山色飘迷；向近处俯看，江波明灭。夏日听急雨敲窗，如飞瀑散虹；冬天看大雪飘落，又像万花吟风。如此气氛，弹琴，琴音如水迷环佩；吟诗，诗韵如风吹云鬟；投壶，箭声如月下过箫；下棋，棋动如春雨霖铃。而这一切都是“竹楼之所助也”。

他说，办完公务之后，有了空闲，拿一卷《周易》静读，焚香默坐于竹楼，一切世俗杂念都涤除得干干净净；在江山形胜之外，但见风帆在水上航行，沙鸟在空中飞翔，云烟在竹树间浮荡而已；其时酒力已醒，茶炉的余火已灭，送走落日，迎来皓月，真是谪居生活中的清华美妙之事。

这些直抒胸臆的风雅之言，使他明确弃绝那些扎根于世俗世界的永恒宅邸，像齐云、落星那样的高楼，像井幹、丽谯那样的广厦，都与风雅之士的所求无关。

俞陛云说：自宋王禹偁作《黄冈竹楼记》，曲尽其致，竹楼之名始著。在唐代，王舍人虽有西江取竹之举（见李嘉祐《王舍人竹楼》诗），钱起还有赠诗可参，但仅言其逸趣，而未详其制。他又说，凡山居者，多叠石为屋。泽居者，每架竹为楼。楚江畔竹制钓楼，有高数丈者。江上凭阑，闲挥葵扇，已闲适可羡。况南风送爽，并蒲葵而不用，纱帽隐囊，对忘机鸥鸟，更无尘起污人。

郑板桥在江上闲步，见一老屋，过访其家，也发现类似的乐趣，那里有修竹千竿，有茶烟飘飏而出，室内干净得不见纤尘，竹的光泽与室内的器具相映成美：

> 见琴书几席，净好无尘，作一片豆绿色，盖竹光相射故也。

静坐许久，从竹缝中向外而窥，见青山大江，风帆渔艇，又有苇洲，有耕犁，有馌妇，有二小儿戏于沙上，犬立岸旁，如相守者，直是小李将军画意，悬挂于竹枝竹叶间也。由外望内，是一种境地。由中望外，又是一种境地。

心灵与自然邂逅，感动的刹那，涌出了风雅；那些身居闹市的人，有此胜遇，一定油然而起超俗的怀抱。乾隆二十年（1755）华秋岳（1682—1756）也取材《黄冈竹楼记》，画了一幅《竹楼雅居图》，图为立幅，右上角写长题曰："予城西北隅，雉堞圮毁，榛莽荒秽，因作小楼二间，与月波楼通。远吞山光，平挹江濑，幽阒辽敻，不可具状。……乙亥冬，偶录《竹楼记》一则并图。新罗山人，时年七十有四。"此系秋岳先生的晚年之作，绘新篁如云，接山光水色，小楼坐万竹中，一变王禹偁竹楼记的楚地风光为江南景色。

五

万历某年，黄汝亨离开从小生活的江南，到钟陵宦游。钟陵位于现在的江西进贤县西北，是一座偏瑟的小城，虽有车尘，却绝少胜地。黄汝亨是位热情的爱竹者，寻访过唐朝诗人戴叔伦栖隐的竹林旧址，他忘怀不了"相对忘宾主，何妨竟夜看"的竹林绿意，风尘未净，就跑到城外几里许径窅而僻的地方，命工筑起小屋，傍竹为径，题名叫"小淇园"，颜其屋曰"玉版"：

六月坐之可忘暑，清风白月，秋风夜色，摇摇堕竹树下。间以吏事稀少，独与往还，觉山阴道不远。

他用王献之“山阴道上，山川自相映发”的典故，表达了自然美对内心的触动。他闲步竹下，题诗吟咏，欢然写道“不浅淇园趣，欣参玉版名”，得意而忘却形骸，忘掉了吏之为俗，他招集父老诸生讲论，高客韵士雅集，还立石刻字，颁布《玉版居之约》：“戒杀，戒演戏，戒多滋味，戒毁墙壁篱落、斫伐摧败诸竹木，愿后来者共呵护之。”有越章违约者就追究责任，他说：

不佞令此地，无善状，庶几此袈裟地片居为政林下者云尔。

他说他到此当官没有什么政绩，只是为大家建立了竹林小屋的清净之地，率然一句，把风浴咏归的景象跃然带出。《论语·先进篇》载：子路、冉有、公西华和曾点四人在孔子面前各言志向，当三子应对，曾点却在鼓瑟。及孔子问他，他却舍瑟说了一番无用之言：暮春三月，穿着春天的衣服，陪着五六位成年人，六七个小孩，在沂水边洗洗澡，在舞雩台吹吹风，一路唱歌，一路走回家。孔子听了，喟然叹而与之。对于这段原典，人们有不同的解说，朱子的早期看法是：

曾点之学，盖有以见夫人欲尽处，天理流行，随处充满，无少欠缺。故其动静之际，从容如此。而其言志，则又不过即其所居之位，乐其日用之常，初无舍己为人之意。而其胸次洒然，直与天地万物上下同流，各得其所之妙，隐然自见于言外。视三子之规规于事为之末者，其气象不侔矣。故夫子叹息而深许之。

曾点之学经过这位宋儒的打理，立刻鸢飞鱼跃，后来虽有废弛，但在黄汝亨前后的哲学思潮中，它又突兀而起，成为学者悬追的目标。江门学派首领陈献章（1428—1520）说：我无以教人，但令学者看“与点”一章。林俊（1452—1527）赞之曰：脱落清洒，独超造物牢笼之外，而寓言寄意于竹月，盖有舞雩陋巷之风。王龙溪（1498—1583）更是反复赋诗，倾力阐述：

天下事不吃人执定做得，必须淡然超然，若一毫无意于天下之事者，方能了得。深山之宝，得于无心；赤水之珠，索于罔象。故运瓮者在瓮外，以无用为用也。……春服熙熙，即唐虞垂衣之治；童冠追随，即百僚师让之化；舞雩风咏，即明良赓歌之气象。易地皆然，此千古经纶手段，所谓以无用为用也。

龙溪的老师王阳明（1472—1528）干脆直以曾点自比：“铿然舍瑟春风里，点也虽狂得我情。”龙场悟道时，他三十七岁，是向不惑之年的大转折，翌年就受提举副使席书（1461—1527）之请，主讲贵阳书院，始论知行合一之学，他脱手出示诸生的诗篇也满是清风流水、春服舞雩：“滁流亦沂水，童冠得几人？莫负咏归兴，溪山正暮春。”“讲习有真乐，谈笑无俗流。缅怀风沂兴，千载相为谋。”后来，栾惠形容他的这位老师：“风月为朋，山水成癖；点瑟回琴，歌咏其侧。”真是阿堵颊上，比画像还传神。王阳明力构的羲皇三代理论，其骨法用笔处，也全在乎点瑟与山水。其云：

人一日间，古今世界都经过一番，只是人不见耳。夜气清明时，无视无听，无思无作，淡然平怀，就是羲皇世界。平旦时，神清气朗，雍雍穆穆，就是尧舜世界。日中以前，礼仪交会，气象秩然，就是三代世界。日中以后，神气渐昏，往来杂扰，就是春秋战国世界。渐渐昏夜，万物寝息，景象寂寥，就是人消物尽世界。

阴阳昏晓，乃造物循例催人，无可避免。诗家言景说：“烟树人家，在微明夕照中，如天开图画，方吟赏不置，而无情暮景，已逼人而来。一入黄昏，万象都灭。”只写风景之殊，而人生旅怀自透。王阳明深于斯感，以凉月初心、山水清音为羲皇世界，那是明代心学中最晶华的梦，它写在《传习录》里，层层鞭辟。黄汝亨静玩此编，或有会心，他在僻静的竹林一角践行，如见蓝天清清朗朗，白云淡淡疏疏，殊得舞雩沂水之趣；政事遂尔成为风雅的艺术，而不是施展谋略的技术，预示了人类最美好的理想国。

黄汝亨的同代人缪昌期（1562—1626）曾留下一些信札，提到两位与黄汝亨同一风调的人，一为武康令，一为沙县令：

武康好石好水好竹，又得好大令。大令有好文章，好政事。真所谓新妇配参军矣。讼庭稀简，囹圄空虚，散衙之暇，栽花饲鹤，摊书理咏，不知潘安仁当日有此快活否？

沙县之好，其衙斋背面皆山，山皆有竹，竹下皆泉。幽兰丛于阶前，丹荔槎于檐际。更可喜者，周年案牍，止得四十余事，事无越诉，诉无匿情。岁课几三万，咄嗟便了，无纤毫挂欠。主人以一时坐堂，三时卧阁，而上官以为天下精勤吏也。由此言之，武陵桃源，处处不乏；仙都去人非远，香案即在琴堂。

这些奉曾点之学为理想的学者，都是哲学家，也都是竹子的热爱者，他们都曾对竹静思，获得过深刻的证道体验：竹色何来，竹香何由，无触之竹风何去？竹下彻悟，是为因缘。陈献章写过三首《对竹》小诗，有一首说：

窗外竹青青，窗间人独坐。
究竟竹与人，原来无两个。

弟子湛若水（1466—1560）用传统的诗论术语解释道：兴而比也；以我对竹，动植虽殊类，而所以为生者，本乎宇宙之一气浑然同体。

王阳明曾怀着强烈的格物成圣的愿望，对着竹子静坐七天，深思其理不得，以致恹恹病倒。这段失败的经历刷新了他看待心、物关系的眼光。《传习录》中有一段问答，说的是花树，却是对竹后的体验：

先生游南镇，一友指岩中花树问曰："天下无心外之物，如此花树，在深山中自开自落，于我心亦何相关？"先生曰："你未看此花时，此花与汝心同归于寂。你来看此花时，则此花颜色一时明白起来。便知此花不在你的心外。"

他早年竹前静对，抱定的是宋儒格物之学，在宋儒那里，人心之理与万物之理如万川印月，不分主次，格物就是穷究物理。而现在，物之理不过是人心的动念，物的自在只是证得此心的存在，格物成了以己心灵去俯仰万物，去照明幽晦，若无心灵的观照，花亦只在心外。

他以心格物，自然把价值评判者让给自我，从而突出人格。龙场悟道后，他即以竹子述其人格，《君子亭记》写竹子有君子之道四焉：

中虚而静，通而有间，有君子之德；外节而直，贯四时而柯叶无所改，有君子之操；应蛰而出，遇伏而隐，雨雪晦明无所不宜，有君子之时；清风时至，玉声珊然，中《采齐》而协《肆夏》，揖逊俯仰，若洙、泗群贤之交集，风止籁静，挺然特立，不屈不挠，若虞廷群后，端冕正笏而列于堂陛之侧，有君子之容。竹有是四者，而以“君子”名，不愧于其名；吾亭有竹焉，而因以竹名，不愧于吾亭。

王阳明凭此心志在万里绝域、荒烟深菁中，从振迅雄伟、议论铿訇的气节之士，超拔出一层，成了一种行为哲学的倡导者，他的学说在明代的思想史上据有卓越的地位，在日本江户、明治时期（十七—十九世纪）也十分流行。

六

王阳明记述“君子亭” 后八十多年，另一位哲学家陶望龄记述了“也足亭”。陶望龄（1562—1609）字周望，号石篑，浙江会稽人，与黄汝亨同时代，是万历十七年的进士，钻研过王阳明的学说，为泰州学派的后劲，在晚明心学思潮中享有盛誉。他兴趣广泛，研究诗歌，研究禅学，还研究制墨。“也足亭”是他的会稽同乡朱晋甫宦游京师为自己建立的竹间小亭，他们经常在亭中把盏论文。应朋友之请，陶望龄撰写《也足亭记》，用对话的形式讨论了精神之家的一些哲学含义。先是主人朱晋甫说：

吾日左右于此君也，展膝袒坐，身足其荫。阒而听之，簌簌然风，足于吾耳。良夕月流，疏影交砌，反着壁上，层层如画，足于吾目。耳清目开，脱然忘身，趣足于心，口不得喻。客能来者，觥筹时设，嗒然相对，与我皆足。

这就是“也足亭”的高雅之处，实际上，亭的周围竹子无几，朱晋甫已觉得据其最胜、从之快然了。在这小小的精神之家，他享受大自然的律变，享受超俗赋予心灵的自由和活力；他进入无我的冥想就从这里开始。对于真正觉悟的人来说，他的精神就沐浴在宇宙当中，“不足”是不存在的。对此，陶望龄进一步引申说：

子之言甚近于道，知道者有所适无所系，足乎己也，殆将焉往不足哉！今夫川岩之奇，林薄之幽，是逸者所适以傲夫朝市者也。耽耽焉奇是崇而惟虑川岩之勿深，幽是嗜而唯忧林薄之勿邃，斯未免乎系矣。凡系此者，不能适彼，必此之逃，而彼是傲，是系于适也。以适为系者，其不能适也乃等。晋甫释乎世俗秾丽之好而放情乎诗书，处朝市之嚣杂而有林皋之趣，其于竹宜有契者。至夫轨尚超绝而又解其胶固，寄于物而不系焉。视彼数竿，富若渭川之千亩而有以自足，此吾所谓近于道者也。

外物偶然到来，如同寄托。寄托的东西，来时不能控制，去时不能阻止。所以不要为荣华高位而放纵，不要因穷困紧迫而趋俗，哪种情况都快乐，才没有忧虑。川岩之奇，林薄之幽，都是寄托之物。如果执着于川岩是否高深，林薄是否邃秀，心灵就不能有所安适，精神就不能进入体道的灵境。进而言之，甚至连执着于安适，也不能与大化同流，与道体融合。所谓的道就是大自然的整体，大自然的生命。所谓近于道，就是寄托于物而又不胶柱鼓瑟，就是安于所化，无所系蔽而达于庄子的忘适之适，就是对大自然的生命跃动获得更深刻的认识。

朱晋甫寄托于竹而能解其胶固，他的“也足亭”就像宋代觉范道人（1071—1128）的“也足轩”，成了体道的精神之家。觉范道人也是一位爱竹者，黄庭坚的诗文《竹轩颂》《种竹颂》都为他而作。他们的“也足”同取于 “但有岁寒心，两三竿也足”之意。

这种源于老子“知足者富”的思想，在朱晋甫的时代是为人繁然议论的哲学。鲁迅称赞的硬骨头高攀龙（1562—1626）写“可楼”小记，短短的四百来字，紧紧扣定的就是山有穆然之思、水有悠然之旨的知足之乐。陈仁锡（1579—1634）为友人的文集作序也念念不忘：“清风明月，不用一钱买，古人寓言尔。物不可多取，况天乎？余索居无事，常坐千梅花，万荷花，慨然为造物惜费，为吾生惜福”(《王宇皆集序》)。著名养生家高濂（约 1527—1607）编纂《遵生八笺》，专辟《高子自足论》，以凡百事务，敷彻此学，它可以看作觉范道人也足论的铺陈扩展：

人能受一命荣，窃升斗禄，便当谓足于功名；敝裘短褐，粝食菜羹，便当谓足于衣食；竹篱茅舍，荜窦蓬窗，便当谓足于安居；藤杖芒鞋，蹇驴短棹，便当谓足于骑乘；有山可樵，有水可渔，便当谓足于庄田；残卷盈床，图书四壁，便当谓足于珍宝；门无剥啄，心有余闲，便当谓足于荣华；布衾六尺，高枕三竿，便当谓足于安享；看花酌酒，对月高歌，便当谓足于欢娱；诗书充腹，词赋盈编，便当谓足于丰赡。是谓之知足常足，无意于求足未足者也。

从这段文字，我们可以有机会张见中国文人锻炼词句的手段，他们用对句的方式，会把一个主题写得不厌其烦。细细玩味，虽幽韵如云，自有高妙，如孚尹照乘，触微动美，但总不像西方哲人那样 *intus et in cute novi hominem*[深入肌肤，深入肺腑]，遣词硬硬的，却论证爽利，有彻底的深思。而高濂的优美词句可统之曰：心怀风雅，宠辱不惊，虽贫而曰富；若落尘俗，贪婪多欲，虽富而实贫。甚至可以再简化得深远些：所求愈少，愈近于道。或者用苏格拉底[Sacrates]（前 469—前 399）的话说“所求愈少，愈近神明”[Having the fewest wants, I am nearest to the gods]。

据说美国有个富家子弟叫克罗斯比[Harry Crosby]，尝偕妻跑到埃及旅行，路遇智者，智者对他说：以己之所无之物，论己之财富［My wealth I measure by the things I do without］。这教他警醒，决心培养出知足的感觉，以为人生的珍贵才能。

七

古书中记载的竹林小屋，一般说，大都简单，朴素，明净，既让人们追想释迦说法的竹林精舍［Veṇuvanavihāra］，也显示文人特有的情思格调。前引的《姑苏名贤小记》讲过顾氏一家的小圃：

顾荣甫公兰，有地数弓，种竹木成林，结椽三楹，署曰春潜，隐其中二十余年，清风穆如也。春潜公没而子德育字克成者居之，克成尤好读书，家贫无所得书，则手自抄录，手所录书几百千卷，自号曰少潜。少潜公没而子武复仍其武。是时，春潜小圃已属他人，独存老屋三间。破榻竹几，净无纤尘；蒲团茗椀，相对静好。……见其人，如深壑幽岩，忽遇静衲，令人神骨泠然，遂欲遗世，不知门外风尘之暗也。焚香扫地，翛然自得，间作小诗及画，不必甚工，自娱而已。布衣虽敝必洁，巾舄楚楚。居恒未尝妄过一人。

所居虽阛阓中，却竹扉昼掩，寂若空山，清洁得如碧空初月。这就是顾氏小圃给予文震孟的强烈印象。

深受中国文化影响的日本茶道有两个专用的术语叫侘［Wabi］和寂［Sabi］，它们也是强调：以安贫和固穷创造出的清净和寂历。有故事说：

初秋时节，几位宾客应邀参加茶道聚会，他们在庭院边闲谈边等待，一位茶师大胆猜测，茶室拱壁上挂着的诗轴，书写的将是数百首诗的哪一首。结果不出所料，诗轴上正是这位茶师所说的名句：

屋外草长，荒寒弥望；
空际无人，秋风苍苍。

有人好奇，问茶师说，如何知此底细？他答道：进入庭园，他注意到茶室附近的落叶和荒草皆未梳理，主人的意念显然在于：任其自然，随其荒落，而保持一种清寂哀婉的格调。一瞥之下，这首诗的意象跃然心头，猜想主人会用它来应景。

在这种场合，清寂显然不全是环境的雅洁寂静。为了显发此意，我们不妨先遥遥一瞥西方的清洁观念。法国艺术理论家丹纳[H.A. Taine]的名著《艺术哲学》[*Philosophie de L'Art*]曾兴致勃勃描写过勤劳的日耳曼人，说他们的房屋

是一所独立的建筑物，有特色，有个性，既有趣，又别致。保养和清洁工作做得不能再到家了：杜埃城里最穷的人家，屋子也得里里外外一年粉刷两次，油漆匠要六个月以前预约。盎凡尔斯，根特，布鲁日，尤其小城里，多数屋子的外墙老是像昨天新漆或重粉过的。家家户户忙着冲洗，打扫。在荷兰，收拾屋子更勤谨，甚至于过分。清早五点，女佣就在擦洗屋外的台阶。阿姆斯特丹近郊的村子纤尘不染，外观华丽，活像歌剧院中的布景。有些牛棚铺着地板，门口放着软鞋或木履，要换了鞋子才能进去；他们看到一块泥巴就大惊小怪，更不用说牲口的粪便了；牛的尾巴用绳子悬空吊起，免得弄脏。车辆不准进村；泥砖或蓝瓷砖砌的人行道比我们家里的穿堂还干净。秋天，孩子们把街上的落叶捡来放在一个洞里。（傅雷译）

然而在东方，清洁还另具他意，还要求空阶滴雨般的清美。

据说，千利休（1522—1591）跟随武野绍鸥（1502—1555）学习茶道，有一天受命去扫庭院。他到院子一看，已经洁净如洗，连一片落叶都没有。于是，他毫不犹豫走到树下，轻轻摇落几片树叶，坦然回去复命。

杜甫的七言律诗《客至》有两句说“花径不曾缘客扫，蓬门今始为君开”，这是一联对句，行如流水，互文见义，在诗歌史上屡为人称道，意为花径因迎客而不再却扫。不过，也可以仅仅从字面上理解它的意思，赋予它新的义蕴和新的形象，即所谓断章取义。往昔的禅师常以此种方式启迪初学者开悟，然而要想使用得高妙，非要靠疾闪神来的智慧。禅学造诣高深的千利休很可能从这类解诗方式获得灵感，从而更新了清净的观念。

还有一次，千利休去参加清晨举行的茶会，庭园中，些许落叶点缀出别致的景色，他见了对其他客人说：真是优雅的风情，唯不知茶会主人有怎样的修为，但愿不会把落叶扫起。茶会中间休息，客人又到庭园，那几片落叶已悄然无踪，地面扫得干干净净。千利休感叹说：就打扫庭园而言，清晨的茶会应在夜里打扫；中午的茶会应在早晨打扫；清扫过后，即使再有落叶飘洒也无须理会。

这种举意，一定会使那些日耳曼人震惊。然而，由于伟大的茶师都是禅宗的门徒，都致力把禅的要义引入日常生活，因而洁净的观念也受到禅的洗礼。

闲静露地，浮世之外；

洒落一切，心中尘埃。

千利休这首诗的“露地”不只是一般的庭院，它还是“幽寂”的生活境地，此中有一道栋梁，就是禅的修为。

南宗禅的基本经典《坛经》里有段故事，讲神秀（606—706）和惠能（638—713）比赛得法偈，各赋小诗，它们虽文理欠周，却为后人反复诵读。神秀写道：

身是菩提树，心如明镜台。
时时勤拂拭，莫使有尘埃。

神秀主张，悟道仿佛摩镜：众生本来生有觉性，好似镜子本来自有明性，然而却为烦恼所覆，一如镜子为尘土所埋；只有熄灭妄念，才能觉悟心性，就像摩拭灰尘，尘尽才镜体通明，即所谓“凝心入定，住心看净，起心外照，摄心内证”。

涤除心灵的尘渍，以获得本真。千年之下，培根[F. Bacon]（1561—1626）也如此致力，他要发明《新工具》[*Novum Organum*]（1620）去洗涤 *anticipatio mentis*[心灵的偏见]。他说，此弊既除，才能 *interpretatio naturae*[细勘大自然之书]。培根的主张在十七世纪的科学气氛中引起过巨大的反响。而有趣的是，约略生活在同时的一位中国文人则以迥异的方式琢磨自然，净化身心：

听啼鸟数声，溪流几曲，松风渔唱，任其去来，以洗耳。

观幽岩竹木，菁荫澄潭，荇藻横乱，或披临美石名帖，古人诗文数首，不令其烦，以洗目。目洗，并眉端亦不挂烦恼矣。

鼻之洗也，不必问博山火候，林石间旦夕皆有空香，此况更佳。

口之受累更甚，当摘山蔬野笋作羹，兴至，歌咏得意诗文数过，然后汲泉烹茗，啜至两腋风举，则口洗。并腑脏间结习皆去。

静坐观空，除念调息，以洗心养神，不禅不玄，政有渊致。

足履尘嚣，亦当洗，食后散步落红细草径上，再加一分爱惜，更有楚楚依人之况。（马文灿《洗尘法》）

以自然洗涤尘心，恢复人心之初的白板[*tabula rasa*]原状，这也触抚到了神秀偈语的息脉。惠能的偈语则针锋相对：

菩提本无树，明镜亦非台。
佛性常清净，何处有尘埃。

身是菩提树，心为明镜台。
明镜本清净，何处染尘埃。

偈中用语，身心对举，言身则如树，分析皆空；心则如镜，光明普照；镜净心明，本然是佛。就禅观本性言之，明亮从未离却镜子，为灰尘所覆亦然。“手持笤帚且静立，深恐扬起心上尘”，说心性本净，挥帚一扫，反而扬起心中的尘埃，即我们所执的妄念。而净与不净的区别，只是一场脱空，直是妄念：金屑虽贵，落眼为翳，明珠虽宝，顾恋成尘；一翳著目，千花乱空，一恋在心，恒沙生灭。任何事物都恒依心起，一任因缘，而真心寥廓，为人本性，则在念念不住（无住），于相而离相（无相），于念而不念（无念）。

这些偈语写镜子的奥义，为禅宗的知行提供了隐喻资源。《资持记》说，坐禅之处，多悬明镜。《正法眼藏》第十九篇发挥镜子的禅理更奇奥。人类能以镜子反观自照，既简单，又精妙，想来竟是奇迹。《申鉴》说：君子有三鉴，鉴乎前，鉴乎人，鉴乎镜。照形照心，均缘乎镜。雪峰义存（822—908）有一个惊人之论，他说："世界阔一丈，古镜阔一丈。世界阔一尺，古镜阔一尺。"三百年后，法兰西哲人阿兰·德·里勒[Alain de Lille]（约1128—1202）也用镜子对宇宙做了通俗、简洁的象征比喻：

Omnis nundi creatura
quasi liber et pictura
nobis est et speculum
[世上的一切造物
都像一本书一幅图
也像一面镜子]

而惠能以镜喻心，有月光在水，水净珠明之意。董其昌的南北宗画论或从中取益，崇祯二年仲春，他游西湖，先为陈阶尺所藏《萧照画高宗瑞应图》作跋，没过几天，又给汪然明《听雪轩集》题词，述女史画家说：

岁在己亥，余北归过汶上时，于文定公以东平李室名道坤者所作山水花卉册见示，且托路大夫求余跋。北方画学自李夫人创发，亦犹书家之有李卫，奇矣奇矣。山居荏苒几三十年，而闺秀之能为画史者，一再出，又皆著于武林之西湖，初为林天素，继为杨云友。彼如北宗卧轮偈，此如南宗惠能偈，或对境心不起，或对境心数起，皆菩提增长，求女人相了不可得。然天素秀绝，吾见其止，云友澹宕，特饶骨韵，假令嗣其才力，殆未可量。惜其身世犹绕树三匝，非然明二三君子为之金汤，何能磨砖作镜。余又惜于东阿，虽度外怜才，不逢献花天女，听其说法耳。己巳二月望董其昌书。

道坤即范道坤，东平州李生妻，稍晚的收藏家汪砢玉说她仿倪云林山水，觉清淑之气，果钟于妇人。《无声诗史》亦有小记。林天素、杨云友已见前述。董其昌的跋文写于 1629 年，不是应酬，不是描述，而是以他思索三十年的南北宗论或者说首次以理论评说女性画家，这在世界文明中大概也是开创性的，现代艺术史家或有取焉。

《坛经》又记惠能在广州法性寺，时有风吹幡动，一僧曰："风动。"一僧曰："幡动。"议论不已，惠能进曰："不是风动，不是幡动，仁者心动。"洁净也同样是心动的缘起，是心灵感受的消息。而心灵的佛性即清净，超越了净与不净：

竹影扫尘尘不动，月光穿水水无痕。

竹影在虚明中，静静掠过邃古的月华，令人苍苍茫茫，心远意深。有一次，蒋梦麟（1886—1964）看见书桌一夜间铺上一层薄薄的轻尘，于是拿起掸子，一边拂拭，一边漾起闲奥的情致：

轻轻拂去桌上的尘土，你会感到一种难以形容的乐趣。然后你再拂去笔筒和砚台上的灰尘；笔筒，刻着山水风景，你可以顺便欣赏一番，砚台或许是几百年来许多文人学士用过的，他们也像你一样曾经小心翼翼拂拭过它。乾隆间出窑的瓷器，4000 年前用于卜筮的商朝甲骨，也有待你仔细揩擦。还有静静躺在书架上的线装书，这些书是在西方还不懂得印刷术以前印的。用你的手指碰一碰这些书的封面，你会发现飞扬的尘土已经一视同仁光顾到这些古籍。

尘起尘落犹如花开花谢，轻宛中忽生历史的兴亡之感。如果没有这些感受，洁净必然会成为令人厌倦的简单劳动。拓宽观之，也许再枯燥再烦人的家务，都有其胜致，只看我们的心思如何运作，《庄子》的庖丁就足当楷模。即使一尘不染的艺术，要求的也不仅仅是清洁，它还有月上花明的心灵；石上的落叶或花瓶上的水滴可以不必拭去，那也许令人想起一首高雅的诗。千利休歌道：

露地之表，犹如松叶；
不见纤尘，清静无染。

在打扫落叶的时候，千利休也把这诗意传给了后人。

一天，千利休看见儿子少庵打扫园中的小径，儿子做完了，他却说：还不够干净。要他再来一次。儿子不耐烦又干了一个钟点儿，然后回复父亲：再也没有什么可做的了，石径上已洒水三遍，石灯和树木都闪着水光，青苔和地衣清新如碧，地上连一枝一叶都没有。“傻孩子，”父亲带着责备的口气道：“这不是打扫花园小径的方式。”他边说边步入园中，扶着一棵树，摇了一下，摇落了片片秋锦，金色和红色的秋叶飘然洒下。

既然在秋光下洒扫，就不应该忽略清净中的秋思或秋意，也许正是自然枯萎了，才依依惜别，才更增人情思。这些姿调使得擦拭洗扫的日常劳动融入审美的意趣，变成一种与禅宗之静融合起来的日常锻炼，具有了古典的哲理：

净生于静，静一其净。空然泠然，玄玄其玄，寥廓无象。（郑思肖《静净说》）

带着这样的观念，谛看花落叶落，自然会给景致平添无尽的幽玄和姿色。西风渐起，落叶依枝，便有说不出的凄美；一叶坠地，娓娓讲述的是它的秋声烟画小史。

在中国，大致在元代以前，诗人笔下的落叶，总是风起生哀，叶落动悲。《淮南子》云：木叶落，长年悲也。像白居易《晚秋闲居》写“秋庭不扫携藤杖，闲踏梧桐黄叶行”，不是通例，而是别调。高观国《竹屋痴语》咏秋叶：“盘枝剪翠。叶叶西风意。吹上玉人云鬓底。无限新凉气味。飘萧露卷烟柔。绝怜不逐宫流。寄语多情宋玉，悲秋得似宜秋。”(《清平乐》) 乃写立秋插鬓花样楸叶，以应时序，更抒反音。但诗史上的第一首秋歌，开篇就涌起一片山河阻绝、星霜变移的气氛：“悲哉秋之为气也。萧瑟兮，草木摇落而变衰。”这成了后世表现悲秋的起点。唐代作家朱邺站在无尽的清秋里，眺望水际山阿，吟出他的落叶悲歌：

拥玉砌以初聚，值金风而复摇。浮于水中，似孤舟之远泛；落于山际，若断云之已飘。悲夫，处处园林，纷纷相似。觉绝漠之寒至，聆洞庭之波起。何夏茂而秋落，何先荣而后死。叶之致也，既顺阴阳之宜；叶之趣也，诚谐盛衰之理。愿归本而犹未，嗟微脱而不已。别有寂虑卧幽，逸气无俦。聊赏心以遐望，乃触目而增愁。

宋代诗人范仲淹（989—1052）的秋景名句 “碧云天，黄叶地”，“纷纷坠叶飘香砌，夜寂静，寒声碎”，体物传神，断肠销魂。《西厢记》的凄绝丽语“碧云天，黄华地。西风紧，北雁南飞，晓来谁染霜林醉”，即脱胎之。张炎的《月下笛》小序也说：“孤游万竹山中，闲门落叶，愁思黯然，因动黍离之感。”到了明末，钱谦益咏“倚月素娥徒有树，履霜青女正无衣”(《和盛集陶落叶诗二首》)，已是亡国之音。屈大均（1630—1696）赋落叶词：“悲落叶，叶落绝归期。纵使归时花满树，新枝不是旧时枝。且逐水流迟。”殆成绝响。况周颐（1859—1926）说：末五字含有无限凄婉，令人不忍寻味，却又不容已于寻味。

然而，在元人寂寥山水的感染下，落叶引发的衰飒之情大为淡化，赵子昂的《洞庭东山图》（上海博物馆藏），裱边左侧有董其昌手跋：“画洞庭不当繁于树木，乃以老木缘岸，楂卉数株，居然摇落湖天，寥阔之势从此画出，是子昂章法迥绝宋元处，是构凌云台手。”右侧又有乾隆御题：“洞庭始波，木叶微脱，为千古写景妙语，子昂胸吞云梦，着墨无多，而湖光渺弥，传神在气韵间，直骎骎度营邱前矣。”

后来，倪云林作寒林疏景，更是落墨整洁，提炼明净，笔笔似有秋风摇曳其中，使人胸襟意象飞动：

兼葭弥望，水风萧寥，落叶忽飞，时点襟袂，对此颇动江湖之思。

长林落叶，如作人语，聆之者，惟有宾鸿数点，荒寒幽杳中，大有生趣在。

霜降木落时，入疏林深处，坐树根上，飘飘叶点衣袖，而野鸟从树梢飞来窥人。荒凉之地，殊有清旷之致。

正像诗人们所说，只有落叶才是真正的秋天之物。当人们踏着沙沙作响的落叶，在静静的秋照下，走过林中的小路时，最深切感受到了秋天的意味，牵动起江湖之思：遥想西湖雨霁，木叶初飞，定有欸乃一声在秋雪中也。清初的画家高阜，给朋友周亮工写信，也极写小院落叶迁想的山中岁月：

寒家敝垣上薜萝，见者多赏其初夏展放时，新绿如洗，叶叶

元赵孟頫《洞庭东山图轴》
绢本设色，61.9cm×27.6cm
年代不详，上海博物馆藏

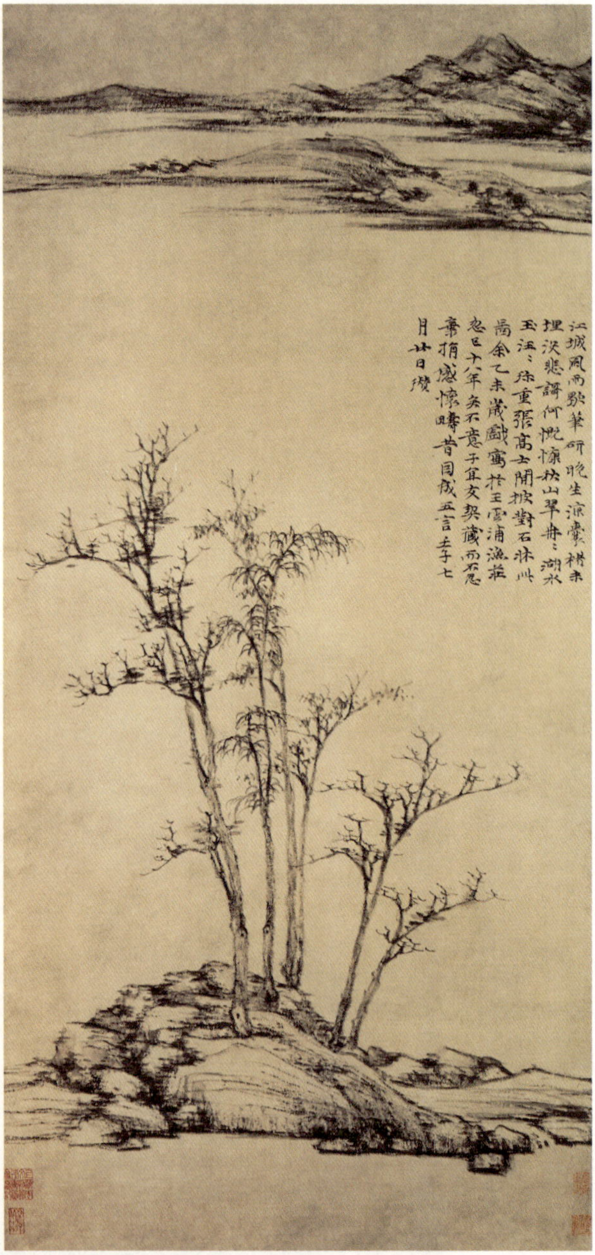

元倪瓒《渔庄秋霁图轴》，纸本墨笔
96.1cm×46.9cm，1355年，上海博物馆藏

鳞次，微风过去，作碧波万顷。而某更领略秋冬之际，霜深宇净，落叶满庭阶，如在万山深处，令人意思孤远。

一庭秋叶，姿度孤远绝尘，自然贴合禅宗的意趣：

秋光无远近，淡淡在园林。
有叶飘飘下，萧萧似好音。
竹中人独坐，不管石坞尘。
但听念佛鸟，清昼连夕阴。

秋光秋树，满聚秋声；秋声缭绕处，有哲思飘动。《碧岩录》第二十七则说：

僧问云门禅师："树凋叶落时如何？"云门云："体露金风。"

云门所说的体，跟用相对，是中国哲学常见的一对术语，大致相当于本体和表现。云门以秋风紧，木叶落，喻脱去情尘，本体豁然，词华清峭。据此吟咏的颂诗也似飘摇而来，逡巡而灭："金风体露复何言，大道从来绝变迁；一叶飘空天似水，临川人唤渡头船。"落叶在澄明的背景中飘然上下，"潇湘云水无人奏，落叶随风打壁琴"（朱秀甫《新秋》），大道雍容动止的本性[Dinge-an-sich]活泼泼地兴现。

这等禅意，二十世纪的意象派诗人[Imagist]又做了发挥，洛厄尔[Amy Lowell]（1874—1925）《秋天》[*Autumn*]，写人在月下，与落叶明焕：

All day I have watched the purple vine leaves

Fall into the water.
And now in the moonlight they still fall,
But each leaf is fringed with silver.
[终日对藤蔓，紫叶飘水间。
月下看落叶，叶叶镶银边。]

作者凝视落叶，即物即真，泯去任何象征的意念和人生遭际的变幻，纯是自在的物性[thinginess]无思无染，像从月华中栩栩而落：

六花竹下三千叶，一月光浮四十州。

换了这种眼光再看唐人的诗句，可能就会给出别裁新解。我们读元结（719—772）的诗“落叶逐霜风，幽人爱松竹”，就像看崔峒的“清磬度山翠，闲云来竹房”（《题崇福寺禅院》），会以为它写出了大自然自生自立的形迹：落叶在飘飞中变化出聚散无定的不墨之画；而松针竹叶的苍然远影，参差出它们原初的形态和节奏，又如无弦之琴。这种诗意也给恽南田拾入画中，他在送蒋生的画后题道：“此落叶无声图也。瑟索萧悉，声在树中，可以目听，如微风触弦，响不从指。蒋生神契特高，不妨从怀袖间，闻空山清籁之悦耳也。”

落叶寂寂无声，不清扫乃是智慧，暗示了一片叶子就是风景美的基础[The single leaf is the rudiment of beauty in the landscape]，是顺乎自然的原则，它使竹增奇光，花增活色，使劳作增精神，梦境增秋柳半湾，竹风一阵：

落叶增秋色，秋光点竹�。

谁言青岚帚，犹是拾翠人。
身在画图里，夕阳胭脂云。

八

文震亨《长物志》论室庐曰：“要须门庭雅洁，室庐清靓。亭台具旷士之怀，斋阁有幽人之致。又当种佳木奇竹，陈金石图书。”这也是文人的竹林之屋。跟富丽的宅第不同，它们经意的是野径将花转，小屋就竹成，一入门就想见其匠心的独运和品味的高绝。有位画家曾构思过一间竹林茅舍，不借巨岩深壑，而布置开阔，由于屏除繁丽，从而突出了结构：

茅屋一间，天井一方，窗内幽兰，墙外小溪，修竹数竿，小山一块，其地无多，便尔成局。

此时独坐其中，一室小景，历久弥新。对此情，构此境，何难敛之则退藏于密，亦复放之可弥六合也。

中国的造园，向来讲究小中见大，讲究咫尺蕴涵万里之势，讲究一水一竹呈现千变万化的佳兴。所谓《维摩经》之法：一丈室中置恒河沙诸天宝座，而丈室不增，诸天不减，又一刹那定作六十小劫，须如是乃得。这种以小室弥涵六合的观念，显然意在精神的飞动与襟怀的广大，是潜藏在人内心的丰富。不过我们也许只有时刻牢记，中国的造园实质不是改造大自然，而是融入大自然，力追天然图画，我们才能看出它是如何借助自然广大其观、广大胸怀的。清人英和（1771—1840）《恩福堂笔记》临近结尾记述过一座寺院：

西山大觉寺，金之清水院，故名灵泉，明宣宗易以今名。正统间复修葺之。寺建于山腰，远望烟树葱茏，但露浮图数级，及庙始见山门。碧瓦丹垣，缭以方沼，有泉出自山巅，盘旋回绕，到处皆通，淙淙汩汩，不舍昼夜，与檐马塔铃相酬答，闻之发人深省。寺中花木不多，惟翠竹千竿，高盈四丈，一碧干霄。七尺牡丹一树，花时绚烂甲都下。

寺院的仪式性、象征性的装饰和设计，作者一概不论，他重彩描绘的是大自然的装饰，是在自然景物的簇拥中，梵宇显示的独胜之处。有篇托为元代画竹大师柯九思的《竹窝记》，写一间密藏竹林深处的小屋，说它榱栋结复，无一匪竹，因号“竹窝”。这位作者一边自述个人经历，一边层递写出竹窝所据的山川形势：

予于辛亥冬初以王事之歙，陟峭崄，渐入苍莽，时草木雕瘁，修竹夹道，青翠森立，望亘可百里也。已而西风萧飒，声掩篑籁，令去国怀乡之思，怆惋於悒，有莫以告之者。

既而岁杪东归，复由是道，则风霜凛冽，山川失态，而竹独能铄冰雪，泊晴烟，漏素月，相傍于松风涧水之涯。予方马上赋诗，卒感夫山村野屋，冻栖尘釜，而青禁椒房之弗闻者。

壬子春，复抵于此，时虽和煦，万家熙明，流日生金，飞烟莹玉，条风初扇，音乐锵鸣，盖有物各得所，如点之浴沂风雩，不规规于事为之末者。

“竹窝”藏身于万山深竹中，屋室虽小，周围的气象却不平凡。情景之会，令人有风光竹际浮之感。历此境而能移人情，简朴的小屋发人想象处殊多；筑屋选址，营造得如同胸中文章的变换，境界大小，则全看学问，全看胸怀。钱谦益《列朝诗集小传》

有一节记王弇州之子王冏伯论诗文，说他：“多与弇州异同，语余曰：先人构弇山园，叠石架峰，以堆积为工。吾为泌园，土山竹树，与池水映带，取空旷自然而已。余笑曰：兄殆以为园喻家学乎？冏伯笑而不答。”造园亦造胸怀、亦造境界也，因此关乎学问。王国维先生《人间词话》曾力倡境界之论，他强调说，有境界则自成高格。他还以一段创见把境界和学问胸怀联系起来：

古今之成大事业大学问者，必经过三种之境界：“昨夜西风凋碧树，独上高楼，望尽天涯路”，此第一境也；“衣带渐宽终不悔，为伊消得人憔悴”，此第二境也；“众里寻他千百度，蓦然回首，那人却在灯火阑珊处”，此第三境也。

三种境界出自三首宋词，分别是晏殊《蝶恋花》、柳永《凤栖梧》和辛弃疾《青玉案》，以喻立志高远、百折不回和憬然有获，虽是寻章摘句，却能不坠理学格言之烦闷，一扫才士趣语之轻儇，陈义绝高。他把人生和事业托付给这样幽幽的形象，不由得令人心迷而想试笔模仿。因取韩偓（842—923）《香奁集》三诗，造一著书撰文之境，并证创意亦不离剽窃［Originality is undetected plagiarism］，或竟如莫里哀［Molière］（1622—1673）所言：有益我者皆取之［Je prends mon bien où je le trouve］：

学梳蝉鬓试新裙，消息佳期在此春。为要好多心转惑，偏将宜称问傍人。（《新上头》）此第一境也。

两重门里玉堂前，寒食花枝月午天。想得那人垂手立，娇羞不肯上秋千。（《想得》）此第二境也。

半身映竹轻闻语，一手揭帘微转头。此意别人应未觉，不胜情绪两风流。（《复偶见》）此第三境也。

初事写作，下笔踌躇，字斟句酌，若儿女娇痴呢喃：纤手却盘老鸦色，翠滑宝钗簪不得。继而情词浓烈，深自缠绵，笔力跌宕于万种风情之间：背人不语向何处，下阶自折樱桃花。最后是不着一字，尽得风流，无笔墨处自有一段暎发，生出幽婉：一编香丝云撒地，玉钗落处无声腻。

明人陆云龙（约 1597—约 1644）《翠娱阁评选十六家小品》钟惺小品序言中亦有作文三论，其曰："锻局若九嶷三湘之潆洄曲折，妙有天造地设之奇；运笔若湘水巫云之飘忽飞流，极有轻扬灵活之致；修辞若鸟林楚泽之烟萦风织，曲具菁葱纹縠之观。"

以湘云楚水发为秀挺折盘、翩然婉若的意象，教我们返身重新领略"竹窝"周围的山川形势。天造地设之奇，轻扬灵活之致，菁葱纹縠之观，三种境界，"竹窝"兼之矣。也许，设计"竹窝"的唯一想法就是把它周围的无限风光组织进构图，使之与四季的花历岁时和谐，以至让人将它当作大自然捧出的造物。

这就是我们心灵的高妙之处，神明赐给心灵深刻的协调感，它锐敏地联系起天光竹影，创为无懈可击的景象，这种景象，我们无以名之，称为境界。中国文人向来把建筑看成指向心灵世界的景象。境界中的庭园，浮现在大自然的神迹中，目所见，耳所闻，虽非吾有，而宇宙美迹，真宰所秘，乃不越襟而拂之一砚席间，故琼花草桥，烟楼水竹，都是天机飞翔，反觉惨淡经营，俱无是处。

九

《竹窝记》的文风有七子之习，又流露出浴沂风雩之思，可证其出自晚明作者之手。晚明是中国史上的一个特殊时期，也是史学家深系兴趣的一个时代，它不近不远，既朦胧，又明确，把人性的魔鬼跟天使这两面都展现出来，用狄更斯［Charles Dickens］（1812—1870）的话说：那是好时代，又是坏时代；是智慧时代，又是愚昧时代；是信仰时代，又是怀疑时代；是光明时代，又是晦暗时代；是希望时代，又是无望时代；眼前应有尽有，眼前又一无所有［It was the best of times, it was the worst of times, it was the age of wisdom, it was the age of foolishness, it was the epoch of belief, it was the epoch of incredulity, it was the season of Light, it was the season of Darkness, it was the spring of hope, it was the winter of despair, we had everything before us, we had nothing before us］。

在学术史上，晚明又被公认为一个学风空疏的时代，让我们觉得处处面熟，感同身受。然而，它又如此陌生，我们险些忘记了，那也是一个极意追求品味的时代，是《世说新语》的气氛再次兴起的时代，或者说，是《世说新语》复兴的时代。《世说》的印行也以那时版本繁见。《世说》尝以《古诗》“所遇无故物，焉得不速老”为最佳句，在晚明，“人生不满百，常怀千岁忧”，也再一次为人们猛力提持。谢肇淛说：“死生亦大矣，圣人教人未尝语及死生之故，但曰：未知生，焉知死？幽冥一贯，盖难言之矣。庄生汪洋自恣，至于齐万物、小天地，彭殇一致，菌椿共年，似也。然其言曰：人而无情，安得谓之人？其妻死，曰：是其始也，吾安能无慨然？即此两语，则其底里亦自不与人异矣。释氏虽谈空说无，然于生死轮回之际，不免拳拳谆复焉。”（《五杂组》）这是那个时代深思彻究的主题。

顾炎武以晚明的学术荒败而不喜《世说》，并猛烈抨击那些浮慕时名的年月，但晚明人对生死的思索，功夫却实在深沉，动情处，往往勒住思绪，转为意趣，魏晋的风致，宋元的幽敏、悠细与优雅也闲闲而出，教人在“连朝细雨刚三月，小院无人又一年”中低徊不已。公安派袁氏三兄弟的诗文更让那种情趣满卷飘飞，如落花依草，以瞬间的优美，补偿了人生的苦短。袁宗道（1560—1600）有几首写竹短诗，两首是为竹屋而作，诗云：

怜君卜筑处，修竹带长峦。月落千林静，风生万玉寒。
韵清宜在耳，色秀悦堪餐。若遇徂徕侣，还将六逸看。

微尚依高节，何能失此君。秋涛生白日，烟干入高云。
清冷弦中意，宫商坐外闻。会心宁在远，咫尺绝尘氛。

诗的意象轻倩，飘然而起，无俟援琴而天趣萧闲。中郎袁宏道（1568—1610）则下笔灿烂，尤其状色彩的鲜美，绮艳如画。他写六桥雨后的落花：

寒食后雨，予曰此雨为西湖洗红，当急与桃花作别，勿滞也。午霁，偕诸友至第三桥，落花积地寸余，游人少，翻以为快。忽骑者白衣而过，光晃衣，鲜丽倍常。

他也为胞弟“筼筜谷”题写五言诗：“幸有万竿篁，寒梢泻春渌。荡尽管弦心，豁开烟岚目。何处觅清歌，微风戛修玉。”表达他摆脱世俗忧乐的羁绳，在修竹寒玉中一洗凡目，焕然神明的喜悦。

公安三袁，中道（1570—1623）最小，他营造的竹林之家“筼筜谷”乃数年点缀而成，尝著文详记。他造园的卓见，时注于游记书简，还在《西山十记》对香山一带的建筑批评，说那些作者骋象马雄图，无丘壑妙思；角其人工，不合自然，未免令山泽失色。他深明艺术的揖让之理，推而用于他的为人为文：“出世则以超悟让人，而修香光之业；用世则以经济让人，而为仕隐之闲；修辞则以经国垂世让人，姑存其绪言以当过雁之一唳。”袁宏道也有类似之论，见于《瓶史》：

夫幽人韵士以一切让天下之人者，惟夫山水花竹，欲以让人，而人未必乐受。

《瓶史》是袁宏道追拟陆羽《茶经》的著作，记瓶花之目与说，共十二节，包括花目、品弟、器具、择水、宜称、屏俗、花祟、洗沐、使令、好事、清赏、监戒等等。全书随处点染出秋光花色，是晚明艺术趣味的代表之作，极言当时审美的一个重要观念：

嵇康爱打铁，武子爱马，陆羽爱茶，米芾爱石，倪云林爱清洁，都是以特殊的爱好寄寓心中磊落俊逸的气概。世界上语言无味面目可憎的人，也都是没有癖好的人。假如真有癖好，就会沉湎其中，把生死性命投入进去，哪有工夫他顾！

这种观念不只是袁氏的一己私言，也是那一时代艺术气氛的提炼。我们无须广征合缉，扫视一番它把当时的艺匠磨砺得多么出色，就足够了。袁中郎《瓶花斋集》卷八《时尚》篇先举宋元名家，例如王吉、姜娘子之铸铜，雷文、张越之琢琴，张成、杨茂、彭君宝之漆器，旋又述及近日制器精良者，瓦瓶如龚春、时大彬，铜炉如胡四，扇面如何得之，锡器如赵良璧，皆好事家争购之。《弇州集》所举时人更夥，几近十家：陆子刚之治玉，鲍天成之治犀，朱碧山之治银，赵良璧之治锡，马勷治扇，周之治商嵌，吕爱山治金，王小溪治玛瑙，蒋抱云治铜，皆比常价再倍，其人或与士大夫抗礼。以至有人总结万历年间的文化，的确是让艺匠跻身于士大夫行列：

当神宗时，天下文治响盛，若赵高邑、顾无锡、邹吉水、海琼州之道德风节，袁嘉兴之穷理，焦秣林之博物，董华亭之书画，徐上海、利西士之历法，汤临川之词曲，李奉祠之本草，赵隐君之字学，下而时氏之陶，顾氏之冶，方氏、程氏之墨，陆氏攻玉，何氏刻印，皆可与古作者同敝天壤。（徐世溥与友人信，《赖古堂名贤尺牍新钞》卷二）

匠艺的流韵之美，让活动在清初的王士禛也长怀缅想，在《池北偶谈》不烦覼缕：近日一技之长，如雕竹则濮仲谦，螺甸则姜千里，嘉兴铜炉则张鸣岐，宜兴泥壶则时大彬，浮梁流霞盏则昊十九，江宁扇则伊莘野、仰侍川，装潢书画则庄希叔，皆知名海内。可以说是回应了宋人考工创物的流耀。再想想连明代的皇帝熹宗（1605—1627）都沉湎于斧锯椎凿髹漆之事，就更令人高看而不能小觑了。那时，工匠制度已然松懈，匠人有更自由的机会去倾出心血和专注把作品打磨得闪闪发光，就像古希腊帕特农神庙[Parthenon]的工匠，以坚定的毅力去雕琢大理石，从而达到更纯洁、更清彻、更简洁的效果。日本所谓的职人，大概便受了这种精神的激励，成了对自己的手艺专精至爱的人。

希波克拉底[Hippocrates]（前 460—前 377）的箴言说，*O bíos brachýs*，*e de téchne makné*，罗马人述为 *Ars est longa, vita brevis*，都以时间论生命和艺术的长短。席勒[Friderich von Schiller]（1759—1805）《华伦斯坦》[*Wallenstein*]序幕中的机智转达 *Ernst ist das Leben, heiter ist die Kunst*，虽不可译（意思介于生活严肃，艺术快乐[Life is serious, art is gay]和生活工作，艺术玩耍[Life is business, art is play]二者之间），但也强调了其间的对比。袁宏道的癖好之论则以生命本身为艺术，他以古代爱花者为例，汲汲把癖好的精神送入人们的心灵：

古代爱花成癖的人，听人说起一种异花，即使深谷峻岭，也不怕摔断腿去寻访，至于严寒皮肤皴裂，酷暑汗污成泥，更全然不顾。一花将放，即把枕头被子移到花下，睡卧其上，看着花朵由小而大、终至落地，才肯离去，或者细察千万本以识尽花的变化，或者单看一枝数花以极尽花的情趣，或者闻叶味而知花的大小，或者见花根而辨花的红白，这才是真正爱花，真正懂得爱好。

如此强调癖好，要求以性命死生以之，要求以有限的脆微生命去勇敢凝视岩花的美丽；同时把没有癖好的人，看得不但语言无味、面目可憎，而且按照张岱的说法，由于他们缺乏深情，是根本不可交往的人；这是晚明审美情趣表达出的最鲜明、最惊世骇俗的形式。所谓尚玄之宅，生白之室，悦目之书，触心之香，沁脾之茗，浣尘之水，写韵之琴，离垢之竹，牵爱之石，豁性之经典，医俗之书画，一岁关心，无过于此。安致远（1628—1701）在春行尽矣，连日于中庭满贮缸水，每晨起拾落红数片，荡漾其中，觉桃花流水，曲曲仙源。张大复（1554—1630）作《别水仙花说》，爱花成癖的痴迷，更婉婉深挚：

每冬初，必购一本着斋中，辄低回留之不忍去。今年练水李子遗我数茎，花繁叶硕，特设一净几，病魔榻上，同卧坐者几两月。一夕，长风烈烈，雁声嘹嘹，两足如卧冰上，亟起视之，枭然相视而笑，心怜之，因移置帷中，让以茶筐，旦起相视，更相怜也。

花，一也，种于幽人静室，更觉香深。水仙花仿佛有择，故其自知。张大复《病居士自传》说自己：“目昏昏不能视。”他的后半生大部分在黑暗中度过。但令我们感动的是，人生最无奈最苦涩的冷暗，在他的笔下却触纸流光，变成了明亮的诗：

冥坐息舫中，冷萤穿户，捉得半床秋水。

这样细洁的感受，使他写出“天上月色能移世界”的妙思奇趣，也使他成了最早品类落叶之美的人：

秋叶纯黄者上，斑衣次之，水红又次之，卉之品百，无丽于此，乃其憔悴之神多在烂漫之际。(《梅花草堂集》)

他的《梅花草堂集》也有数则言竹，《此君》一条，十余字，短而有味：

朱白民携“此君”相过，寒斋四壁都作青翠色。

张岱也是一个对美的感受姿姿细腻的人，他对西湖之美的体会，令人叹止，三百年来，无出其右，他辨茗的精微，细入毫发，敏若游丝，癖爱之深，萃为奇迹。他曾到南京拜访过一位品茶大师，当时的情景还历历可见：

我到桃叶渡访问闵文水先生。日已西斜，他正好外出，我只得坐等。过了很久，文水回来，我原以为是个年轻的爱茶者，没想到是位勤谨的老人。他与我寒暄，那惊异的神态，像只野鹿，难以接近。正要纵谈，老人忽然起身说：“我的手杖忘在某处，先去取来。”说罢离席，竟然走了。

我想：“今日岂可白来？”于是再等。待老人返回，已是深夜。老人斜着眼睛看我问道：“客人还在呀？有什么事吗？”我说：“周又新先生常说闵先生精通品茶，想借您的茶以解我的渴望。”老人高兴，亲自烧炉，随即煮茶，快得像风雨迅至。然后领我到个房间，幽窗净几，荆溪壶和成宣窑瓷瓯十余具，皆精绝。

我问老人：“此茶出产何地？”老人答：“是阆苑茶。”我尝了一口：“不要骗我，这是阆苑制法，但味道不像。”老人暗笑道：“客人知道是何地出产？”我又尝了一口：“怎么这么像罗岕茶。”

老人说：“妙！奇妙！”

我问：“用的什么水？”老人答：“惠泉水。”我又说：“不要骗我，惠泉离这遥远，哪能水的圭角丝毫不动，如此新鲜醇厚？”老人说：“不敢再骗你了。我这里取水，必须等惠山人静的时候，在晚上掏干水井，如此淘洗数次，到了黎明，涓涓细流刚注满水井，再用大瓮装水，垫上石头，待顺风有了再开船。那样水体才不晃动，水性也不变熟，所以与别的泉水特别不同。”话还未说完，老人就走开了。

过了一会，他拿了一把茶壶，为我斟满茶说：“客人请尝尝此茶。”我说：“香气浓烈，味道浑厚，是春茶。刚才泡的必是秋茶。”老人大笑：“我年已七十，品茶五十多年了，从未见人赏鉴如此之精。五十年来的知己，没人超出你这位客人。你莫非是周又新先生向我反复说起的山阴张宗子先生？”我大笑起来，遂相好如生平欢，饮啜无虚日。

这是趣味史上引人入胜的故事，载于《茶史》一书的序言，与三国蒲元别江水涪水、唐人陆羽辨临岸水南零水相类。张岱自称：“啜茶尝水，则能辨渑淄。”饮茶而讲究水品，这大概是中国独有的趣味，沈仕（1488—1565）《林下清录》说：“苏才翁与蔡君谟斗茶，蔡用惠山泉，苏茶少劣，用竹沥水煎，遂胜。”张岱《茶史》想必缀满这类迷人的珠玑，可惜已经散佚。不过，我们还记得他在《陶庵梦忆》中描写的兰雪茶颜色："如竹箨方解，绿粉初匀；又如山窗初曙，透纸黎光。取清妃白，倾向素瓷，真如百茎素兰同雪涛并泻。"

张岱一生著述宏富，约计三十余种，有一部名为《石匮书》，可见自负，但这些著作也大半失传。在明代后期出现了不少以"史"命名的书籍，例如《花史》《茗史》《酒史》之类，有些像米芾的《书史》《画史》，名虽曰史，但与我们今日所解有别，在目录学中入谱录类，都是当时审美趣味和花竹情怀的珍贵记实。现存的诸"史"中，袁宏道的《瓶史》以其独得胸襟，穷其妙旨，发潜而流远，对日本的情趣也产生过重要的影响，形成了插花艺术的袁宏道流派。《瓶史》还涉及线条、颜色和比例的一些艺术原理。这些原理在他协助袁中道设计的"筼筜谷"中寄迹为视觉的图像。《筼筜谷记》再现了那座精神之家艺术和自然是如何化为一体的：

筼筜谷，周遭可三十亩，皆美竹。门以内，芟去竹一方，纵可十丈，横半之。前以木香编篱，植锦川石数丈者一，芭蕉覆之。有木樨二株，皆合抱，开时香闻十余里。蘑蔔黄白梅各二株。有亭，颜曰杂华林。旁有室，曰梅花廊。总以竹篱络之，而篱外之前后左右，皆竹也。

于篱之西，杂华林之后，有竹径百武，又芟去竹一方，纵可三十丈，横三之一。有亭三楹，颜曰净绿。后有堂三楹，名曰箨龙。其后为燕居小室。总以墙络之，而墙外之前后左右，皆竹也。

于墙之西，净绿亭之后，又芟去竹一方，纵可十丈，横半之，种黄柑四株，皆合抱，岁下柑实数石，甘美异他柑。有亭，曰橘乐。亦以篱络之，而篱之前后左右，皆竹也。竹为清士所爱，然未有植之几数万个，如予竹之多者。

细读这些文字，不觉随流折步，超乘而上，恍若高处，凭栏俯视，筼筜谷佳境奔会，令人想见其风规，心灵的感受油然融进它的秩序，又不可言诠把自然秩序转化成富于个人色彩的情感世界：

予耳常聆其声，目常览其色，鼻常嗅其香，日常食其笋，身常亲其冷翠，意常领其潇远，则天下之受享此竹，亦未有如予，若饮食衣服，纤毫不相离者。

筼筜谷中，香色皆绝，飘进《珂雪斋集》，往往清润。有文说，一日袁中道刚刚晨起，他的朋友龙君超就到筼筜谷来访，时天霁，新笋满林，箨破处，嫩绿欲滴。他们坐在净绿轩，龙君超取出米元章的竹卷相示，开轴同观。袁中道但见画中竹与画外竹互相暎带，共赴眉际。他趁着耳目净明未染，亟亟护住那片清亮之气：“顿觉万竿神情，尽落毫素间。信知竹于花卉中，为世外之品。非世外之人，若仙之五指，颠之牙颊，不能肖也。展玩不忍释者久之，因笑曰：今日六根五脏，皆化为竹矣。”

十

歌德也是常常与天地万物俱融大化的人，他这位泛神论者，在崇高的自然与伟大的艺术中体验敬畏的精神[Spirit of Veneration and Awe]，以一首简单的小诗概括了自己的信念：

Wer Wissenschaft und Kunst besitzt,
Hat auch Religion;
Wer jene beiden nicht besitzt,
Der habe Religion.

(*Zahme Xenien*)
[对科学与艺术深知者
从不缺少宗教；
对之不知者
必少不了宗教。]

近人蔡元培喊出“以美育代宗教”的口号，大概就受益于歌德的小诗。自然和艺术，总是中国文人的精神依托，那些皈依宗教者，实际也大都在自然和艺术中安身立命。他们在筼筜谷，每天跟自然往还交流，傍竹子摊书联句，已为常规活动，与信众的精神祈祷日课无异。只是它没有仪式，不落俗套，更不受尘事逼迫，竹林之屋亦遂成爱雅赏美的圣堂：

竹阴压径秋篱长，幽人日早开山堂。
图书叠架神采出，四壁墨花生古香。
君也爱古有奇癖，此物何缘收拾得。
窗前终日只摩挲，牙签玉轴无颜色。

唐代的张彦远，是中国书画史研究的开山巨擘，他每天清晨都在竹窗下把玩珍藏，妻子僮仆看他鬼迷心窍，不禁窃窃嗤笑。他却说：“不为无益之事，安能悦有涯之生。”冷冷一句，竟叫我们灵神一震。它道出世界艺术史上最惊人的观念，比库辛[Victor Cousin]（1792—1867）*l'art pour l'art*[为艺术而艺术]（1818）还早说了一千多年。

雍正癸丑（1733）秋九月，金冬心从邗上归访吴尺凫（1676— 1733），他漫记道：

入门寂无人，惟见桐花落径，石池澄碧，松竹交阴。适丁处士（丁敬）相与论古，见余至，各出汉印数枚，内有涂金狮钮，文曰："青世"。予见之不觉心醉。尺凫曰："可割爱，君当画梅竹、篆刻易之。"余先作此"读画"印奉投。

这些文人在翰墨中清夐精神，房屋装饰、日用衣食可以一减再减，周围那片万翠浮衣的世界却殊不可少。在那里，情寄古怀同竹静，品殊群类契兰修，他们往往挑选出美好的时光。当天空明净的把一切都调适的能舒宕出一派闲情时，就于花间竹下，别设净几，铺以丹罽，袭以文锦，次第出其所藏。那样的气氛，一卷古书，一轴旧画，一枝静兰，都如处虚灵之地，都能排除其他杂物的干扰，移到竹前的石桌上，豁然显现出来，成为满足美感的需要，得到单独的赏鉴。此刻：

> Im Vorgefühl von solchem hohen Glück
> Genieβ ich jetzt den höchsten Augenblick.
> [感觉到高度的幸福即将来临，
> 享受这个最美妙的一瞬。]

这时，僮仆们忙着应酬张罗，他们则辨析、沉思、争论，磨炼出邃深雅细的感受力。有一次，张廷济（1768—1848）和一位年轻收藏家蒋光煦（1813—1860）探讨起玉版十三行的问题。那是一件著名的小楷法帖，据说为晋代大书法家王献之所书，内容是曹植的名篇《洛神赋》。赋乃规仿宋玉《神女》，精丽相埒，而浏湸过之。王献之的小楷也不负名篇，似天花散落，有种种飞动。

明仇英《人物故事图册》，十开之五，绢本设色
41.1cm×33.8cm，年代不详，北京故宫博物院藏

可越年岁久，墨迹传到宋高宗手里，只剩九行一百七十六字，后来贾似道又得四行七十四字，合成十三行，勒石传拓行世。石料为水苍色，似玉，故称玉版十三行。幸运的是，赋中描写洛神之美的段落还残存几句，嵌于起首的两行。十三行尽管只保留二百五十个字左右，却一直是名媛闺秀习字的典范，是簪花之格的理想样式，黄皆令得其硬逸，曹墨琴（1762—？）取其静好，它的姿质受到连翩的赞美：

数点雨声风约住，一簾花影日移来，十三行小字姿态如之。陈思王之泣金枕，赋感甄，虽有余恨，大令书则翩然依微，化作杨柳岸晓风残月，落花一水。

十三行摇曳多姿，字字婵娟，如玉京三越之女，花气一船之烟，当于秋水渺渺、蒹葭离披之际遥思。微雨初过，小窗静寂，漫写一通，举向花间，倩鸟哦之。

《至正直记》卷一述钱塘老儒叶景修与作者谈松雪遗事，有云：松雪一日以幅纸界画十三行，行数十字，字各不等。问景修曰："尔谓何物？"景修曰："非律度式乎？"松雪曰："也亏你寻思，惜太过耳。"乃临《洛神赋》界式也。

赵松雪善作小楷，着纸如飞，也多是取法十三行甚深之故。他的杰作《七观帖》，端雅处似唐，沉厚峭劲处极尽十三行精华。后来学赵书者，每于姿媚求之，大失其意。《七观帖》刊刻出茅绍之手，原拓珠明玉润，传世极尠。明人重刻本单弱欹侧，不足为训。故鉴藏家必以原本为据。十三行也是这样，翻本殊多，而原刻初拓者鲜见。曹墨琴也是写十三行的高手，并擅双勾之竹（周笠为其画像，背景的双勾竹、湖石即为自绘）。她收藏的佳拓，小字精跋，笔墨楚楚：

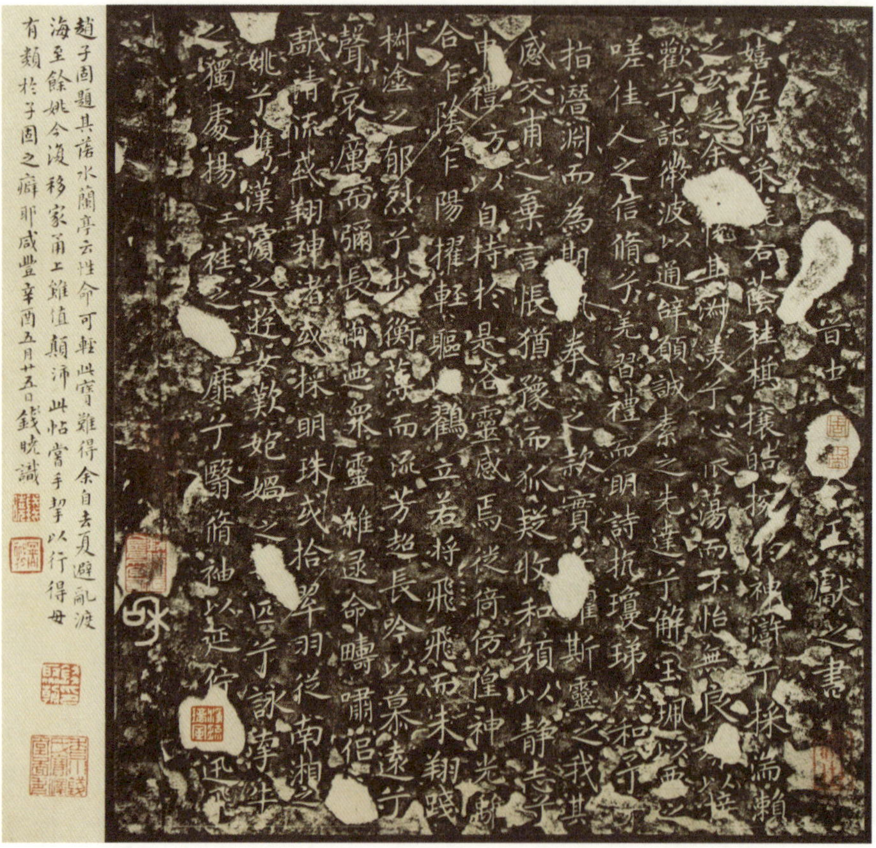

东晋王献之书《玉版十三行》，康熙搨本，私人收藏

会稽家法，所谓铁画银钩者，于十三行见之，而惟玉版为胜，此玉版旧拓本则尤胜也。

此书有珠玉之气，坐觉赵吴兴以下姿媚胜而精坚不及矣。

张廷济所藏也是原刻旧拓，墨色深稳，晶光照人，再加上佳纸裱册，明锦装面，沉檀制匣，在竹光石色的微微辉映下，朴茂静穆，灿灿有光。他“静坐竹田，日阅旧帖”，引证前人的评论题曰，十三行如“丹穴舞凤，清泉跃龙”。跋文写得循循有致，不过却落入前辈鉴赏家米芾弹射的靶场，《海岳名言》早就苛评道：“历观前贤论书，征引迂远，比况奇巧，如‘龙跳天门，虎卧凤阙’，是何等语？或遣辞求工，去法逾远，无益学者。”米芾把批评的要点快笔拈出，质疑之处，恰中肯綮。可是大多数鉴赏家却偏偏爱好这种迷人的辞藻，坚持这种图像化语言的魅力，也许他们心里想当然地认为：好的作品根本无法用语言描述，如见帘间鬟影，不可理喻；尽管中国品鉴术语比任何一国都要丰富，都要精微，可为了促使人们去尽量接触原作，也为了表达观者的深幸眼福，他们还是不得不用天花乱坠的词句向伟大作品献上敬意。

为了表达心中的敬意，他们精撰题跋，妙用印章。张廷济十三行拓本的首尾都有朱文深细小篆，前押“新篁里”，后钤“竹田里”。印文一语双关，鉴赏家再次暗示了欣赏艺术所必需的高雅场合，他好像是说，一件艺术品只有在临竹清赏的环境，才能使美不染一尘，迥出意表，令人沉浸在美的静好岁月当中。

十一

在创造美的趣味上，爱竹者在竹林之屋展示伟大的才能，竹林之屋也为爱竹者提供享受创作自由的机会。像清代汉川的诗人张竹樵，他深深懂得淡雅色调与艳丽色泽配合所激发的奇思妙想，于是，他在书屋前围出一块小园，种上一片鲜花和新竹，又在竹下种上红豆。等到梅雨季末，红豆的紫茎碧叶在竹中穿来复去，红色的花朵散缀其间，闪烁着艳艳的花光，就像美丽的屏风，在微雨迷蒙中，生出一种分绿影红、色相隐约的情调，恰如他的一句诗所说：

淡碧轻红罨满庭。

小句自然华彩，短而有余味，把小园的周围，都留给了人们的想象，大概篱落竹扉上也全是粲粲千花：黄蔷薇、紫心、白末香、酴醾、玉堂春、黄末香、月月红、素馨、牵牛、蒲桃、粉团花、西番莲之类，交相错放，芬菲婀娜，摇风弄雨，绵丽动人。

他的朋友邓东篱营造的小园，则莨竿满圃，铅华淡淡，他请客人在小园闲步，踏着白色石子的小径，踩着沙沙作响的落叶，宛然走在细雪碧沙之上；周围是修竹夹道，庭草合围，前面是老屋岁久，自然古色，一望上下，四照萧爽：

苍雪娟娟，敲风碎月，入其园者如在渭川千亩之内。

当丽月已上，清风拂簟，在晶明的月光下静坐，看竹影零乱，满人襟袖；或小窗偃卧，看月光从竹里流来，如自苍云吐出；或待月竹下，等叶片尽含月光，碎玉横空，清辉闪闪，恍然濯魄于冰玉秋水之中。

此时，小园在隐没于夜色的瞬间体现出它特有的美，月光浮起的竹色出奇得迷人：

不见冥冥花树红，故人终日对寒玉。

这种境界，就像日光的五色宣映，融为一白，荡入空明，使“一”的哲学也沁入造园的擘划。在古代，“一”常给看作万物的本原，道的纯真粹然是一，宇宙的终极原理也是一。古人还惯用“理一”和“分殊”对举，阐述万殊源于一本之理，明代的潘府（1454—1526）论五经时标举说：“五经皆史也。《易》之史奥，《书》之史实，《诗》之史婉，《礼》之史祥，《春秋》之史严，其义则一而已。”议论最得诗意的是朱子的江上明月：

如月在天，只一而已，及散在江湖，则随处而见，不可谓月已分也。

我们用这种“大一”来忖量唐若营（1648—1723）的设计，大概就能理解园主人立意的精微。他构思的庭园，左侧叠以白石，右侧植以杂树，中间的花丛一竿长竹微微斜立，端静中显出千姿百媚。顷刻，小园的主题夺目而出。这一独见心裁的创意，恽南田也不禁神往，他用丹青佳楮，连构数帧，不得意，俱裂坏，必待发其空灵奇想而后已。延宕再三，他才画成《一竹斋图卷》。这件杰作现藏北京故宫博物院，画的尺幅不大，卷后的题跋却累累直下，分别出自十几位名家。画家本人写道：

宋时许洞所居必植一竹，以表特定之操。吾友唐子若营慕一竹之风标，宗其高寄而以名斋，属吴门顾处士云美刻印，已云美过毘陵，复以汉隶题额，暇则又乞余制图。或曰：“唐子所居未尝种竹也，而何以图为？”唐子曰：“予寄情于是，有顾处士之篆与题额，又得君之图，而予胸中之一竹不待种而已亭亭独立，千尺

清恽寿平《一竹斋图卷》，纸本设色，28.8cm×71.2cm，1684年，北京故宫博物院藏

琅玕，修然在目矣。”

三百年来，多少庭园荒为废墟，唐若营心中的一竹斋却幸存到今，仍起人腾踔万象之思，真是唐若营的运气。这也让我们更看重他对“何以图为”的回答，想象那是遥接了老子造屋名言的风神：

凿户牖以为室，当其无，有室之用；故有之以为利，无之以为用。

人们一致认为，这几句话是对东方空性原理的最简洁、最有哲理的表达。按照中观派的文典，空性是指相依相存，相待而有，是像空间一样可以让各种功能产生的空；而在大圆满和密续里，是指净光，澄明、灵明的心，或是所有事物的根本澄明；空性否认事物的独立存在，强调一石一竹，只有在周围设置虚空，才有气韵流动，才焯焯焕发出美来。这些深玄的观念，也影响了中国艺术。

不过，老子的哲理中也蕴涵着一个命题，就像柏拉图认为艺术家的技艺永远也达不到理念世界，老子也暗示了艺术干扰着人们对道的认识，所以真正美的音乐希声，真正美的形象无形。一竹斋主人深会此意，但也不难意识到，尽管如此，艺术却不可能是空无。无意间，他触及了艺术哲学最迷人的难题：绝对的美，弃象舍形，美在灵境；艺术倘若有形，它就达不到绝对的完美；它在创造美的同时，其实也在破坏美，况且艺术家的双手从来也不会完美，他们时常颤抖，无法再现道或理念：

Ma la natura la dà sempre scema，
Similemente operando all’artista

Ch'ha l'abito dell'arte e man che trema.
(Dante, *Paradiso*, XIII, 76-78)
[自然的能力总是衰弱，
像一个艺术家，纵然手法纯熟，
但腕力不济，就有颤抖的时候。]

仅仅依靠个人的技艺，永远也不可能把形状、声音和意义表达得完美和谐，*come all'ultimo suo ciascuno artista*[艺术家在他能力的极处只好停止]。要获得绝对的美，唐若营就必须放弃现实的材料，*perch'a risponder la materia è sorda*[因为材料不足以应命]。他要找到最有表现力，最经得起时间消磨的素材，那就只能是“庭园”的纯粹理念。为了表现它，他舍弃了现实的花石竹木，实际上他把一切都舍弃了，只留下了庭园的图画摹本。中国的建筑，纸上的比现实的更美，理念中的更有姿致，它带着天地间的奇秘。

或许这就是古人每望浮云来去，辄动漂泊之思的一个原因，仿佛冥冥中神明在鼓舞他们的游兴，以至于他们怀着强烈的自觉，以风中落叶之身，栖息无定之心启程，而浪迹中的蘧庐，暂居而已。这使我们深省，庄子的采真之游，其实也是追求绝对完美的旅游；再读芭蕉诗句“暂居之屋，又已毁坏”，更觉动人。

十二

在十六和十七世纪，《遵生八笺》《园冶》《长物志》《小窗幽记》《闲情偶寄》诸书相继出版，其中有不少只停诸观念而不庀工的营造学问，包括如何择地，如何布局，如何摆设，如何审美，等等，创造出一种书本山水、书本庭园和书本竹林，即所谓“移竹当窗，分梨为院，溶溶月色，瑟瑟风声”之类。作者们大都在晚明小品文兴盛的时期自由写作，虽短翰小制，写寻常景物，也极尽风雅，而述读书的要义，则比珠玑、碧玉、锦绣、花草还有胜致：

幽居之中，修竹名香，清福已具。更有福者，乃为读书。

那些一心向学的古人，把读书看成神圣大事，是度一切苦厄的无上之事，仿佛是活着的时候就往生极乐世界的羽翼，不致临终前无法自主而慌惧。这在我们辛勤奔波为营造理想之居读书的现代人看来，不免耸人听闻。然而，翻阅古人的诗文，看到书籍对他们生活的强大推进，任何诱惑都没有那么强烈的魅力，看到他们在经典中安顿精神，磨洗出一点灵光，与天地俱无尽，不为生死所侵吞，那是让人感念至深的。经典既帮助了他们看轻命运，例如博贯群书的张萱答亲友议婚："先司徒及先太安人，生平不问卜，不推命，男女婚姻，一言即决。亦不待媒妁之往复也。故儿辈结褵，并未尝先求庚帖，儿辈八字，仆亦仅能记其某年而已，其月日与时皆不能详。小女今十六岁，辛丑生，其日月与时亦不能详也。庚帖，造命也。命曰造便当造之。必欲得小女庚帖，迄迟数月，俟有精于推命者，令造一八字，极富极贵极多男，方送来，如何。"经典也帮助他们断弃堪舆，例如为李渔《论古》六种作序的王仕云（1623—？）与龚勉之论看风水："初谓此理在有无虚实之间。今辗转思之，断不为堪舆家所惑矣。窃笑里门素封，酷嗜青乌之学，无端势占，无端力夺。迨力不及夺，而势不能占，则百计阴侵。必谓祖宗父母葬得佳地，便可富贵子孙。信然。尧舜之祖墓必佳矣，何朱均皆不肖生。孔孟之先垅必吉矣，何子思之后，鲜有闻人。窃料瞽瞍姒鲧之砂水必恶也，不应特生受命之舜禹。大禹成汤之龙穴定真也，胡为反出亡国之桀纣。世称葬书，推郭璞为第一。按璞为王敦所杀，自用其术且如此，况遵其遗书者乎？……先乡贤公曰：从天理上卜地，不必向丰城口中觅顽然块土。小子守先人之治命。”他们唯以读书为生命的延续与断绝的契机，为风雅生活的极致，一如陈继儒所说：“读书如竹外溪流，洒然而往。”(《小窗幽记》)把生命的绝好时光，都欣然付之读书而逝。竹林不仅标志生活的情致，也标志了生命的价值：

修修林竹，及此春时。
春有尽日，乐其无知。
人生既长，老将随之。
大化迁流，想古若斯。

这是李福（1769—1821）《兰亭集》中的一首四言短诗，诗人在小序说：“林竹，悲将老也。万类当春，向风齐茂，盛年已临，老大将及。”竹林固然福地，却有悲惋随之；生命深处的凄动，无可遏制：因而每见竹色苍然披拂于波光夕照间，即感物连类，似于憔悴烟痕之景，有所微会。他们怀霜临云，叹逝思纷，至情留恋的正是生命的本身。古哲云，“人身难得”，虽短短四字，却深奥得不可探测：

寒色湘江上，无人知此心。
雪花落水尽，竹泪过秋深。
浮世看帆影，华年感瑟音。
云中君去后，想像到于今。

本文前面引用过《徒然草》，那是吉田兼好（1283—1352）写于十四世纪的一部随笔集，与十世纪的《枕草子》一起称为日本散文的双峰。作者开场白说："竟日无聊，对砚枯坐，心镜之中，琐事纷现，漫然书之。"实乃尽心之笔，书中谈轶事，述感怀，说世相，做考据，轻灵流泻中，闪现出明锐的笔触，表现力极深透、古郁。第二百段写竹，寥寥几笔就凿出一片浅白的浮雕：

吴竹叶细，河竹叶宽。御沟近旁是河竹，靠近仁寿殿是吴竹。

第一三七段写恋月赏花诸事，在闲漫纤小处，动色而陈，情味细长，落笔自然：

对雨恋月，垂帘闭居而不知春归何处，亦殊富于情趣。含苞待放之树梢，落花满地之庭院，可观赏之处正多。

满月皎皎遍照，一眺而至千里之外，未若近晓时于待望中姗姗来迟之月，以其更富于情趣也。

上品之人于一事好之而无沉溺之状，虽有兴致而淡泊处之。穷乡僻壤之人于诸游乐事皆欲求尽兴。花下杂沓拥挤，凝视不已，饮酒，作连歌，终至折大花枝怡然而去。遇泉水则伸入手足，遇雪则必欲践踏而留足迹等等，于诸般事物，决不旁观静赏。(王以铸译)

男女之情，亦岂独谓良会耶？怀终不得见之忧；山盟竟破；独守长夜；遥念远天；忆旧事于芜家：乃始可云好色。(鲁迅译)

这些审美情趣史上的隽语，写在淡淡的笺纸上，夹在中国古老的清言和快书中，再般配不过；与此形成强烈对照的是作者对生死问题的思索，在此之前，很少有人像他这样写出死亡的威逼，语气明确得如闪闪利刃，擦肩而来，迫人心胸：

四季有序，死期却无，死非直面迎来，而是由后逼至。人皆知有死，却不知死之将临，往往尚未有备，死已悄然袭来。犹如海边沙滩，望之辽阔，转瞬潮水已冲到脚边沙石。

这是《徒然草》中最警人深省的语句。虽说斯宾诺莎［Baruch Spinoza］（1632—1677）有箴言：一个自由人的智慧最应沉思的是生而不是死。可百年之下，赫兹利特［William Hazilitt］（1778—1830）编撰《燕谈录》［*Table Talk*］，寻思这些问题，依然是《徒然草》的笔调：

眺望天涯，遥想人生旅程前景，尚未定思回神，迷雾已从脚下漫起，衰年阴影笼罩而至。生死毗邻，人所向往之浪漫风情洵插不进，岁月秾丽、忧郁、沉重，徒留“一片凄黄萎叶而已”［We eye the farthest verge of the horizon, and think what a way we shall have to look back upon, ere we arrive at our journey's end; and without our in the least suspecting it, the mists are at our feet, and the shadows of age encompass us, The two divisions of our lives have melted into each other: the extreme points close and meet with none of that romantic interval stretching out between them, that we had reckoned upon; and for the rich, melancholy, solemn hues of age, 'the sear, the yellow leaf'］。

他们对于死亡的畏惧，即使在生命的快意时刻，也往往不敢忘却，不敢松懈。俞琬纶（1576—1618）做官赴任，与友人告别，数月后寄回的信却是：“别时未春草也，今且枯杨吹鬐矣。引颈指霄，恍犹搴袂，皋兰清露，尚有余芳。所恨过去风光，疾如飞缴，未来日月，淹若蚍蜉。”

诸葛亮（181—234）去世前留下的《诫子篇》，先是叮嘱儿子要“静以修身，俭以养德”，然而在末尾却是按捺不住的悲慨：“年与时驰，意与日去，遂成枯落，多不接世，悲守穷庐，将复何及！”《世说新语 · 言语篇》曾记：

桓温领兵北伐，行经金城，看到自己从前做琅琊内史种的柳树，已经长成合围，不由得感慨道：“树都长得这么大了，教人怎么不衰老。”一边说，一边攀住枝条，泪水夺眶而出。

桓温触景生情，怅然动怀：流年似电，亹亹行暮；往事如烟，促促百年。贺拉斯甚至说：闲聊言谈之际，严峻的时光早已飞逝[Dum loquimur fugerit invida aetas]。奥维德深深震惊此言。日月催人，纵神明出手，也无力系挽。

“木犹如此，人何以堪”，就像维永[F. Villon]（1431—1463?）《昔日佳人曲》[*Ballade des dames du temps jadis*]中的叠句 *Mais où sont les meiges d'antan* [去年白雪（华发）今安在]？成为人类最深沉的感慨。赫伊津哈[Johan Huizinga]（1872—1945）《中世纪之秋》[*Herfsttij der middeleeuwen*]专辟一章，论述西方十五世纪的此类意象，与东方古哲的悲悯同怀：

采采荣木，结根于兹。
晨耀其花，夕已丧之。
人生若寄，憔悴有时。
静心孔念，中心怅而。

西行法师短歌：“夏日之夜，有如苦竹，竹细节密，顷刻之间，随即天明。”虽云《题不知》，但字意间徐徐而出的仍是“是日已过，命亦随减”的逼人冷峻。人越接近生命的严肃时刻，大概越接近真实的自我，袁宏道在《兰亭记》直言不讳写道：

古今文士爱念光景，未尝不感叹于死生之际。故或登高临水，悲陵谷之不长；花晨月夕，嗟露电之易逝。虽当快心适志之时，常若有一段隐忧埋伏胸中，世间功名富贵举不足以消其牢骚不平之气。于是卑者或纵情曲蘖，极意声伎；高者或托为文章声歌，以求不朽；或究心仙佛与夫飞升坐化之术。其事不同，其贪生畏死之心一也。

独庸夫俗子，耽心势利，不信眼前有死；而一种腐儒，为道理所锢，亦云：死即死耳，何畏之有！此其人皆庸下之极，无足言者。夫蒙庄达士，寄喻于藏山；尼父圣人，兴叹于逝水；死如不可畏，圣贤亦何贵于闻道哉？

贪生畏死，固是烦恼，但也有灵知灵觉的发现：人们对于宇宙的惊奇感，对于神圣事物的敬畏感，其根源大概就在于生命有限。在对这短暂生命的思索中，袁宏道看到，古之达人，高人一层，只是他情有所寄，不肯浮泛虚度光景：

Omnem crede diem tibi diluxisse supremum.
Grata superveniet quae non sperabitur hora.
[把新的一天想象成末日，
不曾指望的时刻就会放出异彩。]

传载，与杨士奇、杨荣并称三杨的明代重臣杨溥（1372—1446）在狱中十年，愈接近死亡，愈读书不辍。同难者止之曰：事已如此，读书何为？答曰：朝闻道，夕死可矣！朱之冯（？—1644）在城陷临难自缢前，留给子弟的遗书，也几乎句句都是读书：“嘱吾弟吾儿，用心报国恩。读书须读经世书，呫哔之学无用也。吕新吾先生《呻吟语》，不可不读。我以死报国，此心慊然。朝闻道，夕死无二也。勿以为念。”近人张中晓在禁网严逼、寒衣卖尽、晨餐阙如的绝地挣扎着读书，仅存的《无梦楼随笔》也多写于咯血之后。李卓吾（1527—1602）尝说：

圣人惟万分怕死，故穷究生死之因，直证无生而后已。……怕死之大者，必“朝闻”而后可免于“夕死”之怕也。故“朝闻道，夕死可矣”。曰“可”者，言可以死而不怕也。

对生命、对真知的强烈执着，发为拼命地读书，昔人的情之所寄，为旧墙乱篱添上春日莺花。

古人论道著作中，五世纪的觉音尊者《清静道论》有段描述人生只在当下一念间的话，以平常言语，言人所难言之意，极力想叩醒潜藏在人们心里的精进智慧：

人命在一念之间，譬如马车转动之时，只在一点着力；停止之时，亦在一点上着力。人命依然，惟有一念之长，一念尽则命尽。

人生不过如车轮碾地般的当下一刻，所谓“圣人只过一日”，即是说不虚度一日一刻，牢牢把握住在一点上著力的平稳。而此一点却最为人所悠忽。孙奇逢（1585—1675）慨言曰：“人生最系恋者过去，最冀望者未来，最悠忽者见在。夫过去已成逝水，勿容系也；未来茫如捕风，无可冀也。独此见在之顷，或穷或通，时行时止，自有当然之道、应尽之心，乃悠悠忽忽，姑待之异日，诿责于他人，岁月虚掷，壮怀空老，良可浩叹。”（《夏峰集》卷十四）潘正炜（1791—1850）旧藏髡残（1612—1673）《溪山无尽图》长卷有作者识语，意思类此：

大凡天地生人，宜清勤自持，不可懒堕。若当得一个懒字，便是懒汉，终无用处。如出家人若懒，则佛相不得庄严，而千家不能一钵也耶！三教同是。残衲时住牛首山房，朝夕焚诵，稍余一刻，必登山选胜，一有所得，随笔作山水画数笔或字一两段。总之，不放闲。所谓静生动，动必作出一番事业，才教作一个人，立于天地间无愧。若忽忽不知，堕而不觉，何异于草木！

吉田兼好也提醒人们注意“一时的懈怠即成一生的懈怠”，他用故事的笔法写道：一次雨天聚会，有人说：“和歌中的‘赭红色的芒草’另有不同发音，是渡边的一位上人从前人那儿听来的。”在座的登莲法师立刻就问：“有蓑衣和斗笠吗？请借用。我要到渡边去，向上人请教芒草一事。”大家说：“何必太急，雨停了再说吧。”法师道：“怎么能说如此无理之言！人的生命能等待着雨停吗？这期间我死了，或者那位上人去世了，这事谁去请教？”说罢，快步出门。

为求知，为闻道，而把生命看得如此紧迫，所言之事虽小，却令我们深为己愧。圣贤做学问，始于畏死，那些为功名奔碌的人，其心可悲：“人生苦境多已，至我辈复为举业笼囚，屈曲己灵，揣摩人意，埋首积覆瓿之具，违心调嚼蜡之词，几度兰时，暗催梨色，亦可悲已！”而所谓“每饭不忘唯竹帛，立名最是小文章”，更促狭矣。

唯贤者著书，则朗然如日月之行，决不以个人名利萦怀，他们以天为竞争对手，仿佛不惜以有限的生命与神明比赛，想攀援过巨人的双肩，一窥天界的神秘。

Quodsi me lyricis vatibus inseres,
Sublimi feriam sidera vertice.
（Horace, *Odes*, I）
[如果把我放在抒情诗人的行列，
我将昂起头来，碰着天上的星辰。]

他们的作品，无一篇不倾注自己全部心血，纵使今日写下，翌日湮没无闻，也只保留那些真正满意的文字。极端严肃的作者竟会抱定一生只写一书的志意，断然以发表作品为耻，生怕自己的过错贻误后世。而我们所见的杰作，或大有万不得已者，崔述（1740—1816）写定著述目录时说：

世之论者皆谓经济所以显明当时，著述所以传名于后世。余之意，窃以为不然。人惟心有所见，茹之而不能茹，不得不假纸笔以书之，犹蚕食叶，既老，丝在腹中，欲不吐而不能耳。名不名，非所计也。

他们的平生之言都可看作辞世之言，是从过去的朝露中提炼出的琼浆玉液，表达了对有涯人生的某一时刻的感悟。当我们在苏东坡的集中读到，他为只能享受造化之美却不能参赞自然的创造而感到惭愧时，不禁深为所动，一种莫名的情感唤起了心中的神性。难怪有时我们会把那些作品喻为造物者的诗篇，阅读一过，人生的经验已然改变。李日华与董献可札子曰：

顷在贡院中，偷读古人书，意味浃心，有欲起舞者。大都古人不可及处，全在灵明洒脱，不挂一丝，而义理融通，备有万妙，断断非尘襟俗韵所能摹肖而得者。以此知吾辈学问，当一意以充拓心胸为主。

以至于李卓吾（1527—1602）在《焚书》中毫不犹豫宣布：

世界何窄，书册何宽！
书独不朽，愿与偕殁！

约略同时，遥遥万里外的莎士比亚也借普洛斯彼罗[Prospero]之口写出有名的说白：My library was dukedom large enough (*The Tempest*)[书房就是我的广硕领土]。现实世界狭隘琐屑，书本世界宽广无限，它既超越个人有涯的生命，也超越个人深阔的想象，它是一个独特的宇宙，像天外宇宙一样，令人惊奇，令人敬畏，我们无法窥其涯涘，只能一瞥寥寥的卷帙，即使这样，也足以感受到它的卓卓不朽，值得和它同生共死。

黄庭坚说：士生于世，可百不为，惟不可俗，俗便不可医。陈继儒补正道：医俗独有书耳。王芑孙（1755—1817）有短诗《题钱箨石侍郎为人写茂林修竹小影》亦颂歌此意："人韵非貌胜，竹韵非声闻。手中定何携，一卷冰雪文。"陈继儒甚至还说："闭门即是深山，读书随处净土。"读书与成佛获道可以等量齐观：

圣教之经文虽仅看一句，自然也得见其上下文，有因此而意外改正长期固有之误者。倘令不翻读此文，大概也不知已有此误，此即开卷有益。

即使无修道之心，若于佛前持数珠诵经文，虽心不在焉，自亦得修善业；即使心境散乱，如坐绳床，亦可不知不觉进入禅定。（《徒然草》）

因此，读书和爱竹一样，都把人引向脱俗入圣的世界，引向心灵解放的世界。宋代诗人郑刚中（1088—1154）咏道：

何人此地得幽居，水竹中间宅一区。
无尽江山千万里，有情花木两三株。
应无俗客来惊犬，时有扁舟过卖鱼。
我欲他时成小筑，更添几架古人书。

在清幽的竹林小屋，南挂竹帘，东铺草床，西设竹架，上置经书；经其户，寂若无声；披其室，其人斯在：

江上一片雨，风来动修竹。
落花飘窗过，室净好读书。

他们在为求道、为脱心志于俗谛而读书。用西方哲人的话说，他们在为黄金般的智慧、为丰富自己的思想而读书：

Atque inter silvas Academi quaerere verum.
[他们在学园之林里寻求真理。]

难怪他们常常去寻求静寞，为读书而遁入竹林深处，唯恐当了社会名流，成了场面上的人，受了轻寓浮名的诱惑，败坏了读书人的纯粹。李越缦（1830—1894）说："以予自论，平生所慕者书，所畏者事。书自性命所系，一日不得此书，一日不能不慕。若言所畏，家居时或明日小事必须出门，先日，方寸即觉杌陧。"杌陧者，心神不宁之谓也。这位不避权要的人也唯恐杂事染乱了读书人的晶明。也许，只有那些一心沉浸风雅的人，才会雨夜草

明文徵明《十万图册》，十开之五，万卷书屋（局部）
纸本设色，32cm×39.2cm，1531年，台北故宫博物院藏

庵，不知有怠，封雪寒床，不觉其苦；才会咀嚼“此生有味在三余”，切切以为读书因缘，艰于荣名利禄；才会喜爱上孤独。而对孤独的报偿是由书籍所慰抚所增美的：

心游瑰玮编，得趣微茫处。
何以慰吾怀，赖此古人书。

苏东坡孤独的时候，正是书籍美静了他的胸怀：岁行尽矣，风雨凄然，纸窗竹屋，灯火青荧，时于书间，得少佳趣。纸窗竹屋，不觉其陋，反成了给谪居增添生机的地方，即使瞻览物序，意调萧疏，也所见莫非花，所思莫非月，无意中流露出读书的刹那间领悟生命的喜悦。我们体味他撰写的感言、轶事和诗歌，那些读书所兴之意，倾述而出，一个理想的文人形象也蔼然如秋之静云，及人目前：固穷，绝俗，静寞；专心向学而心游空明，闲拾花草而至爱生命。他创造的修竹哲学把生活、情味和人性的本原联系起来：

人当恨死爱生，存命之喜，岂惟珍惜，亦当感恩；虽人生实苦，但以此安身，勤以读书，友于花竹，即是至福。

十三

苏东坡的人生态度深深吸引着人们，那些嗜书如命的人，那些 *nocturna versate manu, versate diurna* [日夜诵读] 的人，都由衷把竹林之家当成他们读书的理想福地：

清溪溪上竹无数，爱竹移家竹林住。
阶前老竹铿玉声，秋夜读书沾竹露。
书声绕屋杂竹声，竹色侵书助书趣。

（舒頔《竹溪书室图为黄克文题》）

竹林阴森映短墙，萧然绝俗似僧房。
出城相去路三里，闭户独眠书半床。
风暖林花飘几席，雨晴沙鸟入池塘。

（王绂《静趣轩》）

张宗子写他读书的天镜园浴凫堂，水色漾人，竹光入牖，书上影动，天然文锦：

高槐深竹，樾暗千层。坐对兰荡，一泓漾之，水木明瑟。鱼鸟藻荇，类若乘空。余读书其中，扑面临头，受用一绿。幽窗开卷，字俱碧鲜。

接着又写春意渐远时运笋过园，急响飞听中忽来一丝凄动：

择顶大笋一株掷水面，呼园中人曰："捞笋！"鼓桨飞去。园丁划小舟拾之，形如象牙，白如雪，嫩如花藕，甜如蔗霜。煮食之，无可名言，但有惭愧。

唐代李嘉祐《送王正字山寺读书》，"山阶闲听法，竹径独读书"，明代沈一贯（1531—1615）《忆读书处》，"长年咏歌处，水竹间幽居"，都是对读书生活的向往、留恋和回忆。柳宗元也写过一首《读书》诗，有两句说："竟夕谁与言，但与竹素俱。"竹素即竹简和白绢，是纸出现前的主要书写材料，诗文中用以指代书籍。因此，晋人张景阳《杂诗》中的“竹素园”在此堪称一个绝妙好词，它不仅仅指庋置竹简帛书的藏书之地，它还可以指静心读书、赋诗言志的竹林之地。早在魏晋，竹林七贤就把竹林变成以文会友、一吟一咏的雅地。此后，文人们追求的田园之乐，在各个时代虽有名目变化，但竹林雅集总是重要的一项。不必说文献中艳称的晋人兰亭雅集、宋人西园雅集和元人草堂雅集，就是后来的名家册页和文人别集也可以帮助我们回望昔日的景象。孙克弘（1592—1670）绘《销闲清课图卷》（台北故宫博物院藏），有高枕、烹茗、展画、焚香、月上、灌竹、听雨、观史、新笋、赏雪等题，大都是竹下的清课。清人齐周华《名山藏副本》的文会约言，记载的也是竹下讲经解史、辨难古人、吟花诵月的活动。明末学者陈瑚（1614—1675）编纂的《顽潭诗话》，还把倚竹冠于阅耕、灌蔬、听鸟、垂钓、话雨、眺雪、对月诸种逸乐之首，他们在竹林赋诗曰：

君子非似竹，竹乃似君子。六月清风生，科头读心史。（陈瑚）
此竹君所独，而我实共之。每来竹下坐，得意便题诗。（陆世仪）

每坐竹下，辄觉会心处不必在远，翳然林水，自有诗思洒然其间，此即“竹林诗”之谓也。道光十九年（1839）的一个春日，陈余山（1787—1868）在竹林静坐，适侄子诗香随侍，因问作诗之法，余山先生恂恂答曰：

子不见夫修竹乎？娟娟烟痕，萧萧雨影，湿翠生香，高青贮冷，非诗之境乎？春雷昨夜，暝雾四围，箨舒颖脱，藓迸鞭肥，非诗之机乎？柯亭之笛，汶阳之笙，晨露时滴，幽禽载鸣，非诗之声乎？屐驻篁交，襟披粉污，醉魄初醒，虚心独悟，非诗之趣乎？至于湛渌斟樽，清琴引调，石碧围棋，云寒坐啸，诗所取材，胥领其要，诗不在远，当前已足。子问诗于余，盍亦问诗于竹乎？

言未既，清风徐来，竹嫣然而笑，如磬而听，如仰而答。诗香尔时，亦悠然得诗于竹林深处。这些都是竹林生活的实录，记下他们内心向风雅世界跃入的机缘。阅读他们的故事，谁都会不由自主，受到诗意的感染，觉得雪堂清境，尚未远去：仿佛坐对片刻，人化为玉，读书静夜，明月自绿。

十四

往昔的古哲创造过一个奇异而惊人的读书形象，幽然化身在 *Bible* 中，成为神圣的文字：

一个天使拿着书卷，又有声音传来："把书吃掉。"我张开嘴，吃尽了，它在我嘴里像蜂蜜似的甘美。

中国文人的竹下读书生活，也有种身处圣域的感受：独坐披卷，不觉飘飘有物外之致，若在无情无绪中，十步九回，如食蜜味中边。

在进入这样生活的路上，那些不为"居食事"所困的人，像明代的士绅莫廷韩，便能每见竹树临流，小窗掩映，亟欲卜居其下。与他年纪相仿的屠赤水（1542—1605）即使在罢官归田的匆遽中，写给友人的信也是此类心意，不见丝毫闷倦：

一出大明门，与长安隔世，夜卧绝不作华清马蹄梦。家有采芝堂，堂后有楼三间，杂植小竹，卧房厨灶，都在竹间。枕上常听啼鸟声。宅西古桂二章，百数十年物，秋来花发，香满庭中。隙地凿小池，栽红白莲，傍池桃树数株，三月红锦映水，如阿房迷楼，万美人尽临妆镜。又有芙蓉蓼花，令秋意瑟。更喜贫甚道民，景态清冷，却无吴越间士大夫家华艳气。

这些人悬车筑屋，摒弃人事，园以竹林，池以绿水，虽无华艳气，却有足够的条件以资超逸。而那些“釜中时有尘”的人，像齐梁时的阮孝绪（479—536），所以能翛然生活在竹子环绕的精舍，则全靠不坠绝学的信念，而所谓的精舍，其实只是一张可供坐卧的床榻而已。舍外竹一丛，床上书几卷，这就是他的愿力和慧力所在。史载：御史中丞任昉（460—508）很想拜访他而不敢入室，只好站在外面兴叹：其室虽近，其人甚远。陈宏绪《寒夜录》记花林竹歌中的停云馆说：

文衡山停云馆，闻者以为清閟。及见，不甚宽敞。衡山笑谓人曰：“吾斋馆楼阁，无力营构，皆从图书上起造耳。”

大司空刘南坦公麟，晚岁寓长兴万山中。好楼居，贫不能建。衡山为绘《层楼图》，置公像于其上，名曰神楼。公欣然拜而纳之。

尝观吴越巨室，别馆巍楼栉比，精好者何限，卒皆归于销灭。而两公以图书歌咏之。

然而，我们这些意志薄弱者只好困扰在人生的两境之间，红尘忽接，青山杳然；入之头焦额烂，脱之无奈丝牵：心中似乎盘踞着两个灵魂，一个决意要和另一个分散，一个沉溺在强烈的欲望中，以顽强的官能紧逐尘世，一个执着飞向崇高的精神灵界［Zwei Seelen wohnen, ach! in meiner Brust, Die eine will sich von

明唐寅《秋林高士图卷》（局部），绢本设色
38.7cm×330cm，年代不详，台北故宫博物院藏

der andern trennen; Die eine hält, in derber Liebeslust, Sich an die Welt mit klammernden Organen; Die andre hebt gewaltsam sich vom Dust zu den Gefilden hoher Ahnen]（*Faust*, Vor dem Tor）。而现代的一些哲学家、文学家和艺术家正是极意强调欲望中的这股黑暗力量和魔鬼力量，侈谈暴力之美和死亡之美，让最丑陋最野蛮的形象在我们周围游荡，以创造绝乎古人的深刻，这也许就是我们文化的悲哀。《圣经》中的一句警言：

> 当心不要让人用哲学和虚诈把你弄坏。
> [See to it that no one takes you captive
> through philosophy and empty deceit...]
> (Colossians, II.8)

这应当写为我们时代的警言。而古典世界则要求更多的光[mehr Licht]，祈愿人们在光明中相见，又决不回避心灵的交战。黄汝亨在答复吴用修的信中说：

怀足下意非楮墨可了，彼此穷愁，亦复默会，姑与足下陈说两境：

泉声咽石，月色当户。修竹千竿，芭蕉一片。或探名理，时对佳客。清旷则弟蓄嵇、阮，飞扬则奴隶原、尝。萧然四壁，傲睨千古。此一境也。

采薇颇艰，辟纑不易。内窘中馈之奉，外虚北海之尊，更复好义先人，守雌去道，食指如林，多口若棘。风雅之趣既减，往来之礼务苛。此又一境也。

两境迭进，终归扰扰，半是阿堵小贼，坐困英雄耳！吾与足下俱不免，故敢及之，此未可示俗客也。

采薇数句，俱言生活的贫困。的确，纯粹的贫困生活不仅令人畏避而且令人恐惧，很少有人甘愿终身陷此窳劣。我们常常看到财富对人心的危害，实际上贫困是更强烈的心灵腐蚀剂。它更易使人乱做错事，使人丢掉文明，沦入动物的境地。孟子说：人之所以异于禽兽者几希。即是说，人和禽兽不同的只有那么一点点，有的人丢弃而有的人保存。他担心人会失去人之为人，和动物相差无几。贫贱之畏人，犹如富贵之害志。萧伯纳［Bernard Shaw］(1856—1950)《巴巴拉少校》［*Major Barbara*］的序言一针见血地说：恶之大与罪之凶皆因贫困［The greatest of evils and the worst of crimes is poverty］。因此连袁宏道那样的风雅之士给吴本如的信也老老实实承认：

非真不爱富贵也。孔子曰："富而可求也，虽执鞭之事，吾亦为之。"又曰："爵禄可辞也，白刃可蹈也。"将知爱富贵如此之急，而辞爵禄如此之难，弟亦何人，欲作孔子以上人耶？兄谓弟饥寒所迫，一渐不忍，以此鞭弟，使乐就升斗则可，若云趁此色力，勉就勋业，俟功成之后，渐谋绿野香山故事，须先与阎罗讲明始得，弟不作此痴想也。古人进退，多是水到渠成，愿兄亦勿置此念胸中。居朝市而念山林，与居山林而念朝市者，两等心肠，一般牵缠，一般俗气也，愿兄勿作分别想也。

人生两境间，似乎只能择一而居。但是那些在计穷虑迫中，心灵获得深深震动的人，也许在感怀物质财富的同时，也感觉到了其他一些更珍贵的价值。吴兰雪（1766—1834）《录别》诗云："男儿急贫养，何暇谋不朽。"直言贫穷对人志向的毁灭。张维屏（1780—1859）感慨说："十字沉痛。"可是这沉痛之心在他的《香苏山馆集》中也时常回环为对生命的庄严思索，《饯秋》诗：“去日即千载，何必古与今。暂别即千里，何必天一涯。”二十字道尽了人生中时间和空间的千旋万转。曾燠（1759—1830）评论吴兰雪说：“作者其有忧患乎？雨苦之夜，华月自出；霜浓之晨，奇花大开。”所论的虽是沉痛忧患之诗，却不敢以凡笔品骘。五十岁生日时，吴兰雪又写道：“著书便是延年术，莫笑千秋望太奢。”延年和不朽尽在著书之中，这时的吴兰雪已在“贫贱随天地，诗书共死生”的境界了。

在一首失题的诗中，陈老莲（1599—1652）写道：“不死如何销岁月，聊生况复减青春。”只言短句，下笔严冷，越是体味，越是哀人。《雨中读书》又云：“十年有恨千秋业，一日无书百岁殇。”一日不读书，活到百岁，也是短命，这已远非贫困所限。

明代工部尚书刘荣嗣（？—约1635）说：“读书好处即在读书之时，若到发迹以后，其味索然。于今每忆当年好处，真如陶靖节作《桃源记》，想象追思不可再得也。”(《答卢德水》)这是过来人语。故古人宁愿辞掉高官，舍弃巨利，隐几于北窗，听竹箨之春响，咏夜檐之寒声，但觉其寂寥闲澹中饶有一种苦趣，而殊不见其苦痛。这大概全是学问的力量，或许，只有那些学问不足者，才在名利场彷徨。

在古代，这种学问或称修养，大都是在长时间读书和长时间静坐中悟得的。而今人不时凌蔑古人静字，其“不知深山静坐一二十年，尚是系马桩。即如篱下猫狗，未尝不安静，撩下一片骨头，即时忙乱”(钱陆灿与门人吴仲武)。故古人全以操履锻炼为主，非同但坐死水。1492年，沈周（1427—1509）在《夜坐图》(台北故宫博物院藏)上写下一篇题记，记中说，在一个难眠的寒夜，他在月下静坐，体验到各种从未经历过的声色，而这些声色

南宋无款《雪窗读书图页》，绢本设色
49.2cm×31cm，年代不详，中国历史博物馆藏

足以澄人心神情而发其志意。今之声色不异于彼，而一触耳目，犁然妙合。声绝色泯，而吾之志冲然特存。

他从而悟到，“求事物之理，心体之妙，以为修己应物之地”，必能在静心孤坐中获得。他的有竹居，按照徐有贞（1407—1472）的描绘，“庭中无洛阳花，门外无章台柳，只有猗猗竹万竿，绿满舍前连舍后”（《有竹居歌》），尽管“竹间有地才咫尺”，却“可以觞，可以席，可以瑟琴，可以金石，可以来清风，可以消白日”，可以让他“挟书把笔游且息”。在这样澄心清意的竹舍里，他特撰《吟窗小会》，裒选古人佳句，以供慢慢细嚼，养护着心中的一点静气。《小会》有一则引杜荀鹤七言诗说：“举世尽从愁里老，无人肯向死前闲（《宿临江驿》），熟知世故而有达致，方吟到此。”而此达致亦可会心为静中大知闲闲。

沈周能生活得如此静秀，作字能写出静势，作画能绘出静色，作诗能吟出静思，或往往得益于静坐。唯静坐名相繁多，门径殊别，但究其实，只如《易》之“自强艮止”，《诗》之“思无邪”，《书》之“安汝止”，《礼》之“无不敬”。若守定一语，朝提暮儆，眉毛厮结，打成一片，纵能不到正果，要不失为躬行津梁。

而静坐对于修行者，更是一种佛陀所谓的“在死之前先死”的境界。害怕死亡远比死亡本身更糟[timor mortis morte pejor]，朱子疾革，门人请教，朱子曰：须要坚苦。阳明疾革，门人请教，阳明曰：此心光明，亦复何言。曾子疾革，谓其门人曰：战战兢兢，如临深渊，如履薄冰，而今而后，吾知免夫。他们不论说工夫，说本体，还是本体即工夫和盘托出，都是在事物结束前，先了结它们；不是死后才长离痛苦，而是当下就解脱。生死之中有佛，则无生死；生死之中无佛，则不迷生死。因此静坐也是对死亡的深静观照：人生堕地，现在，非在也；刻刻，死期也；接受

清弘仁《山水图三段卷》之一，纸本设色，19.3cm×75.3cm，1656年，上海博物馆藏

它成为生命的一部分，正是“悲欣交集”的含义；跨越此阶梯，即是平静的高华从容。当平静从我们的内心滋生，忧虑就会渐渐消失，选择下一个命运的力量才会把握在自己手中，从而心灵注满光明的能量，迫拶人再进一步。此时，千古艰难的生死大事，反以天铲神镂手，别凿世界，夺却悲心，令人静逸；即便急雨归花，暮云乱叶，满目也是歌诗：

竹花兰梦，七十三年；白雪飘过，山川莹然。

生命像白雪一样静静逝去，虽历历可述，却不落痕迹，只有一片明莹与神圣，俨然胜乐。那是一种净域生缘，《礼记》曰“终”，横渠曰“没”，弘一法师入寂前，称之为“华枝春满，天心月圆”。若只超生人天，则非其愿。

古人以静坐去认识自然，培拥丰硕，消泯病苦，克服精神短弱，同样也以此去学习经典。因之，所谓的静坐澄心，既非枯坐，也决非断绝生活，《朱子语类》说：

昔陈烈先生苦无记性。一日，读孟子“学问之道无他，求其放心而已矣”，忽悟曰：“我心不曾收得，如何记得书！”遂闭门静坐，不读书百余日，以收放心，却去读书，遂一览而无遗。

尽力一书，令其反复通透，而复易一书之为愈。盖不惟专力易见功夫，且是心定不杂，于涵养之功亦有助也。

在静坐静读中，伴竹送月，悟古人之所云，怀静寞之心，去探寻 *scientia*［知识］和 *eruditio*［学识］的精魂，甚至能粉碎死亡在现实中刻下的无情印痕，这就是书籍带给我们的奇迹。它既给我们生活带来无限的情趣，又使我们具有了我们所能具有的最高抱负：追求真理，越来越深刻思索宇宙，获得柏拉图意义上的 *autark*［自足］。近读一位越九十岁老人马逢顺先生的大札，写儿时依母诵读《鸥堂诗》的清芬景象，心中一下子涌出山阴前贤陆放翁的诗句：白发无情侵老境，青灯有味似儿时。教人感动得无以言喻，心情就是再晦暗、再沉哀，心光也会立刻香亮明定起来。

书籍是如此的神奇，可要对它的奇迹进行赞美，那就不得不再次求助于诗人，求助于缪斯，求助于先哲，求助于他们留给我们的感受至深的言语：

> Nel suo profondo vidi che s'interna,
> legato con amore in un volume,
> ciò che per l'universo si squaderna:
> sustanze e accidenti e lor costume
> quasi conflati insieme, per tal modo
> che ciò ch'i'dico è un semplice lume.
> (Dante Alighieri, *Paradiso*, xxxiii, 85-90)
> ［在光明的深处，
> 我看到全宇宙四散的书页，
> 爱把它们裒集起来装成一卷完整的书：
> 实体、偶性和配置
> 仿佛融为一体
> 我说的只是一个简单的形式。］

实体［*substantia*］即存在本身，偶性［*accidens*］是实体的属性，配置［*habitus*］把它们联为一体，这些都是经院哲学的技术用语，但丁［Dante］(1265—1321)用它们对书籍做了深沉的玄思，首次把神赞美成一卷完整的书，它的精髓是爱，它的光辉散溢在我们的文明中。七百年后，它还提醒我们：

Our civilization is, indeed, a bookish one: its traditionality and its originality, its seriousness and sense of intellectual responsibility, its unprecedented power of imagination and its creativity, its understanding of freedom and its watchfulness for it – all these rest on our love of books. May short-term fashions, the media and the computers never spoil or even loosen this close personal attachment to books! (Karl Popper, *In Search of a Better World*)［我们的文明是书籍的文明：它的传统，它的本源，它的庄严，它的理智责任感，它的空前想象力，它的创造性，它对自由的理解和对自由的关注——这一切都以我们对书籍的热爱为基础，愿时尚、传媒和电脑永远不会破坏或者松弛我们对书籍的这种亲切的依恋！］

我们的文明确然是书籍的文明。试想，所有的机器和工具，连同我们所有的主观知识，包括我们使用机器和工具的主观知识都被毁坏，而图书馆依然存在，我们从中学习的能力依然存在，那么文明的光线就不会暗淡。同样，机器和工具被毁，我们的主观知识，包括我们使用机器和工具的主观知识也被毁坏，但这一次连所有的图书也被毁灭，以致我们从书籍中学习的能力根本没有用武之地，那么必将是蛮荒时代的重新开始。这是波普尔的两个简单、大胆的想象实验［imaginary experiment］，它们足堪寻味，可令库提乌斯《欧洲文学与拉丁中世纪》［*European Literature and the Latin Middle Ages*］“象征之书”［The Book as Symbol］一节的文句，字字皆响。

有一座图书馆在文明史上位居要津，它建于公元前 290 年左右埃及的亚历山大里亚城，是一座拥有讲演厅、实验室、观象台、动植物园，由柱廊连接起来的庄严静穆的白色大理石建筑群。图书馆收藏的书籍据说多达七十五万卷，包括亚里士多德及其继承者狄奥弗拉斯图斯[Theophrastus]（前 372—前 287）的私人藏书，托勒密三世[Ptolemy III]（前 246—前 221 在位）用十五秤（约 510 公斤）黄金的代价换来的三大悲剧诗人索福克勒斯、埃斯库罗斯和欧里庇得斯的剧作善本，那时强盛埃及的全年收入约六千秤黄金。欧几里得之后所有伟大的古典时代的数学与科学方面的思想家，例如日心说第一人亚里斯塔克斯[Aristarchus of Samos]（著称于公元前 270 年前后），天文学家、数学家和地理学之父托勒密[Claudius Ptolemaeus]（著称于公元 2 世纪），还有犹太哲人菲罗[Philo Judaeus]（约公元前 13—公元 50），希腊医学家伽伦[Galen]（129—199），基督教之父克莱蒙[Clemens Alexandrinus]（约 150—215），新柏拉图主义创始者普罗提诺[Plotinus]（205—270），都给吸引到这里来交换最宝贵的财富，但它们不是金子，不是谷物，而是知识。附近的九艺之宫[Museum]供学者们静思、讨论、发明，而不是陈列展品。许多学者在这里写出伟大的书。

这是令人惊奇的地方，书籍中埋藏的线索将引领我们走进这个难以置信的古代世界。公元前 212 年，亚历山大里亚图书馆的馆长埃拉托色尼[Eratosthenes]（前 276—前 194）第一个利用日影和《几何原本》的相关定理，测量了地球的周长，可他的旅行足步大概未超出亚历山大里亚城几百英里，数论中的埃拉托色尼筛法[Sieve of Eratosthenes]就是他的发现。另一位数学家阿波罗尼乌斯建立了完美的圆锥曲线理论，他在亚历山大里亚，受诺克拉底[Naucrates]鼓舞开始撰写的论著，最终写成八大卷，几乎穷尽了圆锥曲线的所有工作，直到笛卡尔、帕斯卡出现之前，后人几无插足的余地。另一位更重要的学者阿基米德发现了杠杆原理、浮力原理，还完成了微积分的一个框架，在十八世纪左右符号代数与解析几何的工具发展起来之前，他把数学带到顶峰。

亚历山大里亚的数学创造了我们今日所理解的数学。不仅如此，它还有更重要的贡献，它表明：数学是科学的语言，是科学的表示，是科学的公式化；就像我们的语言促进了我们的思维一样，它也推进了科学技术的发明创造。当波拉德[Justin Pollard]窥见了亚历山大里亚的科学之光时，他立刻趁笔写道："我们总认为，当今的世人才生活在一个属于机械奇迹的时代，但两千年前的世界也有精密机械的声音，在被我们遗忘的发现年代里回响[We may think that today we live in an age of mechanical marvels. But two thousand years ago the ancient world also rang to the sounds of elaborate mechanism in a forgotten age of discovery]。"

就在亚历山大里亚图书馆，赫伦[Heron of Alexandria]（著称于公元 60 年前后）这位《量度》[*Metrica*]、《测量》[*Geodaesia*]等数学论著的作者，设计出非凡的新发明：灭火器、水风琴、自动售货机。它们样样都独出心裁，这叫波罗克鲁斯对他专门使用 *mechanicus* 的称号。而他设计的能够自行呈现完整表演的机械装置与自动剧场，表面上虽系一堆绳索、短桩与长柄的组合，实际上却创造了最早的程式控制器，一架木造的机器人控制器[Not just a collection of ropes, pegs and spindles, but a very early form of programmable machine, a wooden robotic controller]。

赫伦还有一项工作更为惊世，他发明了汽转球[Steam Ball]，一种蒸汽由轴的孔道进入球内经弯管喷出再借反作用力使球旋转的机器，拉丁名称为 *Aeolipile*，意为风神之球，是世界上第一架蒸汽涡轮引擎。我们奇怪，赫伦竟然能吃透蒸汽动力的原理，设计出这种划时代的装置，倘若他再多跨出一大步，去发明蒸汽引擎，那么世界会是什么样子？果真这样的话，我们不难推断，可能不出一二代，人类就将提早近两千年迎接工业革命大潮的降临。

一千八百年后，即1876年5月，三十四岁的李圭（1842—1903）乘船抵美国三藩市，6月到费城参观百年纪念展览会，在机器馆他亲眼看见七百吨重的哥阿力斯蒸汽机［Corliss steam engine］，当时号称全世界最伟大的机器：

> 院正中置大机器一副，轮径三丈余，力抵马一千五百匹……大轮动，则院中各器凡需蒸汽者，皆借汽以运动。其有不需蒸汽，惟籍皮条扯动者，各器有大小轮盘缠皮条套梁际铁轴之轮盘，亦可随时拨动运用，如吸水、印字、纺织、锯、磨诸器咸赖焉。器名“哥阿力斯”，为美人哥阿力斯（George Henry Corliss，1817—1888）手制，故以其名名其器……如此大器，动时无甚声响，且一人即可运之，是可异也。

李圭震惊之余，反思中国的机器观，发表一通议论，说出新世纪的声音：

> 精益求精，巧益思巧，此出一器，彼仿行之，尔争我竞，莫可底止。何怪机变之事，日出而日盛，且日盛而日新哉！吾华有言：“有机事者，必有机心，古人所不为也。”而今则不能概论矣！夫机心用于器物，惟以利国利民，而弗为身家谋，则机心亦何尝不可用？是机器正当讲求，不得援古人桔槔之说（见《庄子·天运篇》），概谓机器不当用，凡机器之可以利民者置诸弗取也。

赫伦通过他的后继者，展现了他的遗产对全世界的意义。但赫伦的机械没有一样保存下来，亚历山大里亚图书馆的藏书也全被蛮力毁灭，我们只能模模糊糊想象亚历山大里亚昔日有过什么神奇。但我们可以确定，那座图书馆里藏有世上最惊人的机械设计图，因为现藏牛津大学的一份十六世纪抄本能续上它的命脉，它描绘了赫伦的各项发明，还有设置的场所，让我们重返赫伦的发明天地。西方人说他们的政治效法希腊，建筑追随罗马，而心智却是亚历山大里亚的孩子。这就是书籍的奇迹。

1926 年 5 月 1 日，汉堡的一座私人图书馆正式对公众开放，它肩负着创立者瓦尔堡[Aby Warburg]（1866—1929）的深深隐忧和坚信：我们的文明自始至终都受着各种非理性的狂热力量和恐惧力量的威胁，借助理性探索和科学精神去抵制那些力量，是学者的责任，也是图书馆的大业。因此，它的主题是古典传统的研究[Study of the Classical Tradition]，门楣的徽铭是 MNEMOSYNE[记忆女神]。通过图书来牢记文明，护卫文明，延续文明，这成为书籍的神髓。

2008 年 11 月，瓦尔堡图书馆的一个分支 Gombrich's Memorial Library 也在杭州的中国美术学院落脚，书籍再次担当文明传播的使者，丰富、开阔着学者的生活。

十五

西方古典学者曾把人类生活分为 *vita contemplativa*[静思的生活]，*vita activa*[行动的生活]和 *vita voluptaria*[享乐的生活]。爱因斯坦 1918 年 4 月庆祝普朗克[Max Planck]（1858—1947）六十诞辰的颂词，也讲到科学殿堂居住的三类人的生活，一类人以科学为特殊娱乐，从中寻求生动活泼的经验和雄心壮志的满足（享乐的生活）；一类人把科学当成工具，以便达到纯粹功利的目的（行动的生活）；第三类人，爱因斯坦说：

Most of them are somewhat odd, uncommunicative, solitary fellows...What has brought them to the temple? That is a difficult question and no single answer will cover it. To begin with, I believe with Schopenhauer that one of the strongest motives that lead men to art and science is escape from everyday life with its painful crudity and hopeless dreariness， from the fetters of one's own ever-shifting desires. A finely tempered nature longs to escape from personal life into the world of objective perception and thought; this desire may be compared with the townsman's irresistible longing to escape from his noisy, crapped surroundings into the silence of high mountains, where the eye ranges freely through the still, pure air and fondly traces out the restful contours which look as if they were built for eternity.[他们大多数相当奇特、寡言和孤独……究竟是什么把他们引到这座殿堂？这是一个难题，不能用一种回答笼统言之。首先我同意叔本华的看法，把人们引向艺术和科学的一个最强烈动机，就是逃避日常生活令人厌恶的粗俗和使人绝望的沉闷，就是摆脱人们自己反复无常的欲望的束缚。一个修养有素的人总是渴望逃避个人生活而进入客观知觉和思维世界；这种愿望好比城市里的人渴望逃避喧嚣拥挤的环境，隐到幽静的高山，在那里透过清纯的空气，眼睛可以自由眺望，可以洞彻仿佛为永恒而设计的宁静景象。]

伴随着这种消极的动机，还有一种积极的动机。爱因斯坦继续说：

With this negative motive there goes a positive one. Man tries to make for himself in the way that suits him best a simplified and intelligible picture of the world and thus to overcome the world of experience, for which he tries to some extent to substitute this cosmos of his. This is what the painter, the poet, the speculative philosopher and the natural scientist do, each in his own fashion. He makes this cosmos and its construction the pivot of his emotional life, in order to find in this way the peace and security which he cannot find in the narrow whirlpool of personal experience. (*Principles of Scientific Research*)[人们努力以有助于自己的方式来画出一幅简化和易领悟的世界图像，由此征服经验世界，并多少用他的这种秩序取代经验世界。这就是画家、诗人、思辨哲学家和自然科学家的所作所为，他们每人都按自己的方式行事。他用这种秩序结构当作感情生活的中心，以便找到在个人经验的狭小周旋中所不能找到的平和与安定。]

渴望找到宇宙的秩序，渴望获得静美的和谐，这是无穷毅力和耐心的源泉，爱因斯坦不仅为科学家，而且也为艺术家，为人文学者，为那些受到 *Amor Dei Intellectualis* [对神圣智性的爱]所激励的人的静思生活做了辩护。

关于这种静思生活，法国哲学家笛卡尔曾把它传神地化为一句格言：*cogito, ergo sum*[我思故我在]。二十世纪克服人类残障的奇迹创造者海伦·凯勒[Helen Keller]（1880—1968）赞美这句话是最鼓舞人心的词句，因为它使人明白，心灵可以成为克服黑暗与空虚的幸福工具。她说：它使我懂得，无论外界的灾难是否会降临到我们的身上，我们也能够在内心创造出光线、声音和秩序 [I learned that it is possible for us to create light and sound and order within us, no matter what calamity may befall us in outer world]。

生活在嘉道年间的梅成栋（1776—1844），是在不道苦，不告助，不言人负和人不见其所求的简单生活中走进静思生活的。梅成栋，字树君，号吟斋，天津人，他一生坎坷困顿，一生不废吟咏，他的诗“尚余一瓮桃花米，半具晨炊半送人”，真情数字，发自恻隐；“江上素馨无力买，不锄芳草当芳兰”，不落常调，湛湛澹人胸襟。他爱竹尤深，常常幻想在水湄竹坞把卷持书，箕踞于修竹林，徙倚于青石上，或校雠数字，或吟讽两章，天声发于林樾，好风送之水涯，虽挟书砚以伴孤寂，此生足矣。这种幻想甚至感于幽微，流于啸歌，形诸梦寐，虽自觉身入境中，但却终不可得。实在无奈，便径直把自己的书室起名为“欲起竹间楼”，又作记曰：

仆贫无立锥，何以有楼？欲起云者，未起词也。未起胡以楼称？意所在也。意所在者，非惟无楼，乃并无竹。仆性爱竹，喜家于竹，每思得依山靠水地，植箖箊万竿，清流环之，中筑小楼三楹，吟啸其上，怡然终老，而未得也。遂颜我室曰“欲起竹间楼”，欲之者，有待云然。倘其终无是楼，余意中有是楼也。向见前人句云：“坐久频移花下榻，书多更起竹间楼。”读而爱之，今不忆其名氏，盖先得我心者。

作者想起的大概是沈石田的名联：酒醉又移花下席，书多别起竹间楼（《纪梦》）。他不但用竹颜其所居，还请友人李梧圃为他画《竹楼编诗图》，并自题长句；词意动人处，不徒声容之美；其情之至，虽是秋庭风物，却见水明繁花满枝。

寄身在这想象的竹林世界，他追论往昔，以记流连，千古学术，在虚竹群书中披览，所谓生死不违，不违此也；日月其至，亦至此也。费时三十六年，他纂成《津门诗钞》，保存了畿辅的重要文献。其为学者，完成了最高的天职。

歌德曾经赞美过一类人，说他们在困难时代，静静坐在书房里坚持工作，细心照料着科学和艺术的神圣之火，这火即使只是灰烬中的火星也决不放弃，以便在黑夜过去之后，不至于没有不可缺少的普罗米修斯之火［Für seine eigene Person glaubte er, sei es in politisch ungeklärten Zeiten das Beste, in seiner stillen Werkstatt zu verharren und das heilige Feuer der Wissenschaft und Kunst, und wäre es auch nur als Funken unter der Asche, sorgfältig zu bewahren, damit nach vorübergegangener Kriegesnacht bei einbrechenden Friedenstagen es an dem unentbehrlichen Prometheischen Feuer nicht fehle］。

在中国，这火种把落花秋水都变成艺术，变成生动的文明，也把竹子变成文明的一个象征。竹坞中的诗人用他们的歌咏、绘画、音乐，用一切精雅的形式传递这火种，倾注慧命，系此一线。即使只是一味地风花雪月，一味地缥缈其词以成好句，也有可兴可观之处，而不是留给后人的一堆无益之物。单单那些美丽的词语就足以令人神往，仿佛静听布施［Adolf Busch］（1891—1952）和塞尔金［Rudolf Serkin］（1903—1991）的小提琴与钢琴合唱，与其说为着任何启示，不如说为着演奏的绝诣。

文明乃是宇宙的花饰绮采［ornatus mundi］，我们仰望苍空，垓埏虽大，苟无风雅的真气往来其间，就是天地，亦属顽冥。荒荒太古中，其有生机之不毁者，独赖此文明一带。但是，文明总是受到威胁，总可能骤临一个明天就被摧毁的世界，而不让风雅澌灭的信念，却是人心中的神性，它令人从绝望之山凿出希望之石［With this faith we will be able to hew out of the mountain of despair a stone of hope］（Martin Luther King），令人坚定不移去雕琢、去推敲、去组合那些小小的艺术矿石，细心把它们嵌进文明的书卷。就像盛开在浅草上的一切绚丽花朵，也许明天即遭毁灭，今天却依旧小心翼翼护育着自己的花瓣，不论是五瓣还是七瓣，是红色还是白色，永远认真精细，把自己打扮得尽可能得美丽，像自由一样的美丽。

歌德的传承者黑塞[Hermann Hesse]（1877—1962）正是怀着这种理想，在纳粹毁灭世界的暴行中，创作《玻璃球游戏》[*Das Glasperlenspiel*]，以抗拒毒化，卫护我们的文明得以绵延的精神火种。作者在书中虚构了一种艺术，一种可与音乐表达深刻含义的丰富曲调相比美的艺术。为了实现这种艺术，他把中国的竹林之屋建筑在他的书中。

歌德说：*Die Baukunst ist eine erstarrte Musik*[建筑是凝聚的音乐]。黑塞笔下这位追求艺术完美的大师约瑟夫·克乃西特[Josef Knecht]就在那间中国竹屋中感受它凝聚的适、合、清、怨，度过他一生最关键的时期。那是一段不同凡响的时期，克乃西特称之为开始觉悟的时光。从那时起，关于觉悟的意象就像繁星一样闪耀在他思想的天穹。一次深夜和朋友长谈，他建议朋友在睡前要让耳朵盈满音乐、眼睛映满星空。然后他坐下身子轻轻抚弄钢琴，乐句从键盘上氤氲而出，中国诗人王维《竹里馆》的意境此时转化成一首德语的散文诗：

Wie Tropfen goldenen Lichtes fielen die Töne in die Stille, so leise, daβ man dazwischen noch den Gesang des alten laufenden Brunnens im Hofe hören konnte. Sanft und streng, sparsam und süβ begegneten und verschränkten sich die Stimmen der holden Musik, tapfer und heiter schritten sie ihren innigen Reigen durch das Nichts der Zeit und Vergänglichkeit, machten den Raum und die Nachtstunde für die kleine Weile ihrer Dauer weit und weltgroβ, und als Josef Knecht seinen Gast verabschiedete, hatte dieser ein verändertes und erhelltes Gesicht, und zugleich Tränen in den Augen. [乐音像一

滴滴金色光点掉落在一片寂静中，如此轻妙、如此柔丽，让人们连带听见庭院里古老泉水的细细微鸣。这些原本无关的可爱声音如今融汇在一起，柔和、严净、明畅而又甜美，它们跳着勇敢欢快的舞步，旋转着穿过时间和无常的虚空，顷刻间小小的房间俨然宇宙般的宏阔无际，短暂的夜晚好似迈越恒长的时光。]

当克乃西特向朋友告别，客人的神情完全变了，他神采奕奕，眼里却含着泪水。

责任编辑：傅新生　张惠卿
装帧设计：成朝晖　周小英
责任校对：杨轩飞
责任出版：张荣胜

图书在版编目（CIP）数据

中华竹韵 / 许江主编 ；范景中撰文. -- 杭州 : 中国美术学院出版社，2011.1（2023.9重印）
ISBN 978-7-81083-281-6

Ⅰ. ①中… Ⅱ. ①许… ②范… Ⅲ. ①竹亚科－文化－研究－中国 Ⅳ. ①S795

中国版本图书馆CIP数据核字(2011)第015567号

中华竹韵
——中国古典传统中的一些品味
许江 主编　范景中 撰文

出 品 人：祝平凡
出版发行：中国美术学院出版社
地　　址：中国·杭州南山路218号　　邮政编码：310002
http://www.caapress.com
经　　销：全国新华书店
制　　版：杭州海洋电脑制版有限公司
印　　刷：浙江海虹彩色印务有限公司
版　　次：2011年1月第1版
印　　次：2023年9月第8次印刷
印　　张：38
开　　本：787mm×1092mm　1/16
字　　数：380千
图　　数：88幅
印　　数：11501-13500
ISBN 978-7-81083-281-6
定　　价：155.00元